普通高等教育机械类专业"十三五"规划教材

U0290645

机械工程基础

（第3版）

主　编　张克猛

副主编　王芳文　张亚红　刘　睫

西安交通大学出版社

XI'AN JIAOTONG UNIVERSITY PRESS

内容提要

《机械工程基础》围绕机械取材，将工科机械类多门主干课程的基本内容统筹安排、有机贯通融合，向读者系统介绍了机械的静力分析、承载能力、运动分析、动力分析、传动形式、联接方法以及动应力计算等相关内容，结合典型机构和典型零件介绍了机械设计的一般思路和具体方法。侧重于涉及机械工程的有关基本概念、基本理论的阐述以及解决工程实际问题的基本方法介绍。

全书共分为12章，每章都配有一定量的例题和复习题，并附有答案。在部分章节中，结合一些工程事例、运动项目或自然现象，以"开动脑筋"向读者提问，引导读者进行思考和发挥。附录中给出了机械零件常用材料以及钢材的常用热处理方法介绍等。

本书作为工科高等院校电气类、经济管理类，以及近机械类、非机械类各专业的教材，也可供全国高等教育自考、电大、函大的相应专业使用。

今年4月，在交通大学建校120周年庆典之际，本教材被评为"西安交通大学经典教材"。

图书在版编目(CIP)数据

机械工程基础/张克猛主编.王芳文,张亚红,刘婕编著.—3版.—西安：
西安交通大学出版社,2016.8(2024.7重印)
ISBN 978-7-5605-8780-6

Ⅰ.①机… Ⅱ.①张…②王…③张…④刘… Ⅲ.①机械工程－高等学校－
教材 Ⅳ.①TH

中国版本图书馆 CIP 数据核字(2016)第 164961 号

书　　名	机械工程基础(第3版)
主　　编	张克猛
责任编辑	任振国　宋小平
出版发行	西安交通大学出版社
地　　址	(西安市兴庆南路1号 邮政编码710048)
网　　址	http://www.xjtupress.com
电　　话	(029)82668357　82667874(市场营销中心)
	(029)82668315(总编办)
传　　真	(029)82668280
印　　刷	西安日报社印务中心

开　本	787mm×1092mm　1/16	印张	23	字数	555千字

版次印次　2016年8月第3版　2024年7月第4次印刷
书　　号　ISBN 978-7-5605-8780-6
定　　价　63.80元

如发现印装质量问题,请与本社市场营销中心联系。
订购热线:(029)82665248　(029)82667874
投稿热线:(029)82664954
读者信箱:jdlgy31@126.com

前　言

　　本书第二版已经使用 10 年。除作为化工、电气、电信、经济、管理等类本科教科书之外，还被全国高等教育自学考试指导委员会选定为近机类相关专业的指定教材。根据教学第一线的老师们多年来的应用体会，并考虑到与之相关的自学考试辅导资料已经配套，第三版基本保留了第二版的原有架构，仅对少量内容和习题进行了个别调整，并对第二版教材中的少量印刷错误进行了订正。为使读者能够对相应内容的认知加深印象，第三版还结合一些工程事例、自然现象及人类的一些运动项目等，以"开动脑筋"向读者提问，引导读者结合当前所学的内容进行思考和发挥。这些问题或许没有现成的答案或唯一的结论，意在开阔思路、举一反三和借助于网络工具激发读者认知的兴趣。

　　此次修订仍由张克猛负责，王芳文、张亚红、刘睫共同执笔。修订工作得到了西安交通大学出版社的大力支持，本书的责任编辑任振国编审为本书的再版不辞辛劳，作者在此深致谢意。还要特别感谢已经调离本校的赵玉成教授对第二版所做出的贡献。

　　书中不尽人意的瑕疵和疏漏，恳请专家和读者批评指正。

　　今年 4 月，在交通大学建校 120 周年庆典之际，本教材被评为"西安交通大学经典教材"。

编　者

2016 年 5 月

第二版前言

作为"西安交通大学新世纪本科生系列教材",本教材第一版出版 6 年来,受到广大教师和学生的欢迎,2002 年被评为校级优秀教材。随着应用范围的扩大及新培养计划的审定,本教材在第一版的基础上进行了修订,并被学校批准为"西安交通大学'十一五'规划教材"。

此次修订仍坚持了原来的体系,但对内容进行了部分的增、减与调整,章节编排也作了适当的改动,还在一定程度上扩大了习题的选择余地。其中的部分内容以楷体排版,可作为教师选择授课内容或学生课外自学内容。

本次修订工作由张克猛、赵玉成、王芳文、张亚红、刘睫共同执笔,张克猛和赵玉成担任主编,王芳文、张亚红、刘睫负责全部习题。全书由张克猛定稿。

本书修订得到了西安交通大学力学教学实验中心和西安交通大学出版社的大力支持,杨鸿森教授在对本书审稿过程中提出了许多宝贵的意见和建议,作者在此致谢。还要特别感谢本书的责任编辑吴杰、郑丽芬老师的辛勤付出,感谢曾为第一版做出贡献的各位同事。

限于我们的水平和条件,缺点和错误在所难免,衷心希望专家和读者批评指正,使本书不断得到完善。

编 者
2006 年 6 月

第一版前言

"机械工程基础"课程的讲义自 1995 年以来一直在西安交通大学管理学院的管理经济类专业使用,1999 年被评为学校优秀讲义,本教材是在原讲义的基础上修改而成的。考虑到工科一些非机类、近机类专业的需要,内容有所拓宽,体系编排更趋合理。

就机械工程而言,涉及开发、制造、设计、安装、运用与修理各种机械中的全部理论和方法,内容非常广阔。考虑到一些接近专业的内容已作为相应的选修专业方向单独设课,还有一些使用面较宽的内容也已作为工程科学单独设课,因此本教材针对工科特点和非机类、近机类一些专业的要求,围绕着机械进行取材。以"机械概述-受力分析-变形形式-承载能力-运动分析-动荷影响-传动方式-设计方法"这一主线,将工科机械类的多门主干课程的基本内容进行贯通与融合,力图用较少的学时来侧重于对机械工程的有关基本概念、基本理论加以阐述,对解决工程实际问题的基本方法进行介绍。同时还适当注意到了对内容的有层次安排,以有利于教师针对各专业授课取材的灵活性发挥。内容广而不乱,既系统又有层次,而且非常利于读者自学。

本教材在编写、出版的过程中,得到了西安交通大学教务处、管理学院、电气学院以及西安交通大学出版社领导的热情关心与支持,得到了教研室同行们无私的大力协助。朱因远教授精心审阅了全部书稿,并提出了宝贵的意见和建议。周纪卿教授曾仔细审阅了原讲义的书稿。对他们的关心、支持以及所付出的大量心血,作者在此表示深深的谢意!

本书在编写过程中,部分插图与内容参考了书后所列的参考文献,作者在此一并致谢。

限于作者的水平以及编写体系、结构仍属尝试,书中难免有不妥之处,恳请各方面的专家及广大的读者指正。

编　者
2000 年 3 月

目　录

第1章

绪　论

机械是现代社会进行生产和服务的五大要素(即人、资金、能量、材料和机械)之一,而能量和材料的生产还必须有机械的参与。任何现代产业和工程领域都需要应用机械,例如农业、林业、矿山等需要农业机械、林业机械、矿山机械;冶金和化学工业需要冶金机械、化工机械;纺织和食品加工工业需要纺织机械、食品加工机械;房屋建筑和道路、桥梁、水利等工程需要工程机械;电力工业需要动力机械;交通运输业需要各种车辆、船舶、飞机等;各种商品的计量、包装、储存、装卸需要各种相应的工作机械。就是人们的日常生活,也越来越多地应用了各种机械,如汽车、自行车、缝纫机、钟表、照相机、洗衣机、冰箱、空调机和吸尘器,等等。

机械工程是以有关的自然科学和技术科学为理论基础,结合生产实践中积累的技术经验,研究和解决在开发、设计、制造、安装、运用和修理各种机械中的全部理论和实际问题的一门应用学科。

1.1　机械的形成与机械工程的发展过程

人类成为"现代人"的标志是制造工具。石器时代的各种石斧、石锤和木质、皮质的简单粗糙的工具是后来出现的机械的先驱。从制造简单工具演进到制造由多个零件、部件组成的现代机械,经历了漫长的历史过程。

几千年前,人类已创造了用于谷物脱壳和粉碎的臼和磨,用于提水的桔槔和辘轳,装有轮子的车和航行于江河的船等。所用的动力,从人自身的体力,发展到利用畜力、水力和风力。所用材料从天然的石、木、土、皮革,发展到人造材料。最早的人造材料是陶瓷。制造陶瓷器皿的陶车,已是具有动力、传动和工作三个部分的完整机械。

人类从石器时代进入青铜器时代,再进入到铁器时代,用以吹旺炉火的鼓风器的发展起了重要作用。有足够强大的鼓风器,才能使冶金炉获得足够高的炉温,才能从矿石中炼得金属。在中国,公元前1000~前900年就已有了冶铸用的鼓风器,并逐渐从人力鼓风发展到畜力和水力鼓风。

15~16世纪以前,机械工程发展缓慢。但在以千年计的实践中,在机械发展方面还是积累了相当多的经验和技术知识,这就为后来机械工程的发展奠定了一定的基础。17世纪以后,资本主义在英、法和西欧诸国出现,商品生产开始成为社会的中心问题。许多高才艺的机械匠师和有生产观念的知识分子致力于改进各产业所需要的工作机械和研制新的动力机——蒸汽机。18世纪后期,蒸汽机的应用从采矿业推广到纺织、食品加工和冶金等行业。制作机械的主要材料逐渐从木材改为更为坚韧、但难以用手工加工的金属。机械制造工业开始形成,并在几十年中成为一个重要产业。机械工程通过不断扩大的实践,从分散性的、主要依赖匠师们个人才智和手艺的一种技艺,逐渐发展成为一门有理论指导的、系统的和独立的工程技术。机械工程是促成18~19世纪的工业革命以及资本主义机械大生产的主要技术因素。

各个工程领域的发展都要求机械工程有与之相适应的发展,都需要机械工程提供所必需的机械。某些机械的发明和完善,又导致新的工程技术和新的产业的出现和发展,例如大型动力机械的制造成功,促成了电力系统的建立;机车的发展导致了铁路工程和铁路事业的兴起;内燃机、燃气轮机、火箭发动机等的发明和进步以及飞机和航天器的研制成功导致了航空、航天工程和航空、航天事业的兴起;高压设备(包括压缩机、反应器、密封技术等)的发展导致了许多新型合成化学工程的成功。机械工程就是在各方面不断提高的需求的压力下获得发展动力,同时又从各个学科和技术的进步中不断得到改进与创新的能力。

当前,世界正在进行着一场新的技术革命,以集成电路为中心的微电子技术的广泛应用给社会生活和工业结构带来了巨大的影响。机械工程与微处理机结合诞生了"机电一体化"的复合技术。这使机械设备的结构、功能和制造技术等提高到了一个新的水平。机械学、微电子学和信息科学三者的有机结合,构成了一种优化技术,应用这种技术制造出来的机械产品结构简单、轻巧、省力和高效率,并部分代替了人脑的功能,即实现了人工智能。"机电一体化"产品已经成为了当今及今后机械产品发展的主流。

1.2　机械的特征

机械的种类多种多样,不同的机械,其构造、用途也各不相同,但既是机械就必定有以下的共同特征:

(1)都是多个实体的组合。

(2)各实体间具有确定的相对运动。如图1-1所示,单缸内燃机中活塞2相对气缸体1作往复运动,曲轴4相对气缸体1作相对转动。

(3)能进行能量转换(如内燃机把热能转换成机械能),或完成有效机械功(如起重机提升重物)。

凡同时具有上述三个特征的机械称为**机器**;仅具有上述前两个特征的机械称为**机构**。显然机器与机构的区别在于:机器的主要功用是进行能量转换或利用机械能作功;而机构的主要功用在于传递或转变运动的形式。然而,从基本组成、运动特性和受力状态等方面进行分析,机器与机构并没有区别,故一般常以**机械**作为机器与机构的统称。

由于机器的特征包含着机构的特征,所以机器不能没有机构,一部机器可以含有一个或数个机构。如图1-2所示颚式破碎机只含有一个曲柄摇杆机构,图1-1所示的内燃机就包含了曲柄滑块机构、齿轮机构和凸轮机构等三个机构。

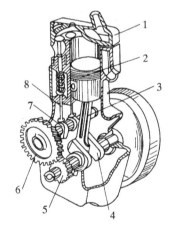

图1-1　内燃机

1—缸体;2—活塞;3—连杆;

4—曲轴;5,6—齿轮;

7—凸轮;8—顶杆

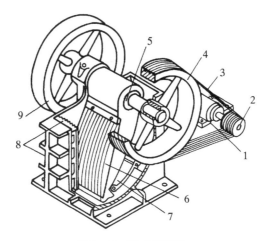

图 1-2　颚式破碎机

1—电动机；2—带轮；3—V 带；4—带轮；5—偏心轴；

6—动颚；7—肘板；8—定颚板、机架；9—飞轮

1.3　零件和部件

1. 零件

组成机械的基本单元体称为机械零件，简称为**零件**。

机械中的零件按其应用的范围可分为两类：一类是通用零件，它在各种类型的机械中都可能用到，且具有同一功能，如螺栓、齿轮、带和链等；另一类是专用零件，它仅适用于一定类型的机械中，并能表示此种机械的特点，如内燃机中的曲轴、汽轮机中的叶片、农业机械上的犁铧和纺织机械上的纺锭等。

2. 部件

为了独立制造、独立装配和运输、使用上的方便，常把机械中为完成同一功能的一组零件组合在一起形成一个协同工作的整体，如减速器、离合器和电机转子等。这种为完成同一功能而在结构上组合在一起的协同工作的零件总体，称为**部件**。

1.4　构件与运动副

机构是由许多构件以一定的可动方式相互联接而成的。

1. 构件

组成机构的各个相对运动的实体称为**构件**。它可以是单一的整体，如图 1-3 所示的内燃机曲轴；也可以是多个零件的刚性联接，如图 1-4 所示颚式破碎机的动颚，就是由动颚体 1 和动颚板 2 用压板 3 和螺钉 4 固定成一体的。

可见，零件与构件的区别在于：零件是制造的单元，是从加工制造角度确定的概念；而构件则是运动单元，是从运动角度确定的概念。

机构中的构件按其运动性质可分为三类。

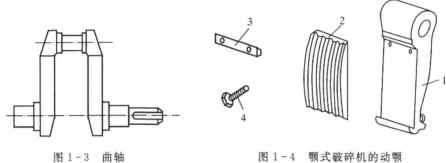

图 1-3　曲轴　　　　　图 1-4　颚式破碎机的动颚

1—动颚体；2—动颚板；3—压板；4—螺钉

1）固定件（机架）

用来支承活动构件的构件称为**固定件**。如图 1-1 中的气缸体,是用以支承活塞、曲轴等活动构件的。

2）主动件（原动件）

驱动力所作用的构件称为**主动件**。或者说是用来带动其他构件运动的构件。如图 1-1 中的活塞,受气体压力推动,从而带动连杆和曲轴运动。

3）从动件

随主动件的运动而运动的构件称为**从动件**。如图 1-1 中的连杆、曲轴随活塞运动而运动。

任何机构必须有一个构件被相对作固定件。在活动构件中至少有一个是主动件。

2. 运动副

机构中由两个构件组成的具有一定相对运动的可动联接称为**运动副**。如图 1-1 中的活塞与缸体、活塞与连杆、连杆与曲轴、曲轴与缸体等联接。

两构件组成的运动副,不外乎是通过点、线或面三种形式的接触来实现的,根据两构件间的接触方式不同,可将运动副分为高副和低副。

1）高副

两构件通过点或线接触组成的运动副称为**高副**。如图 1-5(a)中的车轮与钢轨(线接触),图(b)中的凸轮与顶杆(点接触),图(c)中齿轮 1 与齿轮 2(线接触),分别在接触处组成了高副。

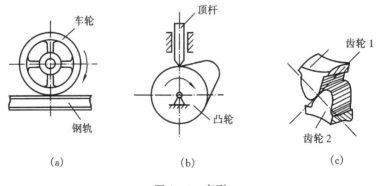

(a)　　　　　　　　(b)　　　　　　　　(c)

图 1-5　高副

由于高副是点或线接触,故可传递较复杂的运动,但承载能力较差。

2）低副

两构件通过面接触组成的运动副称为**低副**。如图1-1中的活塞与气缸体、曲柄与连杆等均组成低副。

根据组成低副的两构件间的相对运动形式不同,低副又可分为移动副与转动副:

①移动副。两构件间面接触且只能沿某一直线作相对移动的运动副称为**移动副**。例如图1-6(a)所示构件1与2组成移动副,图1-1中活塞与气缸体组成移动副。

②转动副。两构件间面接触且只能绕同一轴线作相对转动的运动副称为**转动副**。如图1-6(b)所示构件1与2组成的运动副,这类转动副又称为铰链。如图1-1中活塞与连杆、连杆与曲轴、曲轴与缸体等,都组成了转动副。

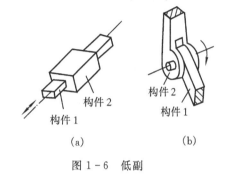

构件2　　　构件2
构件1　　　构件1
(a)　　　　　(b)

图1-6　低副

由于低副是面接触,故承载能力较强,且一般为平面或柱面,所以容易加工制造。但低副均为滑动摩擦,所以效率较低。

两个以上的构件在同一处以转动副相联接组成的运动副称为**复合铰链**。当组成复合铰链的构件数为 m 时,所包含的转动副数目应为$(m-1)$个。

运动副类型的正确判断与个数的准确计算,将直接影响到机构的自由度的确定,故不能误判、多算或漏算。

开动脑筋:请指出图示星型内燃机曲柄连杆机构中所包含的构件、运动副个数,以及运动副中所包含的移动副和转动副个数。

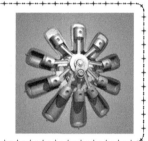

1.5　刚体与变形固体

工程实际中所研究的问题有时是相当复杂的。为了便于进行力学分析与计算,常根据所研究问题的不同,找到研究对象的某些共性和影响研究结果的某些主要因素,而将某些次要因素忽略不计,从而把复杂的工程实际问题简化为合理的力学模型,这一过程称为**力学建模**。

1. 质点与质点系

当所研究物体的运动范围远远超过它本身的几何尺度时,它的形状对运动的影响极微小,可以将物体简化为只有质量而没有体积的几何点,即**质点**。

质点系是相互之间具有一定联系的有限或无限多质点的总称。一般情况下任何物体都可以看作是由许多质点组成的质点系。有时根据研究问题的需要,也可取某个部件或整部机器作为质点系。

2. 刚体

对于那些在运动中变形极小,或虽有变形但并不影响其整体运动的物体,可以完全不考虑其变形,而认为组成物体的各质点之间保持距离不变。这种不变形的特殊质点系称为**刚体**。

可见,质点和刚体都是实际物体的抽象化模型。

3. 变形固体

零件均由不同的固体材料制成。在外力作用下,固体将发生变形,故称为**变形固体**。因此当研究零件的变形问题时,物体就不能再抽象为刚体而必须视为变形固体。

1.6 载荷及其分类

1. 静载荷与动载荷

静载荷是指大小、方向和作用点位置不随时间而变的载荷。工程中把量值随时间变化不大或变化速度缓慢的载荷,通常也近似地作为静载荷处理。

动载荷是指随时间有显著变化的载荷。根据载荷值随时间的变化规律(载荷历程)不同,动载荷又可分为**周期载荷**、**冲击载荷**和**随机载荷**等类型。工程中大多数机械承受的都是动载荷。例如:齿轮转动时,每个轮齿受大小随时间呈周期变化的啮合力作用,锻造的工件受到气锤瞬间作用的冲击力作用,在高低不平道路上行驶的汽车受到随机变化的路面反力作用等等。

2. 集中载荷与分布载荷

集中作用的载荷称为**集中载荷**。例如作用于皮带轮的皮带拉力,作用于转动齿轮上的啮合力,作用于摩擦离合器上的摩擦力矩等。

连续分布的载荷称为**分布载荷**。例如作用于物体内各点处的重力,作用于内燃机活塞端面上的膨胀气体压力等。

令 ΔF 表示长度 Δx 上的分布载荷的合力,则载荷集度 q 定义为极限

$$q = \lim_{\Delta x \to 0} \frac{\Delta F}{\Delta x} \tag{1-1}$$

表示单位长度力。一般说来,载荷集度是随位置而变化的。工程实际中最一般的分布情况是 $q(x)$ 为常数的**均匀分布载荷**(简称**均布载荷**)及 $q(x)$ 的形式为 $Ax+B$ 的**线性分布载荷**(简称**线布载荷**,其中 A,B 分别为不变量)。

复习思考题

1-1 什么是机器?什么是机构?机器和机构的区别是什么?

1-2 什么是构件?什么是零件?构件和零件的区别是什么?

1-3 什么是通用零件?什么是专用零件?试举例说明。

1-4 什么是复合铰链?并判定图示机构中有无复合铰链。

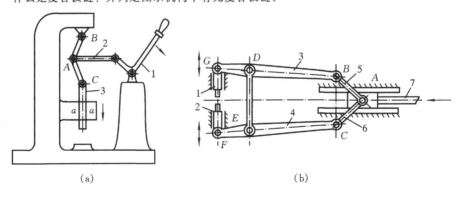

(a)   (b)

题 1-4 图

第2章

机械的静力分析

从既安全又经济的原则出发,在设计机械或工程结构时,对有关的机械零件或结构物,一般应首先进行静力分析,然后在此基础上再进行有关强度、刚度等一系列的设计计算。本章将从力的基本性质入手,简明阐述刚体在力系作用下的平衡规律。同时还要介绍力、力矩、力偶等基本概念,力系的等效替换及物体的受力分析方法等。

平衡是指运动的一种特殊状态,如果物体相对于惯性参考系保持静止或作匀速直线平动,则称该物体处于平衡状态。对工程技术中的多数问题来说,可以把固连于地球的参考系当作惯性参考系。

力系是指作用在物体上的一群力。如果作用于某一刚体上的力系可以用另一力系代替,而不会改变刚体在原力系作用下的运动状态,则此二力系为**等效力系**。与一个力系等效的力称为该力系的**合力**,力系中的各力称为合力的分力。如果一个力系作用于刚体能使该刚体保持平衡,则称这个力系为**平衡力系**。力系成为平衡力系时应满足的充分必要条件称为该力系的**平衡条件**。实践经验表明,在刚体上任意增加或减去平衡力系,不影响刚体的运动状态,该结论称为加减平衡力系原理。实践经验还表明:在力系作用下处于平衡状态的变形体如刚化成刚体,则其平衡状态不受影响。此结论称为刚化原理。由此可见,刚体的平衡条件对变形体而言,只是必要(但不充分)条件。工程结构元件与机械零件在力的作用下或多或少都要发生变形,而且各自都有一定的变形规律,所以都是变形体。刚体平衡的必要条件同样适用于变形体。

应当指出,本章所阐述的力的基本性质、力系的简化理论以及物体受力分析的方法,也同样适用于物体运动时的情形;根据平衡条件所进行的静力计算,在实用上既适用于静止的结构物,也适用于加速度不大的低速机械。

2.1 力的基本性质

人类对力的认识最初来自自身的体力,以后随着生产的发展,在改革生产工具与生产对象的运动状态及形态的实践过程中,逐步认识到了自然界的各种巨大潜力,如引力、热力和电磁力等。从而由直接接触到间接感应,撇开个性,抓住共性,建立了力的定义:力是物体之间相互的机械作用,力对物体的效应是使物体的机械运动发生变化,同时使物体产生变形。对于刚体,力的效应只改变其运动状态。经过人们的长期实践证明力具有以下基本性质:

性质一:力对物体的效应取决于力的三个要素:大小、方向和作用点。

力的大小表示物体之间机械作用的强度,国际单位制中以牛顿(N)或千牛顿(kN)为单位。力的方向表示物体间的机械作用的方向。力的作用点是物体间机械作用的位置。力的三个要素可以用一有向线段表示,线段的长度表示力的大小,箭头表示力的方向,线段的起点或终点表示力的作用点,线段所在的直线称为力的作用线。由下面将要给出的力的第三条基本性质表明,力的合成符合矢量求和规则,因而力是矢量。更确切地讲:作用于物体上的力是定位矢量。

性质二:作用力与反作用力同时存在,大小相等、方向相反,沿同一作用线分别作用于两个不同的物体上。

该性质指出,力总是成对出现的,有作用力必有一反作用力,这是机械受力分析的重要依据。因为机械中力的传递是通过零件之间的作用与反作用而进行的。

性质三:作用在物体上同一点的两个力,其合力仍作用于该点,合力的大小和方向由两力为边所构成的平行四边形的对角线确定(图 2-1(a))。即合力等于其两分力的矢量和,写成矢量式为

$$F_R = F_1 + F_2$$

该性质称为力的平行四边形法则。

亦可作一三角形求共点两力合力的大小和方向(即合力矢量),如图 2-1(b)所示,称为力的三角形法则。

用此法则也可以将一力分解为两个力。工程上常将一力沿两个互相垂直的方向分解。如图 2-2 所示,割刀 1 对工件 2 的切削力 F 可分解为切向力(切削阻力)F_τ 和径向力(进刀阻力)F_n。由图可见,$F_\tau = F\sin\alpha$,$F_n = F\cos\alpha$。这种分解称为正交分解。

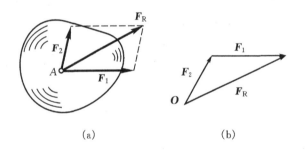

(a)   (b)

图 2-1 共点两个力的合成

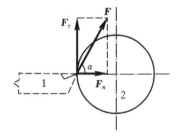

图 2-2 力的正交分解

作为一种特例,当合力矢量等于零矢量时,$F_1 = -F_2$。这表明同一作用点上的两个力如大小相等、方向相反,则对物体的作用效果等于零。实践证明,受两个力作用的刚体平衡的必要充分条件是这两个力的大小相等,方向相反,沿着同一作用线(图 2-3),称为二力平衡条件。

利用二力平衡条件和加减平衡力系原理还可推导出以下新的结论:

作用于刚体上的力可以沿其作用线移动而不改变它对刚体的效应。

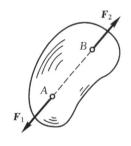

图 2-3 二力平衡

证明:设 F 力作用于刚体上的 A 点,B 点为力的作用线上的任意一点,如图 2-4(a)所示。在 B 点加上一对大小相等、指向相反、沿 AB 线作用的力 F_1 和 F_2,且令 $F_1 = F_2 = F$(图 2-4(b))。由于 F_1 和 F_2 是一平衡力系,所以这样作用并不改变原力 F 对刚体的作用。然而 F 和

F_2 也构成一平衡力系,可以减去(图 2-4(c))。于是就证明了作用于 B 点的力 F_1 与原作用于 A 点的力 F 等效。

上述推论称为力的可传性。如果仅研究力对刚体的效应,则力的作用点就不重要了,这时力的三要素就可改为:大小、方向和作用线。可见,作用于刚体上的力是滑动矢量。必须强调指出,力的可传性不适用于变形体。

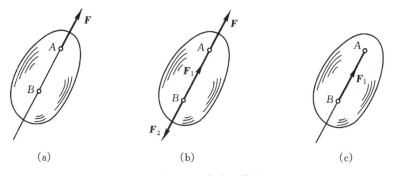

图 2-4　力的可传性

作为对力的平行四边形法则的进一步推广,下面介绍力的多边形法则:

设作用于物体上 A 点有任意个力 F_i($i=1$,2,$\cdots$,n)(图 2-5(a))。利用与平行四边形法则等同的三角形法则,逐次对每两个力进行合成,由图 2-5(b)可见,诸力矢量依次首尾相接构成一多边形。由此得如下结论:

作用在物体上同一点的 n 个力,其合力仍作用于该点。合力的大小和方向由各力矢量所构成的多边形的封闭边矢量确定。封闭边矢量自力多边形的第一个力矢量始端指向最后一个力矢量的终端。可表示为

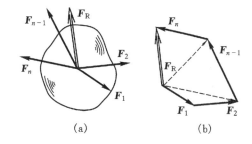

图 2-5　力的多边形法则

$$F_R = F_1 + F_2 + \cdots + F_n = \sum_{i=1}^{n} F_i$$

各力的作用线汇交于一点的力系称为**汇交力系**。由力的可传性可知,作用于刚体上的汇交力系与各力沿其作用线移到汇交点作用的共点力系等效(图 2-6)。根据力的多边形法则得如下结论:

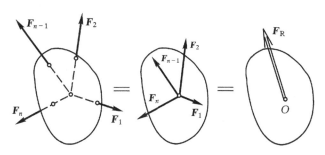

图 2-6　汇交力系的合成

　　汇交力系的合力作用线过汇交点,合力的大小和方向由力系各力所组成的力多边形的封闭边矢量确定,即合力矢量等于汇交力系各力的矢量之和。矢量式为

$$F_R = \sum_{i=1}^{n} F \tag{2-1}$$

2.2　力　矩

　　在日常活动中,人们常用扳手拧动螺帽(图2-7);在机械传动中,靠主动轮对从动轮的啮合力来实现轮系各轴的转动(图2-8);乒乓球运动员常通过一些高难度的"削球"动作来改变乒乓球在空中的移动与旋转姿态(图2-9)。以上现象表明,力对刚体的运动效应除了移动之外还有转动。发明于远古时代的杠杆、滑轮等简单机械装置,在其基本的工作原理中就包含了十分生动的力矩概念。

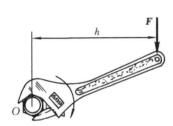　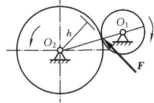　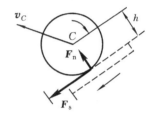

　图2-7　拧动螺帽的力矩　　　图2-8　齿轮啮合力的矩　　图2-9　乒乓球的摩擦力矩

2.2.1　力对点之矩

　　实践经验表明,当可绕固定点 O 转动的刚体上受到 F 力作用时,原来静止的刚体将以 F 的作用线与 O 点所组成的平面 OAB 的法线 On 为轴产生转动趋势,方向取决于力在该平面内的指向,其强弱程度取决于 F 力的大小和 O 点到 F 作用线的垂直距离 h 的乘积(图2-10)。

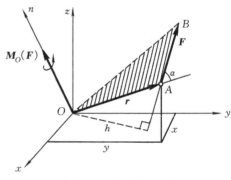

图2-10　力对点之矩

　　为了表达力对刚体绕某点的转动效应,建立以下力对点之矩的抽象概念:设 O 为空间的任意确定点,自 O 向 F 的作用点 A 引矢径 r(图2-10),则 r 和 F 的矢积即称为**力 F 对 O 点之矩**,习惯上简称为**力矩**,记作 $M_O(F)$,即

$$M_O(F) = r \times F \tag{2-2}$$

式(2-2)表明:力对点之矩是一矢量,该矢量与 r 和 F 所决定的平面相垂直,指向按右手螺旋法则确定。力矩矢量的模(即大小)为

$$| M_O(F) | = Fr\sin\alpha = Fh$$

式中:O 点称为矩心;h 称为力臂。力矩矢量的模等于力的模与力臂的乘积。由此可见,力矩矢量完整地表达了力对刚体绕某点的转动效应。由于力矩矢量 $M_O(F)$ 的模与方向都与矩心 O 的位置有关,因此,力矩是一个定位矢量,必须由矩心引出。

特殊情况下,作用于刚体上的各力作用线与矩心 O 在同一平面内,此时各力对 O 点之矩矢量共线,故用正负号即可完全确定力矩的转向。例如,人们手握扳手拧动螺帽时就只有拧紧和松动两种可能。因此同平面内作用的各力对该平面内任一点的矩是一代数量,即

$$M_O(\boldsymbol{F}) = \pm Fh \qquad (2-3)$$

并规定,力有使刚体作逆时针转动趋势时,力矩取正,反之则取负。

可见,当力 $\boldsymbol{F}$ 作用线通过矩心 O 时,力臂 $h=0$,故 $|M_O(\boldsymbol{F})|=0$;当力 $\boldsymbol{F}$ 沿其作用线移动时,由于力臂 h 不变,故力矩 $M_O(\boldsymbol{F})$ 不变。

在国际单位制中,力矩的单位是牛顿·米(N·m)。

以 O 为原点建立直角坐标系 $Oxyz$ 如图 2-10 所示,则矢径 $\boldsymbol{r}$ 与力 $\boldsymbol{F}$ 均可以解析形式表示:

$$\boldsymbol{r} = x\boldsymbol{i} + y\boldsymbol{j} + z\boldsymbol{k}$$
$$\boldsymbol{F} = F_x\boldsymbol{i} + F_y\boldsymbol{j} + F_z\boldsymbol{k}$$

将上述表达式代入式(2-2),即可得力矩矢量的坐标形式

$$\boldsymbol{M}_O(\boldsymbol{F}) = \begin{vmatrix} \boldsymbol{i} & \boldsymbol{j} & \boldsymbol{k} \\ x & y & z \\ F_x & F_y & F_z \end{vmatrix}$$
$$= (yF_z - zF_y)\boldsymbol{i} + (zF_x - xF_z)\boldsymbol{j} + (xF_y - yF_x)\boldsymbol{k}$$

单位矢量 $\boldsymbol{i}$、$\boldsymbol{j}$、$\boldsymbol{k}$ 前面的系数为力矩矢量 $\boldsymbol{M}_O(\boldsymbol{F})$ 在 x、y、z 轴上的投影,即

$$\begin{aligned} \left[\boldsymbol{M}_O(\boldsymbol{F})\right]_x &= yF_z - zF_y \\ \left[\boldsymbol{M}_O(\boldsymbol{F})\right]_y &= zF_x - xF_z \\ \left[\boldsymbol{M}_O(\boldsymbol{F})\right]_z &= xF_y - yF_x \end{aligned} \qquad (2-4)$$

设刚体上 A 点作用一共点力系 $\boldsymbol{F}_1$,$\boldsymbol{F}_2$,$\cdots$,$\boldsymbol{F}_n$,则其合力 $\boldsymbol{F}_R = \sum_{i=1}^{n} \boldsymbol{F}_i$ 仍作用于该点,于是,力系诸力对 O 点的力矩之和为

$$\sum_{i=1}^{n} \boldsymbol{M}_O(\boldsymbol{F}_i) = \sum_{i=1}^{n} \boldsymbol{r} \times \boldsymbol{F}_i = \boldsymbol{r} \times \sum_{i=1}^{n} \boldsymbol{F}_i = \boldsymbol{r} \times \boldsymbol{F}_R$$

可归纳为以下结论:共点力系的合力对任一点之矩等于该力系诸力对同一点之矩的矢量和,即

$$\boldsymbol{M}_O(\boldsymbol{F}_R) = \sum_{i=1}^{n} \boldsymbol{M}_O(\boldsymbol{F}_i) \qquad (2-5)$$

当共点力系中诸力作用线位于同一平面时,由于力对点之矩可用式(2-3)来表示,因此式(2-5)变为

$$M_O(\boldsymbol{F}_R) = \sum_{i=1}^{n} M_O(\boldsymbol{F}_i) \qquad (2-6)$$

即平面共点力系的合力对该平面内任一点之矩等于该力系诸力对同一点之矩的代数和。上述结论称为合力矩定理。此定理为计算力矩提供了一种简便的方法。

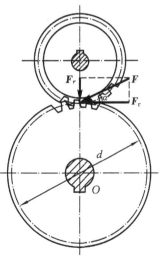

例 2-1　图 2-11 所示圆柱直齿齿轮传动,从动轮节圆直径 $d=$ 30 cm,受到主动轮啮合力 $F=1$ kN,压力角 $\alpha=20°$。试求啮合力 $\boldsymbol{F}$ 对从动轮中心 O 的传动力矩 $M_O(\boldsymbol{F})$。

图 2-11　例 2-1 图

解 将 **F** 力沿从动轮节圆的切向与径向正交分解为两个分力 $\boldsymbol{F}_\tau$ 与 $\boldsymbol{F}_r$,如图(2-11),则根据式(2-6),有

$$M_O(\boldsymbol{F}) = M_O(\boldsymbol{F}_\tau) + M_O(\boldsymbol{F}_r)$$

由于分力 F_r 通过矩心,故 $M_O(F_r)=0$,且 $F_\tau = F\cos\alpha$,一并代入上式后,得

$$M_O(\boldsymbol{F}) = M_O(\boldsymbol{F}_\tau) = \frac{1}{2}dF\cos\alpha = 141 \text{ N} \cdot \text{m}$$

2.2.2 力对轴之矩

当力作用于可绕某轴转动的刚体上时,则此力所产生的转动效应用力对轴之矩来度量。设刚体上作用一力 **F**,而轴 z 与 **F** 的作用线既不平行,也不相交,如图 2-12 所示。通过力 **F** 的作用点作平面与 z 轴相垂直,以 O 表示它们的交点,并将力 **F** 正交分解为两个分力 $\boldsymbol{F}_z$ 和 $\boldsymbol{F}_{xy}$,其中 $\boldsymbol{F}_z$ 与 z 轴相平行,$\boldsymbol{F}_{xy}$ 位于与 z 轴垂直的平面内。由经验可知,$\boldsymbol{F}_z$ 对刚体绕 z 轴没有转动效应,所以分力 $\boldsymbol{F}_{xy}$ 对 O 点之矩就度量了力 **F** 使刚体绕 z 轴转动的效应。由此得如下定义:空间力对轴之矩等于该力在垂直于该轴的平面上的投影对该轴与该平面的交点之矩。可表示为

$$M_z(\boldsymbol{F}) = M_O(\boldsymbol{F}_{xy}) = \pm F_{xy}h \qquad (2-7)$$

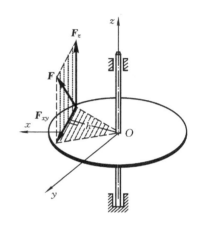

图 2-12 力对轴之矩

式中正负号按右手螺旋法则确定,即从 Oz 轴的正端向负端看,分力 $\boldsymbol{F}_{xy}$ 使刚体绕轴有作逆时针转动趋势时,$M_z(\boldsymbol{F})$ 取正值,反之取负值。显然,力对轴之矩是代数量。

由式(2-7)可知,当力沿其作用线滑动时,力臂 h 不变,故力对轴之矩不变;当力与轴相交时,力臂 $h=0$,或当力与轴平行时,分力 $\boldsymbol{F}_{xy}=0$,此种情况下力对轴之矩等于零,即力与轴共面时力对轴之矩等于零。

如图 2-13 所示,空间力 **F** 在图示直角坐标系 $Oxyz$ 的三条坐标轴上的投影分别为 F_x、F_y 和 F_z,力的作用点 A 的坐标分别为 x,y 和 z。作为力对轴之矩定义的应用,并根据式(2-6)所表示的合力矩定理,可算得力 **F** 对坐标轴 Ox、Oy、Oz 之矩分别为

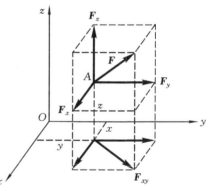

图 2-13 力对正交坐标轴之矩

$$\left.\begin{array}{l} M_x(\boldsymbol{F}) = yF_z - zF_y \\ M_y(\boldsymbol{F}) = zF_x - xF_z \\ M_z(\boldsymbol{F}) = xF_y - yF_x \end{array}\right\} \qquad (2-8)$$

将式(2-8)与式(2-4)进行比较后可得如下结论:力对点之矩矢量在通过该点的轴上的投影等于力对该轴之矩,即

$$\left.\begin{array}{l} [M_O(\boldsymbol{F})]_x = M_x(\boldsymbol{F}) \\ [M_O(\boldsymbol{F})]_y = M_y(\boldsymbol{F}) \\ [M_O(\boldsymbol{F})]_z = M_z(\boldsymbol{F}) \end{array}\right\} \qquad (2-9)$$

该结论义称为力矩关系定理。

例 2-2 力 **F** 沿长方体的对顶线 BA 作用,长方体的边长为 a、b、c,如图 2-14(a)所示。试求力 **F** 对 x、

y、z 各轴之矩。

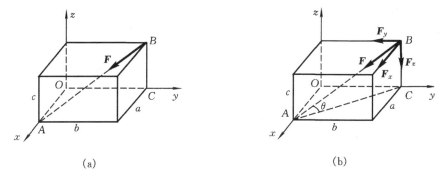

(a)　　　　　　　　　　　　　　　　(b)

图 2-14　例 2-2 图

解　为求力 $\boldsymbol{F}$ 对各轴之矩，首先需求出力 $\boldsymbol{F}$ 在各轴上的投影 F_x、F_y、F_z，如图 2-14(b)所示。

$$F_z = -F\sin\theta = -F\frac{BC}{AB} = \frac{-cF}{\sqrt{a^2+b^2+c^2}}$$

$$F_x = \frac{aF}{\sqrt{a^2+b^2+c^2}}$$

$$F_y = \frac{-bF}{\sqrt{a^2+b^2+c^2}}$$

由式(2-8)可求出力 $\boldsymbol{F}$ 对各轴之矩为

$$M_x = yF_z - zF_y = bF_z - cF_y$$

$$= \frac{-bcF}{\sqrt{a^2+b^2+c^2}} - \frac{c(-b)F}{\sqrt{a^2+b^2+c^2}} = 0$$

$$M_y = zF_x - xF_z = cF_x - 0\times F_z = \frac{acF}{\sqrt{a^2+b^2+c^2}}$$

$$M_z = xF_y - yF_x = 0\times F_y - b\times F_x = \frac{-abF}{\sqrt{a^2+b^2+c^2}}$$

2.3　力　偶

　　大小相等、方向相反，作用线平行但不重合的两个力组成的力系称为**力偶**。例如要求电动的转子所受磁场力($\boldsymbol{F}_1$、$\boldsymbol{F}_1'$)和($\boldsymbol{F}_2$、$\boldsymbol{F}_2'$)构成两个力偶(图 2-15)，以减小转子两端的轴承磨损。用铰杠丝锥攻螺纹时，要求双手加于铰杠的力 $\boldsymbol{F}$ 和 $\boldsymbol{F}'$ 要近似组成一力偶，以保证丝锥不断裂(图 2-16)。

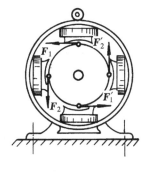

图 2-15　磁场力偶

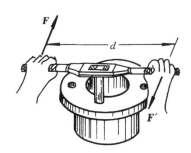

图 2-16　铰杠所受力偶

设由($\boldsymbol{F}$、$\boldsymbol{F}'$)组成的力偶如图 2-17 所示。两力作用线所决定的平面称为**力偶作用面**,两力作用线的垂直距离 d 称为**力偶臂**。由于 $\boldsymbol{F}+\boldsymbol{F}'=0$,因此力偶不存在合力,然而又由于 $\boldsymbol{F}$ 与 $\boldsymbol{F}'$ 的作用线不重合,所以 $\boldsymbol{F}$ 与 $\boldsymbol{F}'$ 又不可能成为平衡力系。由此可见,力偶不能与一个力等效。它与力一样,也是力学中的一个基本作用量。力偶的作用效果是改变刚体的转动状态,或引起变形固体的扭转或弯曲变形。此效应可以用力偶中的两个力的力矩之和来度量。如图 2-17 所示,两个力对任意点 O 的力矩之和为

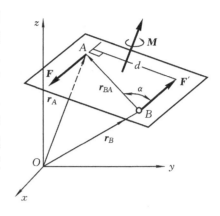

$$\boldsymbol{M}_O(\boldsymbol{F}) + \boldsymbol{M}_O(\boldsymbol{F}') = \boldsymbol{r}_A \times \boldsymbol{F} + \boldsymbol{r}_B \times \boldsymbol{F}'$$

式中 $\boldsymbol{r}_A$ 和 $\boldsymbol{r}_B$ 分别表示两个力的作用点 A 和 B 到 O 点的矢径。因 $\boldsymbol{F}'=-\boldsymbol{F}$,上式可写成

图 2-17 力偶

$$\boldsymbol{M}_O(\boldsymbol{F}) + \boldsymbol{M}_O(\boldsymbol{F}') = \boldsymbol{r}_A \times \boldsymbol{F} - \boldsymbol{r}_B \times \boldsymbol{F}$$
$$= (\boldsymbol{r}_A - \boldsymbol{r}_B) \times \boldsymbol{F} = \boldsymbol{r}_{BA} \times \boldsymbol{F}$$

矢径 $\boldsymbol{r}_{BA} = \boldsymbol{r}_A - \boldsymbol{r}_B$ 表示由 B 点到 A 点所作的矢径。上式表明:力偶中两力对任意点之矩之和恒等于矢积 $\boldsymbol{r}_{BA} \times \boldsymbol{F}$,与矩心位置无关。矢积 $\boldsymbol{r}_{BA} \times \boldsymbol{F}$ 定义为力偶($\boldsymbol{F}$,$\boldsymbol{F}'$)的**力偶矩矢量**,记作 $\boldsymbol{M}$,即

$$\boldsymbol{M} = \boldsymbol{r}_{BA} \times \boldsymbol{F} \tag{2-10}$$

它的模为

$$|\boldsymbol{M}| = |\boldsymbol{r}_{BA}| \cdot |\boldsymbol{F}| \sin(\boldsymbol{r}_{BA}, \boldsymbol{F}) = Fd$$

力偶矩矢量的模即力偶矩的大小,它等于力偶中的一个力的大小与力偶臂的乘积,力偶矩矢量 $\boldsymbol{M}$ 的方位与力偶作用面垂直,指向按右手螺旋法则确定,如图2-18所示。

由于力偶矩矢量与矩心位置无关,因此作用在刚体上的力偶矩矢量是自由矢量;只要保持其力偶矩矢量不变,可同时改变力与力偶臂的大小。这就是力偶所具有的性质。

特殊情况下,作用于刚体的诸力偶作用面相互平行,此时根据上述性质,可以将作用在刚体内各平行平面上的所有力偶都搬移到同一平面上来,且力偶矩只需用代数值即可同时表达力偶矩的大小与力偶的转向,即

图 2-18 力偶矩矢量

$$M = \pm Fd \tag{2-11}$$

并规定:若力偶有使刚体作逆时针转动的趋势时,力偶矩取正值,反之取负值。常用带箭头的圆弧来表示(图 2-19),其中箭头表示力偶的转向,字母 M 表示力偶矩的大小。

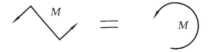

图 2-19 同平面内的力偶矩的表示

同时作用在刚体上的一群力偶称为**力偶系**。力偶既然不能与一个力等效,力偶系的合成

结果显然也不能是一个力,而仍为一个力偶,此力偶就称为力偶系的合力偶。

力偶矩作为矢量,不仅是因为力偶矩是有大小和方向的物理量,而且可以证明它的确服从矢量运算的规则(证明从略,可参考有关的理论力学教材)。因此可用多边形法则求得力偶系的合力偶矩矢量为

$$\boldsymbol{M} = \sum_{i=1}^{n} \boldsymbol{M}_i \qquad (2-12)$$

即力偶系的合力偶矩矢量等于各分力偶矩矢量之和。

2.4 力系的简化

根据力系中的各力作用线在空间的分布特点,可对力系进行分类如下:

$$\text{空间一般力系} \rightarrow \begin{cases} \text{空间汇交力系} \\ \text{空间力偶系} \\ \text{空间平衡力系} \end{cases}$$

$$\downarrow$$

$$\text{平面一般力系} \rightarrow \begin{cases} \text{平面汇交力系} \\ \text{平面力偶系} \\ \text{平面平等力系} \end{cases}$$

可见,空间一般力系为最一般的力系。其他力系均为其特殊形式。

为了便于了解空间一般力系对刚体总的作用效应,需要用最简单的力系进行等效替换,称为力系的简化。

2.4.1 力的平移定理

对刚体而言,力是滑动矢量而不是自由矢量,力若平行移动,就会改变它对刚体的作用效应。

设力 $\boldsymbol{F}$ 作用于 A 点(图 2-20(a))。B 为 $\boldsymbol{F}$ 作用线以外的任意确定点。在 B 点处增加一对力组成的平衡力系($\boldsymbol{F}'$、$\boldsymbol{F}''$),令 $\boldsymbol{F} = \boldsymbol{F}' = -\boldsymbol{F}''$,从而成为由三个力组成的力系($\boldsymbol{F}$、$\boldsymbol{F}'$、$\boldsymbol{F}''$),如图 2-20(b)所示。从另一角度看,这三个力中 $\boldsymbol{F}' = \boldsymbol{F}$,$\boldsymbol{F}'$ 可视为 $\boldsymbol{F}$ 由作用点 A 平移至 B 点后的力,而 $\boldsymbol{F} = -\boldsymbol{F}''$,组成一力偶,称为附加力偶。此力偶的力偶矩矢量为

$$\boldsymbol{M} = \boldsymbol{r}_{BA} \times \boldsymbol{F} = \boldsymbol{M}_B(\boldsymbol{F}) \qquad (2-13)$$

式中 $\boldsymbol{r}_{BA}$ 为由力的平移点 B 至力的作用点 A 所引的矢径。由此得出结论:平移作用在刚体上

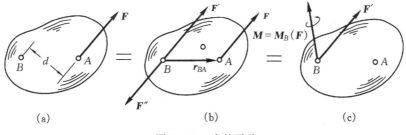

(a)   (b)   (c)

图 2-20 力的平移

的力,必须相应增加一个附加力偶才可能与原来的力等效,附加力偶的力偶矩等于原来力对平移点的力矩。此结论又称为力的平移定理。它的逆定理也同时存在,刚体上作用一个力与一个力偶,若力的作用线与力偶作用平面平行时,可合成为一个力。该力的大小和方向与原力相同,但作用线平行移动。平移方向为该力与力偶矩矢量的矢积($F' \times M$)方向,平移距离为力偶矩矢量的模与力矢量的模之比,即

$$d = |M| / |F'| \tag{2-14}$$

开动脑筋:钳工师傅利用铰手攻丝,单手用力与双手同时用力有何差别? 正确攻丝应该是单手用力还是双手用力?

2.4.2　力系的主矢和主矩

设刚体受空间一般力系$(F_1, F_2, \cdots, F_n)$作用(图2-21(a)),O为刚体内任意确定点,称为**简化中心**。将力系中各力分别向简化中心O平移,并相应地各增加一个附加力偶,从而得到的等效力系为一空间汇交力系$(F'_1, F'_2, \cdots, F'_n)$和一附加空间力偶系$(N_1, M_2, \cdots, M_n)$,如图

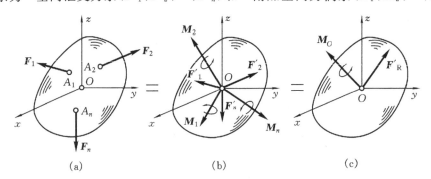

(a)　　　　　　　　(b)　　　　　　　　(c)

图2-21　力系的简化

2-21(b)所示,其中

$$F'_1 = F_1, F'_2 = F_2, \cdots, F'_n = F_n$$
$$M_1 = M_O(F_1), M_2 = M_O(F_2), \cdots, M_n = M_O(F_n)$$

汇交力系可合成为过O点的合力

$$F'_R = \sum F' = \sum F \tag{2-15}$$

附加力偶系可合成一合力偶,其力偶矩矢量为

$$M_O = \sum M_i = \sum M_O(F) \qquad\qquad (2-16)$$

力系中各力的矢量和 $\sum F$ 称为力系的**主矢量** F'_R，各力对简化中心之矩的矢量和 $\sum M_O(F)$ 称为力系对简化中心的**主矩** M_O。

不难看出，力系的主矢量与简化中心的选择无关，而力系对简化中心的主矩，一般情况下随简化中心选择的不同而改变。

由此可见，空间一般力系向任意选定中心简化，得到作用线过简化中心的一个力和一个力偶，该力的大小和方向决定于力系的主矢量，该力偶的力偶矩矢量则决定于力系对简化中心的主矩。

2.4.3 力系的简化结果讨论

空间一般力系向简化中心 O 简化得到一力和一力偶。根据力系的主矢量与主矩的不同情形，分四种情况讨论。

（1）$F'_R = 0$，$M_O = 0$。力系为平衡力系，将在本章最后一节详细讨论。

（2）$F'_R = 0$，$M_O \neq 0$。力系简化为一合力偶，其力偶矩矢量等于力系对 O 点的主矩。在此特殊情况下，力系的主矩与简化中心的选择无关。

（3）$F'_R \neq 0$，$M_O = 0$。力系简化为一合力，其大小与方向等于力系的主矢量，作用线过简化中心 O。

（4）$F'_R \neq 0$，$M_O \neq 0$。又可分为三种情况：

①当 $F'_R \perp M_O$ 时，根据力的平移定理的逆定理，最终可以简化为一个合力 F_R，该力的大小与方向仍等于力系的主矢量，作用点 O' 在 $F'_R \times M_O$ 方向，距 O 点为 $d = |M_O| / |F'_R|$ 处（图 2-22）。

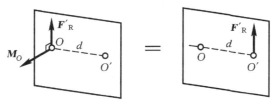

图 2-22 主矢垂直于主矩时的力系简化结果

②当 $F'_R /\!/ M_O$ 时，过 O 点的力与附加合力偶的作用面相垂直，这种由一个力和在与之垂直平面内的一个力偶所组成的力系，称为**力螺旋**（图 2-23）。

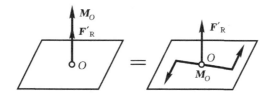

图 2-23 主矢平行于主矩时的力系简化结果

③当 F'_R 与 M_O 成任一夹角 φ 时，可以证明，力系仍可简化为力螺旋，其方法是将 M_O 分解为

两个分量,其中 $\boldsymbol{M}'_O$ 分量与 $\boldsymbol{F}'_R$ 平行,而 $\boldsymbol{M}''_O$ 分量则与 $\boldsymbol{F}'_R$ 垂直。由上述第一种情况可知,$\boldsymbol{M}'_O$ 与 $\boldsymbol{F}'_R$ 简化为过 O' 点的力 $\boldsymbol{F}_R$,又因为力偶是自由矢量,所以可将 $\boldsymbol{M}'_O$ 平移到 O' 点,从而由 $\boldsymbol{F}_R$ 和 $\boldsymbol{M}'_O$ 构成力螺旋(图 2-24)。由此可见,力螺旋是空间一般力系简化结果的最一般形式。

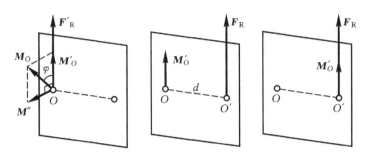

图 2-24 主矢与主矩成任一夹角时的力系简化结果

工程中有些物体明显受力螺旋作用,例如旋进木螺钉时,木板对螺钉的阻力和阻力矩构成力螺旋(图 2-25(a)),钻床钻孔时钻头受到的切削阻力系也是一力螺旋(图 2-25(b)),飞机飞行时空气作用于螺旋浆上的推进力 $\boldsymbol{F}$ 和空气的阻力矩 $\boldsymbol{M}_O$ 也构成了力螺旋(图 2-25(c))。

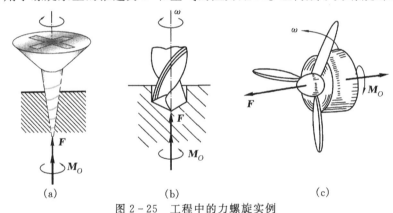

(a)   (b)   (c)

图 2-25 工程中的力螺旋实例

2.5 约束与约束反力

在空间的位移不受限制的物体称为**自由体**。例如漂浮的热气球、空中飞行的炮弹以及人造卫星等。位移受到某些条件限制的物体称为**非自由体**。工程中的机械或结构,总是由许多的零构件按照一定的方式连接组成的,这些零构件的运动必然受到相互牵制,因此都是非自由体。

对非自由体的位移起到限制作用的物体称为该非自由体的**约束**。如图 2-26 所示的曲柄冲压机中,滑道、工件与连杆构成了冲头的约束,冲头与曲轴构成了连杆的约束,而连杆与轴承又对曲轴和飞轮构成了约束。

约束给被约束物体的力称为**约束力**,也称为约束反力。由于约束

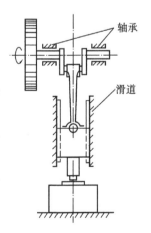

图 2-26 曲柄冲压机

力是通过约束与被约束物体间的接触而产生的,故作用在接触处,其作用是限制被约束物体的位移,故约束反力的方向与该约束所能限制的被约束物体的位移方向相反。这是确定约束反力方向的基本原则。约束反力的大小通常未知,可通过有关的力学规律来确定。

下面介绍几种机械中常见的约束,并分析其约束反力的具体特点。

1. 柔索约束

工程中将绳索、链条与皮带通称为柔索。这类约束不可伸长,只能受拉而不能受压,此性质决定了它给物体的约束反力只能是拉力,其作用线沿柔索切线方向(图 2 - 27)。

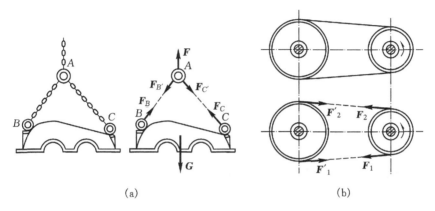

(a)　　　　　　　　　　　　(b)

图 2 - 27　柔索约束

2. 光滑接触面约束

忽略摩擦阻力的接触面称为光滑接触面。如图 2 - 28(a)所示啮合齿轮间,被动轮轮齿对主动轮轮齿的约束;图 2 - 28(b)所示凸轮机构中,凸轮对顶杆的约束等。它们的共同特点是接触面一般具有良好的加工精度与表面光洁度,有时还在良好的润滑状态下工作,因而可视为光滑接触面。由于这类约束只能阻碍物体沿接触表面公法线方向且朝向约束的位移,因此它对物体的约束反力作用在接触点处,并沿接触表面的公法线而指向物体(图 2 - 29)。

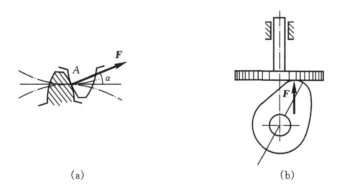

(a)　　　　　　　　　　　　(b)

图 2 - 28　光滑接触面约束

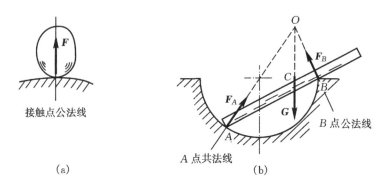

图 2-29　光滑接触面约束反力

3. 光滑圆柱铰链约束

如图 2-30 所示,用圆柱销 C 连接两个构件 A 与 B,使它们只能绕销轴作相对转动。这种约束称为圆柱铰链,在机构中又称为转动副。

忽略柱销与构件间的摩擦,可视为一种理想光滑接触面的约束,约束反力 F 应通过接触点 K 沿公法线方向(通过柱销截面中心)指向构件,如图 2-31(a)所示。但实际上柱销与构件销孔之间间隙甚小,以至于预先很难断定接触点 K 的位置,因此约束反力的方向预先也无法确定。为克服这一困难,通常用一对正交的分力 F_x 与 F_y 表示 F(图 2-31(b))。处于研究问题的方便与需要,通常对柱销不单独进行研究,而总认为它与其中的某一构件固连,因而解除铰链约束后拆为两个构件。

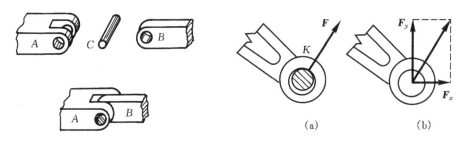

图 2-30　光滑圆柱铰链约束　　　　　　图 2-31　铰链约束反力

这类约束在工程上有着广泛的应用,见下面的例子。

1)连接铰链约束

用来连接两个只允许存在相对转动的构件。图 2-32(a)所示曲柄滑块机构中的曲柄与连杆、连杆与滑块之间的连接,都属于连接铰链,图 2-32(b)为这种连接的简图与约束反力的一般表达形式。

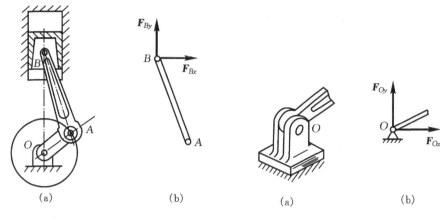

图 2-32　连接铰链　　　　　　　图 2-33　固定铰链支座

2）固定铰支座约束

用以将构件与机架（或基础）连接的连接铰链，如图 2-33（a）所示，图 2-33（b）为固定铰支座的简单表示与约束反力的一般表达形式。图 2-32（a）中曲柄与机架的连接，图 2-34 中铁路桥梁 A 端与桥墩的连接，都属于固定支座连接。

图 2-34　铁路桥梁支座约束

3）滚动铰支座约束

为了使构件随温度的变化便于自由伸缩变形，可在铰链支座与光滑支承面之间装上辊轴，就构成了所谓的滚动铰链支座如图 2-35（a）所示，这种支座通常与固定铰支座配对（图 2-34）。由于它只阻碍物体沿支承面法线方向的位移，故约束反力就只有过铰链中心、沿支承面法线方向作用的一个力。图 2-35（b）给出了可动支座的简图及约束反力的表达形式。

4）向心轴承约束

向心轴承在机械中用于限制轴的径向位移，其性质与圆柱铰链约束的性质相同，不过这里的轴本身是被约束的构件，见图 2-36（a）。图 2-36（b）是其简图与约束反力的表达形式。

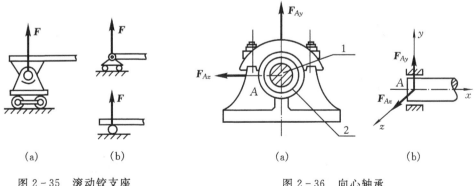

图 2-35　滚动铰支座　　　　　　图 2-36　向心轴承
　　　　　　　　　　　　　　　　　1—轴颈；2—轴承

4. 光滑球铰链约束和止推轴承约束

球铰链通过球和球窝将两个构件连接在一起（图 2 - 37(a)）。被连接构件可绕球心 O 相对转动。若其中一个构件与机架固定,则称为固定球铰链支座。例如汽车变速手柄与变速箱体的连接,拉杆天线与电视机机壳的连接以及机床照明灯支承杆与床身的连接等,都采用球铰链连接。显然,球窝给予球的约束反力必过球心,但因接触点无法预知,故约束反力方向不能预先确定,通常把它表示为三个正交分力。图2-37(b)为其简图与约束反力的一般表达形式。

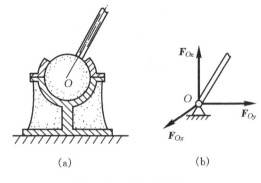

图 2 - 37　光滑球铰链

止推轴承除了能够限制轴沿径向位移外,还能限制轴的轴向位移(图 2 - 38(a)),在机械中常与向心轴承配对使用。其约束反力兼具向心轴承与光滑支承面两种约束的性质。图 2 - 38(b)给出了这种约束的简图与约束反力的表达形式。

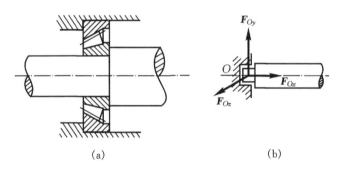

图 2 - 38　止推轴承

5. 固定端约束

约束与被约束构件彼此固连为一体的约束称为固定端,或称插入端。这类约束不允许构件与约束之间发生任何相对运动(平动或转动)。例如摇臂钻床的立柱对于摇臂(图 2 - 39

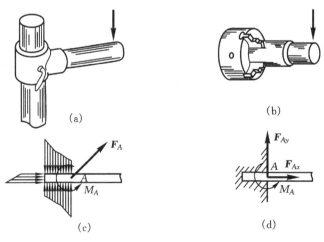

图 2 - 39　固定端

(a))、车床的卡盘对于工件(图 2-39(b))等都构成固定端约束。固定端处的约束力系的分布规律往往非常复杂和难于确定,但由力系的简化理论可知,约束力系可向固定端的 A 点简化为空间的一个力和一个力偶。当被约束的构件受已知的平面力系作用时,固定端处的约束力系向 A 点的简化结果如图 2-39(c)所示,通常以过 A 点的一对正交分力 $\boldsymbol{F}_{Ax}$、$\boldsymbol{F}_{Ay}$ 和一矩为 M_A 的约束力偶来表示(图 2-39(d))。

6. 链杆(二力杆)

两端用圆柱铰链或球铰链与其他物体连接,且不计自重,仅在两端受力的刚性直杆或弯杆,称为二力杆。由二力平衡条件可知,两端约束反力 $\boldsymbol{F}_A$ 与 $\boldsymbol{F}_B$ 必定大小相等、方向相反,且沿两端铰链中心连线,如图 2-40 所示。

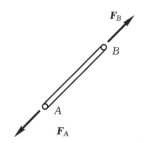
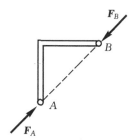

图 2-40　二力杆

2.6　摩擦力及其性质

2.6.1　摩擦现象与摩擦力

前面介绍光滑支承面约束时,约束反力沿接触处公切面的法线方向,沿切向的运动将不受限制。然而实际物体在接触处不可能实现绝对光滑,因此,当两物体具有相对运动的趋势或相对运动时,在其接触处的公切面内就会彼此作用有阻碍相对滑动的阻力,即**滑动摩擦力**,简称**为摩擦力**。

摩擦力的起因是比较复杂的,它要用微观的物理规律才能得到解释,这里只从宏观的观点说明摩擦力的性质。

设物块重 G,放在粗糙的水平面上,如图 2-41(a)所示。对物块施加一大小可变的水平力 F,当力 F 的大小由零逐渐增大,接近某一临界值 F_C 的过程中,物块仅有相对滑动的趋势,但始终保持静止。可见支承面除了对物块作用法向约束力 $\boldsymbol{F}_n$ 外,必定还存在着切向约束力 $\boldsymbol{F}_s$,此力即称为**静滑动摩擦力**,简称**静摩擦力**。在这一过程中,由于物块一直处于平衡状态,故静摩擦力 $\boldsymbol{F}_s$ 的大

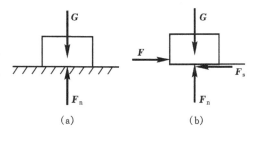

图 2-41　摩擦

小随主动力 F 的增大而增大,且保持 $F_s = F$。可见此时的摩擦力也具有一般约束力的共同性质。

当 $F = F_c$ 时,物块虽处于未滑动状态但却无限接近于滑动的状态,称为平衡的**临界状态**。此时的静摩擦力达到最大值,称为**最大静摩擦力**,以 F_{max} 表示。

综上所述可知,静摩擦力的方向与物块的相对滑动趋势方向相反,大小随主动力的变化而变,但介于零与最大值之间,即

$$0 \leqslant F_s \leqslant F_{max} \tag{2-17}$$

实验表明:最大静摩擦力的大小与两物间的正压力(即法向约束力)成正比,即

$$F_{max} = f_s F_n \tag{2-18}$$

上式即称为**静摩擦定律**,又称**库仑摩擦定律**。式中 f_s 为无量纲比例常数,称为**静摩擦系数**。其大小与两接触物体的材料和接触表面的状态(粗糙程度、温度、湿度等)有关,而与接触面积的大小无关。通常可由实验测定,不同材料的大约值可参见一般的工程手册。

当 $F > F_c$ 后,物块就不能再继续保持静止,而开始沿水平面滑动。此时,在其接触处的公切面内仍彼此作用有阻碍相对滑动的阻力 F_d,这种阻力称为**动滑动摩擦力**,简称为**动摩擦力**。动摩擦力的方向与物块的相对滑动方向相反。实验表明,动摩擦力的大小与两物间的正压力成正比,即

$$F_d = f F_n \tag{2-19}$$

式中 f 为**动摩擦系数**。它不仅与两接触物体的材料和接触表面的状态有关,而且与物体之间相对滑动的速度有关。但工程计算中常忽略后者的影响,而认为动摩擦系数是仅与材料和表面状况有关的常数。一般情况下,动摩擦系数略小于静摩擦系数。

在机械中,往往以降低接触表面的粗糙度或在接触表面间加入润滑剂等方法,使动摩擦系数 f 降低,以减小摩擦和磨损。

开动脑筋:火车头的马力越大,重量越轻是否越好? 为什么?

2.6.2　摩擦角与自锁现象

当有摩擦时,支承面对平衡物体的约束力包含法向约束力 F_n 和切向约束力 F_s(即静摩擦力)。这两个分力的矢量和 $F_{Rs} = F_n + F_s$ 称为支承面的**全约束力**,它的作用线与接触面的公法线成一偏角 α,如图 2-42(a)所示。当物块处于平衡的临界状态时,静摩擦力达到由式(2-18)确定的最大值,偏角 α 也达到最大值 φ,如图 2-42(b)所示。全约束力与法线间的夹角的最大值 φ 称为摩擦角。显然

$$\tan\varphi = \frac{F_{max}}{F_n} = \frac{f_s F_n}{F_n} = f_s \tag{2-20}$$

即摩擦角的正切等于静摩擦系数。

物体平衡时,静摩擦力总是小于或等于最大静摩擦力,因而全约束力 F_{Rs} 与接触面法线间

的夹角 α 也总是小于或等于摩擦角 φ，即

$$\alpha \leqslant \varphi$$

上式表明，全约束力 F_{Rs} 的作用线只能在摩擦角所限定的范围之内变化。由此可知：

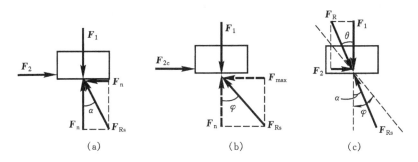

图 2-42　摩擦角

　　(1)如果作用于物块的全部主动力的合力 F_R 的作用线在摩擦角 φ 之内，则无论这个力怎样大，物块必保持静止。这种现象称为**自锁现象**。因为在这种情况下，主动力的合力 F_R 与法线间的夹角 $\theta < \varphi$，因此，F_R 和全约束力 F_{Rs} 必能满足二力平衡条件，且 $\theta = \alpha < \varphi$，如图 2-42(c)所示。

　　工程中常利用自锁条件来设计一些器械或夹具，使它们在工作时能自动"卡住"。例如图2-43所示的螺旋千斤顶，处于安全考虑，工作时决不允许所支起的重物 4 自动下落，为此，所设计的螺杆 2 的螺纹升角 ψ 必须小于螺杆与螺母 3 之间的摩擦角。

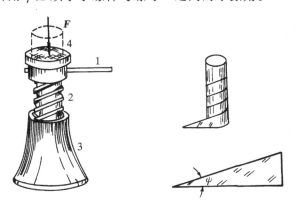

图 2-43　螺旋千斤顶
1—手柄；2—螺杆；3—螺母；4—重物

　　(2)如果全部主动力的合力 F_R 的作用线在摩擦角 φ 之外，则无论这个力怎样小，物块一定会滑动。因为在这种情况下，$\theta > \varphi$，而 $\alpha = \varphi$，支承面的全约束力 F_{Rs} 和主动力的合力 F_R 不能满足二力平衡条件。应用这个道理，可以设法避免发生自锁现象。

2.7　物体的受力分析

　　工程中物体的受力可分为两类。一类为**主动力**，如流体压力、构件自重、风力等，这类力一般为已知或可测量的力。另一类就是约束反力。对工程机械或结构进行受力分析，首先要确

定所研究对象受了哪些力,以及每个力的作用位置和方向。为此,必须把它从周围物体中隔离出来单独画出,并以相应的约束反力来代替周围物体对它的约束作用。这一步骤称为**选取分离体**或**解除约束**。在研究对象的图形上正确画出它所受到的全部主动力和约束反力,便得到研究对象的**受力图**。受力图是力学计算简图,因而是正确解决研究对象的力学问题之关键所在。

作受力图的一般步骤如下:

(1)取研究对象并画出其简图;

(2)先画主动力;

(3)逐个分析约束,并按各约束的类型画出相应的约束反力。

需要指出,尽管作用于刚体的力是滑动矢量,但在画受力图时,一般不应随便移动力的作用点位置,以便为下一步讨论力对变形体的效应作准备。

例2-3　图2-44所示为冲天炉加料斗。该料斗由钢丝绳牵引沿轨道上升,料斗连同物料共重G。重心在C点,如图2-44(a)。不计轨道与车轮之间的摩擦。试画出料斗的受力图。

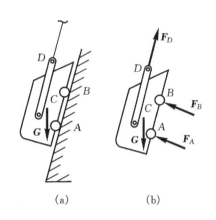

(a)　　　　　(b)

图2-44　例2-3图

解　以料斗为研究对象,将它单独画出,如图2-44(b)所示。

料斗所受的给定力为重力G,作用于C点。料斗受有三处约束:D处为柔索,A及B为光滑面。因此。料斗受有三个约束力:绳的拉力F_D,轨道反力F_A和F_B。受力图如图2-44(b)所示。

例2-4　图2-45所示为一杠杆压榨机。用力F扳动手柄A时,杠杆ABC可绕轴B顺时针转动,通过连杆CD推动滑块E压紧工件。若不计各构件的自重和摩擦。试分别画出杠杆和滑块的受力图。

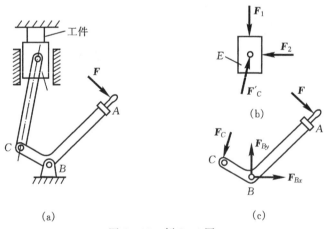

(a)　　　　　　　　　　(c)

图2-45　例2-4图

解　分别取滑块和杠杆为研究对象,并将它们单独画出,如图2-45(b)和图2-45(c)所示。

(1)杠杆ABC的受力情况。

作用于杠杆ABC上的力有:作用在A点的给定力F;杠杆在B点受固定支座约束,其约束力可用两个正交分力F_{Bx}、F_{By}表示;在C点受连杆CD约束,因连杆是受压的二力杆,故作用在C点的约束力F_C沿连杆中心线,且指向C点。杠杆的受力图如图2-45(c)所示。

（2）滑块 E 的受力情况。

工件相当于光滑面约束，它对滑块的压力 F_1 通过接触面中心。此外，滑块还受导轨和连接杆约束。导轨是两个平行的光滑平面，其约束力 F_2 为水平方向，假定指向左方，作用线通过接触面中心。连杆 CD 的约束力 F'_C 与力 F_C 等值、反向、共线。滑块的受力图如图 2-45 (b)所示。

例 2-5　图 2-46 所示为一电气自动开关中的四连杆操作机构。动触头 D 装在触头支架 OAD 上，连杆 AB 与摇杆 BC 为铰链连接，铰 B 上作用有弹簧的拉力 F_1。O、C 处均为固定支座。开关在合闸位置时，动触头上作用有力 F_2。不计各杆自重及摩擦。试画出铰链 B 及触头支架 OAD 的受力图。

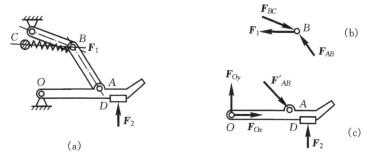

图 2-46　例 2-5 图

解　（1）取铰 B 为研究对象。

给定力为弹簧拉力 F_1，约束力分别来自连杆 AB 和摇杆 BC。由于两杆均为受压的二力杆，故约束力 F_{AB} 和 F_{BC} 分别沿 AB 及 CB 方向。铰链 B 的受力图如图 2-46(b)所示。

（2）取触头支架 OAD 为研究对象。

给定力为力 F_2，约束力分别来自固定支座 O 和连杆 AB，故在点 O 画出两个正交分力 F_{Ox} 和 F_{Oy}，在 A 点画出二力杆 AB 的压力 F'_{AB}。显然 $F'_{AB}=-F_{AB}$。受力图如图 2-46(c)。

例 2-6　制动器的构造和主要尺寸如图 2-47(a)所示。鼓轮靠制动块与鼓轮表面间摩擦制动。已知物体重量为 P，支座摩擦不计。试画出杠杆 OAB 及鼓轮 O_1 的受力图。

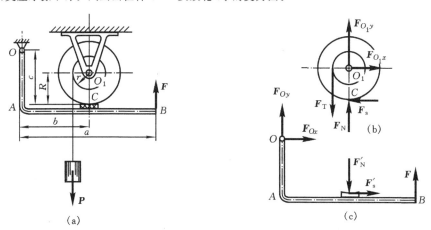

图 2-47　例 2-6 图

解　（1）取鼓轮为研究对象。受力图如图 2-47(b)所示。鼓轮在绳拉力 F_T（$F_T=P$）作用下，有逆时针转动的趋势；因此，闸块除给鼓轮正压力 F_N 外，还有一个向左的摩擦力 F_s。

（2）取杠杆 OAB 为研究对象。受力图如图 2-47(c)所示。

2.8 力系的平衡方程

根据 2.4 节中叙述的空间一般力系的简化结果可得,空间一般力系平衡的必要和充分条件是力系的主矢量和对任一点的主矩分别为零,即

$$\boldsymbol{F}'_R = \sum \boldsymbol{F} = 0$$
$$\boldsymbol{M}_O = \sum \boldsymbol{M}_O(\boldsymbol{F}) = 0 \tag{2-21}$$

先证明必要性。设空间一般力系平衡,则向简化中心简化后所得的空间汇交力系和空间力偶系应分别为平衡力系。其原因是一力不能与一力偶平衡。故应有 $\boldsymbol{F}'_R = 0$,$\boldsymbol{M}_O = 0$。

再证明充分性。设式(2-21)成立,则向简化中心简化后所得的空间汇交力系和空间力偶系必分别为平衡力系。因原力系与这两力系等效,故原力系必定是平衡力系。

如果通过简化中心 O 作直角坐标系 $Oxyz$,则式(2-21)可分别向三个坐标轴进行投影,并依据式(2-9)所表示的力矩关系定理。可得

$$\left.\begin{aligned} \sum \boldsymbol{F}_x = 0, \quad \sum M_x(\boldsymbol{F}) = 0 \\ \sum \boldsymbol{F}_y = 0, \quad \sum M_y(\boldsymbol{F}) = 0 \\ \sum \boldsymbol{F}_z = 0, \quad \sum M_z(\boldsymbol{F}) = 0 \end{aligned}\right\} \tag{2-22}$$

即空间一般力系平衡的必要和充分条件是力系中各力在各坐标轴上投影的代数和以及对各坐标轴之矩的代数和分别等于零。上式称为空间一般力系的**平衡方程**。由此可见,空间一般力系共有六个独立的平衡方程。

对于平面一般力系的情形,如果取力系所在的平面为 Oxy 坐标平面,则在空间一般力系的六个独立平衡方程中,$\sum F_z$、$\sum M_x(\boldsymbol{F})$ 和 $\sum M_y(\boldsymbol{F})$ 分别恒等于零。因此平面一般力系有三个独立的平衡方程,可表示为

$$\left.\begin{aligned} \sum F_x = 0 \\ \sum F_y = 0 \\ \sum M_O(\boldsymbol{F}) = 0 \end{aligned}\right\} \tag{2-23}$$

即平面一般力系平衡的必要和充分条件是力系中各力在直角坐标系 Oxy 的各坐标轴上投影的代数和及对任意点(如 O 点)力矩的代数和分别等于零。

开动脑筋:拔河是历史悠久的民间体育活动,深受广大民众喜爱。试利用力学知识,分析赢得比赛需掌握的技巧。

对于其他各种力系,都可视为上述两种一般力系的特殊情况,其平衡方程相应可由式(2-22)与式(2-23)得到,请读者自行推导。各种特殊力系的平衡条件见表 2-1。

表 2 - 1　特殊力系的平衡方程

力系	空间	平面
汇交力系	$\sum F_x = 0$ $\sum F_y = 0$ $\sum F_z = 0$	$\sum F_x = 0$ $\sum F_y = 0$
平行力系	$\sum F_z = 0$ $\sum M_x(\boldsymbol{F}) = 0$ $\sum M_y(\boldsymbol{F}) = 0$	$\sum F_z = 0$ $\sum M_O(\boldsymbol{F}) = 0$
力偶系	$\sum M_x = 0$ $\sum M_y = 0$ $\sum M_x = 0$	$\sum M = 0$

2.9　静力分析的基本方法及典型实例

工程上对机械零件或结构元件进行静力分析的目的是分析零件或元件上所受的全部外力,并利用相应的平衡条件确定未知力(一般是约束反力)的大小与方向,进而进行强度与变形计算。静力分析的方法与步骤大致为:

(1)根据问题的要求,从机械或结构中选取合适的零件、结构元件作为研究对象,并对研究对象进行受力分析,正确画出受力图。

(2)根据研究对象的受力图,确定所受力系的类型,并利用与之相应的平衡条件列出平衡方程。

(3)解平衡方程,求出未知力的大小和方向。

下面将结合工程中的典型实例,来说明静力分析方法的具体应用。

1. 平面工程构架的静力分析

构架是一种用于承受给定载荷的刚性结构。构架静力分析的任务在于确定构架以外物体作用于构架的力(称之为**系统外力**)以及构架内部各部分物体之间的相互作用力(称之为**系统内力**)。

例 2 - 7　构架尺寸及所受载荷如图 2 - 48(a)所示。已知作用于 BC 杆中点铅垂向下的力 $F_1 = 20$ kN,$F_2 = 10\sqrt{2}$ kN,$M = 80$ kN·m,$\alpha = 45°$。求 A、B 处的约束反力。

解　由题意可知,待求 A、B 处的约束反力均为外部约束力。根据约束类型可知,A 处固定端约束提供一对正交分力 $\boldsymbol{F}_{Ax}$、$\boldsymbol{F}_{Ay}$ 与一矩为 M_A 的约束力偶,B 处滚动支座提供过铰链中心 B 且垂直于支承面的一个力 $\boldsymbol{F}_B$,共计 4 个待求量。显然系统受平面一般力系作用处于平衡,可列独立平衡方程数为 3 个。因此,要取系统为研究对象求来出全部待求量,必须首先取系统内的有关物体为研究对象,列相应的平衡方程进行补充。

首先取 BC 杆为研究对象。BC 杆除受已知力 F_1 及待求约束力 F_B 之外,在 C 处还受到不需求解的铰链约束反力 $\boldsymbol{F}_{Cx}$ 和 $\boldsymbol{F}_{Cy}$,如图 2 - 48(b)所示。因此可用对 C 点取矩的力矩平衡方程

$$\sum M_C(\boldsymbol{F}) = 0, \qquad -F_1 \times 1 + F_B \times 2 = 0$$

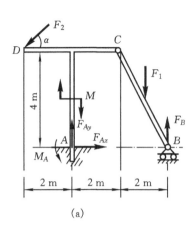

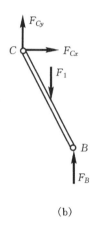

(a)   (b)

图 2 - 48   例 2 - 7 图

求得

$$F_B = \frac{1}{2}F_1 = 10 \text{ kN}$$

再取整个系统为研究对象,受力分析如图 2 - 48(a)所示。注意到待求力之一 F_B 已经求出,因而即可用平面一般力系的平衡条件列出相应的 3 个独立平衡方程,求出其余待求的 3 个未知量。

$$\sum \boldsymbol{F}_x = 0, \quad -F_2\cos\alpha + F_{Ax} = 0$$

$$\sum \boldsymbol{F}_y = 0, \quad -F_2\sin\alpha - F_1 + F_B + F_{Ay} = 0$$

$$\sum M_A(\boldsymbol{F}) = 0, \quad 4F_2\cos\alpha + 2F_2\sin\alpha - M - 3F_1 + 4F_B + M_A = 0$$

求得

$$F_{Ax} = 10 \text{ kN}; \quad F_{Ay} = 20 \text{ kN}; \quad M_A = 40 \text{ kN} \cdot \text{m}$$

2. 平面机构静力分析

与上述构架不同,机构在力的作用下能够进行某种形式的运动,或者说机构是具有若干自由度的系统。机构静力分析的任务是,研究作用在机构上给定的主动力系应当满足什么条件时才能使机构处于平衡,并且求出这时未知的约束反力。分析的方法与上述结构静力分析方法相同。

例 2 - 8   图 2 - 49(a)所示的曲柄压力机由飞轮 1,连杆 2 和滑块 3 组成。O、A、B 处均为铰接,飞轮在驱动转矩 M 作用下,通过连杆推动滑块在水平导轨中移动。已知滑块受到工件的阻力为 $\boldsymbol{F}$,连杆长为 l,曲柄半

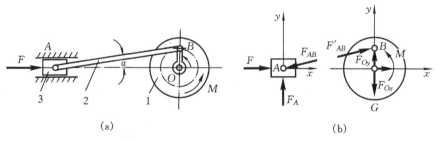

(a)   (b)

图 2 - 49   例 2 - 8 图

径 $OB=r$，飞轮重为 G，连杆和滑块的重量及各处摩擦均不计。求在图示位置（$\angle AOB=90°$）平衡时，作用于飞轮的驱动转矩 M 以及连杆 2，轴承 O，滑块 3 处的导轨所受的力。

解　先取滑块 3 为研究对象。连杆（二力杆）受压，滑块 3 所受的力有工件阻力 F，连杆压力 F_{AB} 和导轨约束力 F_A，如图 2-49(b) 所示。取坐标系 Axy，其平衡方程为

$$\sum F_x = 0, \quad F - F_{AB}\cos\alpha = 0 \tag{a}$$

$$\sum F_y = 0, \quad F_A - F_{AB}\sin\alpha = 0 \tag{b}$$

由图 2-49(a) 中直角三角形 OAB 得 $\sin\alpha = \dfrac{r}{l}$，$\cos\alpha = \sqrt{1-\dfrac{r^2}{l^2}}$ 代入上式可得

$$F_{AB} = \frac{F}{\sqrt{1-\dfrac{r^2}{l^2}}}, \quad F_A = \frac{Fr}{\sqrt{l^2-r^2}}$$

再以飞轮为研究对象。飞轮受有重力 G，驱动转矩 M，连杆压力 $F'_{AB}=F_{AB}$，轴承约束力 F_{Ox} 和 F_{Oy}，其受力如图 (b) 所示。取坐标系 Oxy，平衡方程为

$$\sum F_x = 0, \quad F'_{AB}\cos\alpha + F_{Ox} = 0 \tag{c}$$

$$\sum F_y = 0, \quad F'_{AB}\sin\alpha - G + F_{Oy} = 0 \tag{d}$$

$$\sum M_O(\boldsymbol{F}) = 0, \quad M - rF'_{AB}\cos\alpha = 0 \tag{e}$$

解以上各式得

$$F_{Ox} = -F$$

$$F_{Oy} = G - \frac{Fr}{\sqrt{l^2-r^2}}$$

$$M = Fr$$

根据作用力和反作用力的关系，不难确定连杆、轴承和导轨所受的力。

本题中若先以整体为研究对象，则平衡方程中未知量较多，不便于求解。

3. 梁的静力分析

梁是指受横向力（即与轴线相垂直的力）或位于轴线平面内的力偶作用的杆件。其基本形式如图 2-50 所示。**简支梁**的一端为固定支座约束，而另一端为滚动支座约束（图 2-50(a)）；**外伸梁**的一端或两端伸出支座约束之外（图 2-50(b)）；一端为固定端约束，另一端为自由端的梁则称为**悬臂梁**（图 2-50(c)）。由它们组合而成的梁称为**组合梁**或连续梁如例 2-10 图所示。

对简支梁、外伸梁和悬臂梁的静力分析比较简单，由于只有一个构件组成，故研究对象就是梁本身。

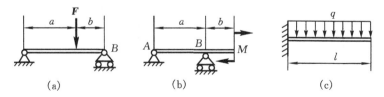

图 2-50　梁的基本形式

例 2-9　悬臂梁受力如图 2-51 所示，其中 l 为梁长，单位为 m，q 为均布载荷集度，即沿 x 轴每单位长度所受的力，单位为 N/m，集中力 $F=ql$，力偶矩 $M=ql^2$。试求 A 端约束力。

解　取 AB 梁为研究对象，A 端受插入端约束，约束反力为 F_{Ax}、F_{Ay} 和约束力偶 M_A。作用在梁上的均布

载荷在此可用其合力 ql 等效代替,此合力作用在载荷分布长度的中点。从受力图可见,梁受平面一般力系作用,其平衡方程为

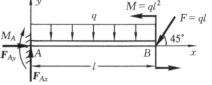

$$\sum F_x = 0, \quad F_{Ax} - F\cos45^\circ = 0$$

$$\sum F_y = 0, \quad F_{Ay} - ql - F\sin45^\circ = 0$$

$$\sum M_A(\boldsymbol{F}) = 0, \quad -M_A + M - ql \times \frac{l}{2} - lF\sin45^\circ = 0$$

解得

图 2-51 例 2-9 图

$$F_{Ax} = 0.707ql, \quad F_{Ay} = 1.701ql, \quad M_A = -0.207ql^2$$

负号说明约束力偶的实际转向与图示相反,为逆时针转向。

在组合梁中各基本梁的铰链连接处,梁与梁间有相互作用力,且服从作用与反作用定律,对整体而言,它们是内力。对组合梁进行静力分析,往往要求出支承处以及连接铰链处的约束力,故通常取每一构件或若干构件组成的局部结构作为研究对象。

例 2-10 组合梁由 AC 梁和 CB 梁用铰链 C 连接而成,如图 2-52 所示。A 为固定铰支座,B 和 D 均为滚动铰支座。已知 $F=5$ kN,$q=2.5$ kN/m,$M=5$ kN·m,$l=8$ m,求支座 A、B 和 D 的约束反力。

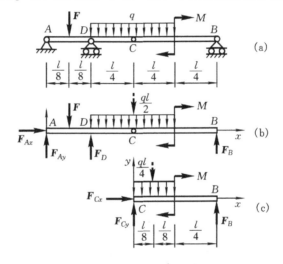

图 2-52 例 2-10 图

解 此系统由两段梁组合而成。支座 A、D 和 B 为外部约束,外约束力共有 4 个未知量;铰链 C 为内部约束,内约束力有 2 个未知量。如分别选择两段梁为研究对象,每段梁均受平面力系作用,可各建立 3 个独立的平衡方程,联立 6 个方程,可以求出全部未知力。

如先选整个系统或梁 AC 为研究对象,会出现 4 个或 5 个未知约束力,建立平面力系的 3 个平衡方程不能求解全部未知量。为此,宜先选择梁 CB 为研究对象,其受力图如图 2-52(c)所示。对此段梁来说,这时铰 C 的约束力变为外力。受力图中有 3 个未知量,用平面力系 3 个独立的平衡方程即可全部求出。作坐标系 Cxy。因题中不需求铰 C 的约束力,故应用对 C 点的力矩平衡方程

$$\sum M_C(\boldsymbol{F}) = 0, \quad \frac{l}{2}F_B - \frac{ql}{4} \times \frac{l}{8} - M = 0$$

求得

$$F_B = \frac{ql}{16} + \frac{2M}{l} = 2.5 \text{ kN}$$

求出约束力 F_B 后,再选整个系统为研究对象,其受力图如图 2-52(b)所示。对于整个系统来说,铰链 C

的约束力是内力,它成对出现,相互抵销,故可不必考虑。注意,作用在两梁上的均布载荷可用其合力 $ql/2$ 等效代替,此合力作用在载荷所分布长度的中点 C 上。作坐标系 Axy,列出平面力系平衡方程

$$\sum F_x = 0, \quad F_{Ax} = 0$$

$$\sum M_A(\boldsymbol{F}) = 0, \quad \frac{l}{4}F_D + lF_B - \frac{l}{8}F - \frac{ql}{2} \times \frac{l}{2} - M = 0$$

求得

$$F_D = \frac{F}{2} + ql + \frac{4M}{l} - 4F_B = 15 \text{ kN}$$

$$\sum F_y = 0, \quad F_{Ay} + F_D + F_B - F - \frac{ql}{2} = 0$$

求得

$$F_{Ay} = F + \frac{ql}{2} - F_B - F_D = -2.5 \text{ kN}$$

这里的负号表示 $\boldsymbol{F}_{Ay}$ 实际方向与图示假定方向相反。

如果再选择梁 AC 为研究对象,它的受力图如何? 对于此梁又可写出三个平衡方程,这三个平衡方程与前面的平衡方程有何关系,这些问题由读者自行思考。

4. 平面桁架的静力分析

桁架是一种常见的工程结构,它是由一些细长的等截面直杆彼此以端部铆接或焊接而组成的几何形状不变的结构。这些接头通称**节点**。直杆中心线在同一平面内且载荷也在此平面内的桁架称为**平面桁架**,反之则为**空间桁架**。

在对桁架进行静力分析时可作如下的假设。

1) 杆件自重不计

原因是载荷本身比自重要大得多。如必须考虑杆件自重,可将其自重平均分配到两端节点上。

2) 杆件两端均用光滑铰链连接

这是因为两端连接部分的尺寸相对杆件长度要小得多,固定端约束力偶值很小,从而可略去不计。

3) 所有载荷作用在节点上

原因在于工程中为了有效地发挥材料耐拉、耐压的优势,在设计桁架时,一般总是将外加载荷通过一定的方式传到节点处。如图 2-53(a) 所示屋架结构,屋顶重力通过檩条作用在桁架节点上;图 2-53(b) 所示的桥梁结构,车辆及桥面覆盖载荷通过横梁作用在桁架节点上。

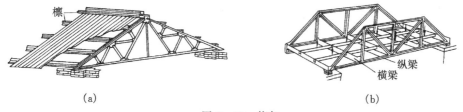

(a)　　　　　　　　　　　　　　　　　　　(b)

图 2-53　桁架

这样,桁架中的各杆均可视为二力杆,这是桁架受力的重要特点。实践证明,对于上述理想模型的计算结果与实际情况相差不大,可以满足工程设计的一般要求。

对桁架进行静力分析,其目的是要求出每一杆受力的大小和受力的特性(拉力或压力),从

而为设计杆件的材料与尺寸,校核桁架的强度提供依据。

由于空间桁架的静力分析方法与平面情况并无原则上的差别,故下面仅以平面桁架为例。

例 2-11 图 2-54(a)的平面桁架可简化成图 2-54(b)所示的理想桁架。设载荷 $G_1 = G_2 = 10$ kN 分别作用在节点 A 和 B 上,$a = 1.5$ m,$h = 3$ m。求各杆的受力。

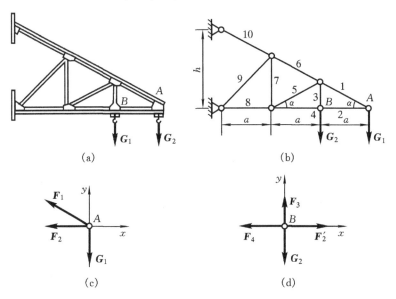

图 2-54 例 2-11 图

解 (1)选择研究对象。

选择节点为研究对象。因为节点均受平面汇交力系作用,相应有两个独立的平衡方程,只能解出两个未知力,所以,每次所选的节点上的未知量不宜超过两个。对于如图 2-54(b)所示的桁架,应先选择节点 A 为研究对象,求出杆 1 和 2 的受力;再选择节点 B 为研究对象求出杆 3 和 4 的受力。如还要求出其他杆的受力,可依次选其他节点为研究对象。

(2)取分离体,画受力图。

先将桁架各杆按一定顺序编号,如图 2-54(b)中所示。由于各杆均为二力杆,其受力只有一个未知数,可假设各杆受力的代数值依次为 F_1、F_2、F_3 和 F_4 等。一般情况下由于事先不能确定各杆是受拉还是受压,习惯上先假设各杆均受拉力。因此,各杆对于节点的作用力都是离开节点的。取节点 A 和 B 为分离体后,它们的受力图分别如图 2-54(c)和(d)所示。

(3)应用平衡条件求未知力。

应用平面汇交力系的平衡方程即可求出各未知力。先求出角 α 以便于以后的计算。由图 2-54(b)得

$$\alpha = \arctan \frac{3}{3 \times 1.5} = 33.7°$$

由节点 A 的受力图(图 2-54(c)),作坐标系 Axy,平衡方程为

$$\sum F_x = 0, \quad -F_1 \cos\alpha - F_2 = 0 \tag{a}$$

$$\sum F_y = 0, \quad -G_1 + F_1 \sin\alpha = 0 \tag{b}$$

由式(b)得

$$F_1 = \frac{G_1}{\sin\alpha} = \frac{10}{\sin 33.7°} = 18 \text{ kN}$$

代入式(a)得

$$F_2 = -F_1\cos\alpha = -G_1\cot\alpha = -10\cot33.7° = -15 \text{ kN}$$

再由节点 B 的受力图,如图 $2-54(d)$,作直角坐标系 Bxy,平衡方程为

$$\sum F_x = 0, \quad F_2' - F_4 = 0 \tag{c}$$

$$\sum F_y = 0, \quad F_3 = -G_2 = 0 \tag{d}$$

代入 $F_2' = F_2$ 值,解得

$$F_4 = F_2 = -15 \text{ kN}, \quad F_3 = G_2 = 10 \text{ kN}$$

当计算出杆受力的代数值为正值时,表明该杆受力的方向符合假设的方向,即该杆受拉。反之,当计算出该杆受力的代数值为负值时,表明该杆受压。结果杆 1 受拉力 18 kN,杆 2 受压力 15 kN,杆 3 受拉力 10 kN,杆 4 受压力 15 kN。

求解 5、6、7、8、9、10 杆的轴向力过程从略,读者可以自己分析。

选取节点作为研究对象时还需注意:对于图 $2-54(b)$ 所示的一类桁架,其特点是至少有一个节点受已知力作用且只有两杆相交而不受外约束,可以从此节点开始分析内力(如上例中从节点 A 开始)。但是,对图 $2-55$ 所示的一类桁架就不具有上述特点,这时就应首先选择整个桁架为研究对象,应用平面一般力系的平衡方程求出支座 A 和 B 的约束力后,才可从节点 A 或 B 开始分析各杆的内力。

图 $2-55$　屋梁桁架

5. 传动轴的静力分析

传动轴起着传递转动动力和运动的作用,在各类机械中很常见。轴的载荷主要来自皮带拉力以及各类齿轮的啮合力,轴的约束反力主要来自各类轴承。从而作用于轴上的主动力与约束反力构成空间一般力系。

例 2-12　绞车结构简图如图 $2-56$ 所示。绞车的轴水平放置,轴上固结一皮带轮和一鼓轮,它们的半径各为 $r_1 = 20$ cm,$r_2 = 15$ cm。A,B 是轴承。系有重物的绳子跨过滑轮缠绕在鼓轮上。当电动机带动皮带轮作匀角速转动时,重物被匀速提起。已知两皮带拉力大小的关系为 $F_1 = 2F_2$,被提起物体的重量为 $G = 1.8$ kN。绞车各部分的尺寸为 $a = 40$ cm,$b = 60$ cm,$\alpha = 30°$。不计绞车自身的重量。试求皮带的拉力和轴承 A、B 的约束力。

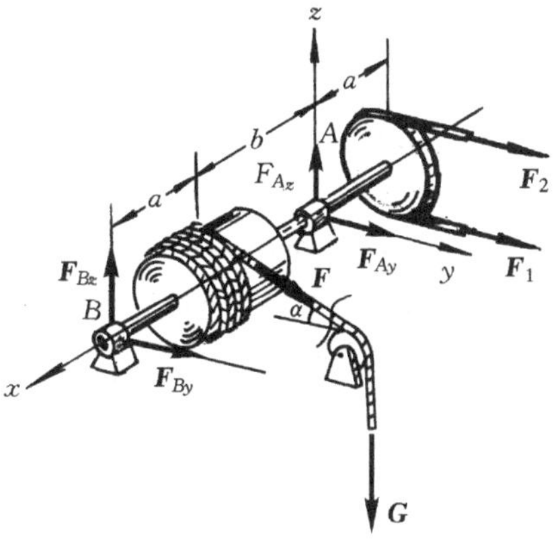

解　绞车作匀速转动,可以认为它处于平衡状态。选绞车的轴及其上的皮带轮和鼓轮一起为研究对象,其受力图如图所示,这是一空间力系的平衡问题。由于平衡时定滑轮两边绳子的拉力相等,故有 $F = G = 1.8$ kN。选取坐标轴如图所示,平衡方程为

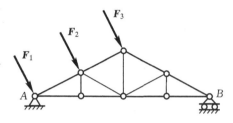

图 $2-56$　例 $2-12$ 图

$$\sum M_x(\boldsymbol{F}) = 0, \quad F_1 r_1 - F_2 r_1 - F r_2 = 0$$

得

$$F_1 = 2F_2 = 2.7 \text{ kN}$$

$$\sum M_y(\boldsymbol{F}) = 0, \quad bF\sin\alpha - F_{Bz}(a+b) = 0$$

得

$$F_{Bz} = \frac{b\sin\alpha}{a+b}F = 0.54 \text{ kN}$$

$$\sum M_z(F) = 0, \quad bF\cos\alpha + F_{By}(a+b) - (F_1+F_2)a = 0$$

得

$$F_{By} = \frac{a}{a+b}(F_1 + F_2) - \frac{b\cos\alpha}{a+b}F = 0.685 \text{ kN}$$

$$\sum F_y = 0, \quad F_{Ay} + F_{By} + F\cos\alpha + F_1 + F_2 = 0$$

得

$$F_{Ay} = -6.29 \text{ kN}$$

负号表示 F_{Ay} 应沿 Ay 轴的负方向。

$$\sum F_z = 0, \quad F_{Az} + F_{Bz} - F\sin\alpha = 0$$

得

$$F_{Az} = 0.36 \text{ kN}$$

6. 考虑摩擦时的平衡问题

考虑摩擦时的平衡问题也是用平衡条件来解决的,只是在受力分析和建立平衡方程时需将摩擦力考虑在内。原则上摩擦力总是沿着接触面的切线并与物体相对滑动趋势相反。它的大小一般都是未知的,要应用平衡条件来确定。只有在物体处于平衡的临界状态时,才可以由式(2-18)列出补充方程。必须指出,由于摩擦力 F_s 可以在零到 F_{max} 之间变化,因此,考虑摩擦的平衡问题,其解也必定有一个范围,即所谓平衡范围。

例 2 - 13 某变速机构中滑移齿轮如图 2-57(a)所示。已知齿轮孔与轴间的摩擦系数为 f_s,齿轮与轴接触面的长度为 b。问拨叉(图中未画出)作用在齿轮上的 F 力到轴线的距离 a 为多大,齿轮才不致于被卡住。设齿轮的重量忽略不计。

解 齿轮孔与轴之间一般都有间隙,齿轮在拨叉的推动下要发生倾斜,此时齿轮与轴就在 A,B 两点接触。由于齿轮有向左滑动的趋势,因此摩擦力 F_{sA}、F_{sB} 均水平向右,图2-57(b)所示为齿轮的受力图。考虑平衡的临界情况(即齿轮将动而尚未动时),列出平衡方程

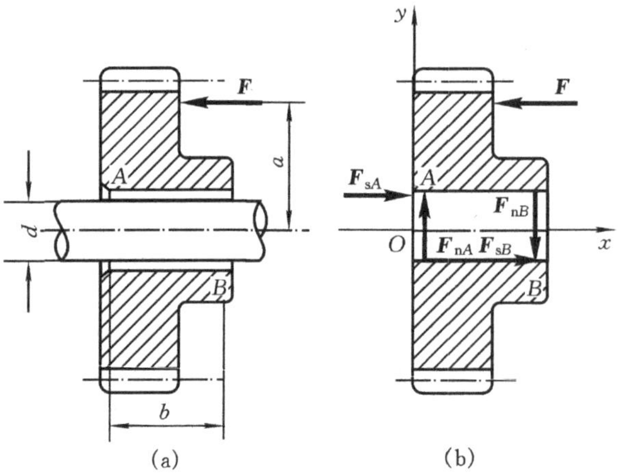

图 2-57   例 2-13 图

$$\sum F_x = 0, \quad F_{sA} + F_{sB} - F = 0$$

$$\sum F_y = 0, \quad F_{nA} - F_{nB} = 0$$

$$\sum M_O(\boldsymbol{F}) = 0, F_a - F_{nB}b - F_{sA}\frac{d}{2} + F_{sB}\frac{d}{2} = 0$$

此时摩擦力达到最大值,即

$$F_{sA} = f_s F_{nA}$$
$$F_{sB} = f_s F_{nB}$$

联立以上五式,可解得

$$a = \frac{b}{2f_s}$$

因此,要保证齿轮不被卡住的条件是

$$a < \frac{b}{2f_s}$$

开动脑筋: 篮球架的结构和尺寸如图。假设篮球队员体重为 W,球架自重不计。试分析运动员倒挂球框时球架在 1、2、3、4 处的受力。

复习思考题

2-1　说明下列等式的意义和区别:(1) $F_1 = F_2$ 和 $F_1 = F_2$;(2) $F_R = F_1 + F_2$ 和 $F_R = F_1 + F_2$。

2-2　二力平衡条件与力的性质二都是说二力等值、反向、共线,试问两者有什么区别?

2-3　试计算下列各图中力 F 对 O 点之矩。

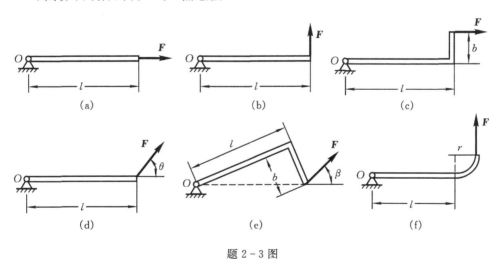

题 2-3 图

2-4　大小为 450 N 的力作用在 A 点,方向如题 2-4 图示。试求:(1)此力对 D 点之矩;(2)要得到与(1)相同的力矩,应在 C 点所加水平力的大小与指向;(3)欲得到与(1)相同的力矩,在 C 点应加的最小力。

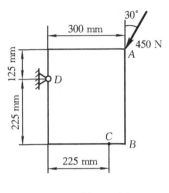

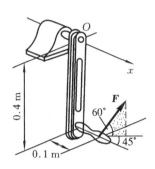

题 2 - 4 图　　　　　　　　　　题 2 - 5 图

2 - 5　作用在手柄上的力 $F=100$ N 如图,求力 F 对 x 轴之矩。

2 - 6　在图示长方体的顶点 B 处作用一力 F。已知 $F=700$ N。分别求力 F 对各坐标轴之矩,并以分析式 $M_x(F)i+M_y(F)j+M_z(F)k$ 的形式表示力 F 对 O 点之矩矢量 $M_O(F)$。

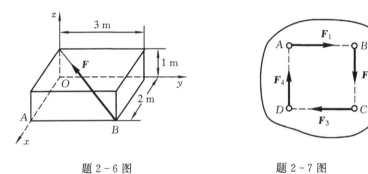

题 2 - 6 图　　　　　　　　　　题 2 - 7 图

2 - 7　图示刚体上的 A、B、C、D 四点分别作用力 F_1、F_2、F_3、F_4。已知 $F_1=-F_3$,$F_2=-F_4$,刚体重量不计。问该刚体是否平衡?为什么?

2 - 8　试根据约束的类型分析下列物体所受的约束反力,并画出其受力图。

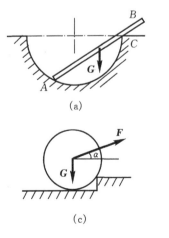

(a)

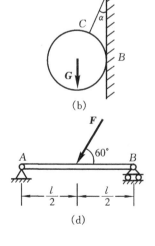

(b)

(c)　　　　　　　　　　　　(d)

题 2 - 8 图

2-9　画出下列每个标注字符的物体的受力图,题图中未画重力的物体重量均不计,所有接触处均为光滑接触。

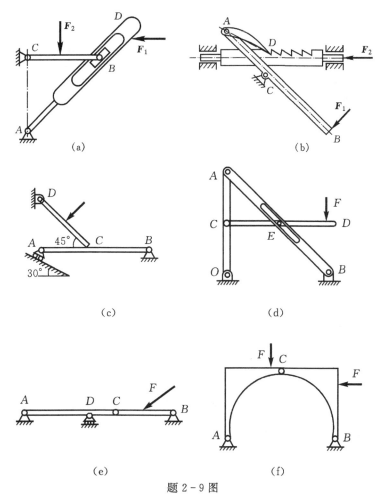

题 2-9 图

2-10　图示液压夹紧机构中,D 为固定铰链支座,B、C、E 为连接铰链。已知力 **F**,机构平衡时角度如图,求此时工件 H 所受的压紧力。

2-11　铰链四杆机构 CABD 的 C、D 为固定支座,在铰链 A、B 处有力 **F**₁、**F**₂ 作用如图所示。该机构在图示位置平衡,杆重略去不计。求力 F_1 与 F_2 的关系。

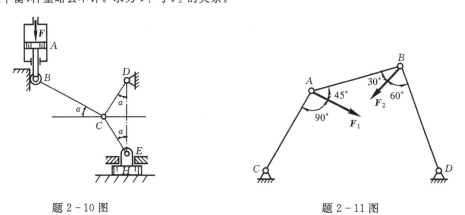

题 2-10 图　　　　　　　　　　　题 2-11 图

2-12 两齿轮的半径分别为 r_1、r_2，作用于轮 I 上的主动力偶的力偶矩为 M_1，齿轮的啮合压力角为 α，不计两齿轮的重量。求使二轮维持匀速转动时齿轮 II 的阻力偶之矩 M_2 及轴承 O_1、O_2 的约束反力的大小和方向。

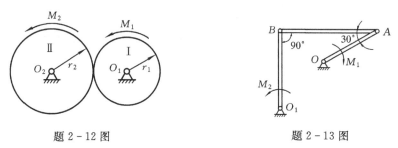

题 2-12 图　　　　　　　　　　题 2-13 图

2-13 铰链四杆机构。$OABO_1$ 在图示位置平衡。已知：$OA=0.4$ m，$O_1B=0.6$ m，在 OA 上作用力偶的力偶矩为 $M_1=1$ N·m。各杆的重量不计。试求力偶矩 M_2 的大小和杆 AB 所受的力 F。

2-14 图示的三种结构，构件自重不计，忽略摩擦，$\alpha=60°$。如 B 处都作用有相同的水平力 F，问铰链 A 处的约束反力是否相同。

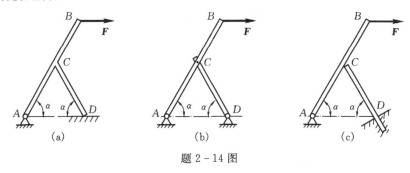

题 2-14 图

2-15 炼钢炉的送料机由跑车 A 和移动的桥架 B 组成，如图所示。跑车可沿桥架上的轨道运动，两轮 EI 间的距离为 2 m，跑车与操作架 D 和平臂 OC 以及料斗 C 相连，料斗每次装载物料重 $G_1=15$ kN，平臂长 $OC=5$ m。设跑车 A，操作架 D 和所有附件总重为 G_2，作用在操作架的轴线上。问 G_2 应多大才能使料斗满载时跑车不致翻倒？

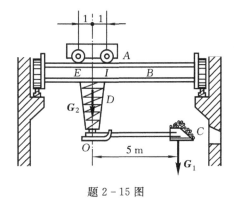

题 2-15 图

2-16 求图示各梁的约束反力。

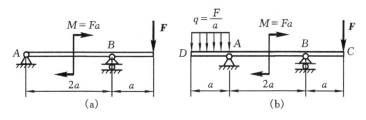

题 2-16 图

2-17　如图示构架,已知尺寸如图所示,不计各杆重量,设在 CD 杆的 D 端作用一力,试求 A、B 支座反力及三根链杆所受的力。

（1）当 F 力铅垂向下时;

（2）当 F 力水平向右时。

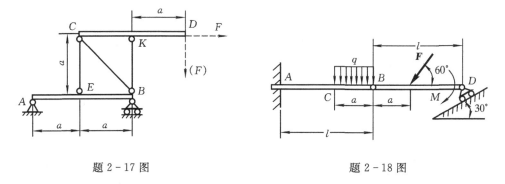

题 2-17 图　　　　　　　　　题 2-18 图

2-18　水平组合梁的支承和载荷如图所示。已知作用力的大小为 $F(N)$,力偶的力偶矩大小为 $M(N·m)$ 和均布载荷为 $q(N/m)$,尺寸如图(单位为 m)。求 A、D 两处的约束反力。

2-19　曲柄滑块机构在图示位置时,滑块上受力 $F=400$ N。如不计所有构件的重量。问在曲柄上应加多大的力偶方能使机构平衡。

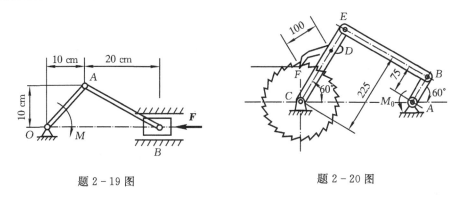

题 2-19 图　　　　　　　　　题 2-20 图

2-20　摆杆 CE 和棘轮安装在同一轴上,可独立地绕 C 轴转动;曲柄 AB 上作用一力偶,其力偶矩 $M_0=30$ N·m。图示位置,连杆 BE 垂直于 AB。问此时在棘轮上作用多大的力偶矩 M 才能保持机构的平衡? 图中长度单位为 mm。

2-21　剪床机构如图示。作用在手柄 A 上的力 F 通过连杆机构带动刀片 DE 在 K 处剪断钢筋。已知 $KE=DE/3$,$\angle BCD=60°$,$\angle CDE=90°$。如剪断钢筋需用力 $F_K=6$ kN,试求垂直于手柄的作用力 F 应多大?

2-22 自动开关中的四连杆机构如图所示,动触头 D 装在触头支架 OE 上,支架、杆 AB 和杆 BC 之间皆用光滑铰链相连,弹簧与销钉 B 相连。已知合闸后 $l=44$ mm,$\alpha=19.5°$,$\beta=26°$,点 O 至杆 AB 的垂直距离为 $d=23.25$ mm,动触头上作用有电动力 $F=90$ N。假设各杆自重不计,求合闸后杆 BC 和弹簧所受的力。

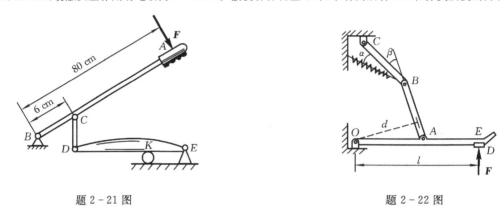

题 2-21 图   题 2-22 图

2-23 东方红-40 轮式拖拉机制动器的操纵机构如图所示。作用在踏板 A 上的力 F_1 通过弯杆 AOB 和拉杆 BC 传给摇臂 CD。若不计各构件的质量,求平衡时力 F_2 和 F_1 的比值。

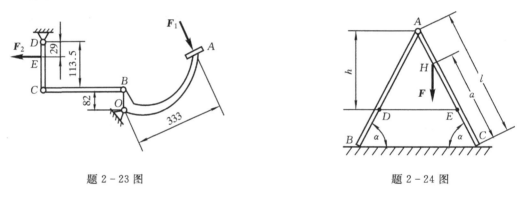

题 2-23 图   题 2-24 图

2-24 梯子的两部分 $AB=AC$ 在 A 处铰接,又在 D、E 两点用水平绳索连接,梯子放在光滑的地面上,在 AC 侧上 H 处有铅直力 F 作用,结构尺寸如图所示。如不计梯子自重,求绳子的拉力。

2-25 图示一滑道连杆机构,在滑道连杆上作用着水平力 F。已知 $OA=r$,滑道倾角为 β,机构重量和各处摩擦均不计。试求当机构平衡时,作用在曲柄 OA 上的力偶矩 M 与角 α 之间的关系。

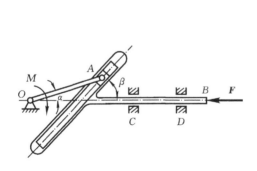

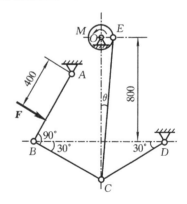

题 2-25 图   题 2-26 图

2-26　如图所示,破碎机的活动颚板 AB 长 600 mm。已知机构工作时物料施于板的垂直力 $F=1\,000$ N,$BC=CD=600$ mm,$OE=100$ mm。略去各杆的重量,试根据平衡条件计算在图示位置时电机作用力偶矩 M 的大小。

2-27　平面桁架结构如图所示。节点 D 上作用一载荷 F,求各杆内力。

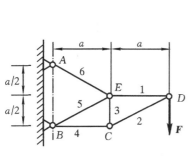

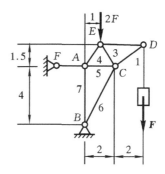

题 2-27 图　　　　　题 2-28 图

2-28　平面桁架结构如图所示。物重为 F,节点 E 处作用载荷为 $2F$。求 4、5 和 6 杆的内力(图中长度单位为 m)。

2-29　某传动轴装有皮带轮,其半径分别为 $r_1=20$ cm,$r_2=25$ cm。轮 I 的皮带是水平的,其张力 $F_1=2F'_1=5\,000$ N;轮 II 的皮带与铅垂线的夹角 $\beta=30°$,其张力 $F_2=2F'_2$。求传动轴匀速转动时的张力 F_2、F'_2 和轴承反力(图中长度单位为 mm)。

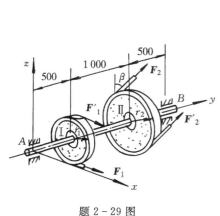

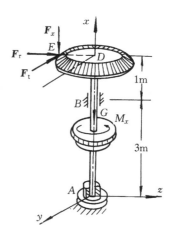

题 2-29 图　　　　　题 2-30 图

2-30　带动水轮机涡轮转动轴所需的转矩 $M_x=1.2$ kN·m。大锥齿轮 D 所受啮合反力可分解为三个分力,关系为:圆周力 F_t:轴向力 F_x:径向力 $F_r=1:0.32:0.17$。涡轮转动轴连带附件总重 $G=12$ kN。锥齿轮平均半径 $DE=0.6$ m,其余尺寸如图示。求两轴承处的反力。

2-31　一均匀平板利用两个支柱搁在粗糙的水平面上,如板重 $G=100$ N,两支柱与固定平面的摩擦系数分别为 $f_{s1}=0.2,f_{s2}=0.3$。其尺寸如图示,单位为 m。求平板仍处于平衡时的最大水平拉力 F。

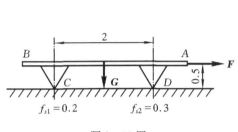

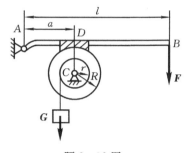

题 2-31 图　　　　　　　　　　　　　　　　题 2-32 图

2-32 绞车的制动器由带制动块 D 的杠杆和鼓轮 C 组成,尺寸如图示。已知制动块与鼓轮间摩擦系数为 f_s,提升物体的重量为 G,不计杠杆及鼓轮重量,问在杆端 B 最少应加多大的铅垂力 F 方能安全制动?

2-33 方箱 M 重 G,借夹钳的摩擦力提起,若各尺寸分别为 $DE=2a$,$AB=BC=2a$。$H=4a$,$\angle OAB=\angle OCB=90°$,$\angle AOC=120°$,不计夹钳重量。试求夹钳 D、E 端与箱间的摩擦系数最少等于多少?

2-34 图示为一机床夹具中常用的偏心夹紧装置,转动偏心轮手柄,就可升高 O_1 点,使杠杆压紧工件。已知偏心轮半径为 r,与台面间摩擦系数为 f_s。若不计偏心轮自重,要在图示位置夹紧工件后不致自动松开,偏心距 e 应为多少?

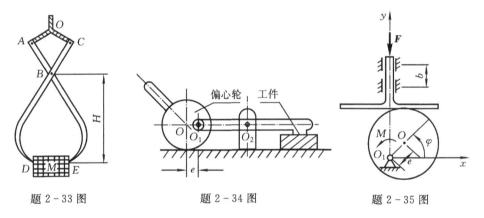

题 2-33 图　　　　　　题 2-34 图　　　　　　题 2-35 图

2-35 图示一凸轮机构。已知偏心轮半径为 r,偏心距为 e,顶杆与导槽间的滑动摩擦系数为 f_s,力 F 与力偶矩 M 为常量。若不计顶杆与偏心轮的重量及它们之间的摩擦。为了不使顶杆被卡住,试求两导槽之间应有的最小距离 b。

复习题答案

2-3 (a) 0;(b) Fl;(c) $-Fb$;(d) $Fl\sin\theta$;(e) $F\sqrt{l^2+b^2}\sin\beta$;(f) $F(l+r)$

2-4 (1) $M_D(\boldsymbol{F})=-88.78$ N·m;(2) $F_{水平}=394.58$ N,向左;(3) $F_{min}=279$ N

2-5 $M_x(\boldsymbol{F})=14.14$ N·m

2-6 $\boldsymbol{M}_O(\boldsymbol{F})=561.2\boldsymbol{i}-374.2\boldsymbol{j}$ N·m

2-10 $F_H=F/2\sin^2\alpha$

2-11 $F_1:F_2=0.6124$

2-12 $M_2=r_2M_1/r_1$,$F_{O1}=M_1/(r_1\cos\alpha)$,$F_{O2}=M_1/(r_1\cos\alpha)$

2-13 $M_2=3$ N·m,逆时针转向;$F_{AB}=5$ N(拉)

2-15 $G_2\geqslant 60$ kN

2 - 16　(a)$F_A = -F$;$F_B = 2F$；(b) $F_A = 0.25F$,$F_B = 1.75F$

2 - 17　(1) $F_{Ax} = 0$,$F_{Ay} = -0.5F$,$F_B = 1.5F$,$F_{CB} = 0$,$F_{KB} = -2F$,$F_{CE} = F$

　　　　(2) $F_{Ax} = -F$,$F_{Ay} = -0.5F$,$F_B = 0.5F$,$F_{CB} = -\sqrt{2}F$,$F_{KB} = 0$,$F_{CE} = F$

2 - 18　$F_{Ax} = \dfrac{2M + \sqrt{3}F(l+a)}{2\sqrt{3}l}$;　$F_{Ay} = qa + \dfrac{\sqrt{3}F(l-a) - 2M}{2l}$;

　　　　$M_A = \dfrac{1}{2}qa(2l-a) + \dfrac{\sqrt{3}}{2}F(l-a) - M$;　$F_D = \dfrac{2M + \sqrt{3}Fa}{\sqrt{3}l}$

2 - 19　$M = 60$ N・m

2 - 20　$M = 90$ N・m

2 - 21　$F = 129.9$ N

2 - 22　$F_{BC} = -363.92$ N;$F_{弹} = 223.68$ N

2 - 23　$F_2/F_1 = 15.9$

2 - 24　$F = (Fa\cos\alpha)/(2h)$

2 - 25　$M = Fr\cos(\beta - \alpha)/\sin\beta$

2 - 26　$F = \dfrac{\sqrt{3}}{2b}M$,　$F_K = \dfrac{M}{8b}\left(\dfrac{3b}{d} + 1\right)$,　$F_E = \dfrac{M}{2b}\left(\dfrac{3b}{4d} + 1\right)$

2 - 27　$F_1 = 2F$,$F_2 = -2.24F$,$F_3 = F$,$F_4 = -2F$,$F_5 = 0$,$F_6 = 2.24F$

2 - 28　$F_4 = 0$,$F_5 = 1.5F$,$F_6 = -3.35F$

2 - 29　$F_2 = 4\,000$ N,$F'_2 = 2\,000$ N,$F_{Ax} = -1\,299$ N,　$F_{Ax} = -6\,375$ N,

　　　　$F_{Bx} = -3\,897$ N,$F_{Bx} = -4\,125$ N

2 - 30　$F_{Ay} = -0.67$ kN,$F_{Ax} = -0.015$ kN,$F_{Ax} = 12.64$ kN,

　　　　$F_{By} = 2.67$ kN,$F_{Bx} = -0.325$ kN

2 - 31　$F_{max} = 25.6$ N

2 - 32　$F_{min} = \dfrac{Gar}{f_s lR}$

2 - 33　$f_{s\,min} = 0.8$

2 - 34　$e \leqslant f_s r$

2 - 35　$b_{min} = \dfrac{2Mef_s\cos\varphi}{M - eF\cos\varphi}$

第3章

零件基本变形时的承载能力

为了确保机械设备与工程结构能正常工作,机械零件与结构元件必须具有足够的承受载荷的能力,简称为**承载能力**。为了叙述方便,在本章中我们将结构元件也视为零件[①]。

3.1 概 述

1. 零件的承载能力

零件的承载能力包括以下三个方面:

1)强度

即<u>抵抗破坏的能力</u>。零件承载时,不应该发生断裂或显著的永久变形。例如,飞机降落时,起落架不应折断;连接螺栓的螺纹受到撞击时,不应发生过大的永久变形等。

2)刚度

即<u>抵抗变形的能力</u>。有些零件虽然不发生破坏,也不发生显著的永久变形,但是由于变形超过允许的限度,也会导致机器设备不能正常工作。例如,摇臂钻床工作时,若立柱和摇臂变形过大,将会影响工件的加工精度(图3-1);转轴变形过大,会引起轴承不均匀磨损等。

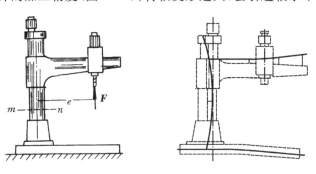

图 3-1 摇臂钻床

3)稳定性

即<u>保持原有平衡形式的能力</u>。一些细长受压零件,例如内燃机中的连杆,千斤顶中的螺杆等,当压力较小时,轴线能保持原有的直线状态。当压力增大至某一数值时,零件会突然变弯,致使不能正常工作或事故发生。这种现象称为**失稳**。

在设计零件时,不仅要求具有足够的承载能力,还必须考虑降低制造成本或减轻自重,以

---

① 在一般材料力学教科书中将零件与结构元件统称为构件。

保证零件既安全适用又经济合理。

2. 变形固体的基本假设

在工程实际中,各种零件所用材料的物质结构和性能是非常复杂的。为了便于理论分析,常常略去一些次要因素,保留其主要属性,对变形固体作以下的基本假设:

1)连续性假设

认为组成变形固体的物质毫无间隙地充满了它的整个体积。这样,物体的一切物理量都可用坐标的连续函数来表示。

2)均匀性假设

认为变形固体各点处的力学性能相同。这样就可以从中取出任一微小部分进行分析和试验,其结果适用于整个物体。

3)各向同性假设

认为变形固体在各个方向具有相同的力学性能。

各方向具有相同力学性能的材料称为**各向同性材料**,如工程中常用的一般金属;力学性能有明显方向性的材料称为**各向异性材料**,如胶合板、竹木材料与现代复合材料等。

实际上,从微观角度观察,工程材料内部都有不同程度的空隙和非均匀性,组成金属的各单个晶粒,其力学性能也具有明显的方向性。但由于这些空隙和晶粒的尺寸远远小于零件的尺寸,且排列是无序的,所以从统计学的观点,在宏观上可以认为物体的性质是均匀、连续和各向同性的。实践证明,在工程计算的精度范围内,上述三个假设可以得到满意的结果。

4)小变形假设

材料在外力作用下将产生变形。实验证明:对于大多数材料,当外力不超过一定限度时,去除外力后,物体将恢复原有的形状和尺寸,这种性能称为**弹性**。随着外力消失而消失的变形,称为**弹性变形**。当外力过大时,去除外力后,变形只能部分消失而残留下一部分永久变形,材料的这种性能称为**塑性**。残留的变形称为**塑性变形**。为保证零件正常工作,一般不允许零件发生塑性变形。对于大多数工程材料,如金属、木材和混凝土等,其弹性变形与零件原始尺寸相比甚为微小。因此,在力学分析中,认为零件的变形与零件尺寸相比属高阶小量,可以不考虑因变形而引起的尺寸变化,称为小变形假设。这样在研究平衡问题时,仍可按零件的原始尺寸进行计算,使问题大为简化。

3. 内力与应力

1)内力

根据固体材料的微观结构,物体在未受外加载荷时,内部的材料质点,均以一定间距处于相互引力与斥力平衡的位置上。当物体受外力作用而变形时,内部各质点间因相对位置的改变将引起相互作用力的改变。这种由外力作用所引起的物体内部各质点之间相互作用力的改变量,称为**附加内力**,通常简称**内力**。该内力随着外力的增大而增大,达到某一限度时会引起零件出现损伤,直至发展到破坏。可见内力的大小及其分布方式与零件的承载大小及形式密切相关。

为了显示内力并确定其大小,通常采用**截面法**。如图 3 – 2(a)所示零件在外力作用下处于平衡。欲求截面 $m-m$ 上的内力,可假想用截面将零件一截为二,任意选取其中一部分研究,弃去部分对保留部分的作用以内力系来代替,显然该内力系为截面上的分布力系。根据力系的简化理论,将该内力系向截面中心 O 进行简化,可得到过 O 点的力 $\boldsymbol{F}_R$ 与力偶矩 $\boldsymbol{M}_O$(图 3-2(b))。力 $\boldsymbol{F}_R$ 沿轴向的分量 $\boldsymbol{F}_N$ 称为**轴力**,垂直于轴向的分量 $\boldsymbol{F}_{Q_y}$、$\boldsymbol{F}_{Q_z}$ 称为**剪力**,内力偶矩 $\boldsymbol{M}_O$ 沿轴向的分量 $\boldsymbol{M}_n$ 称为**扭矩**,垂直于轴向的分量 $\boldsymbol{M}_y$、$\boldsymbol{M}_z$ 称为**弯矩**(图 3-2(c))。

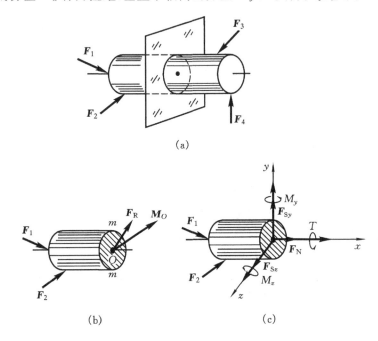

(a)

(b)　　　　　　　　　(c)

图 3-2　截面法与内力

由于在外力作用下处于平衡的零件被假想一截为二后,其中任一部分仍应处于平衡,故各内力分量的大小可通过力系的平衡条件确定,即

$$F_N = \sum F_x, \quad F_{Sy} = \sum F_y, \quad F_{Sz} = \sum F_z$$
$$T = \sum M_x(\boldsymbol{F}), \quad M_y = \sum M_y(\boldsymbol{F}), \quad M_z = \sum M_z(\boldsymbol{F})$$

$$(3-1)$$

等号右端分别表示作用于研究部分上的全部外力在 x、y、z 轴上的投影代数和及对 x、y、z 轴取矩的代数和。

例 3-1　电车架空线立柱结构简图如图 3-3(a)所示,已知力 F 和长度 l,试求立柱 $m-m$ 截面上的内力。

解　研究对象:$m-m$ 截面的上半段立柱

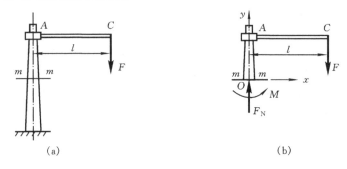

(a)　　　　　　　　　　　(b)

图 3-3　例 3-1 图

受力分析:如图 3-3(b)所示

$$\sum F_y = 0, \quad F_N - F = 0$$

$$\sum M_O(F) = 0, \quad M - Fl = 0$$

得

$$F_N = F, \quad M = Fl$$

2)应力

承载零件往往因某一点的强度不够而导致破坏。截面法可以确定构件截面上分布内力系的合成结果,但不能确定内力在截面内某一点的分布集度,为此还必须引入应力的概念。

在图 3-4(a)所示 $m-m$ 截面上任一点 C 处取微小面积 ΔA,并设 ΔA 上内力的合力为 $\Delta \boldsymbol{F}$(图 3-4(b)),则比值

$$\boldsymbol{p}_m = \frac{\Delta \boldsymbol{F}}{\Delta A}$$

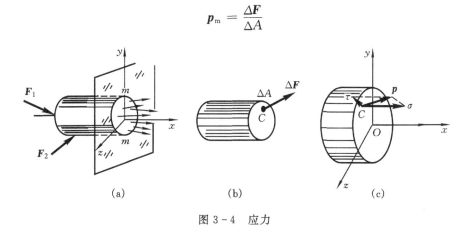

图 3-4 应力

称为 ΔA 上的**平均应力**。一般情况下,内力沿截面并非均匀分布,平均应力 $\boldsymbol{p}_m$ 的大小及方向随所取面积 ΔA 的大小而变化,为了精确反映该点处的内力分布集度,应使 ΔA 趋近于零,由此得极限值

$$\boldsymbol{p} = \lim_{\Delta A \to 0} \frac{\Delta \boldsymbol{F}}{\Delta A} = \frac{\mathrm{d}\boldsymbol{F}}{\mathrm{d}A} \tag{3-2}$$

称为 C 点的**全应力**。全应力 $\boldsymbol{p}$ 是个矢量,其方向就是 $\Delta \boldsymbol{F}$ 的极限方向。通常分解成与截面垂直、相切的两个分量,其大小分别用 σ 和 τ(图 3-4(c))表示,分别称为**正应力**和**切应力**。应力的单位是牛顿/米²(N/m²),称为帕斯卡或简称帕(Pa)。工程中常用单位为 MPa 和 GPa,它们的关系如下:

$$1 \text{ MPa} = 10^6 \text{ Pa}, \quad 1 \text{ GPa} = 10^9 \text{ Pa}$$

3)应力与内力的关系

由内力分量与应力分量的定义可知,内力等于应力沿整个截面积分。设 C 点在图 3-4(c)所示的坐标系中的坐标为 (y, z),τ_y、τ_z 分别表示切应力沿 y、z 轴分量的大小,则内力分量与应力分量的关系可表示为

$$F_N = \int_A \sigma \mathrm{d}A, \quad F_{Sy} = \int_A \tau_y \mathrm{d}A, \quad F_{Sz} = \int_A \tau_z \mathrm{d}A$$

$$T = \int_A (\tau_z y - \tau_y z) \mathrm{d}A, \quad M_y = \int_A \sigma z \mathrm{d}A, \quad M_z = -\int_A \sigma y \mathrm{d}A \tag{3-3}$$

其中 A 为横截面总面积。

4. 变形与应变

构件的变形包括几何形状和尺寸的改变两部分。为了研究构件的变形,设想将其分割成无数个单元体,整个构件的变形可看成是这些单元体变形累积的结果。图 3-5 是从构件中取出的一个单元体。设单元体的棱边 AB 原长为 Δx,变形后长度的改变量为 Δu。则比值 $\varepsilon_m = \Delta u / \Delta x$ 称为 AB 的**平均线应变**。一般情况下,AB 内各点处的变形程度并不相同,为了精确描述 A 点沿 AB 方向的变形程度,应使 Δx 趋近于零,此时,A 点沿 AB 方向的线应变为

$$\varepsilon_x = \lim_{\Delta x \to 0} \frac{\Delta u}{\Delta x} = \frac{\mathrm{d}u}{\mathrm{d}x} \tag{3-4}$$

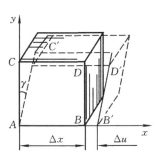

图 3-5　应变

用类似的方法,还可确定 A 点沿其他方向的线应变。

单元体变形时,除棱边的长度改变外,棱边所夹直角也将发生改变。直角的改变量 γ 称为 A 点在 xy 平面内的**切应变**(或称角应变)。线应变 ε 和切应变 γ 都是无量纲的量,γ 的大小以弧度(rad)表示。一般情况下,零件的应变值非常小,所以工程中常以微应变($\mu\varepsilon$,$1\mu\varepsilon = 10^{-6}\varepsilon$)表示。

5. 应力与应变的关系——胡克定律

对于常用的工程材料,根据大量试验结果表明:若应力不超过一定的限度,对于只承受单向正应力或只承受纯剪切的单元体,正应力 σ 与线应变 ε 及切应力 τ 与切应变 γ 之间存在着正比关系

$$\sigma = E\varepsilon \tag{3-5}$$

$$\tau = G\gamma \tag{3-6}$$

式中,比例常数 E、G 分别称为材料的**拉压弹性模量**和**切变模量**。式(3-5)和式(3-6)分别称为**拉压胡克定律**和**剪切胡克定律**。弹性模量和切变模量均属材料的力学性能,其值由试验确定。

6. 杆件的基本变形形式

机械中的多数关键性零件都可简化为**杆件**,例如发动机的连杆、汽车的传动轴、机床的主轴、行车的大梁和电动机的转子等。杆件在任意受力情况下的变形形式比较复杂,但它可以看作是几种简单变形形式的不同组合。杆件基本变形形式归纳为拉压、剪切、扭转和平面弯曲四种,现列表 3-1 说明如下。

表 3-1　杆件基本受力与变形形式

变形形式	受力及变形图	说　明
拉伸 压缩	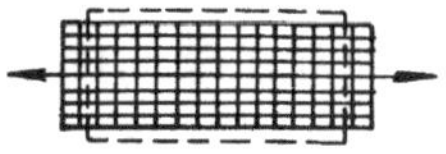 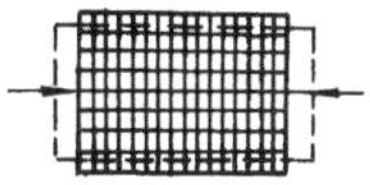	杆两端沿杆轴线受一对方向相反的轴向力作用,拉伸(压缩)时杆轴向尺寸伸长(缩短),横向尺寸减小(增大)
剪切	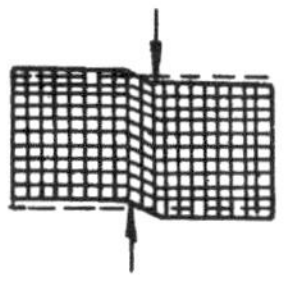	杆受一对垂直于轴线,相距很近、方向相反的横向力作用,受力处杆的横截面沿横向力方向产生相对错动
扭转	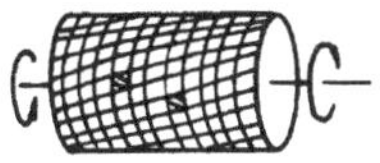	杆两端受一对作用面垂直于杆轴线、转向相反的力偶作用,杆件任意两截面发生绕轴线的相对转动,变形前杆的母线在变形后成为曲线
平面弯曲	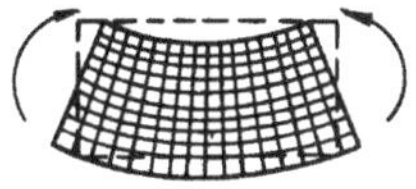	杆受一对作用于杆纵截面内、转向相反的力偶作用,杆的轴线在力偶作用平面内发生弯曲,直杆变成曲杆,横截面发生相对转动

3.2　杆件的拉伸与压缩

工程上的活塞杆、连杆、桥墩以及桁架结构中的拉杆与压杆等均可简化为图3-6所示的轴向拉伸与压缩杆件。杆件的两端为一对通过杆件轴线的大小相等的拉伸或压缩载荷。

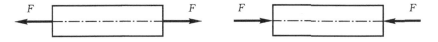

图 3-6　杆件的拉伸与压缩

3.2.1　轴力与轴力图

等截面直杆受轴向拉伸载荷 F 的作用。由于拉力通过此杆轴线,所以横截面上只有轴力 F_N 作用(图 3-7),根据左段(或右段)的平衡条件,则有

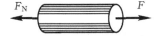

图 3-7　轴力

$$F_N = F \qquad\qquad (3-7)$$

为了区别拉伸和压缩,通常根据实际变形的情况来规定轴力的符号:拉杆的变形为伸长,其轴力为正;压杆的变形为缩短,其轴力为负。

工程上常以图线来表示杆件内力沿杆长的变化。在拉伸和压缩问题中,以横坐标表示横截面位置,纵坐标表示相应截面上的轴力。正的轴力绘在横坐标 x 轴的上侧;负的轴力绘在横坐标 x 轴的下侧,这种图形称为**轴力图**。

例 3-2　截面积为 5 cm² 的直杆,其受力情况如图 3-8(a)所示。试绘出其轴力图。(力的单位为 kN)

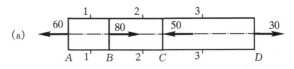

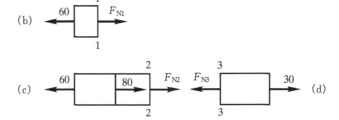

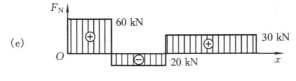

图 3-8　例 3-2 图

解　用截面法可求得各段杆横截面上的轴力如下:

AB 段　将杆在横截面 1-1 处切开,研究左段的平衡。假定轴力 F_{N1} 为拉力,如图 3-8(b),由平衡条件列方程,得

$$\sum F_x = 0, \quad F_{N1} - 60 = 0$$
$$F_{N1} = 60 \text{ kN}$$

结果为正值,说明 *AB* 段的轴力为拉力。

BC 段　将杆在截面 2-2 切开,研究左段平衡。仍假定轴力 F_{N2} 为拉力,如图 3-8(c),则

$$\sum F_x = 0, \quad F_{N2} + 80 - 60 = 0$$
$$F_{N2} = -20 \text{ kN}$$

结果为负值,说明 *BC* 段轴力为压力。

CD 段　将杆在截面 3-3 处切开,因右段比左段所包含的外力数目较少,故研究右段平衡,同样假定轴力 F_{N3} 为拉力,如图 3-8(d),则

$$\sum F_x = 0, \quad 30 - F_{N3} = 0, \quad F_{N3} = 30 \text{ kN}$$

由各截面上轴力数值,作轴力图如图 3-8(e)。由图可见,最大轴力发生在 *AB* 段内,且 $F_{N\,max} = 60$ kN。

由上例可归纳用截面法求内力的一般步骤如下:

(1)截开。在需求内力的截面处假想用截面将零件一分为二,并取其中一部分作为研究

对象。

（2）设正。正确分析研究对象所受的全部外力与内力，并绘受力图。截面上的内力一般总是按规定的正值方向假设。

（3）平衡。根据研究对象的受力图建立平衡方程，求出截面上的内力值。平衡方程中内力投影及取矩的正负取决于所选取的投影轴的方向与矩心位置，与内力正、负的规定无关。

（4）绘图。在内力设正前提下，由平衡方程求得的内力。按一定比例，以正值在横坐标 x 轴的上侧，负值在其下侧，绘出内力分布图。

3.2.2　轴向拉伸和压缩时杆件的应力

1. 横截面上的应力

实验表明：如力 $\boldsymbol{F}$ 的作用线与直杆的轴线重合，则在离杆端一定距离（相当于横向尺寸的 $1\sim1.5$ 倍）之外，横截面上各点的变形是均匀的（图 $3-9$(a)），各点的应力也应是均匀的，并垂直于横截面，即为正应力，如图 $3-9$(b)所示。设杆的横截面面积为 A，则有

$$\sigma = \frac{F_{\mathrm{N}}}{A} \tag{3-8}$$

对承受轴向压缩的杆，上式同样适用。σ 与 F_{N} 有一致的符号规定：拉应力为正，压应力为负。

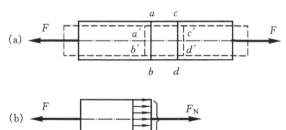

图 $3-9$　横截面上的应力

2. 斜截面上的应力

对于不同材料的实验表明，拉、压杆的破坏有时是沿斜截面发生的，为了弄清引起材料"破坏"的力学原因，有必要研究斜截面上的应力。

对于轴向拉伸杆件，在图 $3-10$(a)所示倾角为 α 的 $n-n$ 斜截面上，由于杆内各点的变形是均匀的，因而同一斜截面上的应力也均匀分布，如图 $3-10$(b)。由平衡条件可得斜截面上的内力 $F_\alpha=F$，且斜截面的面积 $A_\alpha=A/\cos\alpha$，于是，在斜截面上的全应力为

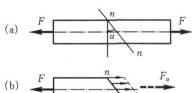

$$p_\alpha = \frac{F_\alpha}{A_\alpha} = \frac{F}{A}\cos\alpha = \sigma\cos\alpha \tag{3-9}$$

式中 A 为杆横截面面积，σ 为杆横截面上的正应力。

把全应力分解为垂直于斜截面的正应力 σ_α 与沿斜截面的切应力 τ_α，如图$3-10$(c)，可得

图 $3-10$　斜截面上的应力

$$\sigma_\alpha = p_\alpha\cos\sigma = \sigma\cos^2\alpha = \frac{\sigma}{2}(1+\cos2\alpha)$$

$$(3-10)$$

$$\tau_\alpha = p_\alpha\sin\alpha = \sigma\sin\alpha\cos\alpha = \frac{\sigma}{2}\sin2\alpha$$

从上式可以看出 σ_α 和 τ_α 都是 α 角的函数。对于 α 角的符号作以下规定：x 轴逆时针转到 α 截面的外法线时，α 为正值；反之为负值。

切应力的正负号规定如下：截面外法线顺时针转 90°后，其方向和切应力相同时，该切应力为正值，如图 3-11(a)；逆时针转 90°后，其方向和切应力相同时，该切应力为负值，如图 3-11(b)所示。

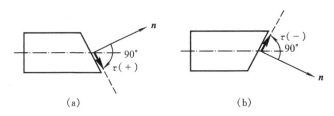

图 3-11　斜截面上切应力的正负确定

由式(3-10)得

$$\alpha = 0, \qquad \sigma_\alpha = \sigma_{\max} = \sigma$$

$$\alpha = 45°, \qquad \tau_\alpha = \tau_{\max} = \frac{\sigma}{2}$$

由此表明：轴向拉伸(压缩)时，在杆横截面上的正应力为最大值；在与轴线成 45°夹角的斜截面上切应力为最大值，且其值为横截面上正应力的一半。零件若因抗拉(压)能力不足，则沿横截面发生断裂破坏；若因抗剪能力不足，则沿 45°斜截面发生破坏。可见零件的承载能力与材料的力学性能密切相关。

3.2.3　材料受拉伸和压缩时的力学性能

材料的力学性能又称为**机械性质**，主要是指材料在受力和变形过程中所具有的特性指标，这些特性指标主要依靠试验来测定。拉伸与压缩时的受力情况最简单，最易在试验机上实现。常温(即室温)、静载(即缓慢加载)下的拉伸试验，是最基本、最重要的试验。材料的许多重要**力学性能**可通过这一试验测定。

1. 材料拉伸时的力学性能

按国家标准(GB 6397—86)规定的形状和尺寸制作的试件称为**标准试件**。对于金属材料，圆形截面的标准试件如图 3-12 所示，两端较粗部分夹装在试验机的夹头中，中部较细的等截面部分为试验段，取长度为 l 的一段作为测量伸长量的原长，称为**标距**。标距 l 和直径 d 有两种比例：

5 倍试件　$l=5d$

10 倍试件　$l=10d$

进行试验时，将试件装在试验机上，开动

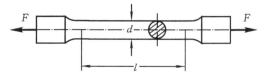

图 3-12　拉伸标准试件

机器,使试件受到自零逐渐缓慢增加的拉力 F,其大小可由测力装置读出。与此同时,试件标距段所产生的纵向变形量 Δl 可用引伸仪测得。将直至试件拉断前这一过程中的拉力 F 与对应的变形量 Δl 记录下来,并以 Δl 为横坐标,F 为纵坐标,即可画出 F-Δl 曲线,称为**拉伸图**。

1)低碳钢拉伸时的力学性能

低碳钢是指碳的质量分数小于 0.25% 的碳素钢。在工程上被广泛使用,其力学性能具有典型性。图 3-13 所示为低碳钢拉伸图,图中 F 与 Δl 的对应关系与试件尺寸有关。为消除试件尺寸的影响,可将拉力 F 除以试件横截面的原始面积 A,即将纵坐标改为横截面上的正应力 σ;并把纵向变形量 Δl 除以标距 l,即将横坐标改为线应变 ε,从而得到 σ-ε 曲线(图 3-14)。此曲线称为**应力-应变图**。由图 3-14 可见整个拉伸过程大致分为四个阶段。

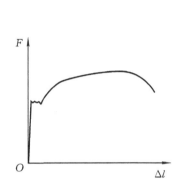

图 3-13　低碳钢位伸图

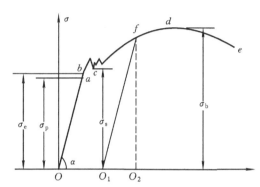

图 3-14　低碳钢 σ-ε 曲线

(1)弹性阶段。图 3-14 中 Oa 段为直线段,此时应力与应变成线性关系,即胡克定律成立

$$\sigma = E\varepsilon$$

与 a 点对应的应力 σ_P 称为**比例极限**,是应力与应变成线性关系的最大应力。图中 α 角的正切

$$\tan\alpha = \frac{\sigma}{\varepsilon} = E$$

即直线 Oa 的斜率等于材料的弹性模量 E。

应力超过比例极限以后,曲线呈微弯,但只要不超过 b 点,材料仍是弹性的,即卸载后,变形能够完全恢复。b 点对应的应力 σ_e 称为**弹性极限**,它是材料只产生弹性变形的最大应力。由于一般材料 a、b 两点相当接近,所以工程中常认为两点是重合的。

(2)屈服阶段。当应力继续增加到 c 点后,这时变形继续增长而应力几乎不增加,材料暂时失去抵抗变形的能力,这种现象称为**屈服或流动**,c 点所对应的应力 σ_s 称为**屈服极限**。

在屈服阶段,在经过磨光的试件表面上可看到与试件轴线成 $45°$ 的条纹(图 3-15(a),通常称为**滑移线**。这说明此时在与杆成 $45°$ 的斜截面上有最大切应力作用,从而使材料内部晶格在此方向有较大的相对滑移,最终显示于试件表面上。

当应力达到屈服极限时,材料将发生明显的塑性变形。工程中大多数构件产生较大的塑性变形后,就不能正常工作。因此,屈服极限常作为这类零件是否破坏的强度指标。

(3)强化阶段。超过屈服阶段后,在 σ-ε 曲线上 cd 段,材料又恢复了对变形的抗力,要使它继续变形就必须增加拉力,这种现象称为**材料的强化**。σ-ε 曲线的最高点 d 所对应力 σ_b 称为**强度极限**,是材料能承受的最大应力,它是衡量材料力学性能的另一个强度指标。

（4）局部变形阶段。应力达到强度极限后，变形就集中在试件某一局部区域内，截面横向尺寸急剧缩小，形成颈缩现象（图3-15(b)），最后试件在颈缩处被拉断。

试件拉断后，弹性变形消失，其标距由原长 l 变为 l_1，$l_1 - l$ 是残余伸长，它与 l 之比的百分率称为**延伸率**，用 δ 表示，即

$$\delta = \frac{l_1 - l}{l} \times 100\% \qquad (3-11)$$

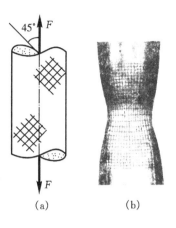

延伸率表示材料塑性变形的程度，它是衡量材料塑性大小的指标。工程上通常将 $\delta \geq 5\%$ 材料称为**塑性材料**，将 $\delta < 5\%$ 的材料称**脆性材料**。低碳钢的 δ 值约为 $20\% \sim 30\%$，是典型的塑性材料。必须指出，现代实验的结果表明，材料的力学性能在很大程度上可以随外界条件而转化。如低温下的高速试验，能使塑性很好的低碳钢发生脆性破坏；相反，高温也可以使脆性材料

图 3-15　滑移线与颈缩

软化。另外，材料的力学性能还与受力情况有关。如大理石三个方向同时压缩时，会发生很大的塑性变形。因此，对材料作塑性或脆性的分类是有条件性的。

衡量材料塑性的另一指标是断面收缩率 ψ，即

$$\psi = \frac{A - A_1}{A} \times 100\% \qquad (3-12)$$

式中 A 为试件的初始横截面面积，A_1 为试件被拉断后颈缩处的最小横截面面积。低碳钢的 ψ 值为 $60\% \sim 70\%$。

2）卸载与冷作硬化

当应力超过屈服极限到达 f 点后卸载，则试件的应力、应变将沿着与直线 Oa 近似平行的直线 fO_1 回到 O_1 点（图3-14）。若卸载后重新加载，试件的应力、应变将基本上沿着卸载时的同一直线 $O_1 f$ 上升到 f 点，然后沿着原来的 σ-ε 曲线变化。

如果把卸载后重新加载的曲线 $O_1 fd$ 和原来的拉伸曲线相比较，可以看出比例极限有所提高，而断裂后的残余变形减小了，这种现象称为**冷作硬化**。工程上常利用冷作硬化来提高钢筋、钢缆绳等在弹性阶段内的承载能力。

冷作硬化提高了材料的比例极限，但同时降低了材料的塑性，增加了脆性。如要消除这一现象，材料需要经过退火处理。

3）灰铸铁拉伸时的力学性能

灰铸铁（简称铸铁）是工程上广泛应用的一种材料。铸铁拉伸时的 σ-ε 曲线如图3-16所示。图中没有明显的直线部分，即不符合胡克定律，工程上常用 σ-ε 曲线的割线来代替图中曲线的开始部分。铸铁试件受拉伸直到断裂变形很不明显，没有屈服阶段，也没有颈缩现象，其延伸率<1%，是典型的脆性材料，强度极限 σ_b 是衡量其强度的唯一指标。显然，铸铁的拉伸强度极限很低，所以不宜用来制作受拉零件。然而若对其加以改进，例如在铁水中加入一定量的球化剂，就可以改变其内部结构，得到力学性能与钢相近的**球墨铸铁**。目前

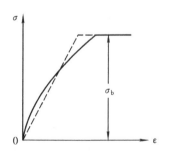

图 3-16　灰铸铁拉伸 σ-ε 曲线

这种材料已广泛地用来代替低碳钢,制成曲轴、齿轮等部分抗拉零件。

4)其他塑性材料拉伸时的力学性能

工程中常用的塑性材料,除低碳钢外,还有中碳钢、合金钢、铝合金及铜合金等。图 3-17 给出几种塑性材料的拉伸 σ-ε 曲线,其中有些材料,如 16Mn 钢和低碳钢的力学性能相似,有明显的弹性阶段、屈服阶段、强化阶段和颈缩阶段。有些材料,如黄铜、铝合金等,则没有明显的屈服阶段。对于这类没有明显屈服阶段的塑性材料,通常以产生 0.2% 残余应变时所对应的应力值作为屈服极限,以 $\sigma_{0.2}$ 表示(图 3-18),称为**名义屈服极限**。它与屈服极限 σ_s 一样,都是衡量材料强度的一个重要指标。

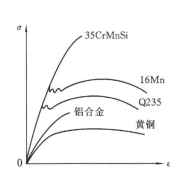

图 3-17 其他塑性材料位伸 σ-ε 曲线

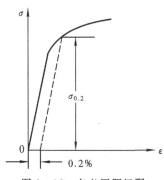

图 3-18 名义屈服极限

图 3-19 所示为用途日益广泛的塑料(聚乙烯 PVC 硬片与共混型工程塑料 ABS)在常温下受拉伸时的 σ-ε 曲线。可见它们在屈服前的弹性都相当好,塑性也不错,只是弹性模量 E 比较低。

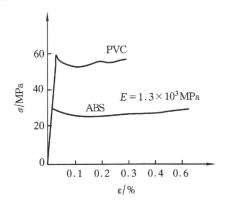

图 3-19 塑料拉伸 σ-ε 曲线

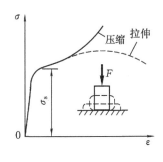

图 3-20 低碳钢压缩 σ-ε 曲线

2. 材料压缩时的力学性能

一般金属材料的压缩试件都做成圆柱形,为了避免压弯,试件的高度只有直径的 1.5～3 倍。图 3-20 是低碳钢压缩时的 σ-ε 曲线。可见这类材料压缩时的屈服极限 σ_s 与拉伸时相同。在达到屈服极限以前,拉伸与压缩时的 σ-ε 曲线是重合的,但在强化阶段中,压缩试件愈压愈平,既无颈缩,又不断裂,所以测不出强度极限。

图 3-21 是灰铸铁压缩时的 σ-ε 曲线图(虚线表示拉伸时的 σ-ε 曲线)。由图可见,整个

压缩过程中的曲线与拉伸时相似,但压缩时的延伸率 δ 要比拉伸时的大,压缩时的强度极限 σ_b 约为拉伸时的 2～3 倍。一般脆性材料的抗压能力显著高于抗拉能力,故广泛用于制造承压零部件。

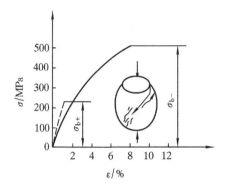

图 3-21 灰铸铁压缩 σ-ε 曲线

铸铁压缩时断口与轴线约略成 45°角,这表明在 45°角的斜面上作用着最大切应力,即铸铁在轴向压缩下的破坏方式为剪切破坏。表 3-2 给出了几种常用材料在常温、静载下拉伸和压缩时的力学性能。

表 3-2 几种常用材料在常温、静载荷下拉伸和压缩时的力学性能

材料名称	牌 号	σ_s/MPa	σ_b/MPa	δ_5/%
普通碳素钢 (GB700—88)	Q215A	165～215	335～410	26～31
	Q235A	185～235	375～460	21～26
	Q275A	225～275	490～610	16～20
优质碳素钢 (GB699—88)	20	245	410	25
	40	335	570	19
	45	355	600	16
低合金结构钢 (GB1591—88)	12Mn	235～295	390～590	20～22
	16Mn	275～345	470～660	20～22
	15MnV	335～410	190～1 700	18～19
合金结构钢 (GB3077—88)	20Cr	540	835	10
	40Cr	785	980	9
	50Mn2	785	930	9
碳素铸钢 (GB5675—85)	ZG200～400	200	400	25
	ZG270～500	270	500	18
球墨铸铁 (GB1348—88)	QT400～18	250	400	18
	QT500～7	320	500	7
	QT600～3	370	600	3
灰铸铁 (GB9493—88)	HT150		150(拉)	
	HT300		300(拉)	

① 表中 δ_5 是指 $l=5d$ 的标准试件的延伸率。

3. 许用应力

工程中决不允许零件出现断裂或产生显著塑性变形。通常认为,塑性材料以屈服作为破坏状态,以屈服极限 σ_s(或 $\sigma_{0.2}$)作为破坏应力;脆性材料以脆断作为破坏状态,拉伸时以强度极限 σ_b^+ 作为破坏应力,压缩时以强度极限 σ_b^- 作为破坏应力。破坏应力又称**极限应力**。

为了保证零件具备足够的强度,其工作应力必须低于破坏应力,而且还要留有余地给强度以必要的储备,以应付其他各种无法避免因素的影响。为此,一般把极限应力除以大于 1 的系数 n,作为设计时允许的最高值。这个最大的允许应力称为许用应力,以 $[\sigma]$ 表示,则

$$[\sigma] = \sigma_s / n_s \quad (塑性材料)$$

$$(3-13)$$

$$[\sigma] = \sigma_b / n_b \quad (脆性材料)$$

式中 n_s、n_b 分别是按屈服极限、强度极限规定的**安全因数**。其选定必须体现既经济又安全的原则。取值过大会浪费材料,过小又影响安全。确定时应考虑以下因素:①载荷估计的准确性;②模型建立的合理性和计算方法的精确度;③材料的质量优劣等级;④零件的重要程度。此外还要考虑零件的工作环境与使用寿命等。一般机械设计时,静载下大致取值范围为 $n_s = 1.5 \sim 2.0$;$n_b = 2.0 \sim 5$。表 3-3 列出了几种常用材料在常温、静载及一般工作条件下的基本许用应力约值。

表 3-3   在常温、静载及一般工作条件下几种常用材料的基本许用应力的约值

材　料	许用应力$[\sigma]$/MPa	
	压　缩	拉　伸
灰铸铁	$41.4 \sim 78.4$	$118 \sim 147$
Q215A 钢	137	137
Q235A 钢	157	157
16Mn 钢	235	235
45 钢	186	186
铜	$29.4 \sim 118$	$29.4 \sim 118$
强铝	$78.4 \sim 147$	$78.4 \sim 147$
木材(顺纹)	$6.86 \sim 11.8$	$9.9 \sim 11.8$
混凝土	$0.098 \sim 0.686$	$0.98 \sim 8.82$

开动脑筋:在古代,砖石成为主要的工程建筑材料。虽然这一时期的工程技术并不发达,然而我们的先民采用拱结构,在 1300 年前就建造了以赵州桥为代表的一大批优秀古建筑。请阐述这种结构的主要优点。

3.2.4　轴向拉伸(压缩)时的强度计算

拉伸或压缩杆件的强度条件是最大工作应力不超过许用应力,即

$$\sigma_{\max} = \left| \frac{F_N}{A} \right|_{\max} \leqslant [\sigma] \tag{3-14}$$

上式称为杆件在受轴向拉伸或压缩时的**强度条件**,可用于解决三方面的强度计算问题:

1. 强度校核

当零件截面尺寸、载荷情况和材料种类已知时,可通过计算求出轴力和实际工作应力并确定许用应力,尽而可用式(3-14)校核构件的强度是否足够。

2. 设计截面

当载荷与材料种类已知时,可将式(3-14)可改写成

$$A \geqslant \frac{F_N}{[\sigma]} \tag{3-15}$$

由上式可确定零件所需截面积的大小,从而设计截面尺寸。

3. 确定许可载荷

当零件截面尺寸和材料种类已知时,式(3-14)可改写成

$$F_N \leqslant A[\sigma] \tag{3-16}$$

由上式可以求出零件所能承受的最大轴力,从而确定强度条件所许可的载荷最大值,即许可载荷。

例3-3　图3-22(a)所示气缸内径 $D=140$ mm,缸内气压 $p=0.6$ MPa。活塞杆材料的许用应力 $[\sigma]=80$ MPa。试设计活塞杆直径 d。

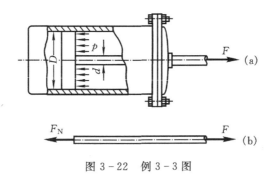

图3-22　例3-3图

解　活塞杆左端受的拉力来自作用于活塞上的气体压力,右端受外加拉力作用,该杆的变形为轴向拉伸,如图3-22 (b)。活塞杆的横截面积远小于活塞端面积,故计算气体压力时可略去。根据平衡条件可以求得

$$F_N = F = p \times \frac{\pi}{4} d^2$$

$$= 0.6 \times 10^6 \times \frac{\pi}{4}(140 \times 10^{-3})^2 = 9\ 230 \text{ N}$$

由强度条件式(3-15),得活塞杆横截面面积为

$$A = \frac{\pi}{4} d^2 \geqslant \frac{F_N}{[\sigma]} = \frac{9\ 230}{80 \times 10^6} = 1.15 \times 10^{-4} \text{ m}^2$$

上式取等号计算,求得活塞杆必须具有的直径为

$$d \approx 0.012 \text{ m} = 12 \text{ mm}$$

例 3-4　某打包机的曲柄滑块机构如图 3-23(a)所示。打包过程中,连杆接近铅垂位置,包的反力 $F = 3.78 \times 10^3$ kN,连杆横截面为矩形,$h = 240$ mm,$b = 180$ mm,材料的许用应力 $[\sigma] = 90$ MPa。试校核连杆的强度。

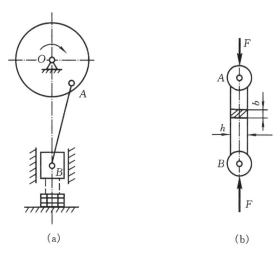

(a)　　　　　　　　　　(b)

图 3-23　例 3-4 图

解　由于打包时连杆接近铅垂位置,故连杆受力近似等于包的反力 F,如图 3-23 (b)所示,其轴力为

$$F_N = F = 3.78 \times 10^6 \text{ N}$$

由式(3-14)得

$$\sigma = \frac{F_N}{A} = \frac{3.78 \times 10^6}{240 \times 180 \times 10^{-6}} = 87.5 \text{ MPa}$$

因为,连杆工作应力 $\sigma = 87.5$ MPa $< [\sigma] = 90$ MPa,故强度足够。

3.2.5　轴向拉伸(压缩)时的变形

杆件拉伸时,将引起轴向尺寸的伸长和横向尺寸的缩小;压缩时,将引起轴向尺寸的缩短和横向尺寸的增大。

设杆件原长为 l,变形后的长度为 l_1,则杆件的轴向应变为

$$\varepsilon = \frac{l_1 - l}{l} = \frac{\Delta l}{l}$$

显然,杆件拉伸时,Δl 为正值,ε 亦为正值,压缩时则为负值。

在比例极限范围内,由式(3-5)得 $\sigma = E\varepsilon$,且由式(3-8)知 $\sigma = F_N/A$,一并代入上式,即得杆件变形为

$$\Delta l = \frac{F_N l}{EA} \tag{3-17}$$

该式为胡克定律的又一表达形式。可以看到,杆件的轴向弹性变形与 EA 成反比,即 EA 愈大,愈不容易变形,因此 EA 称为杆件的**抗拉(压)刚度**。

若杆件原始直径为 d,变形后直径为 d_1,则杆件的横向线应变为

$$\varepsilon' = \frac{d_1 - d}{d} = \frac{\Delta d}{d}$$

显然,杆件拉伸时,Δd 为负值,ε' 亦为负值,压缩时则为正值。

　　实验结果表明,在比例极限范围内,不但杆件的轴向应变 ε 与应力 σ 成正比,而且杆件的横向应变 ε' 亦与应力 σ 成正比(图 3-24)。可见横向应变与轴向应变之比的绝对值亦为常值,

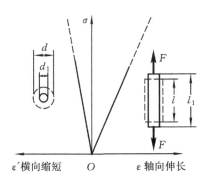

ε' 横向缩短　　　　O　　　　ε 轴向伸长

图 3-24　轴向应变与横向应变

即

$$\mu = \left| \frac{\varepsilon'}{\varepsilon} \right| \qquad (3-18)$$

μ 称为**泊松比**。考虑到两个应变的符号恒相反,故有

$$\varepsilon' = -\mu\varepsilon \qquad (3-19)$$

上式表明:在比例极限范围内,横向应变与轴向应变成正比。

　　弹性模量 E 和泊松比 μ 是材料的两个弹性常数。几种常用材料的泊松比见表 3-4。

表 3-4　材料的弹性模量 E,切变模量 G 及泊松比 μ

材　　料	E/GPa	G/GPa	μ
碳　　钢	196～206	78.4～79.4	0.24～0.28
合金钢	186～216	79.4	0.24～0.33
铸　　铁	113～157	44.1	0.23～0.27
球墨铸铁	157	60.8～62.7	0.25～0.29
铜及其合金	73～157	39.2～45.1	0.31～0.42
铝及其合金	71	25.5～26.5	0.33
木材:顺纹	9.8～11.8	0.539	—
横纹	0.49	—	—
混凝土	14～35	—	0.16～0.18
橡胶	0.078	—	0.47

　　例 3-5　M12 的螺栓小径 $d_1 = 10.1$ mm,拧紧后在计算长度 $l = 80$ mm 内总伸长为 0.03 mm,钢的弹性模量 $E = 210$ GPa。试计算螺栓内的应力和螺栓的预紧力。

　　解　拧紧后的螺栓应变为

$$\varepsilon = \frac{\Delta l}{l} = 0.000\ 375$$

由胡克定律式(3-5)得

$$\sigma = E\varepsilon = 78.8 \text{ MPa}$$

由式(3-8)得螺栓预紧力

$$F_N = A\sigma = \frac{\pi}{4}(10.1 \times 10^{-3})^2 \times 78.8 \times 10^6 = 6.31 \text{ kN}$$

3.2.6　应力集中概念

等截面直杆受轴向拉伸或压缩时,横截面上若由于切口、钻孔、开槽及螺纹等使截面尺寸发生突变,实验和理论分析都表明,在这样的横截面上,应力不是均匀分布的。如图 3-25(a) 所示的钻孔板条,当受轴向拉伸时,在圆孔附近的局部区域内,应力的数值将急剧增加,如图 3-25(b) 所示;在离开这一区域较远处,应力迅速降低并趋于均匀。这种因截面尺寸的突变而引起的应力局部急剧增大的现象,称为**应力集中**。该现象在其他变形形式中也会存在。

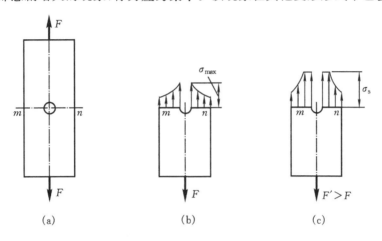

图 3-25　应力集中现象

应力集中的程度,常以最大局部应力 σ_{max} 与被削弱截面上的平均应力 σ_m 之比来衡量,称为**理论应力集中系数**,常以 K_t 表示,即

$$K_t = \frac{\sigma_{max}}{\sigma_m} \tag{3-20}$$

大量实验数据表明,截面尺寸改变越急剧,孔越小,缺口角越尖,应力集中的程度就越严重。因此要求零件上尽可能避免带尖角、小孔和槽;相邻两段截面不同时,要用圆弧进行过渡,并在结构允许的情况下,尽量使过渡圆弧的半径增大。

对于塑性材料,因为有较长的屈服阶段,所以当孔边的最大应力 σ_{max} 达到屈服极限 σ_s 之后,若继续增加 F,则孔边缘的变形仍处于屈服阶段之内,故应力并不增加,致使屈服区域不断扩展,如图 3-25(c) 所示。因此,塑性材料的屈服阶段可对应力集中起着平均化(重分配)的作用。一般在常温静载下可不考虑应力集中对塑性材料的影响。

对脆性材料,随外力的增长,孔边应力急剧上升并始终保持为最大值,当达强度极限时,该处首先破裂。所以脆性材料对应力集中十分敏感。即使在常温、静载下,应力集中也影响到脆性材料零件的承载能力。但对铸铁,由于其内部组织不均匀,细小的孔洞甚多,应力集中已很严重,致使由于零件截面尺寸突变所引起的应力集中不能清楚地显示出来,故可不再考虑。

大量实验还表明,零件受周期性变化或冲击载荷的作用时,无论是塑性材料还是脆性材料,应力集中对零件都有严重的影响,因此应力集中现象应引起我们的足够重视。

3.3 联接件的剪切与挤压计算

工程中受拉(压)的零件与其他零件之间多用销钉、铆钉或螺栓联接,受扭的转轴与齿轮、带轮间多用键联接,转轴与转轴之间多用联轴器联接等。这些联接件主要承受着剪切与挤压。由于剪切和挤压的受力与变形一般都比较复杂,不易从理论上进行分析计算,故工程上均采用实用计算方法。

3.3.1 剪切实用计算

图 3 - 26(a)所示为两块用铆钉联接的钢板。当联接后的钢板两端受到拉力 F 的作用时,铆钉两侧就分别受到合力大小等于 F 的分布压力作用,且这两个合力的大小相等、方向相反、其作用线相距很近(图 3 - 26 (b)),从而引起铆钉 $m-m$ 截面两侧的材料发生错动,有将铆钉在该截面处被剪断的趋势。这种变形形式即称为剪切。截面 $m-m$ 称为**剪切面**。

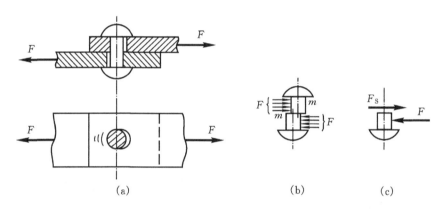

图 3 - 26 剪切

在进行受剪切的零件的强度计算时,首先要分析其内力和应力。用截面法将图 3 - 26(a)所示的铆钉沿剪切面 $m-m$ 切开,并保留下部如图 3 - 26 (c)。

由平衡条件可知,在剪切面 $m-m$ 上必有剪力 F_s 存在,且

$$F_s = F$$

若忽略拉伸、弯曲变形的影响,认为剪切面上主要作用着均匀分布的切应力 τ,则

$$\tau = \frac{F_s}{A} \tag{3-21}$$

式中 A 为剪切面面积。实际上,剪切面上切应力并非均匀分布,由式(3-21)算得的只是平均切应力,因此通常称之为**名义切应力**,并以此作为**工作切应力**。另一方面,通过剪切破坏试验,测出破坏时的载荷,用同样的方法由破坏时的载荷确定材料的**极限切应力**,然后再除以安全因数 n,即可得到材料的**许用切应力**$[\tau]$。于是剪切实用计算的强度条件为

$$\tau = \frac{F_s}{A} \leqslant [\tau] \tag{3-22}$$

一般工程规范中规定

$$[\tau] = \begin{cases} (0.6 \sim 0.8)[\sigma] & \text{（塑性材料）} \\ (0.8 \sim 1.0)[\sigma] & \text{（脆性材料）} \end{cases}$$

其中$[\sigma]$为材料的许用拉应力。

3.3.2　挤压实用计算

　　联接件除受剪切变形外，在局部表面间还存在着相互挤压，当压力过大时，挤压处的局部区域将产生塑性变形，从而造成零件失效。图 3-26 中，力 F 是通过钢板孔壁与铆钉的半圆柱表面之间的挤压传递到铆钉上去的。铆钉和钢板孔的半圆柱面间所发生的局部受压现象，称为**挤压**。挤压面上总压紧力称为**挤压力**，用 F_{bs} 表示。由图 3-26(c)可见

$$F_{bs} = F$$

挤压面上的压强称为挤压应力，用 σ_{bs} 表示。假设挤压应力在挤压表面上均匀分布，则

$$\sigma_{bs} = \frac{F_{bs}}{A_{bs}} \tag{3-23}$$

式中 A_{bs} 为挤压面面积。由式(3-23)求得的挤压应力也是**名义挤压应力**，并以此为**工作挤压应力**。

　　挤压面面积 A_{bs} 的计算，要由接触面的情况而定。当为平面接触时（如键联接），以接触面积为挤压面面积；当接触面是圆柱面的一部分时，则用接触面在挤压力垂直方向上的投影面作为挤压面面积，如图 3-27(a)所示。理论分析表明，对圆柱形接触面，挤压应力的分布情况如图 3-27(b)所示，最大挤压应力发生于半圆柱接触面的中线上，其大小与按式(3-23)求得的

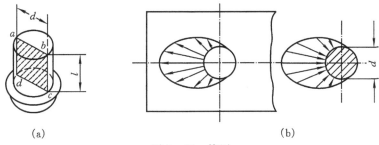

(a)　　　　　　　　　　　　　　(b)

图 3-27　挤压

大致相等，故挤压实用计算的强度条件为

$$\sigma_{bs} = \frac{F_{bs}}{A_{bs}} \leqslant [\sigma_{bs}] \tag{3-24}$$

材料的许用挤压应力$[\sigma_{bs}]$，可从有关规范或手册中查得。对于钢材一般可取

$$[\sigma_{bs}] = (1.7 \sim 2.0)[\sigma]$$

例 3-6　电瓶车牵引板与拖车挂钩间用插销联接，如图 3-28(a)所示。已知 $b=8$ mm，插销材料的许用应力$[\tau]=30$ MPa，$[\sigma_{bs}]=100$ MPa，牵引力 $F=15$ kN。试确定插销直径。

　　解　插销受力情况如图 3-28(b)所示。由平衡条件可得

$$F_S = \frac{F}{2} = 7.5 \text{ kN}$$

　　(1)先按剪切强度条件设计插销直径

$$A \geqslant \frac{F_S}{[\tau]} = \frac{7\,500}{30 \times 10^6} = 250 \text{ mm}^2$$

将 $A = \pi d^2/4$ 代入上式,得

$$d \geqslant 17.8 \text{ mm}$$

(2)再由挤压强度条件进行校核

$$\sigma_{bs} = \frac{F_{bs}}{A_{bs}} = \frac{F}{2bd} = \frac{15\ 000}{2 \times 8 \times 17.8 \times 10^{-6}} = 52.7 \text{ MPa}$$

故挤压强度足够。查机械设计手册,采用 $d = 20$ mm 的标准圆柱销。

此题也可分别按剪切和挤压的强度条件计算出插销直径,然后通过比较,取较大的值进行设计。

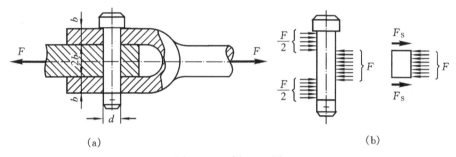

(a)　　　　　　　　　　　　　　　　　　　　　(b)

图 3 - 28　例 3 - 6 图

3.4　轴的扭转

机械中承受扭转变形的零件很多。例如汽车中的传动轴与方向盘操纵杆,发电机的功率输出轴等。由于这些主要承受扭转变形的零件大都为等直圆杆,故本节主要研究等直圆轴的扭转问题。

3.4.1　扭矩与扭矩图

工作中轴所受的外力偶矩 M 与所传递的功率 P 及转速 n 之间的换算关系为

$$M = 9\ 550 \frac{P}{n} \quad (\text{N} \cdot \text{m}) \tag{3-25}$$

式中功率 P 的单位是 kW(千瓦);转速 n 的单位是 r/min(分/转)。

外力偶矩 M 确定后,即可用截面法求出各横截面上的内力。如图 3 - 29(a)所示的轴在一对外力偶作用下处于平衡状态,假想将轴沿 $m - m$ 截面切开,并研究其左段的平衡。如图 3 - 29(b)所示,在横截面 $m - m$ 上必然有一内力偶矩与外力偶矩 M 平衡。作用在横截面上的这一内力偶矩即为扭矩 T,其大小可通过研究轴段的静力平衡条件求得。

若研究轴的右段平衡,其受力如图 3 - 29(c)所示。为使同一截面上扭矩的大小和符号完全一致,特规定:扭矩矢量方向与横截面外法线方向一致时为正,反之为负。按此规定,图 3 - 29(b)和(c)中所示的扭矩均为正。

在一般情况下,各横截面上的扭矩不相同。为了形象地表示扭矩沿轴线的变化情况,以便找出最大扭矩所在横截面,通常仿照作轴力图的方法,绘制**扭矩图**。下面通过例题来说明。

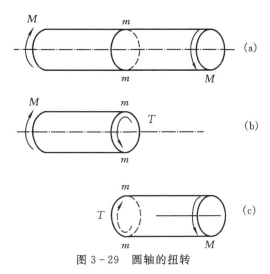

图 3 - 29　圆轴的扭转

例 3 - 7　传动轴如图 3 - 30(a)所示,其转速 $n=750$ r/min,主动轮 A 输入功率 $P_A=50$ kW,从动轮 B、C、D 分别输出功率 $P_B=15$ kW,$P_C=15$ kW,$P_D=20$ kW,不计轴承摩擦,试计算该轴的扭矩,并作扭矩图。

解　(1)计算外力偶矩。

$$M_A = 9\ 550\ \frac{P_A}{n} = 0.636 \quad \text{kN} \cdot \text{m}$$

$$M_B = M_C = 9\ 550\ \frac{P_B}{n} = 0.191 \quad \text{kN} \cdot \text{m}$$

$$M_D = 9\ 550\ \frac{P_D}{n} = 0.254 \quad \text{kN} \cdot \text{m}$$

(2)用截面法计算扭矩。

由于在 BC、CA、AD 轴段上的扭矩均为常数,故分别在各轴段内用任意截面 1 - 1、2 - 2、3 - 3 将轴一分为二。并假设各截面上扭矩 M_{n1}、M_{n2}、M_{n3} 均为正的扭矩如图 3 - 30 (b)、(c)、(d)所示。

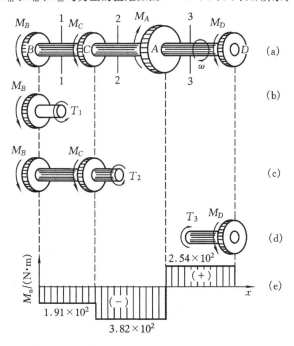

图 3 - 30　例 3 - 7 图

研究截面 1-1 的左段轴

由 $\sum M_x = 0$，$M_B + T_1 = 0$ 得 $T_1 = -M_B = -0.191 \text{ kN} \cdot \text{m}$

研究截面 2-2 的左段轴

由 $\sum M_x = 0$，$M_B + M_C + T_2 = 0$ 得 $T_2 = -0.382 \text{ kN} \cdot \text{m}$

研究截面 3-3 的右段轴

由 $\sum M_x = 0$，$M_D - T_3 = 0$ 得 $T_3 = 0.254 \text{ kN} \cdot \text{m}$

结果表明,说明 T_1、T_2 为负的扭矩。

(3)绘制扭矩图如图 3-30(e)。

可见,最大扭矩值为 382 N·m,发生在 CA 段内。

显然,用截面法求扭矩的一般步骤仍需"截开、设正、平衡与绘图"四个过程。

3.4.2　直圆轴扭转时的应力

与研究拉伸(压缩)时横截面上的应力相似,解决这一问题需从研究变形入手,并利用应力和应变间的关系以及静力条件进行综合分析。

1. 变形的几何关系

图 3-31(a)为一端固定的直圆轴。加载前,先在圆轴表面画上许多纵向线与圆周线,然后在外伸端施加力偶矩 M 使轴发生扭转变形,如图 3-31(b)所示。

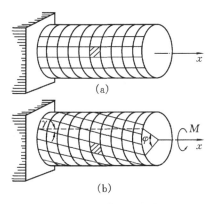

(a)

(b)

图 3-31　圆轴的扭转变形

在变形微小的情况下可以观察到:

(1)各圆周线的形状、大小和间距均未改变,仅绕轴线相对地转了一个角度;

(2)各纵线则倾斜了同一微小角度 γ,变形前轴表面上由纵向线与圆周线所形成的矩形网格歪斜成平行四边形。

根据上述观察到的现象可作如下假设:圆轴扭转前的横截面,变形后仍保持为平面;其半径仍保持为直线,这就是圆轴扭转的**平面截面假设**。按照这一假设,在扭转变形时,横截面就像刚性平面一样,绕轴线转过了一微小角度。由上述现象和假设可知:圆轴扭转时横截面上只有切应力。

圆轴扭转变形后,右端截面相对左端截面转过的角度 φ(图 3-31(b))称为**相对扭转角**或简称**扭转角**。扭转角用弧度(rad)来度量。现从长度为 dx 的轴段中切取一楔块 $O_2 O_1 ABCD$

（图 3 - 32(a)），则楔块变形后如图 3 - 32（b）中虚线所示：轴表层的矩形 $ABCD$ 变为平行四边形 $ABC'D'$，距轴线 ρ 处的矩形 $EFGH$ 变为平行四边形 $EFG'H'$。由此可得圆轴表面上的切

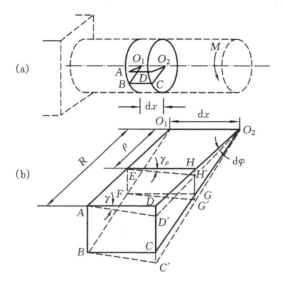

图 3 - 32　圆轴扭转的切应变

应变

$$\gamma = \tan\gamma = \frac{\overline{DD'}}{\overline{AD}} = \frac{R\mathrm{d}\varphi}{\mathrm{d}x} \tag{3-26}$$

式中 R 为圆轴半径，$\dfrac{\mathrm{d}\varphi}{\mathrm{d}x}$ 代表扭转角沿杆轴线的变化率，称为**单位长度扭转角**，用 θ 表示。同理，可以求得轴内距轴线 ρ 处的切应变为

$$\gamma_\rho = \rho\,\frac{\mathrm{d}\varphi}{\mathrm{d}x} \tag{3-27}$$

对于给定横截面，$\theta = \dfrac{\mathrm{d}\varphi}{\mathrm{d}x}$ 为一常数。上式表明：横截面上任意点的切应变 γ_ρ 与该点到圆心的距离成正比。

2. 应力与应变间的关系

在弹性范围内，切应力与切应变服从胡克定律，由式（3 - 6）可得

$$\tau_\rho = G\gamma_\rho = G\rho\,\frac{\mathrm{d}\varphi}{\mathrm{d}x} = G\rho\theta \tag{3-28}$$

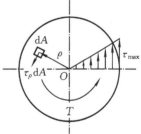

图 3 - 33　扭转切应力

由此表明，横截面上的切应力与该点到轴线的距离成正比。因切应变 γ_ρ 发生在垂直于半径的平面内，故切应力方向垂直于半径（图 3 - 33）。式中 G 为表征材料剪切弹性变形能力的材料常量，称为**切变模量**，它的单位与切应力单位相同，即 Pa。实验与理论均可证明，对于各向同性材料，反映材料弹性性能的三个材料常数 E、G 和 μ 之间存在着如下关系：

$$G = \frac{E}{2(1+\mu)} \tag{3-29}$$

常用材料的弹性常数见表 3-4。

由于 $\mathrm{d}\varphi/\mathrm{d}x$ 尚未求出,因此还无法通过式(3-28)定量求得切应力的大小,还需结合静力关系作进一步的研究。

3. 静力关系

如图 3-33 所示,在横截面上距圆心 ρ 处取微面积 $\mathrm{d}A$,其上内力合力大小为 $\tau_\rho \mathrm{d}A$,该合力对圆心的微力矩为 $(\tau_\rho \mathrm{d}A)\rho$,于是整个横截面上的微力矩之和与扭矩 T 应满足如下静力关系:

$$T = \int_A \rho \cdot \tau_\rho \mathrm{d}A$$

式中 A 为横截面面积。将式(3-28)代入上式,得

$$T = G\theta \int_A \rho^2 \mathrm{d}A \qquad (3-30)$$

积分 $\int_A \rho^2 \mathrm{d}A$ 表达了截面的一种几何性质,仅与横截面尺寸有关,称为该截面的**极惯性矩**,用 I_P 表示,即

$$I_\mathrm{P} = \int_A \rho^2 \mathrm{d}A \qquad (3-31)$$

代入式(3-30),可得

$$\theta = \frac{\mathrm{d}\varphi}{\mathrm{d}x} = \frac{T}{GI_\mathrm{P}} \qquad (3-32)$$

将式(3-32)代入式(3-28),便可得到横截面上的切应力计算公式

$$\tau_\rho = \frac{T\rho}{I_\mathrm{P}} \qquad (3-33)$$

可见,横截面上各点的切应力与该截面上的扭矩成正比,与极惯性矩成反比,与该点到截面圆心的距离成正比。当 ρ 达到最大值 R 时,切应力为最大切应力 $\tau_{\max}$,即

$$\tau_{\max} = \frac{TR}{I_\mathrm{P}} = \frac{T}{W_\mathrm{P}} \qquad (3-34)$$

式中 W_P 称为**抗扭截面系数**,且

$$W_\mathrm{P} = \frac{I_\mathrm{P}}{R} \qquad (3-35)$$

根据式(3-31)和式(3-35),对图 3-34(a)、(b)所示的实心圆截面和空心圆截面的极惯性矩与抗扭截面系数计算如下。

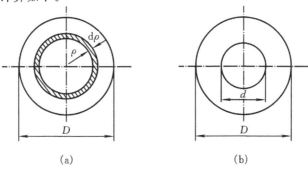

(a)　　　　　　　　　　　(b)

图 3-34 实心圆截面与空心圆截面

（1）实心圆截面

$$I_P = \int_A \rho^2 \, dA = \int_0^{D/2} \rho^2 \cdot 2\pi\rho \, d\rho = \frac{\pi D^4}{32} \tag{3-36}$$

$$W_P = \frac{I_P}{R} = \frac{\pi D^3}{16} \tag{3-37}$$

（2）空心圆截面

$$I_P = \frac{\pi}{32}(D^4 - d^4) = \frac{\pi D^4}{32}(1 - \alpha^4) \tag{3-38}$$

$$W_P = \frac{\pi}{16}D^3(1 - \alpha^4) \tag{3-39}$$

式中 $\alpha = d/D$。

3.4.3　圆轴扭转时的变形

轴的扭转变形用扭转角 φ 进行度量。由式（3-32）可求得长为 l 的圆轴扭转角计算公式

$$\varphi = \int_0^\varphi d\varphi = \int_0^l \frac{T}{GI_P} dx \tag{3-40(a)}$$

对于用同一材料制成的等截面圆轴，若只在两端受外力偶作用，由于 M_n、G、I_P 均为常数，于是上式求积分得

$$\varphi = \frac{T}{GI_P}l \tag{3-40(b)}$$

可见，扭转角 φ 的大小与扭矩 T 和长度 l 成正比，与乘积 GI_P 成反比。在 T 和 l 为定值时，GI_P 愈大，φ 就愈小。所以乘积 GI_P 反映了圆轴抵抗扭转变形的能力，被称为截面**抗扭刚度**。对于阶梯圆轴，或扭矩分段变化的情况，则应先分段计算扭转角，再求其代数和。

顺便指出，非圆横截面杆的扭转与圆轴有明显差异。如图 3-35（a）所示的矩形截面杆受扭后的变形情况如图 3-35（b）所示，此时平面假设不再成立，横截面产生了明显的翘曲。由试验及弹性力学的推证，矩形截面直杆扭转时的应力分布如图 3-35（c）所示。因而，圆轴扭转时的应力与变形公式不再适用于非圆截面杆。

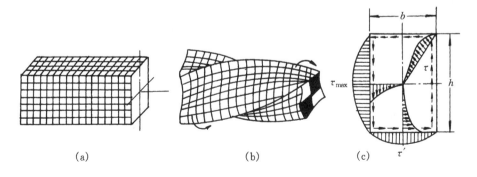

图 3-35　矩形截面杆件的扭转

3.4.4 圆轴扭转时的强度与刚度计算

1. 强度计算

为了保证圆轴受扭转时不发生损坏,必须限制最大切应力不超过材料的许用切应力 $[\tau]$,即

$$\tau_{\max} = \left| \frac{T}{W_P} \right|_{\max} \leqslant [\tau] \qquad (3-41)$$

对于等截面圆轴,最大切应力发生在 $|T|_{\max}$ 所在截面的边缘上;对于变截面圆轴(如阶梯圆轴),因为 W_P 并非常量,故 $\tau_{\max}$ 不一定发生在 $|T|_{\max}$ 所在的截面上,这就要综合考虑扭矩 T 及抗扭截面系数 W_P 两者的变化情况来确定 $\tau_{\max}$。许用切应力 $[\tau]$ 可通过试验并考虑安全系数后来确定。在静载扭转时,材料的许用切应力 $[\tau]$ 与许用拉应力 $[\sigma]$ 的大致关系如下:

塑性材料 $\qquad\qquad\qquad [\tau] = (0.5 \sim 0.6)[\sigma]$

脆性材料 $\qquad\qquad\qquad [\tau] = (0.8 \sim 1.0)[\sigma]$

式(3-41)是圆轴扭转时的强度计算公式。与拉伸(压缩)强度公式相似,也可解决设计截面、校核强度和确定许可载荷等三类问题。

2. 刚度计算

为了防止因过大的扭转变形而影响机械的正常工作,必须对某些圆轴的扭转角加以限制。工程上通常是限制圆轴单位长度内的最大扭转角 $\theta_{\max}$ 不能超过规定的允许值 $[\theta]$,即

$$\theta_{\max} = \left| \frac{T}{GI_P} \right|_{\max} \leqslant [\theta] \quad \text{rad/m}$$

$$\theta_{\max} = \left| \frac{T}{GI_P} \right|_{\max} \times \frac{180°}{\pi} \leqslant [\theta] \quad (°/\text{m}) \qquad (3-42)$$

式中 $[\theta]$ 值按照载荷性质和工程条件等因素来确定,也可从有关手册中查到。下面列出的数据可供参考。

精密机械的轴 $\qquad\qquad [\theta] = 0.25 \sim 0.50(°/\text{m})$

一般传动轴 $\qquad\qquad\quad [\theta] = 0.5 \sim 1.0(°/\text{m})$

精密度较低的轴 $\qquad\quad [\theta] = 1.0 \sim 2.5(°/\text{m})$

例 3-8 已知例 3-7 所示传动轴材料的许用切应力 $[\tau] = 50$ MPa。

(1)选用实心轴时,试求最小直径 $D_{\min}$;

(2)选用外径为 60 mm,壁厚为 4 mm 空心轴时强度是否够?

解 (1)由图 3-30(e)可见,$|T|_{\max} = 382$ N·m;由已知条件知,$[\tau] = 50$ MPa。于是由式(3-41)可求得满足强度条件的抗扭截面系数为

$$W_P \geqslant \frac{|T|_{\max}}{[\tau]} = \frac{382}{50 \times 10^6} = 7.64 \times 10^{-6} \text{ m}^3$$

实心轴 $W_P = \frac{\pi}{16} D^3$,代入上式,得

$$D \geqslant \sqrt[3]{\frac{16W_P}{\pi}} = 33.9 \text{ mm}$$

于是

$$D_{\min} = 33.9 \text{ mm}$$

(2)若选用外径 $D = 60$ mm,内径 $d = 60 - 2 \times 4 = 52$ mm 的空心轴,$\alpha = d/D = 13/15$,由式(3-39)得

$$W_P = \frac{\pi}{16} D^3 (1 - \alpha^4) = 18\,484\ \text{mm}^3$$

代入式(3-41),得

$$\tau_{\max} - \frac{|T|_{\max}}{W_P} = 20.6\ \text{MPa} < [\tau]$$

故强度足够。

由此,若采用直径 $D_1 = 40$ mm 的实心圆轴,则截面积 $A_1 = 1\,256.6\ \text{mm}^2$;若采用 $D = 60$ mm,$d = 52$ mm 的空心圆轴,则截面积 $A_2 = 703.7\ \text{mm}^2$。由于两轴的长度与材料相同,故其重量之比就等于横截面积之比,即

$$A_2 / A_1 = 703.7/1\,256.6 = 0.56 = 56\%$$

且采用实心轴时 $\tau_{1\max} = 30.4$ MPa;采用空心圆轴时 $\tau_{2\max} = 20.6$ MPa,故有

$$\tau_{2\max} / \tau_{1\max} = 0.68 = 68\%$$

可见,采用空心圆轴较采用实心圆轴,既减轻了机器的重量,又提高了轴的抗扭强度,这在机械工程中是很有意义的。

例 3-9　空心圆轴以 $n = 180$ r/min 匀速转动,传递功率为 5 kW,外径 $D = 42$ mm,内径 $d = 32$ mm。已知材料的 $[\tau] = 50$ MPa,切变模量 $G = 80$ GPa。要求 $[\theta] = 1^\circ/\text{m}$。试对此轴进行强度与刚度校核。

解　(1) 刚度条件校核

$$T = M = 9\,550 \frac{P}{n} = 9\,550 \times \frac{5}{180} = 265.3\ \text{N·m}$$

$$I_P = \frac{\pi}{32}(D^4 - d^4) = \frac{\pi}{32}(42^4 - 32^4) \times 10^{-12} = 202.5 \times 10^{-9}\ \text{m}^4$$

$$\theta = \frac{T}{GI_P} \times \frac{180}{\pi} = \frac{265.3 \times 180/\pi}{80 \times 10^9 \times 202.5 \times 10^{-9}} = 0.94\ ^\circ/\text{m} < [\theta]$$

(2) 强度条件校核

$$\tau_{\max} = \frac{T}{W_P} = \frac{T}{I_P} \cdot \frac{D}{2} = \frac{265.3 \times 21 \times 10^{-3}}{202.5 \times 10^{-9}} = 27.5\ \text{MPa} < [\tau]$$

所以,此轴的强度、刚度均符合要求。

3.4.5　扭转破坏的应力分析

图 3-36(a)和(b)分别为低碳钢和铸铁试件进行扭转破坏试验后的断裂情况。可见低碳钢试件沿横截面断开,断口平滑;而铸铁试件沿着与轴线大约成 45° 倾角的螺旋面断开,断口粗糙。对于各向异性的木材,扭转破坏造成的裂纹沿纵向纤维发生,如图 3-36 (c)。要解释上述材料受扭后的破坏原因,必须进一步分析圆轴表面一点的应力情况。

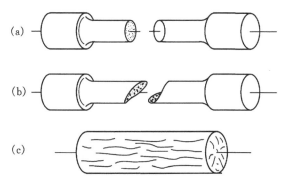

图 3-36　圆轴扭转破坏形式

从图 3-37(a)所示的圆轴表面上一点取出一单元体 $abcd$，它的六个表面分别为两横截面、两径向截面和轴的表面及其平行面，单元体的边长分别为 $\mathrm{d}x$、$\mathrm{d}y$ 和 $\mathrm{d}z$，如图 3-37（b）。由 3.4.2 节分析可知，单元体左、右两平面（即轴的横截面）上没有正应力，只有切应力，它们在微面上构成的微内力必满足 $\sum F_y = 0$ 的平衡条件。从而得知，这两个面上的切应力大小相等（以 τ 表示）、方向相反，所以，这对微面上的微内力又构成一力偶。由平衡条件 $\sum M_z = 0$ 和 $\sum F_x = 0$ 得知，单元体上、下两面上也存在着大小相等、方向相反的切应力（大小以 τ' 表示），且满足如下关系

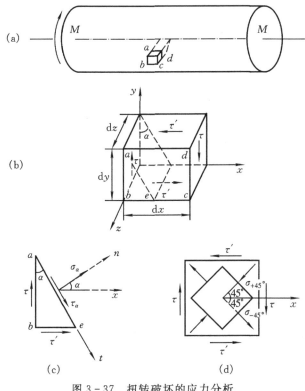

图 3-37　扭转破坏的应力分析

$$(\tau \mathrm{d}y\mathrm{d}z)\mathrm{d}x = (\tau'\mathrm{d}x\mathrm{d}z)\mathrm{d}y$$

由此得

$$\tau = \tau' \tag{3-43}$$

此式表明：在单元体互相垂直的两个平面上，垂直于公共棱边的切应力数值相等，而它们的方向或者都指向公共棱边，或者都背离公共棱边。此关系称为切应力互等定理。

现进一步研究图 3-37(b)所示单元体斜截面上的应力，斜截面平行于 z 轴，其外法线 n 与 x 轴夹角用 α 表示。为方便起见，将研究对象画成图 3-37（c）所示的平面简图。设斜面 ae 的微面积为 $\mathrm{d}A$，则 ab、be 的微面积分别为 $\mathrm{d}A\cos\alpha$、$\mathrm{d}A\sin\alpha$。若作用在 ae 斜截面上的正应力为 σ_a，切应力为 τ_a，则由平衡条件

$$\sum F_n = 0, \quad \sigma_a \mathrm{d}A + (\tau\mathrm{d}A\cos\alpha)\sin\alpha + (\tau'\mathrm{d}A\sin\alpha)\cos\alpha = 0$$

$$\sum F_t = 0, \quad \tau_a \mathrm{d}A - (\tau\mathrm{d}A\cos\alpha)\cos\alpha + (\tau'\mathrm{d}A\sin\alpha)\sin\alpha = 0$$

由此得

$$\left.\begin{aligned}\sigma_\alpha &= -\tau\sin2\alpha \\ \tau_\alpha &= \tau\cos2\alpha\end{aligned}\right\}$$

这说明任意斜截面上的应力 σ_α 和 τ_α 是随截面的方位不同而改变的,例如

当 $\alpha=0°$, $90°$ 时,$\sigma_{0°}=\sigma_{90°}=0$; $\tau_{0°}=\tau$, $\tau_{90°}=-\tau$

这正是图 3 - 37(b)所表示的情况。切应力的正负规定见 4.2.2 节介绍。

当 $\alpha=\pm45°$ 时,$\sigma_{\pm45°}=\mp\tau$; $\tau_{\pm45°}=0$

说明在正、负 45° 斜截面上将出现正应力的极小值与极大值,而此截面上的切应力为零。该结果可用图 3 - 37(d)表示。

低碳钢等塑性材料,其抗拉与抗压的屈服强度相等,但抗剪能力较差,由于最大切应力发生在横截面上,所以扭转时,沿横截面被剪断,断口平滑(图 3 - 36(a));对于灰铸铁等脆性材料,抗压能力最强,抗剪能力次之,抗拉能力最差,故扭转时实际上是被拉断的,裂缝首先出现在与最大拉应力相垂直的 45° 斜面上,断口粗糙(图 3 - 36(b));至于木杆和竹管等,由于其纵向的抗剪能力远低于横向,故首先在纵向切应力 τ 作用下,沿纵向开裂(图 3 - 36(c))。

3.5　梁的弯曲强度

以弯曲变形为主要变形的杆件通常称为梁。如图 3 - 38(a)所示的铁路桥梁,图 3 - 38 (b)所示的机车车轴,都是弯曲变形的实例。

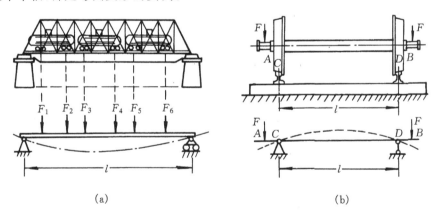

(a)　　　　　　　　　　　　　　　　(b)

图 3 - 38　弯曲变形的实例

工程中的梁多采用图 3 - 39 所示的各种形状对称截面,可见这些梁都具有一个以上的纵向对称平面。当外力都作用在梁的某一纵向对称平面内时,其轴线就在该平面内弯成为一平面曲线(图 3 - 40),这种弯曲称为**平面弯曲**。平面弯曲在工程中最为常见,故本节主要对平面弯曲进行研究。

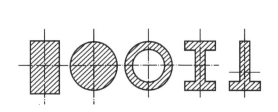

图 3-39　梁的对称截面

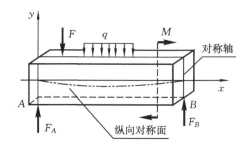

图 3-40　梁的平面弯曲

3.5.1　梁的内力分析

1. 剪力和弯矩

梁在外力作用下,其各部分之间将产生相互作用的内力。在平面弯曲时,梁的横截面上通常有两个内力分量:位于横截面上的剪力 F_S;作用在纵平面内的弯矩 M。

以图 3-41(a)所示简支梁 AB 为例,设其上外力 F 为已知,则通过梁的平衡条件,即可求出支座反力 F_A 和 F_B。为了确定梁的内力,假想将梁在横截面 $m-m$ 处截开,取左段作为研究对象,设 C 点为截面形心。左段保持平衡,则在该截面上必然有剪力 F_S 和弯矩 M,如图 3-41(b)。由静力平衡条件得

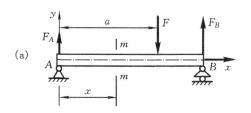

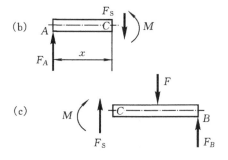

图 3-41　梁的内力

$$\sum F_y = 0, \quad F_A - F_S = 0$$

$$\sum M_C(\boldsymbol{F}) = 0, \quad M - F_A x = 0$$

解得

$$F_S = F_A, \quad M = F_A x$$

同样,若以右段梁作为研究对象,如图 3-41(c),也将得到与上述数值相等的剪力与弯矩。为使同一横截面上的内力在左、右两段梁上的符号也一致,通常规定:从梁中任意截出长为 dx 微段,凡使该微段发生左侧截面向上,右侧截面向下相对错动的剪力为正值(图 3-42(a)),可简单概括为"左上或右下",剪力为正值,反之为负值(图 3-42(b));使微段弯曲变形凹面向上的弯矩为正值(图 3-42(c)),可简单概括"上凹或下凸",弯矩为正值,反之为负值(图 3-42(d))。按此规定,图 3-41(b)、(c)所示的剪力与弯矩均为正值。

2. 剪力图和弯矩图

在梁的不同横截面上,剪力和弯矩一般均不相同,即剪力和弯矩沿梁的轴线是变化的。

通常沿梁的轴线方向选取坐标轴 x,以梁的左端为坐标原点,向右为正,则坐标 x 就表示了梁的横截面位置,且梁内各横截面的剪力和弯矩可以表示为坐标 x 的函数,即

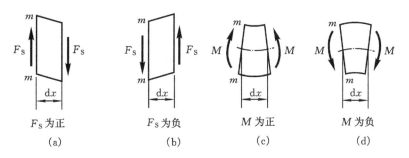

图 3 - 42 剪力与弯矩的正、负规定

$$F_{\mathrm{S}} = F_{\mathrm{S}}(x), \quad M = M(x)$$

上述关系称为**剪力方程**和**弯矩方程**。该方程也可用图线表示：即以沿轴线的 x 轴为横坐标轴，F_{S} 或 M 为纵坐标轴，所画出的 F_{S}、M 沿轴线变化的图线称为**剪力图**和**弯矩图**。从 F_{S}、M 图上可直观地判断最大剪力和最大弯矩所在截面（称为危险截面）的位置和数值。

　　例 3 - 10　图 3 - 43(a)所示悬臂梁 AB，其上受均匀分布载荷 q 作用。试求梁的剪力方程和弯矩方程，并画出梁的剪力图与弯矩图。

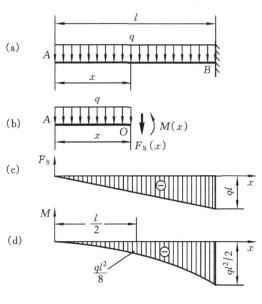

图 3 - 43 例 3 - 10 图

　　解　(1)剪力方程与弯矩方程。

　　在距左端 A 为 x 处取一截面，从该处将梁切为两段，并取左段进行研究(图 3 - 43(b))，在该截面上设正的剪力 $F_{\mathrm{S}}(x)$ 和正的弯矩 $M(x)$。则由平衡条件

$$\sum F_y = 0, \quad -F_{\mathrm{S}}(x) - qx = 0$$

$$\sum M_O(F) = 0, \quad M(x) + qx\,\frac{x}{2} = 0$$

得

$$F_{\mathrm{S}}(x) = -qx \quad (0 \leqslant x < l) \tag{a}$$

$$M(x) = -\frac{1}{2}qx^2 \quad (0 \leqslant x < l) \tag{b}$$

（2）剪力图与弯矩图。

由于剪力方程（a）是 x 的一次式，故知剪力图是一斜直线，只要定出直线上的两点即可作图，如

$$x = 0, \quad F_S(0) = 0; \quad x = l, \quad F_S(l) = -ql$$

由此画出剪力图，如图 3-43(c)。由图可见，在固定端处左侧截面的剪力数值最大

$$|F_S|_{\max} = ql_。$$

由于弯矩方程（b）是 x 的二次式，故知弯矩图为二次抛物线，为此先确定该曲线上的几点，如

$$M(0) = 0, \quad M\left(\frac{l}{2}\right) = -\frac{1}{8}ql^2, \quad M(l) = -\frac{1}{2}ql^2$$

由此可大致画出弯矩图，如图 3-43(d)。可见，在固定端处左侧截面上，弯矩达最大值

$$|M|_{\max} = \frac{1}{2}ql^2。$$

如果对上述结果作进一步分析，不难发现，均布载荷 q，剪力 $F_S(x)$ 和弯矩 $M(x)$ 三者之间存在如下关系：

$$\frac{dF_S(x)}{dx} = -q \tag{3-44}$$

$$\frac{dM(x)}{dx} = F_S(x) \tag{3-45}$$

$$\frac{d^2M(x)}{dx^2} = -q \tag{3-46}$$

可以证明，上述的微分关系是一种普遍规律。由式（3-44）可知，剪力图上一点的斜率等于梁上相应点的载荷集度，式中的负号表示该例中的均布载荷指向向下；由式（3-45）可知，弯矩图上一点的斜率等于梁上相应截面的剪力。利用这些规律可以校核所画的弯曲内力图。请读者通过以下例题作进一步的验证。

例 3-11 试建立图 3-44(a)所示简支梁 AB 承受集中载荷 F 的剪力方程与弯矩方程，并画出梁的剪力图与弯矩图。

解　（1）求支座反力。

考虑梁 AB 平衡（图 3-44(a)），并由梁的静力平衡方程求得

$$F_A = \frac{Fb}{l}; \quad F_B = \frac{Fa}{l}$$

（2）剪力方程和弯矩方程。

由于梁上 C 点受集中力 F 作用，故 AC 段与 CB 段的剪力方程和弯矩方程必须分段建立。

对于 AC 段梁：从 1-1 截面处将梁切开，考虑左段（图 3-44(b)）的平衡，得

$$F_S(x_1) = F_A = \frac{Fb}{l} \quad (0 \leqslant x_1 < a) \tag{a}$$

$$M(x_1) = F_A x_1 = \frac{Fb}{l}x_1 \quad (0 \leqslant x_1 < a) \tag{b}$$

对于 BC 段梁：从 2-2 截面处将梁切开，考虑右段（图 3-44(c)）的平衡，得

$$F_S(x_2) = -F_B = -\frac{Fa}{l} \quad (a < x_2 \leqslant l) \tag{c}$$

$$M(x_2) = F_B(l - x_2) = \frac{Fa}{l}(l - x_2) \quad (a < x_2 \leqslant l) \tag{d}$$

（3）剪力图与弯矩图。

由(a)、(c)两式可以看出 AC 和 CB 两段梁的剪力方程都等于常数，故剪力图都是与横坐标轴相平行的水

平线(图 3 - 44(d))。由图可见,在集中力作用点处左、右横截面上剪力值发生突变,且突变值等于集中力的值。

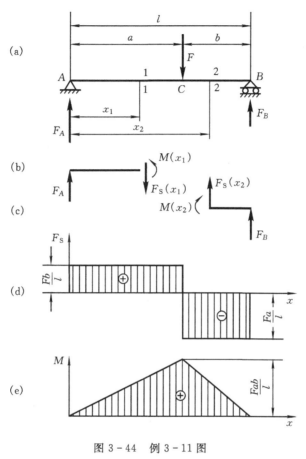

图 3 - 44　例 3 - 11 图

由(b)、(d)两式可以看出 AC 和 CB 两段梁的弯矩方程都是坐标 x 的一次函数,故弯矩图均为斜直线(图 3 - 44(e))。由图可见,最大弯矩 $M_{max} = Fab/l$ 发生在集中力作用处的 C 截面上。

例 3 - 12　图 3 - 45(a)所示简支梁,在其上 C 处受一集中力偶 M_0 作用,试建立梁的剪力方程、弯矩方程,并画出梁的剪力图与弯矩图。

解　(1)求支座反力。

考虑梁 AB 的平衡,如图 3 - 45 (a),并由平衡方程求得

$$F_A = F_B = \frac{M_0}{l}$$

(2) 剪力方程与弯矩方程。

因梁上 C 处作用着集中力偶 M_0,故 AC 段与 CB 段的剪力方程和弯矩方程必须分别建立。

对于 AC 段:由图 3 - 45 (b)所示梁段的平衡方程求得

$$F_S(x_1) = F_A = \frac{M_0}{l} \quad (0 \leqslant x_1 \leqslant a) \tag{a}$$

$$M(x_1) = F_A x_1 = \frac{M_0}{l} x_1 \quad (0 \leqslant x_1 < a) \tag{b}$$

对于 CB 段:由图 3 - 45 (c)所示梁段的平衡方程得

$$F_S(x_2) = F_B = \frac{M_0}{l} \quad (a \leqslant x_2 \leqslant l) \tag{c}$$

$$M(x_2) = -F_B(l - x_2) = -\frac{M_0}{l}(l - x_2) \quad (a < x_2 \leqslant l) \tag{d}$$

（3）剪力图与弯矩图。

根据（a）、（c）两式画出剪力图（图3-45（d）），根据（b）、（d）两式画出弯矩图（图3-45（e））。由图可见，梁的各截面上剪力值为常数；在集中力偶作用处，弯矩值有突变，突变量等于集中力偶矩 M_0。

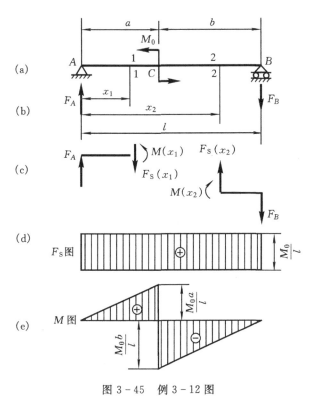

图3-45　例3-12图

由上述两例可以看出，在梁上受集中载荷作用处的横截面上，内力值发生突跳，无确定值（图3-44（d）、图3-45（e））。但事实上，真正集中作用于一点的载荷是不存在的，它只是作用在很短一段梁上分布载荷的一种简化。以集中力为例，如果把它看成图3-46(a)所示的均布力，由例3-10可知，此段梁的剪力图连续且按线性规律变化，如图3-46(b)所示。同理，集中力偶也是一种简化的结果，在集中力偶作用处截面上弯矩值实际上也应是连续的。

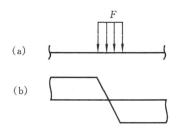

图3-46　集中力作用处的内力分布

例3-13　列出图3-47(a)所示外伸梁的剪力方程和弯矩方程，并作剪力图和弯矩图。

解　（1）求出支座反力。

考虑外伸梁 AB 的平衡，如图3-47（a），由平衡方程

$$\sum M_A(F) = 0, \quad 5Fa + M - 2aF_B = 0$$

$$\sum M_B(F) = 0, \quad 5F \times 3a + M - 2aF_A = 0$$

求得

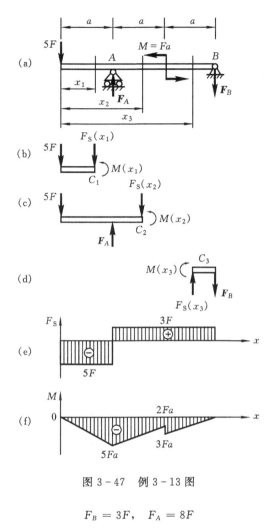

图 3 - 47　例 3 - 13 图

$$F_B = 3F, \quad F_A = 8F$$

(2)列剪力方程与弯矩方程。

分别取 x_1 和 x_2 截面左段、x_3 截面右段梁研究,受力分析分别见图 3 - 47(b)、(c)和(d),依次列出剪力方程与弯矩方程。

对 x_1 截面左段梁:$F_S(x_1) = -5F \quad (0 < x_1 < a)$

$$M(x_1) = -5Fx_1 \quad (0 \leqslant x_1 \leqslant a)$$

对 x_2 截面左段梁:$F_S(x_2) = 3F \quad (a < x_2 \leqslant 2a)$

$$M(x_2) = -Fx_2 + 8F(x_2 - a) \quad (a \leqslant x_2 \leqslant 2a)$$

对 x_3 截面右段梁:$F_S(x_3) = 3F \quad (2a \leqslant x_3 < 3a)$

$$M(x_3) = -3F(3a - x_3) \quad (2a < x_3 \leqslant 3a)$$

(3)作剪力图和弯矩图。

根据以上方程,分别作剪力图和弯矩图如图 3 - 47(e)、(f)。可得

$$|F_S|_{max} = 5F, \quad |M|_{max} = 5Fa$$

3.5.2　弯曲正应力及正应力强度条件

为了建立应力计算公式,进行梁的强度计算,必须进一步分析内力在横截面上的分布

规律。

一般情况下,弯曲梁的横截面上剪力和弯矩同时存在,称这种情况为**剪切弯曲**,例如图 3 - 48 所示简支梁的 AC 段和 DB 段。若梁的各横截面上只有弯矩而剪力为零,则称这种情况为**纯弯曲**,例如图 3 - 48 所示简支梁的 CD 段。显然,纯弯曲梁的横截面上只可能有正应力存在。

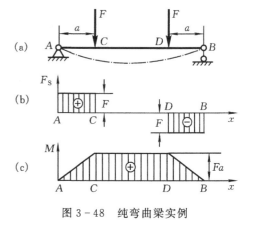

图 3 - 48　纯弯曲梁实例

1. 弯曲时的正应力

为了便于分析弯曲梁各横截面上的正应力,本节先取纯弯曲情况进行讨论。类似于对扭转轴的切应力公式的推导,这里也将从变形的几何关系、物理关系和静力关系等三个方面来考虑。

1) 变形的几何关系

观察图 3 - 49(a) 所示的矩形截面等直梁的变形情况,加载前在其表面上分别画上与梁轴线相垂直的横线 $m - m$ 和 $n - n$,以及与梁轴线平行的纵线 $a - a$ 和 $b - b$,然后在梁的两端加一对矩的大小相等、转向相反,且作用在梁的同一纵向对称面内的外力偶 M(图 3 - 49(b))。可以观察到以下主要现象:

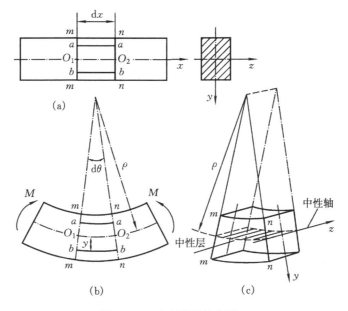

图 3 - 49　纯弯曲梁的变形

①纵向线 $a - a$ 和 $b - b$ 变成弧线,且靠近顶面的纵向线 $a - a$ 缩短,而靠近底面的纵向线 $b - b$ 则伸长。

②横线 $m - m$ 和 $n - n$ 仍保持为直线,但彼此相对转动了微角 $\mathrm{d}\theta$,且与弯曲后的纵向线 $a - a$ 和 $b - b$ 仍然正交。

根据上述观察到的梁表面变形现象,可对梁的内部变形情况作如下假设:

①所有横截面,在梁变形后仍保持为平面,但相互之间有相对转动,且这种转动后的横截面仍垂直于变形后梁的轴线。这一假设称为**平面截面假设**。

②设想梁由众多与轴线平行的纵向纤维所组成,发生弯曲变形后各纵向纤维间互不挤压,为轴向拉伸或压缩。这一假设称为**单向受力假设**。

根据上述假设,靠近梁底部的各层纵向纤维伸长,靠近顶部的各层缩短。由于材料是连续的,所以中间必有一层既不伸长也不缩短,称为**中性层**。中性层与横截面的交线称为**中性轴**(图 3 - 49(c))。梁在变形时,横截面绕中性轴转动。

取相距 dx 的两横截面 $m-m$ 和 $n-n$ 间的微段(图 3 - 49 (b))进行研究。以横截面的铅垂对称轴为 y 轴,中性轴为 z 轴(图 3 - 49(c))。若变形后两横截面间的相对转角为 $d\theta$,中性层的曲率半径为 ρ,则距中性层为 y 的任一纵向纤维段 $b-b$,由原长 $dx=\rho d\theta$ 变为 $(\rho+y)\,d\theta$,因此该纤维段的纵向线应变为

$$\varepsilon = \frac{(\rho+y)d\theta - \rho d\theta}{\rho d\theta} = \frac{y}{\rho} \tag{a}$$

上式说明梁内任一层的线应变 ε 与该层到中性层的距离 y 成正比,与中性层的曲率半径 ρ 成反比。

2)应力—应变间的关系

因梁的各纵向纤维的变形都是轴向拉伸或压缩。当正应力没有超过材料的比例极限时,则可应用胡克定律并由式(a)得

$$\sigma = E\varepsilon = E\frac{y}{\rho} \tag{b}$$

上式表明:横截面上的正应力与该点到中性轴的距离成正比(图 3 - 50)。显然,中性轴上各点的正应力为零,离中性轴愈远,该点正应力的绝对值愈大。

式(b)虽已反映了正应力的变化规律,但中性轴的位置及曲率半径尚未确定,故还不能直接用于计算各点的正应力,需通过静力关系来解决。

3)静力关系

在横截面上取微面积 dA,作用于 dA 上的微内力为 σdA(图 3 - 50)。横截面上所有微内力都与 x 轴平行,从而构成一空间的平行力系。由于

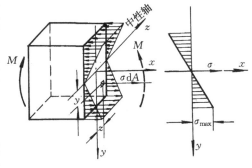

图 3 - 50

纯弯曲梁的横截面上没有轴力,只有弯矩 M,因此,根据应力与内力的静力关系,有

$$F_N = \int_A \sigma dA = 0 \tag{c}$$

$$M = \int_A (\sigma dA) y = \int_A \sigma y dA \tag{d}$$

将式(b)代入式(c)得

$$\frac{E}{\rho}\int_A y dA = 0 \tag{e}$$

式中定积分 $\int_A y dA$ 是整个横截面面积对中性轴 z 的**静矩**。因 $\frac{E}{\rho}\neq 0$,故静矩必为零,即中性轴过截面形心。从而中性轴的位置即可确定。

将式(b)代入式(d),得

$$\frac{E}{\rho}\int_A y^2 \mathrm{d}A = \frac{E}{\rho}I_z = M \tag{f}$$

式中

$$I_z = \int_A y^2 \mathrm{d}A \tag{3-47}$$

可见 I_z 是一个仅与截面的形状和大小有关的几何量,称为横截面对中性轴 z 的轴**惯性矩**,单位为 m^4。由式(f)可得中性层的曲率

$$\frac{1}{\rho} = \frac{M}{EI_z} \tag{3-48}$$

上式是研究梁弯曲变形的一个基本公式。它表明曲率 $\dfrac{1}{\rho}$ 与弯矩 M 成正比,与乘积 EI_z 成反比。故 EI_z 称为梁的**抗弯刚度**,其数值表示梁抵抗弯曲变形能力的大小。

将式(3-48)代入式(b),得

$$\sigma = \frac{My}{I_z} \tag{3-49}$$

式(3-49)即为纯弯曲梁横截面上任意一点的正应力计算公式。在应用该公式时,M 和 y 均以绝对值代入,至于所求该点的正应力为拉应力还是压应力,可根据梁的具体变形情况判断确定。

由公式(3-49)可知,横截面上的最大正应力发生在梁的上、下边缘各点处,即

$$\sigma_{\max} = \frac{My_{\max}}{I_z} = \frac{M}{W} \tag{3-50}$$

式中

$$W = \frac{I_z}{y_{\max}} \tag{3-51}$$

称为**抗弯截面系数**,其单位为 m^3。与截面的惯性矩 I_z 同为衡量截面抗弯能力的几何参数,可用积分法或有关定理计算求得。工程中常用截面的惯性矩与抗弯截面系数见表3-5。

表3-5 常用截面的几何性质

截面图形	$\dfrac{b}{h}$ 矩形	圆 D	圆环 D,d	工字形 B,H,b,h	箱形 B,H,b,h
惯性矩 I	$\dfrac{bh^3}{12}$	$\dfrac{\pi D^4}{64}$	$\dfrac{\pi}{64}(D^4-d^4)$	$\dfrac{BH^3-bh^3}{12}$	
抗弯截面系数 W	$\dfrac{bh^2}{6}$	$\dfrac{\pi D^3}{32}$	$\dfrac{\pi(D^4-d^4)}{32D}$	$\dfrac{BH^3-bh^3}{6H}$	

以上讨论的是纯弯曲情况。工程中常见的梁往往是在横向力作用下的剪弯曲。这时,梁的横截面上不仅有弯矩而且有剪力作用,从而使横截面在变形后发生翘曲;同时,由于横向力的作用,还使梁内的各纵向纤维之间发生挤压。但是,由弹性力学分析表明,对于跨长与横截面高度之比 $(l/h)>5$ 的细长梁,应用纯弯曲正应力公式计算横截面上的正应力仍相当准确,

足以满足工程要求。

2. 弯曲正应力强度条件

由于最大弯曲正应力发生在横截面的边缘各点,而这些点的切应力一般又等于零或者很微小,所以最大正应力作用各点的应力状态均可视为处于单向拉压。这样,梁的弯曲正应力强度条件为

$$\sigma_{max} = \left| \frac{M}{W} \right|_{max} \leqslant [\sigma] \qquad (3-52)$$

对于等截面直梁,其最大弯曲正应力发生在弯矩(绝对值)最大的横截面的上、下边缘各点处,这时式(3-52)直接成为

$$\sigma_{max} = \frac{|M|_{max}}{W} \leqslant [\sigma] \qquad (3-53)$$

材料的许用弯曲正应力$[\sigma]$,一般近似等于许用拉(压)应力,或按设计规范选取。对于抗拉和抗压许用应力相同的塑性材料(低碳钢等),为使横截面上最大拉应力和最大压应力同时达到相应的许用应力,通常使梁的截面对称于中性轴(如圆形、圆环形、矩形和工字形等)。

对于铸铁等脆性材料制成的梁,因材料的抗压强度高于其抗拉强度,为充分利用材料,梁的截面常制成与中性轴不对称的形状(如 T 形截面等)。此时应分别求出梁内的最大拉应力σ_{max}^+和最大压应力σ_{max}^-。其相应的强度条件为

$$\sigma_{max}^+ \leqslant [\sigma_+]$$
$$\sigma_{max}^- \leqslant [\sigma_-] \qquad (3-54)$$

式中$[\sigma_+]$、$[\sigma_-]$分别表示材料的许可拉应力与许可压应力。

例 3-14　图 3-51(a)所示的辊轴,中段 BC 受均布载荷作用。已知载荷集度$q=1$ kN/mm,许用应力$[\sigma]=140$ MPa。试确定辊轴的直径。图中尺寸单位为 mm。

解　轴的计算简图和弯矩图分别如图 3-51 (b)和(c)所示,图中

$$M_{max} = 455 \text{ kN} \cdot \text{m}$$
$$M_B = M_C = 210 \text{ kN} \cdot \text{m}$$

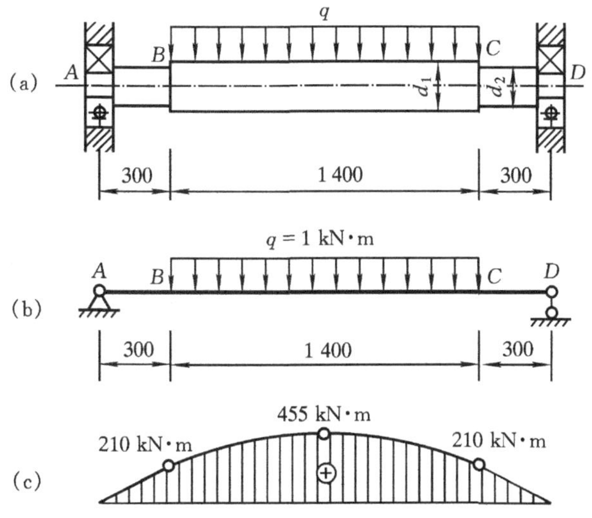

图 3-51　例 3-14 图

将圆截面的抗弯截面系数 $W=\dfrac{\pi d^3}{32}$ 代入弯曲正应力强度条件式(3-53),得辊轴中段 BC 直径

$$d_1 \geqslant \sqrt[3]{\frac{32 M_{\max}}{\pi[\sigma]}} = \sqrt[3]{\frac{32 \times 455 \times 10^3}{\pi \times 140 \times 10^6}} = 321 \text{ mm}$$

取 $d_1 = 330$ mm。

AB 段(或 CD 段)直径

$$d_2 \geqslant \sqrt[3]{\frac{32 M_B}{\pi[\sigma]}} = \sqrt[3]{\frac{32 \times 210 \times 10^3}{\pi \times 140 \times 10^6}} = 248 \text{ mm}$$

取 $d_2 = 250$ mm

例 3-15　图 3-52(a)为一用工字钢制成的吊车梁,其跨度 $l=10.5$ m,许用应力 $[\sigma]=140$ MPa,工字钢的抗弯截面系数 $W=1\,430$ cm³,小车自重 $G=15$ kN,起重量为 F,梁的自重不计。求许可载荷 $[F]$。

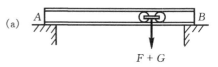

解　(1)作弯矩图。

吊车梁可简化为简支梁,如图3-52(b)。当小车行驶到梁中点 C 时引起的弯矩最大,这时的弯矩图如图3-52(c)所示,图中

$$M_{\max} = \frac{(F+G)}{4}l \qquad (a)$$

(2)计算许可载荷。

由式(3-53)可得梁允许的最大弯矩为

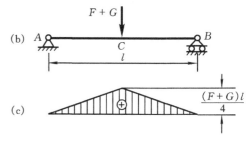

图 3-52

$$M_{\max} \leqslant [\sigma]W = 140 \times 10^6 \times 1\,430 \times 10^{-6}$$
$$= 200 \text{ kN} \cdot \text{m}$$

由式(a)可得

$$F = \frac{4M_{\max}}{l} - G \leqslant \frac{4 \times 200}{10.5} - 15 = 61.3 \text{ kN}$$

故吊车梁允许吊运的最大重量为 61.3 kN,即许可载荷 $[F]=61.3$ kN。

3.5.3　弯曲切应力简介

横截面上的剪力 F_S 是该截面上切应力的总效果。如表 3-6 中各图所示,一般假设弯曲切应力平行于截面周边并沿宽度均匀分布。这样的假设对于窄长(高与宽之比较大)的矩形和薄壁截面(如工字形截面的腹板部分)无疑是合理的,并由此推得了与弹性力学精确解同样的结果。对于宽度较大的截面(如圆截面),则精度较差。但是,对于截面为圆形、矩形等实心细长梁(梁长比截面宽度大得多),切应力与其弯曲正应力相比一般又可忽略不计。切应力计算公式的推导在材料力学教材中一般均可查到,此处从略。工程中常见截面的弯曲切应力的分布规律及最大切应力计算公式见表 3-6。

表 3 - 6　常见截面的弯曲切应力的分布

截面形状与 应力分布规律	最大切应力值
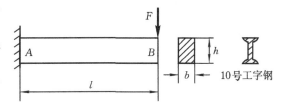	$\tau_{max} = \dfrac{3}{2} \dfrac{F_s}{A}$ $A = hb$
	$\tau_{max} = \dfrac{4}{3} \dfrac{F_s}{A}$ $A = \dfrac{\pi}{4} D^2$
	$\tau_{max} = 2 \dfrac{F_s}{A}$ $A = \dfrac{\pi}{4}(D_1^2 - D_2^2)$
	$\tau_{max} \approx \dfrac{F_s}{A_0}$ $A_0 = h_0 d$

可以看出,横截面内切应力一般呈抛物线分布,τ_{max} 发生于中性轴处。

例 3 - 16　通过查型钢表可知,10 号工字钢 h = 10 cm, W = 49 cm³, A_0 = 3.816 cm², 试比较图 3 - 53 所示细长梁 $(l/h \geqslant 5)$ 采用矩形与工字截面时的 σ_{max} 与 τ_{max} 的比值。

解　悬臂梁固定端附近截面处最大弯矩

图 3 - 53　例 3 - 16 图

$$|M|_{max} = Fl$$
$$|F_s|_{max} = F$$

对于图示矩形截面

$$\sigma_{max} = \frac{|M|_{max}}{W} = \frac{Fl}{\frac{1}{6}bh^2} = \frac{6Fl}{bh^2}$$

$$\tau_{max} = \frac{3}{2} \frac{|F_s|_{max}}{A} = \frac{3F}{2bh}$$

$$\sigma_{max}/\tau_{max} = \frac{4l}{h} \geqslant 20$$

可见,此时的切应力为次要因素。对于图示 10 工字钢截面,$h = 10$ cm,则有

$$l \geqslant 5h = 50 \text{ cm}$$

$$\sigma_{max} = \frac{|M|_{max}}{W} = \frac{Fl}{W} = \frac{50}{49}F = 1.02F$$

$$\tau_{max} = \frac{|F_S|_{max}}{A_0} = \frac{F}{3.816} = 0.262F$$

$$\sigma_{max}/\tau_{max} = 3.9$$

可见,对于薄壁截面的工字钢,切应力相对正应力的比例较前者已大为提高。

一般情况下,对于用各向同性材料制成的实心截面细长梁,其切应力为强度的次要因素。对于型钢,一般在设计其尺寸时,已经考虑到了控制切应力的因素,故切应力仍为强度的次要因素。只有对受较大横向力作用的短梁,非标准的薄壁截面梁和具有较弱抗剪能力的各向异性材料等,才需要考虑其切应力存在对梁的强度所带来的影响。此种情况下,通常是先按正应力的强度条件初步设计截面,然后再用切应力强度条件进行校核,经过必要的调整,最终确定同时满足正应力与切应力强度条件的截面。

由于最大切应力在中性轴上,此处的正应力恰为零,因此处于纯剪状态。故弯曲切应力的强度条件为

$$\tau_{max} \leqslant [\tau] \tag{3-55}$$

式中[τ]为材料的许用切应力。

3.6 梁的弯曲变形

梁在载荷作用下,除应满足强度条件以防发生破坏外,还应满足刚度条件,即变形不超过一定的限度,以保证机械和结构物的正常使用。例如,机床的主轴如果变形过大,将影响加工精度。传动轴变形过大,齿轮就不能正常啮合,轴颈和轴承磨损就不均匀,由此还会产生噪声和振动。轧钢机的轧辊如果变形过大,轧出的钢板就厚薄不均匀。当然,也有一些机械零件(如板簧)其工作能力主要是根据变形来设计的。为此必须研究梁的变形。

3.6.1 梁的挠度和转角

平面弯曲变形梁的示意图如图 3-54。变形前梁的轴线为 x 轴,变形后的轴线仍在纵向对称平面 Oxy 内,为一条连续而光滑的曲线,该曲线称为梁的**挠曲线**。

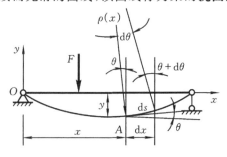

图 4-54 挠角与转角

挠曲线的方程可写成

$$y = f(x) \tag{3-56}$$

在 x 坐标处横截面的形心 A 在垂直于 x 轴方向上的位移 y_A 称为梁在 A 点的**挠度**。横截面相对其原来位置绕中性轴转过的角度 θ 称为该截面的**转角**。根据平面截面假设,梁变形后,各横截面仍垂直于梁的挠曲线,故挠曲线过 A 点的法线与 y 轴的夹角即为截面 A 的转角,同时也是挠曲线在 A 点的切线与 x 轴之间的夹角。由于挠曲线的曲率(弯曲程度)很小,θ 角甚微,且 A 点沿 x 方向的位移为高阶微量,可略去不计,故有

$$\theta \approx \tan\theta = \frac{\mathrm{d}y}{\mathrm{d}x} = f'(x) \tag{3-57}$$

即挠曲线上任一点切线的斜率都可以足够精确地代表该点处横截面的转角 θ。

由此可见,只要知道挠曲线方程式(3-56),即可确定梁轴线上任一点处挠度的大小和方向,再通过式(3-57),又可确定任一截面的转角大小及转向。如图 3-54 所示坐标系中,正值的挠度向上,负值向下;正值的转角为逆时针转向(从 x 轴量起至切线的倾角),反之为负。

3.6.2　挠曲线的微分方程

由式(3-48)可知挠曲线的曲率 $\dfrac{1}{\rho} = \dfrac{M}{EI}$。因 M 和 ρ 都是横截面位置坐标 x 的函数,故式(3-48)可写成

$$\frac{1}{\rho(x)} = \frac{M(x)}{EI} \tag{a}$$

由图 3-54 可见,$\rho(x)\mathrm{d}\theta = \mathrm{d}s$。因挠曲线的曲率很小,故可用 $\mathrm{d}x$ 近似替代 $\mathrm{d}s$,于是有

$$\frac{\mathrm{d}\theta}{\mathrm{d}x} = \frac{1}{\rho(x)} \tag{b}$$

将式(3-57)代入式(b)后,得

$$\frac{\mathrm{d}^2 y}{\mathrm{d}x^2} = \frac{1}{\rho(x)} \tag{c}$$

将式(c)代入式(a),得

$$\frac{\mathrm{d}^2 y}{\mathrm{d}x^2} = \frac{M(x)}{EI} \tag{3-58}$$

上式表达了挠曲线上各点挠度 y 与弯矩 M 的关系,称为**梁的挠曲线近似微分方程**。它是研究弯曲变形的基本方程式,式中 $M(x)$ 即梁的弯矩方程。因而求解梁弯曲变形的问题就归结为一个积分问题。

3.6.3　用积分法求梁的变形

对于均质等截面梁,EI 为常量,式(3-58)可改写成

$$EI\,\frac{\mathrm{d}^2 y}{\mathrm{d}x^2} = M(x)$$

对 x 积分一次,得转角方程

$$EI\,\frac{\mathrm{d}y}{\mathrm{d}x} = EI\theta = \int M(x)\,\mathrm{d}x + C \tag{3-59}$$

再对 x 积分一次,得挠曲线方程

$$EIy = \int \left[\int M(x)\mathrm{d}x + C \right] \mathrm{d}x + D \tag{3-60}$$

式中 C、D 为积分常数,可由边界条件条件确定。例如铰链支座处的边界条件为:$y=0$;固定端处的边界条件为:$y=0$,$\theta = \dfrac{\mathrm{d}y}{\mathrm{d}x} = 0$。

对于梁上作用有集中力、集中力偶和间断分布力等,各段梁的弯矩方程不同,从而梁的挠度与转角也具有不同的函数形式。对各段梁积分时,都将出现两个积分常数。此时仅以边界条件已不能确定所有常数,必须同时利用连续条件,即左、右梁段在交界处具有相等的挠度和转角来共同确定全部的积分常数。

例 3-17　图 3-55 所示悬臂梁,其自由端 B 受一集中力 F。试求此梁的挠曲线方程和转角方程,并确定其最大挠度 y_{max} 和最大转角 θ_{max}。设 $EI = $ 常量。

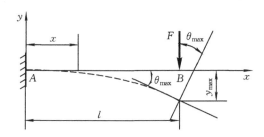

图 3-55　例 3-17 图

解　取坐标系如图示。梁的弯矩方程为

$$M(x) = -F(l - x) \tag{a}$$

由式(3-58)可得挠曲线的近似微分方程为

$$EIy'' = -F(l - x) \tag{b}$$

积分一次得

$$EIy' = -Flx + \frac{1}{2}Fx^2 + C \tag{c}$$

再积分一次得

$$EIy = -\frac{1}{2}Flx^2 + \frac{1}{6}Fx^3 + Cx + D \tag{d}$$

确定积分常数的边界条件是:固定端 A 处截面的转角和挠度都等于零,即在 $x=0$ 处

$$\theta \mid_{x=0} = 0, \quad y \mid_{x=0} = 0$$

将这边界条件代入式(c)和(d),可得 $C=0$ 和 $D=0$。故梁的转角方程和挠曲线方程分别为

$$\theta = y' = \frac{1}{EI}\left(-Flx + \frac{1}{2}Fx^2\right) \tag{e}$$

$$y = \frac{1}{EI}\left(-\frac{1}{2}Flx^2 + \frac{1}{6}Fx^3\right) \tag{f}$$

由图可见,梁自由端 B 处的转角和挠度最大。将 $x=l$ 代入式(e)和(f),可得

$$\theta_{max} = \theta_B = \frac{1}{EI}\left(-Fl^2 + \frac{1}{2}Fl^2\right) = -\frac{Fl^2}{2EI}$$

$$y_{max} = y_B = \frac{1}{EI}\left(-\frac{1}{2}Fl^3 + \frac{1}{6}Fl^3\right) = -\frac{Fl^3}{3EI}$$

式中 θ_B 的符号为负,表示截面 B 的转角是顺时针的;y_B 也是负值,说明梁变形后,截面 B 的形心向下移动。

例 3-18　试求图 3-56 所示简支梁中点 C 的挠度与 A、B 端的转角。已知 q、l、$EI = $ 常量。

解　取坐标系如图示。由于整个梁上的载荷在图示 C 处不连续,所以必须用 $M(x_1)$、$M(x_2)$ 分别表示 AC 段与 CB 段的弯矩,分段积分。取梁整体为研究对象,由梁的平衡方程求得约束反力如图所示。于是

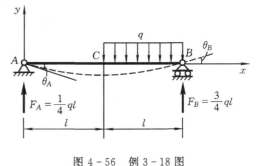

$$M(x_1) = \frac{1}{4}qlx_1 \quad (0 \leqslant x_1 \leqslant l)$$

$$EI\frac{\mathrm{d}y_1}{\mathrm{d}x} = \frac{1}{8}qlx_1^2 + C_1 \tag{a}$$

$$EIy_1 = \frac{1}{24}qlx_1^3 + C_1x_1 + D_1 \tag{b}$$

图 4 - 56　例 3 - 18 图

$$M(x_2) = \frac{1}{4}qlx_2 - \frac{1}{2}q(x_2 - l)^2 \quad (l \leqslant x_2 \leqslant 2l)$$

$$EI\frac{\mathrm{d}y_2}{\mathrm{d}x} = \frac{1}{8}qlx_2^2 - \frac{1}{6}q(x_2 - l)^3 + C_2 \tag{c}$$

$$EIy_2 = \frac{1}{24}qlx_2^3 - \frac{1}{24}q(x_2 - l)^4 + C_2x_2 + D_2 \tag{d}$$

四个积分常数可由 A、B 处的两个约束条件和 C 截面处的两个连续条件共同确定。

$$y_1(0) = 0, \quad y_2(2l) = 0$$

$$y_1(l) = y_2(l), \quad \theta_1(l) = \theta_2(l)$$

代入式(a)~(d),可得:

$$D_1 = D_2 = 0, \quad C_1 = C_2 = -\frac{7ql^2}{48}$$

最后求得

$$\theta_A = \theta_1(0) = -\frac{7ql^3}{48EI}, \quad \theta_B = \theta_2(2l) = \frac{9ql^3}{48EI}$$

$$y_C = y_1(l) = y_2(l) = -\frac{5ql^4}{48EI}$$

通过上例可以看到,在多个不同载荷作用下,梁的挠度与转角方程总可以通过对分段的 $M(x)$ 求得。确定积分常数仍然用边界条件(包括连续条件)。所以,必须会写不同约束的约束条件与连续条件。积分法作为基本方法,运用了许多关于弯曲变形与位移的基本概念,这些概念是重要的。但当只需求出个别特定截面的挠度或转角时,积分法就显得过于累赘。

3.6.4　用叠加法求梁的变形

从积分法求得的位移可知,在线弹性范围内和小变形条件下,梁的各种载荷作用下的位移是载荷的线性函数,且各种载荷对梁共同作用产生的位移等于各种载荷单独作用下产生的相对位移的叠加。因而工程上常利用叠加法求多个载荷作用下梁的挠度与转角。并将简单载荷作用下,均质等截面直梁的挠度和转角的计算结果列成表 3 - 7,供叠加时直接选用。

表 3－7　简单载荷作用下梁的变形

序号	梁的简图	挠曲线方程	端截面转角	挠度
1		$y=-\dfrac{M_0 x^2}{2EI}$	$\theta_B=-\dfrac{M_0 l}{EI}$	$y_B=-\dfrac{M_0 l^2}{2EI}$
2		$y=-\dfrac{M_0 x^2}{2EI},\quad 0\leqslant x\leqslant a$ $y=-\dfrac{M_0 a}{EI}\left(-x-\dfrac{a}{2}\right),$ $a\leqslant x\leqslant l$	$\theta_B=\dfrac{-M_0 a}{EI}$	$y_B=-\dfrac{M_0 a}{EI}\left(l-\dfrac{a}{2}\right)$
3		$y=-\dfrac{Fx^2}{6EI}(3l-x)$	$\theta_B=-\dfrac{Fl^2}{2EI}$	$y_B=-\dfrac{Fl^3}{3EI}$
4		$y=-\dfrac{Fx^2}{6EI}(3a-x),\ 0\leqslant x\leqslant a$ $y=-\dfrac{Fa^2}{6EI}(3x-a),\ a\leqslant x\leqslant l$	$\theta_B=-\dfrac{Fa^2}{2EI}$	$y_B=\dfrac{-Fa^2}{6EI}(3l-a)$
5		$y=\dfrac{-qx^2}{24EI}(x^2-4lx+6l^2)$	$\theta_B=-\dfrac{ql^3}{6EI}$	$y_B=\dfrac{-ql^4}{8EI}$
6		$y=-\dfrac{qx^2}{24EI}(x^2-4ax+6a^2),$ $0\leqslant x\leqslant a$ $y=-\dfrac{qa}{24EI}(4x-a),a\leqslant x\leqslant l$	$\theta_B=-\dfrac{qa}{6EI}$	$y_B=\dfrac{-qa}{24EI}(4l-a)$
7		$y=-\dfrac{M_0 x}{6EIl}(l^2-x^2)$	$\theta_A=-\dfrac{M_0 l}{6EI}$ $\theta_B=\dfrac{M_0 l}{3EI}$	$y_{\max}=-\dfrac{M_0 l^2}{9\sqrt{3}EI}$ (在 $x=\dfrac{l}{\sqrt{3}}$ 处) $y_C=-\dfrac{M_0 l^2}{16EI}$
8		$y=-\dfrac{M_0 x}{6EIl}(l^2-3b^2-x^2),$ $0\leqslant x\leqslant a$ $y=\dfrac{M(l-x)}{6EIl}(2lx-x^2-3a^2),$ $a\leqslant x\leqslant l$	$\theta_A=\dfrac{-M_0}{6EIl}(l^2-3b^2)$ $\theta_B=-\dfrac{M_0}{6EIl}(l^2-3a^2)$	
9		$y=-\dfrac{Fx}{48EI}(3l^2-4x^2),$ $0\leqslant x\leqslant\dfrac{l}{2}$	$\theta_A=-\theta_B=-\dfrac{Fl^2}{16EI}$	$y_C=-\dfrac{Fl^3}{48EI}$

序号	梁的简图	挠曲线方程	端截面转角	挠度
10		$y=-\dfrac{Fbx}{6EIl}(l^2-x^2-b^2)$, 　　$0\leqslant x\leqslant a$ $y=\dfrac{Fa(l-x)}{6EIl}(x^2+a^2+2lx)$, 　　$a\leqslant x\leqslant l$	$\theta_A=-\dfrac{Fab(l+b)}{6EIl}$ $\theta_B=\dfrac{Fab(l+a)}{6EIl}$	$y_{\max}=-\dfrac{Fb(l^2-b^2)^{3/2}}{9\sqrt{3}EIl}$ $(a>b$,在 $x=\sqrt{\dfrac{l^2-b^2}{3}}$ 处) $y_{\frac{l}{2}}=-\dfrac{Fb(3l^2-4b^2)}{48EI}$
11		$y=-\dfrac{qx}{24EI}(l^3-2l^2+x^3)$	$\theta_A=-\theta_B=-\dfrac{ql^3}{24EI}$	$y_C=-\dfrac{5ql^4}{384EI}$
12		$y=\dfrac{qb^5}{24EIl}\Big[2\dfrac{x^3}{b^3}-\dfrac{x}{b}\times$ $(2\dfrac{l^2}{b^2}-1)\Big]$,　$0\leqslant x\leqslant a$ $y=\dfrac{q}{24EI}\Big[2\dfrac{b^2x^3}{l}-\dfrac{b^2x}{l}\times$ $(2l^2-b^2)-(x-a)^4\Big]$, 　$a\leqslant x\leqslant l$	$\theta_A=\dfrac{-qb^2(2l^2-b^2)}{24EIl}$ $\theta_B=\dfrac{qb^2(2l-b)^2}{24EIl}$	$y_C=-\dfrac{qb^5}{24EIl}\Big(\dfrac{3l^3}{4b^3}-\dfrac{l}{2b}\Big)$ $(a>b$ 时) $y_C=-\dfrac{qb^5}{24EIl}\Big[\dfrac{3l^3}{4b^3}-\dfrac{l}{2b}$ $+\dfrac{l^5}{16B^5}\Big(1-\dfrac{2a}{l}\Big)^4\Big]$ $(a<b$ 时)
13		$y=-\dfrac{M_0x}{6EIl}(x^2-l^2)$, 　$0\leqslant x\leqslant l$ $y=-\dfrac{M_0}{6EI}(3x^2-4xl+l^2)$, 　$l\leqslant x\leqslant(l+a)$	$\theta_A=-\dfrac{1}{2}\theta_B=\dfrac{M_0l}{6EI}$ $\theta_C=-\dfrac{M_0}{3EI}(l+3a)$	$y_C=-\dfrac{M_0a}{6EI}(2l+3a)$
14		$y=\dfrac{Fax}{6EIl}(l^2-x^2)$, 　$0\leqslant x\leqslant l$ $y=-\dfrac{F(x-l)}{6EI}\times$ $[a(3x-l)-(x-l)^2]$, 　$l\leqslant x\leqslant(l+a)$	$\theta_A=-\dfrac{1}{2}\theta_B=\dfrac{Fal}{6EI}$ $\theta_C=-\dfrac{Fa}{6EI}(2l+3a)$	$y_C=-\dfrac{Fa^2}{3EI}(l+a)$
15		$y=\dfrac{qa^2x}{12EI}(l^2-x^2)$, 　$0\leqslant x\leqslant l$ $y=-\dfrac{q(x-l)}{24EI}\times$ $[2a^2(3x-l)+(x-l)^2\times$ $(x-l-4a)]$, $l\leqslant x\leqslant(l+a)$	$\theta_A=-\dfrac{1}{2}\theta_B=\dfrac{qa^2}{12EI}$ $\theta_C=-\dfrac{qa^2}{6EI}(l+a)$	$y_C=-\dfrac{qa^3}{24EI}(3a+4l)$

例 3-19　简支梁受力如图 3-57(a)所示。试用叠加法求梁跨中点的挠度 y_C 和支座处横截面的转角 θ_A、θ_B。

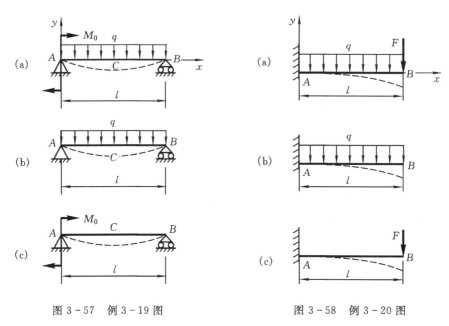

图 3-57　例 3-19 图　　　　　　图 3-58　例 3-20 图

解　梁上的载荷可以分为两项简单的载荷如图 3-57(b)、(c)所示。由表 3-7 查出它们分别作用时的相应位置挠度、转角值,然后叠加求代数和。

$$y_C = y_{C_q} + y_{CM} = -\frac{5ql^4}{384EI} - \frac{M_0 l^2}{16EI}$$

$$\theta_A = -\frac{ql^3}{24EI} - \frac{M_0 l}{3EI}, \quad \theta_B = -\frac{ql^3}{24EI} + \frac{M_0 l}{6EI}$$

例 3-20　悬臂梁受力如图 3-58(a),EI、l、F、q 为已知。试用叠加法求 y_B 和 θ_B。

解　将梁上载荷分解为图 3-58(b)、(c)两种受力形式的叠加,于是有 $y_B = y_{Bq} + y_{BF}$,查表得

$$y_{Bq} = -\frac{ql^4}{8EI}, \quad y_{BF} = -\frac{Fl^3}{3EI}$$

所以

$$y_B = -\frac{ql^4}{8EI} - \frac{Fl^3}{3EI}$$

同理

$$\theta_B = \theta_{Bq} + \theta_{BF} = -\frac{ql^3}{6EI} - \frac{Fl^2}{2EI}$$

3.6.5　梁的刚度条件

为了保证机械的正常运转和结构物的安全,由强度条件设计出梁的横截面后,往往还要对梁进行刚度校核,把梁的最大挠度与最大转角(或特定截面处的挠度与该截面的转角)限制在一定的范围之内,即满足梁的刚度条件

$$| y_{max} | \leqslant [y]$$
$$| \theta_{max} | \leqslant [\theta] \tag{3-61}$$

式中:$[y]$ 为梁的**许用挠度**,mm;$[\theta]$ 为梁的**许用转角**,rad。在各类工程设计中,根据梁的工作情况,$[y]$ 与 $[\theta]$ 值有各种不同的规定,可由有关的规范中查得,例如:

一般的轴	$[y]=(0.000\ 3\sim0.000\ 5)l$
刚度要求较高的轴	$[y]=0.000\ 2l$
滑动轴承处	$[\theta]=0.001$ rad
向心球轴承处	$[\theta]=0.005$ rad
齿轮处	$[\theta]=(0.001\sim0.002)$ rad

式中，l 为梁的跨度，即支承间的距离。

3.7　提高弯曲梁承载能力的合理途径

机械与结构设计的原则是在安全、可靠的条件下，力求经济、美观。这就要求在满足强度与刚度条件的基础上，尽可能地节约材料，减小自重。由表 3-7 可见，梁的变形量与载荷成正比，与跨度 l 的高次方成正比，与截面惯性矩 I 成反比；又由强度条件式(3-53)可知，降低最大弯矩 $|M|_{\max}$ 或增大抗弯截面系数 W 均能提高强度。由此可见，提高梁的承载能力，除合理地施加载荷和合理地安排支承位置，以减小弯矩和变形外，还应从增大 I 和 W，以使梁的设计经济合理。

1. 合理设计截面形状

由图 3-50 可见，距中性轴愈远处正应力愈大，而靠近中性轴处正应力很小。为了能够充分利用材料，工程上将梁的截面设计成工字形、箱形和圆管形等，由于它们均具有"空心、薄壁"的特点，故材料距中性轴较远，I 与 W 比面积（重量）相同的实心截面要大，故抗弯能力较好。例如，10 号工字钢的横截面积 $A=14.3$ cm²，而 $I=245$ cm⁴。具有相同面积的矩形截面($h/b=2$)的 $I=34$ cm⁴，圆形截面的 $I=16.2$ cm⁴，分别相差 7 倍和 15 倍。

此外，合理的截面形状还应使截面上最大拉、压应力同时达到各自的许用值。对于抗拉、抗压强度相等的塑性材料，梁的截面应对称于中性轴（如工字形）；对于抗拉、抗压强度不等的脆性材料等，梁的截面不应对称于中性轴（如图 3-59），其中性轴的位置可按下面的关系确定

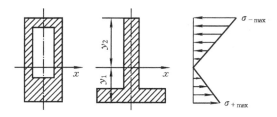

图 3-59　箱形与倒 T 形截面上的应力分布

$$\frac{\sigma_{\max}^+}{\sigma_{\max}^-}=\frac{M_{\max}y_1}{I}\bigg/\frac{M_{\max}y_2}{I}=\frac{y_1}{y_2}=\frac{[\sigma_+]}{[\sigma_-]}$$

$$(3-62)$$

式中 $[\sigma_+]$ 和 $[\sigma_-]$ 分别表示拉伸和压缩时的弯曲许用应力。

选用合理截面形状还应注意截面的合理安放位置。如图 3-60 中所示的矩形截面梁，竖放时（图(a)），$W_1=bh^2/6$，横放时，$W_2=b^2h/6$。设 $h/b=2$，则两者之比是 $W_1/W_2=h/b=2$，所以竖放比平放更为合理。

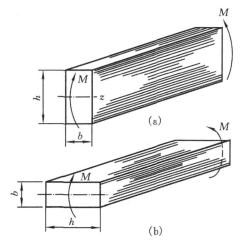

图 3-60　矩形截面梁

2. 采用变截面梁

等截面梁的截面尺寸是由最大弯矩决定的。故除 M_{max} 所在截面外,其余部分的材料并未得到充分的利用。为节省材料并减轻重量,可根据弯矩的变化规律设计成变截面的"等强度梁"。于是工程上就出现了图 3-61(a)所示的阶梯轴、图(b)所示的鱼腹梁、图(c)所示的汽车板簧和图(d)所示的飞机机翼梁等。等强度梁的设计原则是力求使每个截面上的最大正应力都等于许用值,即

$$\sigma_{max} = M(x)/W(x) = [\sigma] \tag{3-63}$$

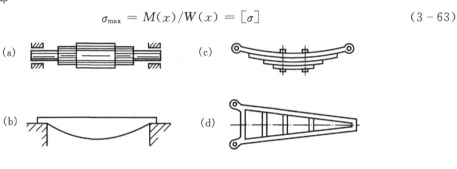

图 3-61　变截面梁

开动脑筋:竹子有很多竹节,每个竹节就相当于一个轴向的抗扭箱,用来抵抗轴向的扭转;竹节又增加了竹子的抗弯刚度,同时又大大提高了竹子横向的抗挤压和抗剪切能力。竹子在风载作用下,自上而下的弯矩由小变大,而竹子的臂厚、直径却自上而下由薄变厚、由细变粗,竹子的这种近似于"等强度悬臂梁"的结构,可使高大的毛竹在狂风大雨中随风摆动,高而不折。竹子的合理力学结构,在工程中广为采用,请举若干实例。

3. 合理地布置载荷和支承

改善梁的受力方式和约束情况,可降低梁上的最大弯矩。梁的最大弯矩不但与梁上的外力(载荷及约束反力)的大小有关,而且和载荷与支座的相对位置有关。例如,图 3-62(a)所示在跨度中点承受集中力的简支梁,其最大弯矩 $M_{max} = \dfrac{1}{4}Fl$;若把载荷 F 平移至左端 $\dfrac{1}{6}l$ 处,如图(b),则最大弯矩降至 $\dfrac{5}{36}Fl$。由此可见,将载荷尽量靠近支座布置,可显著降低最大弯矩。在一些机械中,应尽可能地将齿轮、皮带轮布置在靠近轴承的位置上,以提高梁的强度。

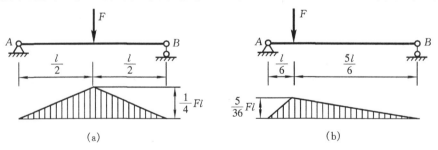

图 3-62　载荷位置对弯矩的影响

　　某些情况下改变加载方式,在图 3-62 所示简支梁上设置一半跨长的副梁(图 3-63(a)),或将集中载荷换成分布载荷(图 3-63(b)),都能有效地降低弯矩,提高强度。还可证明,梁的刚度也同时得到了明显的加强。传动轴齿轮的配置、简单房屋的承重梁等,都采用这种方式。

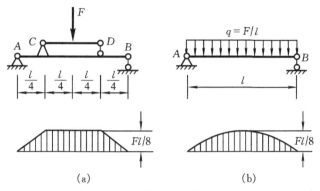

图 3-63　载荷形式对弯矩的影响

　　如果将图 3-63(b)所示均布载荷作用下的简支梁两端支座向里各移动 $0.2l$ 距离,如图 3-64 所示,则最大弯矩又可减小到前者的 1/5。也就是说,按图 3-64 布置支座,载荷还可提高 4 倍。由计算还可得到,最大挠度下降到前者的 1/13。可见合理地布置支承,改善梁的承载能力潜力很大。

　　另外,载荷的方向对最大弯矩值也会发生影响。例如一根轴受两个集中力作用,如图3-65所示。若集中力的作用点不变,只是将其中一个力反向(相当于改变齿轮啮合点的位置),两者的弯矩能相差 2 倍之多。

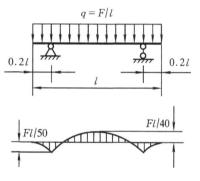

图 3-64　支承位置对弯矩的影响

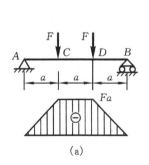

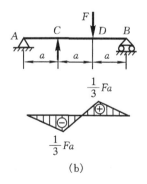

图 3-65　载荷方向对弯矩的影响

> **开动脑筋**:某工厂的桥式起重机原设计的最大起重量为100 kN,但新进的设备重量为150 kN,请问在确保安全的前提下,工人师傅采取什么窍门来利用该起重机起吊该新进设备的?

4. 合理地使用材料

不同材料的力学性能不同,应尽量利用每一种材料的长处。例如混凝土的抗拉能力远低于它的抗压能力,在用它制造梁时,可在梁的受拉区域放置钢筋,组成钢筋混凝土梁,如图3-66(a)。在这种梁中,钢筋承受拉力,混凝土承受压力,它们合理地组成一个整体,共同承担着载荷的作用。又如夹层梁,它由表层和芯子(图3-66(b))所组成。芯子

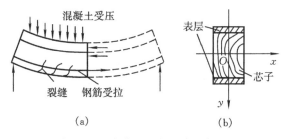

图3-66　弯曲梁材料的合理使用

通常用轻质低强度的填充材料,表层则用高强度的材料。这种梁既能大大降低自重,又能有足够的强度和刚度。

5. 减小跨度或增加支承

因梁的挠度与梁的跨度 l 的高次方成正比,故减小跨度是提高梁的弯曲刚度的有效措施。例如图3-63(b)所示简支梁,若将跨度减小一半,则在原载荷不变情况下,最大挠度可减小到原来的1/16。

增加支座也是提高弯曲刚度的有效途径。例如车削细长轴时,为了避免由于工件的弯曲变形而致使车削出的轴有锥度,可在工件的自由端加装尾架顶针。精度由此可明显提高。减小跨度和增加支承还可降低 M_{max} 值,故在提高刚度的同时,也提高了强度。

3.8　静不定概念及其求解方法

如图3-67所示的简单结构中,杆件所受的未知约束反力的数目与其所受力系的静力平衡条件数目相等,故由相应的平衡方程即可全部求得,这样的结构称为**静定结构**,相应的问题称为**静定问题**。静定杆件的变形可直接由相应的变形公式求出。

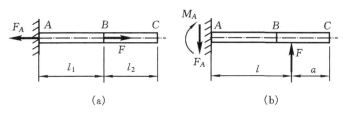

图 3 - 67　静定梁

　　为了提高结构的强度与抵抗变形的能力,工程上常采用增加约束的方法来改善杆件的受力情况(图 3 - 68),这样就使未知力的数目增加,以致于不能由平衡条件全部求出。这样的结构称为**静不定结构**,这样的问题称为**静不定问题**。静不定杆件因受到结构的连接与约束方式制约而不能自由变形。

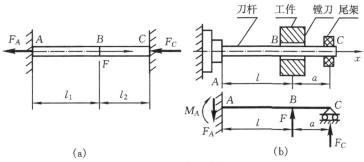

图 3 - 68　静不定梁

　　对比图 3 - 67(a)与图 3 - 68(a)可以发现,由于杆的 C 端增加了固定端约束,从而使杆的变形受到了制约。结构也因此而"多了"一个约束反力 F_C,习惯上称其为"多余"约束反力。"多余"约束反力的个数又称为**静不定次数**,图 3 - 68(a)所示结构为一次静不定结构。同样,对比图 3 - 67(b)与图 3 - 68(b)所示结构可知,图3 - 68(b)所示结构也是一次静不定结构。

　　由上述分析可知,有了"多余"的约束,未知力的数目超过了静力平衡方程数目,但也提供了限制杆件变形的条件。因此,解出全部未知力的关键是根据变形协调条件建立补充方程。下面举例说明静不定问题的解法。

　　例 3 - 21　试求图 3 - 69(a)所示 ABC 杆的约束力。已知 A、C 端固定,AB 段长度为 l_1,横截面面积为 A_1,材料的弹性模量为 E_1;BC 段相应量为 l_2、A_2、E_2。

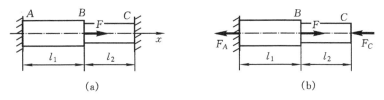

图 3 - 69　例 3 - 21 图

　　解　如前所述,A、C 处分别有约束力 F_A、F_C,平衡方程仅有 $\sum F_x = 0$,故为一次静不定问题。

　　若去掉一个约束,即如图 3 - 69(b)所示去掉固定端 C,则称此静定结构为图3 - 69(a)所示静不定结构的静定基。在静定基上施加相应的载荷 F,多余约束力 F_C 及由 F 和 F_C 共同作用在静定基上产生的 A 端约束力 F_A。对比图(b)与图(a),此时静定基的受力与变形必须满足:

(1)静力平衡条件。

$$F_A + F_C = F \tag{a}$$

(2)变形协调条件。

静定基在 F、F_C 作用下的轴向变形应与原静不定结构完全一样。由于 A、C 端固定,所以 C 截面相对于 A 截面的轴向位移为零。如图 3-69(b)所示,AB 段具有拉伸轴力 F_A,BC 段具有压缩轴力 F_C。与此相应,AB 段伸长,BC 段缩短,但二者变形的总效果为零,即

$$\Delta l_{AC} = \Delta l_{AB} + \Delta_{BC} = 0 \tag{b}$$

(3)物理条件。

在弹性范围内轴力与轴向变形的关系即胡克定律:

$$\Delta l_{AB} = \frac{F_A l_1}{E_1 A_1}, \quad \Delta l_{BC} = -\frac{F_C l_2}{E_2 A_2} \tag{c}$$

将式(c)代入式(b)即得补充方程

$$\frac{F_A l_1}{E_1 A_1} - \frac{F_C l_2}{E_2 A_2} = 0 \tag{d}$$

联立求解式(a)、(d),得

$$F_C = \frac{1}{1 + \dfrac{l_2 E_1 A_1}{l_1 E_2 A_2}} F$$

若 $l_1 = l_2$,且令 $c = E_1 A_1 / E_2 A_2$,上式可进一步简化为

$$F_C = \frac{1}{1 + c} F \tag{e}$$

将式(e)代入式(a)可得

$$F_A = \frac{c}{1 + c} F \tag{f}$$

式中 c 称 AB、BC 两段杆件的**刚度比**。

由式(e)、式(f)可知,静不定结构中约束力或内力的分配不仅与外力有关,还与杆件的刚度比有关,对于拉、压杆,即与横截面面积及材料弹性模量有关。我们还发现,对于图 3-67(a)所示的静定结构,温度的升降(温差)、加工时的尺寸误差(或装配误差)均不会引起附加应力,而对于图 3-68(a)所示的静不定结构则会引起相当大的温度应力或装配应力。

例 3-22 图 3-70(a)所示为两端固定的等直杆,无外载荷作用。已知钢材的 $E = 200 \times 10^3$ MPa,线膨胀系数 $\alpha = 12 \times 10^{-6}/℃$。试求升温 $\Delta t = 50$ ℃时杆内产生的温度应力。

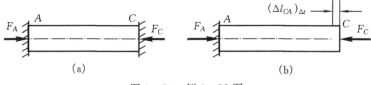

图 3-70 例 3-22 图

解 如图 3-70(a)所示,升温 Δt 之后,由于杆件的线膨胀变形量受到 A、C 两固定端的约束,从而产生了约束力 F_A、F_C。根据平衡条件,则有 $F_A = F_C$,仅由此还无法求解,这是静不定问题。去掉 C 端约束得到相应的静定基如图 3-70(b)所示。在静定基上,单独温度因素引起的自由轴向伸长为 $(\Delta l_{CA})_{\Delta t}$,单独由约束力 F_C 引起的自由轴向缩短为 $(\Delta l_{CA})_F$,于是变形谐调条件为

$$\Delta_{CA} = (\Delta l_{CA})_{\Delta t} + (\Delta l_{CA})_F = 0 \tag{a}$$

物理条件来自胡克定律及线膨胀规律。设杆件原长为 l，横截面面积为 A，则有

$$(\Delta l_{CA})_{\Delta t} = \alpha l \Delta t, \quad (\Delta l_{CA})_F = -\frac{F_C l}{EA} \tag{b}$$

将式(b)代入式(a)，即有

$$F_C = EA\alpha \Delta t$$

于是温度应力为

$$\sigma = \frac{F_C}{A} = E\alpha \Delta t = 200 \times 10^3 \times 12 \times 10^{-6} \times 50 = 120 \text{ MPa}$$

可见，静不定结构中的温度应力是不可忽视的。

　　工程上的管道、传动轴、钢轨和桥梁等的设计都要考虑温度应力问题，注意给温差引起的变形留有伸缩的余地。图 3-71 所示的管道弯头的设计就体现了这一思想。

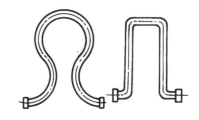

图 3-71　管道弯头

　　在例 3-22 中，若杆件安装时 A、C 两固定端之间的距离比设计间距 l 短了一个小量 Δl，或制造时杆件比 l 长了一个小量 Δl，强行安装后其效果与温差所引起的效果是一样的，这时装配后也可引起可观的附加应力。

　　与静不定拉压杆的解法一样，静不定梁也是通过去掉"多余"约束来选取相应的静定梁（称静定基），然后由变形条件建立补充方程式进行求解。

　　例 3-23　试求图 3-72(a)所示 AB 梁在载荷 F 作用下 A、B 两端所受到的约束反力。

　　解　(1)选取静定基。

　　去掉 B 端可动支座，代之以"多余"的约束反力 F_B，即得图 3-72(b)所示的静定基。

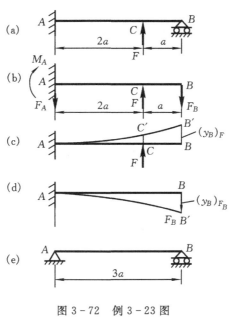

图 3-72　例 3-23 图

(2)写出相应的变形条件　　　　　　　　　　$y_B = 0$

(3)建立补充方程式并求解"多余"约束力。

　　如图 3-72(c)、(d)所示，用叠加法求 y_B，即 $y_B = (y_B)_F + (y_B)_{F_B}$。查表 3-7 并经换算可得

$$(y_B)_F = \frac{14Fa^3}{3EI}$$

$$(y_B)_{F_B} = -\frac{9F_Ba^3}{EI}$$

于是可得补充方程式

$$\frac{14Fa^3}{3EI} - \frac{9F_Ba^3}{EI} = 0$$

由此解得

$$F_B = \frac{14}{27}F$$

(4)解出所有未知约束力。

由 $\sum F_y = 0$ 得

$$F_A = F - F_B = F - \frac{14}{27}F = \frac{13}{27}F$$

由 $\sum M_A(\boldsymbol{F}) = 0$ 得

$$M_A = 2Fa - F_B \times 3a = 2Fa - \frac{14}{27}F \times 3a = \frac{4}{9}Fa$$

在此基础上即可进行强度计算。

　　本题也可于 A 端(固定端)去掉对转角的约束而得到图(e)所示的静定基。因为固定端去掉上述约束后即成为固定铰链约束,所以简支梁为本题静不定结构的另一静定基。读者可自己画上载荷及与去掉的约束相应的约束力(或力偶),解出所有未知约束力并与已求出的结果比较。

　　静定基的选取以变形条件是否简单,相应的挠度或转角的求解是否容易而定。

复习思考题

　　3-1　两根横截面积不同的拉杆,受相同的轴向拉力,试问两杆的内力是否相同? 应力是否相同?

　　3-2　低碳钢拉伸时的 $\sigma\text{-}\varepsilon$ 图形有哪些特征点? 如何划分四个阶段? 冷作硬化的概念是什么? 低碳钢拉伸有哪些重要指标? 与铸铁相比,其抗拉、抗压性能如何?

　　3-3　Q235 钢的比例极限 $\sigma_P = 200$ MPa,弹性模量 $E = 200$ GPa。若有一 Q235 钢的试件,拉伸后线应变 $\varepsilon = 0.002$,是否其应力 $\sigma = E\varepsilon = 200 \times 10^3 \times 0.002 = 400$ MPa?

　　3-4　指出下列概念的区别

(1)内力与应力;　　　　　　(2)正应力与切应力;　　　　　　(3)弹性变形与塑性变形;

(4)极限应力与许用应力;　　(5)挤压与轴向压缩。

　　3-5　求图示各杆 1-1、2-2、3-3 截面上的轴力,并作轴力图。

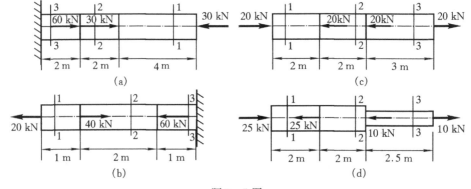

题 3-5 图

3-6　图示一铆接件。其上板的受力情况如图(b)所示。已知 $F=7$ kN，$t=1.5$ mm，$b_1=4$ mm，$b_2=5$ mm，$b_3=6$ mm。试计算板内的最大拉应力。

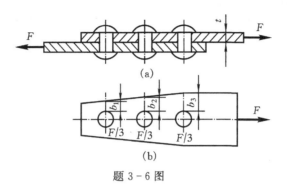

题 3-6 图

3-7　某悬臂吊车结构如图，最大起重量 $G=20$ kN，AB 杆为圆钢，$[\sigma]=120$ MPa。试设计 AB 杆直径 d。（暂不考虑 A、B 销孔对截面的削弱及该处应力不均匀的问题）。

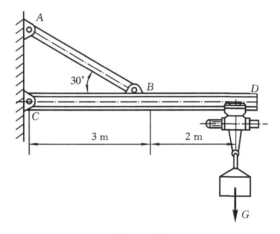

题 3-7 图

3-8　汽车离合器踏板如图所示。已知踏板受到压力 $F_1=400$ N，拉杆 1 的直径 $D=9$ mm，杠杆臂长 $L=330$ mm，$l=56$ mm，拉杆的许用应力 $[\sigma]=50$ MPa，校核拉杆 1 的强度。

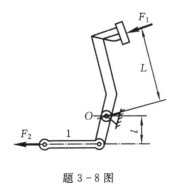

题 3-8 图

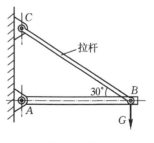

题 3-9 图

3-9 图示简易吊车,拉杆 BC 为圆钢,截面积 $A_1=6\ \text{cm}^2$,许用应力 $[\sigma]_1=160\ \text{MPa}$;$AB$ 为木杆,截面积 $A_2=100\ \text{cm}^2$,许用应力 $[\sigma]_2=7\ \text{MPa}$。试求吊车的许可吊重 G。

3-10 某冷镦机的曲柄滑块机构如图(a)所示。镦压时连杆 AB 接近水平位置,墩压力 $F=3.78\ \text{MN}$($1\ \text{MN}=10^6\ \text{N}$)。连杆横截面为矩形,高与宽之比 $h/b=1.4$(图(b)),材料为 45 钢,许用应力 $[\sigma]=90\ \text{MPa}$。试设计截面尺寸 h 和 b。

3-11 图示 1500 kW 水轮发电机主轴外径 $D=50\ \text{cm}$,内径 $d=34\ \text{cm}$,长度如图示,材料为合金钢,$E=200\ \text{GPa}$。电机转子重 $G_2=700\ \text{kN}$,转轮重量和水推力之和 $G_1=1.3\ \text{MN}$,不计主轴自重。试求 AB 轴的总伸长。

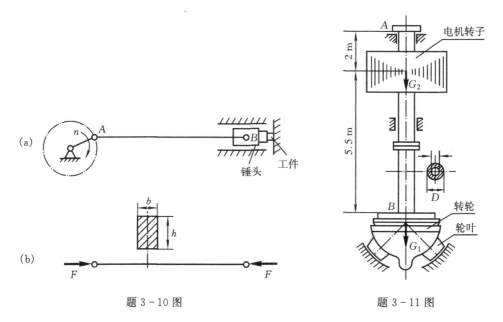

题 3-10 图   题 3-11 图

3-12 指出图示各构件的剪切面和挤压面,并计算相应的剪切与挤压应力。

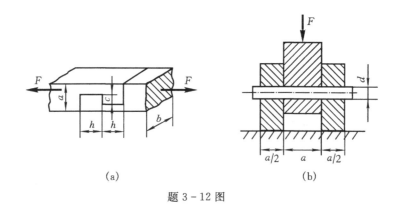

(a)   (b)

题 3-12 图

3-13 已知钢板厚度 $t=10\ \text{mm}$,剪切极限应力为 $\tau_{\min}=300\ \text{MPa}$,若用直径 $d=25\ \text{mm}$ 的冲头在钢板上冲孔,求所需的冲压力 F。

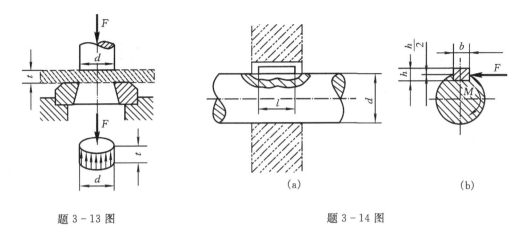

题 3 – 13 图　　　　　　　　　　　题 3 – 14 图

3 – 14　齿轮与轴用平键联接。已知轴的直径 $d=50$ mm，键的尺寸 $b\times h\times l=16$ mm$\times10$ mm$\times50$ mm，传递的力矩 $M=600$ N·m，键的许用切应力 $[\tau]=60$ MPa，许用挤压应力 $[\sigma_{bs}]=100$ MPa。试校核键的强度。

3 – 15　何谓扭矩？扭矩的正负号是怎样规定的？如何计算扭矩？如何画扭矩图？

3 – 16　作图示杆件的扭矩图。

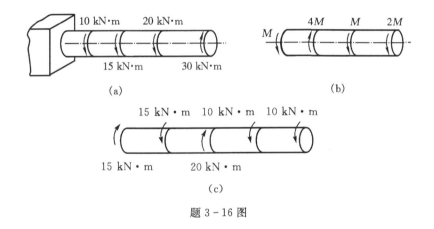

题 3 – 16 图

3 – 17　图中所画切应力分布图是否正确？其中 T 为截面的扭矩。

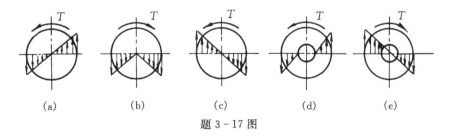

题 3 – 17 图

3 – 18　实心轴和空心轴通过牙嵌式离合器连接在一起。已知轴的转速 $n=100$ r/min，传递的功率 $P=7.35$ kW，轴的许用切应力 $[\tau]=20$ MPa。试选择实心轴直径 d_1，及内外径比值为 1/2 的空心轴的外径 D_2。

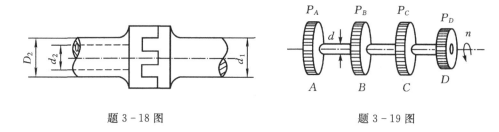

题 3-18 图   题 3-19 图

3-19 图示传动轴,转速 $n=100$ r/min,B 为主动轮,输入功率 100 kW,A、C、D 为从动轮,输出功率分别为 50 kW、30 kW 和 20 kW。(1)试画出轴的扭矩图;(2)若$[\tau]=60$ MPa,试设计轴的直径 d;(3)若将 A、B 轮位置互换,试分析轴的受力是否合理?

3-20 试求下列各梁的剪力方程与弯矩方程,作剪力图和弯矩图,并求出 $|F_S|_{max}$ 和 $|M|_{max}$。

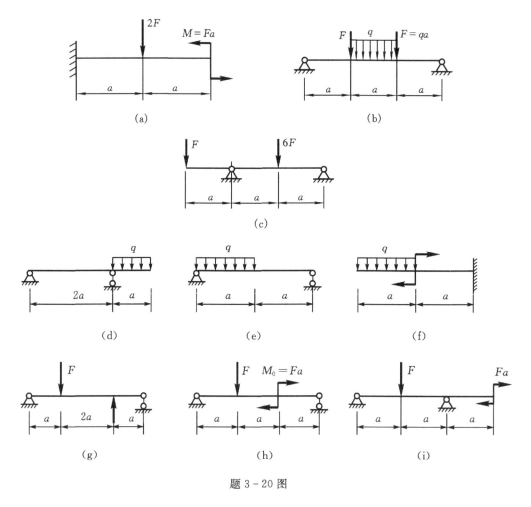

题 3-20 图

3-21 矩形截面悬臂梁如图,已知 $l=4$ m,$b/h=2/3$,$q=10$ kN/m,$[\sigma]=100$ MPa,试确定此梁横截面的尺寸。

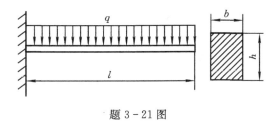

题 3-21 图

3-22 外伸梁受力如图所示。截面高 120 mm,宽 60 mm。材料为木材,其许用应力$[\sigma]=10$ MPa,$[\tau]=2$ MPa。试校核梁的正应力强度和切应力强度。

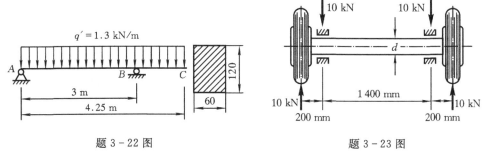

题 3-22 图　　　　　　　　　　　题 3-23 图

3-23 四轮拖车的载重量为 40 kN,设每一车轮所受的重量均相等。车轴材料的$[\sigma]=50$ MPa,试选择车轴的直径 d。

3-24 图示简支梁 AB,若载荷 P 直接作用于梁的中点,梁的最大正应力超过了许可值的 30%。为避免这种过载现象,配置了副梁 CD,试求此副梁所需的长度 a。

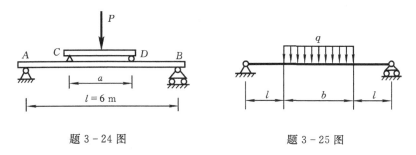

题 3-24 图　　　　　　　　　　　题 3-25 图

3-25 轧辊受力简图如图示。若已知直径 $D=280$ mm,跨长 $L=2l+b=1\,000$ mm,$b=100$ mm。材料弯曲许用应力$[\sigma]=100$ MPa,试求轧辊能承受的最大轧制力 qb。

3-26 试用叠加法求图示等截面梁 A 点的挠度,截面 B 的转角。若 EI 为已知。

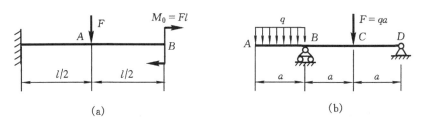

(a)　　　　　　　　　　　　　　(b)

题 3-26 图

3-27 图中各梁为几次超静定? 各应选取怎样的静定基,其相应的多余反力和变形谐调方程是什么?

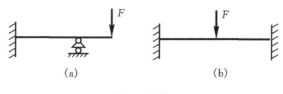

题 3 - 27 图

3 - 28 阶梯杆 AB 如图所示。两端固定,在截面 C 处有轴向外力 F 作用。若 AC 段的横截面面积为 A_1,CB 段的横截面面积为 A_2,该杆由弹性模量为 E 的材料制成,试求两端反力。

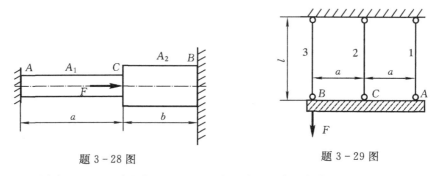

题 3 - 28 图   题 3 - 29 图

3 - 29 图示平行杆 1、2、3 悬吊着横梁 AB(AB 的变形略去不计),在横梁上作用着载荷 F。杆 1、2、3 的截面积、长度和弹性模量均相同,即分别为 A、l 和 E。求杆 1、2、3 的轴力。

3 - 30 求图示各超静定梁的支座反力。

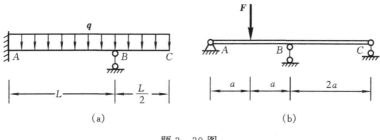

题 3 - 30 图

复习题答案

3 - 6　$\sigma_{max} = 389$ MPa

3 - 7　$d = 26.6$ mm

3 - 8　$\sigma = 37$ MPa $< [\sigma]$

3 - 9　$[G] = 40$ kN

3 - 10　$h = 243$ mm;$b = 173.2$ mm

3 - 11　$\Delta l = 0.528$ mm

3 - 12　(a) $\tau = \dfrac{F}{bh}$;$\sigma_{bs} = \dfrac{F}{bc}$　(b) $\tau = \dfrac{2F}{\pi d^2}$;$\sigma_{bs} = \dfrac{F}{ad}$

3 - 13　$F_{min} = 235.2$ kN

3 - 14　$\sigma_{bs} = 96$ MPa $< [\sigma]$；$\tau = 30$ MPa $< [\tau]$

3 - 18　$d_1 \geqslant 56.3$ mm；$D_2 \geqslant 57.6$ mm

3 - 21　$h \geqslant 193$ mm；$b \geqslant 129$ mm

3 - 22　$\sigma_{max} = 7.0$ MPa；$\tau_{max} = 0.48$ MPa

3 - 23　$d \geqslant 74.1$ mm

3 - 24　$a = 1.385$ m

3 - 25　$[qb] = 907.4$ kN

3 - 26　(a) $y_A = \dfrac{Fl^3}{6EI}$，$\theta_B = -\dfrac{9Fl^2}{8EI}$　　(b) $y_A = -\dfrac{5qa^4}{24EI}$，$\theta_B = \dfrac{qa^3}{12EI}$

3 - 28　$F_A = \dfrac{FbA_1}{bA_1 + aA_2} \leftarrow$；$F_B = \dfrac{FaA_2}{bA_1 + aA_2} \leftarrow$

3 - 29　$F_1 = -\dfrac{F}{6}$；$F_2 = \dfrac{F}{3}$；$F_3 = \dfrac{5}{6}F$

4 - 30　(a) $F_A = \dfrac{7}{16}ql$；$F_B = \dfrac{17}{16}ql$；$M_A = \dfrac{1}{16}ql^2$

　　　　(b) $F_A = \dfrac{22}{32}F$；$F_B = \dfrac{13}{32}F$；$F_C = -\dfrac{3}{32}F$

第4章

强度理论与零件的组合变形

4.1 应力状态简介

由前知,在拉伸与压缩杆件以及扭转圆轴的斜截面上,既有正应力 σ_α,还有切应力 τ_α,且应力值与截面的位置角 α 有关;又如扭转圆轴的横截面上的切应力沿半径方向按线性分布,纯弯曲梁的横截面上正应力与距中性轴的距离 y 成正比。可见,受力零件同一截面上的应力不一定相同,而同点位于不同截面上的应力还将随截面的方位变化而变。所以在说明应力时,必须指明是受力零件上的哪一点以及过该点的哪一平面的应力,知道哪一点和哪一方位面上的应力最大、最危险,以解决强度问题。为此,必须了解受力零件在一点处的应力状态,即通过该点各个方位面的应力情况。

4.1.1 一点应力状态的概念

为了研究一点的应力状态,可假想地以纵横六个截面围绕该点取出一个微小的正六面体——单元体,由于单元体各边长尺寸无穷小,故可认为在它各个面上的应力都是均匀分布的,相互平行截面上的应力大小相等、方向相反。这样,单元体上六个面的应力,就代表了过该点三个相互垂直截面上的应力,于是这点的应力状态便完全确定了。

如直杆受轴向拉伸时(图 4-1(a)),若分析其上 A 点的应力状态,就围绕 A 点取出一个单元体(图 4-1(b))。单元体左右两个面都是横截面,其余四个面都平行于杆件的轴线。作用在单元体各个面上的应力,就表示了 A 点的应力状态。

单元体只要有一对平行平面上无应力,即可用其投影图表示。上述单元体的投影图见图4-1(c)。又如圆轴受扭转时(图 4-2 (a)),在靠近轴表面上 A 点的单元体(图 4-2 (b)),其投影图见图 4-2 (c)。

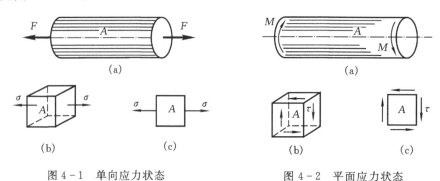

图 4-1 单向应力状态   图 4-2 平面应力状态

在图 4-1(b)中,单元体的三个相互垂直的面上均无切应力。如此切应力为零的面称为**主平面**。主平面上的正应力称为**主应力**。主应力的方向称为**主方向**。

一般来说,在受力零件内围绕着任一点总可截出一个单元体,使它具有三个相互垂直的主平面,因而每一点都有三个主应力。其中有一个是通过该点所有截面上最大的正应力,有一个是最小的正应力。三个主应力分别用 σ_1、σ_2 和 σ_3 表示,并按代数值大小的顺序排列,即 $\sigma_1 > \sigma_2 > \sigma_3$。在三个主应力中,若有一个不等于零,称为**单向应力状态**;若有两个不等于零,称为**二向应力状态**或**平面应力状态**,若三个全不等于零,便称为**三向应力状态**或**空间应力状态**。如图 4-1 所示拉伸直杆各点处

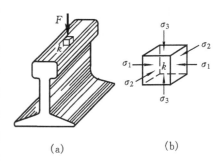

图 4-3 三向应力状态

于单向应力状态,图 4-2 所示扭转圆轴各点处于二向应力状态,图 4-3 所示钢轨与车轮的接触点处于三向应力状态。单向应力状态又称**简单应力状态**,二向、三向应力状态统称为**复杂应力状态**。

4.1.2 平面应力状态分析

平面应力状态分析的目的是根据过一点的某些截面上的已知应力,来确定过这一点的其他截面上的应力,从而确定该点的主应力和主平面。

1. 任意斜截面上的应力

平面应力状态的一般形式如图 4-4(a)所示,图 4-4(c)为其投影图。在单元体上建立一直角坐标系,已知应力分量 σ_x 和 τ_x 是法线与 x 轴平行平面上的正应力和切应力;σ_y 和 τ_y 是法线与 y 轴平行平面上的正应力和切应力。现分析与应力为零的平面(纸平面)相垂直的任意斜截面上的应力。

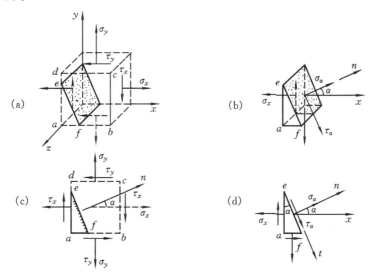

图 4-4 平面应力状态分析

应用截面法,假想地将单元沿所求截面 ef 一截为二,取分离体 aef(图 4-4(b)),投影图

如图 4-4(d)作为研究对象。该截面的外法线 n 与 x 轴夹角为 α，并以 σ_α 及 τ_α 分别表示该斜截面上的正应力与切应力。

应力的正负号规定如下：正应力以拉应力为正，压应力为负；切应力以对单元体内任意点的矩为顺时针转向者为正，反之为负；α 角是从 x 轴转到外法线 n 逆时针转向者为正，反之为负。

设斜截面上 ef 的面积为 $\mathrm{d}A$，则 ea 面和 af 面的面积分别为 $\mathrm{d}A\cos\alpha$ 和 $\mathrm{d}A\sin\alpha$。由棱柱体 aef 的平衡条件 $\sum F_n = 0$ 和 $\sum F_t = 0$ 分别列方程，并由切应力互等定理知 $\tau_x = -\tau_y$，化简后可得

$$\sigma_\alpha = \frac{\sigma_x + \sigma_y}{2} + \frac{\sigma_x - \sigma_y}{2}\cos 2\alpha - \tau_x \sin 2\alpha \tag{4-1}$$

$$\tau_\alpha = \frac{\sigma_x - \sigma_y}{2}\sin 2\alpha + \tau_x \cos 2\alpha \tag{4-2}$$

由式(4-1)与式(4-2)，便可求出 α 角为任意值时斜截面上的应力。应注意式中的 σ_x、σ_y、τ_x、τ_y 及 α 均为代数值。

2. 主平面与主应力的确定

式(4-1)与式(4-2)表明，当平面应力状态已知，即 σ_x、σ_y 和 τ_x 为定值时，则任意斜截面上的应力 σ_α 及 τ_α 均为 α 的函数。于是便可求出应力的极值及其所在平面的位置。

将式(4-1)对 α 取导数，并令 $\dfrac{\mathrm{d}\sigma_\alpha}{\mathrm{d}\alpha} = 0$，可得

$$\frac{\sigma_x - \sigma_y}{2}\sin 2\alpha + \tau_x \cos 2\alpha = 0$$

将上式与式(4-2)相比较，看出极值正应力所在的平面恰好是切应力等于零的平面，即主平面。设该主平面的外法线 n 与 x 轴所成角为 α_0，则由上式得

$$\tan 2\alpha_0 = -\frac{2\tau_x}{\sigma_x - \sigma_y} \tag{4-3}$$

从式(4-3)可求出 α_0 和 $\alpha_0 + \dfrac{\pi}{2}$ 两个数值，确定两个相互垂直的主平面。由于主平面上的正应力即为主应力，故将式(4-3)代入式(4-1)所求得的极值正应力，就是两个主应力值，即

$$\left.\begin{array}{r}\sigma' \\ \sigma''\end{array}\right\} = \frac{\sigma_x + \sigma_y}{2} \pm \sqrt{\left(\frac{\sigma_x - \sigma_y}{2}\right)^2 + \tau_x^2} \tag{4-4}$$

由此式所得的两个极值应力，若都为正值，则分别用 σ_1 和 σ_2 表示；若一正一负，则用 σ_1 及 σ_3 表示；若均为负值，则用 σ_2 与 σ_3 表示。

在推导公式(4-3)与式(4-4)时，其中 σ_x、σ_y 和 τ_x 均设为正值，使用这些公式时，如果 $\sigma_x > \sigma_y$，由式(4-3)所确定的主平面，绝对值 $|\alpha_0|$ 较小的一个确定 $\sigma_{\max}$ 所在的平面。

3. 极值切应力的确定

同样可确定极值切应力和其所在的平面。将式(4-2)对 α 取导数，并令 $\dfrac{\mathrm{d}\tau_\alpha}{\mathrm{d}\alpha} = 0$，得

$$(\sigma_x - \sigma_y)\cos 2\alpha - 2\tau_x \sin 2\alpha = 0$$

以 α_1 表示所求平面外法线与 x 轴的夹角，得

$$\tan 2\alpha_1 = \frac{\sigma_x - \sigma_y}{2\tau_x} \tag{4-5}$$

显然,α_1 和 $\alpha_1 + \frac{\pi}{2}$ 都满足上式,将该式代入式(4-2),即得到切应力的两个极值为

$$\left.\begin{array}{r}\tau' \\ \tau''\end{array}\right\} = \pm\sqrt{\left(\frac{\sigma_x - \sigma_y}{2}\right)^2 + \tau_x^2} \tag{4-6}$$

将式(4-6)与式(4-4)比较,得

$$\left.\begin{array}{r}\tau' \\ \tau''\end{array}\right\} = \pm\frac{1}{2}(\sigma' - \sigma'') \tag{4-7}$$

又由式(4-3)及式(4-5),可见 $\tan 2\alpha_0 \cdot \tan 2\alpha_1 = -1$,由此得

$$\alpha_1 = \alpha_0 + 45° \tag{4-8}$$

这说明,极值切应力所在平面与主平面各成 $45°$。

4.1.3　三向应力状态简介

三向应力状态比较复杂,下面仅对这种状态的最大应力作介绍。

设自受力零件内某点,按三个主平面方向取一单元体如图 4-5(a)所示。已知 $\sigma_1 > \sigma_2 > \sigma_3$,现在来研究各斜截面上的应力。

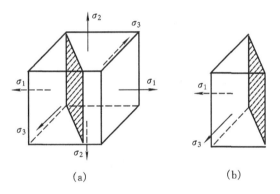

(a)　　　　　　　(b)

图 4-5　三向应力状态分析

先研究平行于任一个主应力的截面上的应力。设想以平行于主应力 σ_2 的平面(图 4-5(a)中的阴影平面),将单元体截开,任取一部分(左部)三棱柱(图 4-5(b))来研究。它的顶部和底部面积相等,应力都是 σ_2,故在 σ_2 方向的力自成平衡,对斜截面上的应力不发生影响。斜截面上的应力仅决定于 σ_1 和 σ_3,这就如同已知 σ_1 及 σ_3 的平面应力状态,去求斜截面(垂直于 $\sigma_2 = 0$ 主平面之各斜截面)上的应力一样。故可由式(4-7)求得平行于 σ_2 的所有截面中切应力的极值。该极值切应力又称为**主切应力**。这里,对应于式(4-7)中 $\sigma' = \sigma_1$,$\sigma'' = \sigma_3$,于是得

$$\tau_{13} = \frac{1}{2}(\sigma_1 - \sigma_3) \tag{4-9(a)}$$

它所在的平面与 σ_1 和 σ_3 两个主平面各成 $45°$。同理可得平行于 σ_1 的截面上的主切应力为

$$\tau_{23} = \frac{1}{2}(\sigma_2 - \sigma_3) \tag{4-9(b)}$$

平行于 σ_3 的截面上的主切应力为

$$\tau_{12} = \frac{1}{2}(\sigma_1 - \sigma_2) \qquad\qquad (4-9(c))$$

它们所在的平面分别与其他两主平面成 $45°$ 角。

可以证明，在单元体的所有截面中，主应力 σ_1 为最大正应力，σ_3 为最小正应力，而 τ_{13} 则为最大切应力，即

$$\sigma_{max} = \sigma_1 ; \quad \sigma_{min} = \sigma_3 ; \quad \tau_{max} = \frac{1}{2}(\sigma_1 - \sigma_3) \qquad (4-10)$$

4.1.4　广义胡克定律

从受力零件内，按三个主平面方向取一单元体，如图 $4-6$(a)。在三个主应力的作用下，求沿三个主方向的线应变。在比例极限范围内，可根据胡克定律及横向变形的关系，分别求出每个主应力单独作用下所引起的变形，然后用叠加原理求得（图 $4-6$）。

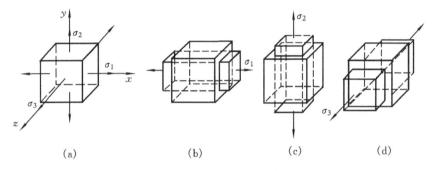

$$(a) \qquad\qquad (b) \qquad\qquad (c) \qquad\qquad (d)$$

图 $4-6$　主应力作用下的线应变

在三个主应力共同作用下，单元体沿 σ_1 方向棱边的总线应变计算如下：

σ_1 沿 x 方向。在 σ_1 单独作用下，使平行于 x 轴的棱边产生纵向线应变 ε'_1，且

$$\varepsilon'_1 = \frac{\sigma_1}{E}$$

σ_2 沿 y 方向。根据横向变形的关系，在 σ_2 单独作用下，使平行于 x 轴的棱边产生线应变 ε''_1，且

$$\varepsilon''_1 = -\mu\frac{\sigma_2}{E}$$

同理，在 σ_3 单独作用下，使平行于 x 轴的棱边产生线应变 ε'''_1，且

$$\varepsilon'''_1 = -\mu\frac{\sigma_3}{E}$$

根据叠加原理，得沿 σ_1 方向棱边的总线应变为

$$\varepsilon_1 = \varepsilon'_1 + \varepsilon''_1 + \varepsilon'''_1 = \frac{1}{E}[\sigma_1 - \mu(\sigma_2 + \sigma_3)]$$

同理，可得出沿 σ_2、σ_3 方向棱边各自的总线应变，于是有

$$\left.\begin{array}{l}\varepsilon_1 = \dfrac{1}{E}[\sigma_1 - \mu(\sigma_2 + \sigma_3)] \\[2mm] \varepsilon_2 = \dfrac{1}{E}[\sigma_2 - \mu(\sigma_3 + \sigma_1)] \\[2mm] \varepsilon_3 = \dfrac{1}{E}[\sigma_3 - \mu(\sigma_1 + \sigma_2)]\end{array}\right\} \qquad (4-11)$$

上式称为**广义胡克定律**。它表示在三向应力状态下，主应力与主应变之间的关系。该定律只适用于应力未超过比例极限和小变形的情况。公式中的主应力和主应变均为代数量。线应变为正值表示相对伸长，负值则为相对缩短。

例 4-1　一正方形钢块，顶部受压力 $F = 6\ \mathrm{kN}$，其泊松比 $\mu = 0.33$，体积 10 mm×10 mm×10 mm，放入宽和深均等于 10 mm 的刚性槽内（见图 4-7）。试求钢块内任一点的主应力。

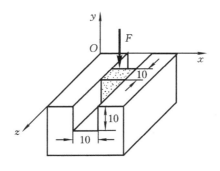

图 4-7　例 4-1 图

解　在钢块内垂直于 y 轴的截面上的应力为

$$\sigma_3 = -\frac{F}{A} = -\frac{6 \times 10^3}{(10 \times 10^{-3})^2}$$
$$= -0.06 \times 10^9\ \mathrm{N/m^2} = -60\ \mathrm{MPa}$$

因 z 方向钢块不受约束，故 $\sigma_1 = 0$

在 F 力作用下，钢块产生横向膨胀。由于槽为刚性的，因此在 x 方向应变为零，即 $\varepsilon_2 = 0$，根据广义胡克定律和变形条件得

$$\varepsilon_2 = \frac{1}{E}[\sigma_2 - \mu(\sigma_1 + \sigma_3)] = \frac{1}{E}[\sigma_2 - 0.33(0 - 60)] = 0$$

由此得

$$\sigma_2 = -19.8\ \mathrm{MPa}$$

所以，钢块内任一点的三个主应力分别为

$$\sigma_1 = 0; \quad \sigma_2 = -19.8\ \mathrm{MPa}; \quad \sigma_3 = -60\ \mathrm{MPa}$$

4.2　强度理论概说

在工程实际中，多数零件的危险点都处于复杂的应力状态，零件的破坏与该点三个主应力的不同组合有关。由于这种组合有无穷多组，因而要从试验来一一确定各种材料在主应力各种比例（$\sigma_1 : \sigma_2 : \sigma_3$）下的极限应力，显然是不切实际的。在长期的生产实践中，人们分析了各种受力零件的破坏现象，产生这样的观点：无论是简单应力状态或是复杂应力状态，某种类型的破坏都是由同一因素引起，并受其控制。于是可以利用简单应力状态下的极限应力，去建立

复杂应力状态下的强度条件。从而对材料破坏的原因提出了各种假说,这种假说通常称为**强度理论**或**破坏准则**。

传统的工程观点认为,材料中出现塑性变形同脆断破坏一样不安全,所以确认塑性屈服与脆性断裂这两种状态均为材料的"破坏"。二者形式不同,原因各异,强度理论也由此形成为两类:其中解释材料脆性断裂破坏的有最大拉应力理论和最大拉应变理论;解释材料塑性屈服破坏的有最大切应力理论和形状改变比能理论,下面分别进行介绍。

1. 最大拉应力理论(第一强度理论)

18 世纪以前,砖、石和铸铁是建筑等工程的主要材料,大量出现的破坏问题是这类材料的脆性断裂。于是在 17 世纪前期,由伽利略(Galileo)提出了最大拉应力理论。该理论认为:最大拉应力是引起材料脆性断裂破坏的决定因素。在一般应力状态下,只要最大拉应力 σ_1 达到简单拉伸的强度极限 σ_b,就会引起脆性断裂,即发生破坏的条件为

$$\sigma_1 = \sigma_b$$

相应的强度条件为

$$\sigma_1 \leqslant [\sigma] = \frac{\sigma_b}{n_b} \tag{4-12}$$

此理论虽然只强调最大拉应力 σ_1 的影响,而未考虑 σ_2 和 σ_3。但实验表明,它对铸铁、工具钢、陶瓷等多数脆性材料较适用,特别对于两向受拉应力状态($\sigma_1 \geqslant \sigma_2 \geqslant \sigma_3$)和虽然 $\sigma_1 > 0$、$\sigma_3 < 0$,但拉应力占优($|\sigma_1| > |\sigma_3|$)的应力状态符合得更好。

2. 最大拉应变理论(第二强度理论)

17 世纪后期,根据石料等材料压缩时沿纵向截面开裂的现象,由马里奥特(E. Mariotte)提出了最大拉应变理论,后又由圣文南加以完善。该理论认为:最大拉应变是引起材料脆性断裂破坏的决定因素。在复杂应力状态下,最大伸长应变 ε_1 达到简单拉伸时的极限应变 ε^0 时.材料即产生脆性断裂,即产生破坏条件为

$$\varepsilon_1 = \varepsilon^0 = \sigma_b/E$$

式中 ε_1 可由广义胡克定律,即式(4-11)求得,代入上式后,又可得到由主应力所表达的发生破坏条件为

$$\sigma_1 - \mu(\sigma_2 + \sigma_3) = \sigma_b$$

于是,得相应的强度条件为

$$\sigma_1 - \mu(\sigma_2 + \sigma_3) \leqslant [\sigma] = \sigma_b/n_b \tag{4-13}$$

由此可见,该理论除 σ_1 之外,还考虑到了 σ_2 和 σ_3 的影响。但实验证明,它只与少数材料的结果相符,如石料、合金铸铁,并且主要用于压应力占优($|\sigma_3| > |\sigma_1|$)的情况。目前此理论在工程上应用不多。

3. 最大切应力理论(第三强度理论)

17 世纪后随着工业的发展,工程上大量采用低碳钢等塑性金属材料。这些材料的破坏形式主要是塑性屈服。对此,库仑(C. A. Coulomb)等人先后在各自不同的研究领域中都提出了最大切应力理论的观点。该理论认为:最大切应力是引起材料塑性屈服破坏的决定因素。在复杂应力状态下,最大切应力 $\tau_{\max}$ 达到简单拉伸时的极限切应力 τ^0,材料将产生塑性屈服破坏,即产生破坏的条件为

$$\tau_{\max} = \tau^0$$

在单向拉伸时,当横截面上的拉应力达到极限应力 σ_s 时,与轴线成 $45°$ 的斜截面上相应的极限切应力为 $\tau^0 = \sigma_s/2$,又由式(4-10)知,三向应力状态下 $\tau_{\max} = \tau_{13} = (\sigma_1 - \sigma_3)/2$。将此关系一并代入上式,即得到由主应力形式表达的破坏条件为

$$\sigma_1 - \sigma_3 = \sigma_s$$

相应的强度条件为

$$\sigma_1 - \sigma_3 \leqslant [\sigma] = \sigma_s/n_s \tag{4-14}$$

该理论虽然只考虑最大切应力 $\tau_{13} = \tau_{\max}$ 的影响,而未考虑其他主切应力(τ_{23},τ_{12}),但与材料的屈服试验结果相当符合。该理论形式简单,在工程中得到了广泛的应用。

4. 形状改变比能理论(第四强度理论)

零件受外力作用产生弹性变形时,在其内部将积蓄有变形能,由于形状的改变在其单位体积内积蓄的变形能称为**形状改变比能**。

19 世纪后期,随着能量不灭原理的提出,能量强度理论也随之迅速提出,但由于与大量的实验结果不尽相符,一段时期内没有被工程技术界接受。直到 20 世纪初,先后由胡勃(Huber)等人提出了变形比能理论。该理论认为形状改变比能是引起材料塑性屈服破坏的决定因素。

有关这一理论的详细内容不作介绍。根据这一理论所建立的强度条件为

$$\sqrt{\frac{1}{2}\left[(\sigma_1 - \sigma_2)^2 + (\sigma_2 - \sigma_3)^2 + (\sigma_3 - \sigma_1)^2\right]} \leqslant [\sigma] = \frac{\sigma_s}{n_s} \tag{4-15}$$

该理论合理地考虑了 τ_{23}、τ_{12} 两个次要主切应力的影响,而又正确地突出了 τ_{13} 的作用。因而对于塑性很好的材料与试验结果相当接近,较第三强度理论更符合实验结果,更节约材料,故被广泛应用。

上述四个强度理论是目前工程计算中经常应用的理论,通常称为**经典强度理论**。

随着生产的发展和科学技术的进步,人们对材料强度的学说和对材料破坏的认识也日渐深化,许多新的强度理论应运而生,推动着学科向前不断发展。下面仅以双切应力理论为例,向读者展示强度理论发展的一个方向。

5. 双切应力理论

该理论由中国学者俞茂宏教授于 1961 年提出,他认为,引起材料屈服的不仅是最大切应力 τ_{13},而且还受到中间切应力 τ_{12}(或 τ_{23})的影响。由式(4-10)和式(4-9)可见,最大切应力 τ_{13},其值恒等于其他的两个主切应力之和 $\tau_{23} + \tau_{12}$,也就是说,三个极值切应力中只有两个是独立量。因此,双切应力理论认为,决定材料屈服的主要因素是单元体中两个较大的主切应力。无论材料处于什么应力状态,只要单元体中两个较大的极值切应力之和 $\tau_{13} + \tau_{12}$(或 $\tau_{13} + \tau_{23}$)达到材料在单向拉伸下发生屈服时的极值切应力之和 $(\tau_{13} + \tau_{12})^0$(或 $(\tau_{13} + \tau_{23})^0$),材料就发生屈服破坏。即产生破坏的条件为

$$\tau_{13} + \tau_{12} = (\tau_{13} + \tau_{12})^0, \quad 当 \tau_{12} \geqslant \tau_{23} 时$$
$$\tau_{13} + \tau_{23} = (\tau_{13} + \tau_{23})^0, \quad 当 \tau_{12} \leqslant \tau_{23} 时$$

在单向拉伸时,$\sigma_1 = \sigma$,$\sigma_2 = \sigma_3 = 0$,所以 $\tau_{13} = \tau_{12} = \sigma/2$,$\tau_{23} = 0$。于是屈服时两个较大的极值切应力之和 $(\tau_{13} + \tau_{12})^0 = \dfrac{\sigma_s}{2} + \dfrac{\sigma_s}{2} = \sigma_s$。将此结果与式(4-9)一并代入上式,即可得到用主应

力形式表达的双切应力理论的强度条件为

$$
\left.
\begin{array}{l}
\text{当 } \sigma_2 \leqslant \dfrac{1}{2}(\sigma_1 + \sigma_3) \text{ 时}, \quad \sigma_1 - \dfrac{1}{2}(\sigma_2 + \sigma_3) \\[2mm]
\text{当 } \sigma_2 \geqslant \dfrac{1}{2}(\sigma_1 + \sigma_3) \text{ 时}, \quad \dfrac{1}{2}(\sigma_1 + \sigma_2) - \sigma_3
\end{array}
\right\} \leqslant [\sigma] = \dfrac{\sigma_{\mathrm{s}}}{n_{\mathrm{s}}}
\tag{4-16}
$$

该理论从材料破坏的多因素方面,展示了强度理论发展的一个方向。对于拉伸与压缩屈服极限相等的材料,与实验结果相当吻合。对于拉伸与压缩屈服极限不相等的材料和脆性材料,俞茂宏教授进一步给出了**广义双切应力强度理论**,并与一些铸铁和混凝土的实验结果颇为符合。现在,双切应力理论已经发展成为一系列的理论,详细情况可见他的有关论著。

除此,还有**莫尔(Mohr)理论**,**联合强度理论**等等,本书不再一一详述。

例4-2　试用强度理论,证明塑性材料的许用切应力与许用正应力之间的关系为$[\tau] = (0.5 \sim 0.6)[\sigma]$。

解　由4.4节可知,圆轴扭转时的强度条件为

$$\tau \leqslant [\tau] \tag{a}$$

应力状态如图4-8所示。其三个主应力分别为

$$\sigma_1 = \tau; \quad \sigma_2 = 0; \quad \sigma_3 = -\tau$$

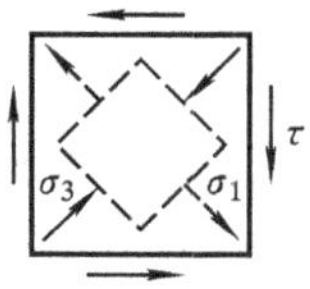

对塑性材料,若应用最大切应力理论,则由式(4-14),得相应的强度条件为

图4-8　例4-2图

$$\sigma_1 - \sigma_3 = 2\tau \leqslant [\sigma] \tag{b}$$

比较式(a)与式(b),即得

$$[\tau] = \frac{1}{2}[\sigma] = 0.5[\sigma] \tag{c}$$

若应用形状改变比能理论,则由式(4-15)。得相应的强度条件为

$$\sqrt{\frac{1}{2}\left[(\sigma_1 - \sigma_2)^2 + (\sigma_2 - \sigma_3)^2 + (\sigma_3 - \sigma_1)^2\right]} = \sqrt{3}\,\tau \leqslant [\sigma] \tag{d}$$

比较式(a)与式(d),即得

$$[\tau] = \frac{1}{\sqrt{3}}[\sigma] = 0.577[\sigma] \approx 0.6[\sigma] \tag{e}$$

综合式(c)与(e),即可证塑性材料的许用切应力与许用正应力间的关系为$[\tau] = (0.5 \sim 0.6)[\sigma]$。

例4-3　一平面应力状态如图4-9所示,若预期材料发生塑性流动,试建立其强度条件。

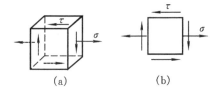

(a)　　　　　　(b)

图4-9　例4-3图

解　由式(4-4)可得该点处的主应力为

$$\sigma_1 = \sigma' = \frac{\sigma}{2} + \sqrt{\left(\frac{\sigma}{2}\right)^2 + \tau^2}$$

$$\sigma_2 = 0$$

$$\sigma_3 = \sigma'' = \frac{\sigma}{2} - \sqrt{\left(\frac{\sigma}{2}\right)^2 + \tau^2}$$

按第三强度理论,则由式(4-14),得相应的强度条件为

$$\sqrt{\sigma^2 + 4\tau^2} \leqslant [\sigma] \tag{4-17}$$

按第四强度理论,由式(4-15),得相应的强度条件为

$$\sqrt{\sigma^2 + 3\tau^2} \leqslant [\sigma] \tag{4-18}$$

图 4-9 所示应力状态,在工程零件的强度计算中经常碰到,如下面将要讨论的拉伸(压缩)与扭转、弯曲与扭转组合变形危险点的应力状态就是这样。若材料为塑性材料,则该点的强度条件可直接用式(4-17)与式(4-18)所得的结论。

4.3　组合变形时杆件的强度计算

在工程实际中,多数杆件在外力作用下往往包含两种以上的基本变形形式。如图 4-10(a)、(b)所示的卷扬机转轴与电机转子,除了扭转变形外都同时存在着弯曲变形;图 4-10(c)所示的摇臂钻床的立柱,除受拉伸变形外还受弯曲变形。杆件在外力作用下同时产生两种以上基本变形的情形称为**组合变形**。

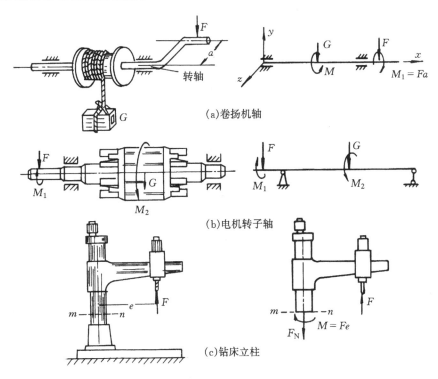

图 4-10　组合变形实例

在材料服从胡克定律且杆件变形很小的情况下,计算杆件在组合变形下的应力,可以应用叠加原理。即假定载荷的作用是独立的,每一载荷引起的应力和变形都不受其他载荷的影响。因此,当杆件发生组合变形时,可将外载荷适当地分解和平移而分成几组,使每一组外力只产生一种基本变形。分别计算每一种基本变形下杆件的应力,然后将每一种基本变形下横截面的应力叠加起来,就得到原来载荷所引起的应力。进而分析危险点的应力状态,建立相应的强度条件,进行强度计算。

1. 拉伸(压缩)与弯曲组合变形的强度计算

图 4-11(a)所示为弓形夹紧器,图 4-11(b)为沿 $m-m$ 截面截取的部分立柱的受力简图,在轴力 F_N 和弯矩 M 共同作用下,立柱将发生拉弯组合变形。由于其截面上既有均匀分布的拉伸正应力,又有不均匀分布的弯曲正应力,截面上各点同时作用的正应力可以进行代数相

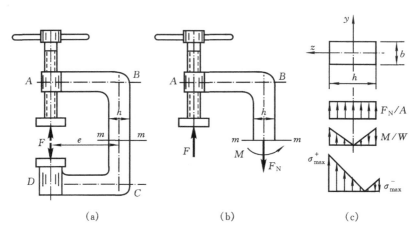

图 4-11 弓形夹紧器立柱的变形

加(图 4-11(c)所示)。显然,截面左、右侧边缘处分别有最大拉、压应力,其值分别为

$$\sigma_{max}^+ = \frac{F_N}{A} + \frac{M}{W}; \quad \sigma_{max}^- = \frac{F_N}{A} - \frac{M}{W} \quad (4-19)$$

由于拉压应力与弯曲应力叠加后仍为单向应力状态,对于抗拉(压)强度相同的材料,强度条件为

$$\sigma_{max} \leqslant [\sigma] \quad (4-20)$$

对于抗拉(压)强度不同的材料,设拉、压许用应力分别为 $[\sigma^+]$、$[\sigma^-]$,强度条件为

$$\sigma_{max}^+ \leqslant [\sigma^+]; \quad \sigma_{max}^- \leqslant [\sigma^-] \quad (4-21)$$

例 4-4 弓形夹紧器尺寸如图 4-11(a)所示,规定最大夹紧力 $F=2$ kN,偏心距 $e=60$ mm,用厚度 $b=10$ mm 的钢板制造。若材料的 $[\sigma]=160$ MPa,试求夹紧器立柱的宽度 h。

解 (1)内力分析。

通过截面法可知,立柱任一横截面上的内力都相同(图 4-11(b)),由平衡条件可得其内力分量分别为

$$F_N = F = 2 \text{ kN}, \quad M = Fe = 120 \text{ N·m}$$

(2)应力分析。

轴向拉压时横截面上正应力均匀分布,对称弯曲时成线性分布,故危险点位于横截面的内侧边上,由式(4-19)得

$$\sigma_{max} = \frac{F_N}{A} + \frac{M}{W_y} = \frac{F}{bh} + \frac{6Fe}{bh^2}$$

(3)强度计算。

由于危险点为单向应力状态,故可直接应用式(4-20)所表示的强度条件

$$\sigma_{max} = \frac{F}{bh} + \frac{6Fe}{bh^2} \leqslant [\sigma]$$

将已知值代入上式,即可解得

$$h \geqslant 21.85 \text{ mm}$$

取 $h = 22$ mm。

2. 弯曲与扭转的组合变形的强度计算

弯曲与扭转组合变形在机械工程中是很常见的,例如皮带轮传动轴、齿轮轴、曲柄轴等轴类构件,在传递扭矩的同时往往还发生弯曲变形。

图 4 – 12(a)所示一端固定、一端自由的圆轴,在 A 端半径为 R 的带轮上受水平皮带拉力 F 作用。将 F 向带轮轮心 A 平移,得到横向力 F 和矩的大小等于 FR 的扭转力偶 M_A,如图 4 – 12(b)所示。AB 圆轴发生弯曲和扭转组合变形,其弯矩图和扭矩图如图 4 – 12(c)和(d)所示。显然圆轴的固定端 B 截面是危险截面,其弯矩和扭矩分别为

$$M_B = Fl, \quad T = FR$$

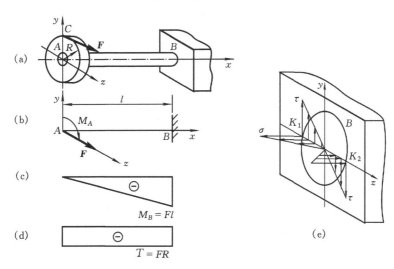

图 4 – 12 弯扭组合变形圆轴

弯矩产生的正应力和扭矩产生的切应力分布如图 4 – 12(e)所示。由图中可以看出,B 截面上的 K_1、K_2 两点正应力和切应力的绝对值同时取最大值,因而是危险点。危险点的应力值为

$$\sigma_{\max} = \frac{M_{\max}}{W}, \quad \tau_{\max} = \frac{T}{W_P}$$

由于弯扭组合变形中危险点上既有正应力,又有切应力,属于复杂应力状态,故不能将正应力和切应力简单地代数相加,而必须应用强度理论所建立强度条件。对于塑性材料在弯扭组合变形这样的复杂应力状态下,一般应用第三、第四强度理论所建立强度条件进行强度计算。将上述危险点的应力值分别代入由例 4 – 3 推导得出的式(4 – 17)和式(4 – 18),并注意到圆截面的 $W_P = 2W$,即可得到圆轴弯扭组合变形时第三、第四强度理论的强度条件

$$\sigma_{v3} = \frac{1}{W} \sqrt{M_{\max}^2 + T^2} \leqslant [\sigma] \qquad (4 - 22)$$

$$\sigma_{v4} = \frac{1}{W} \sqrt{M_{\max}^2 + 0.75 T^2} \leqslant [\sigma] \qquad (4 - 23)$$

式中:σ_{v3}——第三强度理论的相当应力,MPa;

σ_{v4}——第四强度理论的相当应力,MPa。

例 4 – 5 装有皮带轮 A 和 B 的转动轴如图 4 – 13(a)所示。两皮带轮的直径均为 $D = 500$ mm,重量 $G_A =$

$G_B = 1$ kN。轮 A 上的皮带拉力沿水平方向，轮 B 上的皮带拉力沿铅垂方向，皮带拉力分别为 $F_{A1} = F_{B1} = 3.8$ kN，$F_{A2} = F_{B2} = 1.6$ kN。传动轴的直径 $d = 68$ mm，材料的许用应力 $[\sigma] = 80$ MPa。试按第三强度理论校核轴的强度。

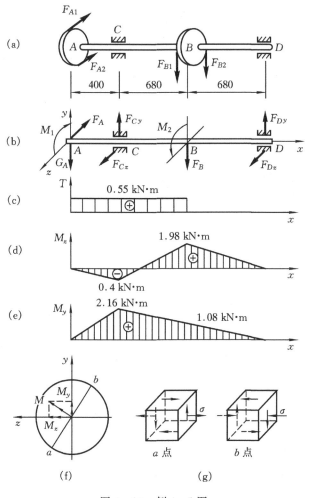

图 4-13　例 4-5 图

解　(1)外力分析。

将皮带轮上的作用力向各自轮心平移，可得：

$$F_A = F_{A1} + F_{A2} = 5.4 \text{ kN}, \quad M_1 = (F_{A1} - F_{A2})\frac{D}{2} = 0.55 \text{ kN} \cdot \text{m}$$

$$G_A = 1 \text{ kN}$$

$$F_B = F_{B1} + F_{B2} + G_B = 6.4 \text{ kN}, \quad M_2 = (F_{B1} - F_{B2})\frac{D}{2} = 0.55 \text{ kN} \cdot \text{m}$$

传动轴的受力简图如图 4-13(b)所示。

(2) 内力分析。

传动轴在 M_1 和 M_2 作用下，轴将产生扭转变形，扭矩图如图 4-13(c)所示；在铅垂力作用下，轴将在 xy 平面内发生弯曲变形，弯矩 M_z 的变化曲线如图 4-13(d)所示；在水平力作用下，轴将在 xz 平面内发生弯曲变形，弯矩 M_y 的变化曲线如图 4-13(e)所示。可见，传动轴受双向弯曲与扭转组合变形，而且弯矩 M_z、M_y 分别在 B、C 截面具有最大值。

由于圆截面的任意一直径均为截面的对称轴,因此可将弯矩 M_y 和 M_z 合成,在合成弯矩作用下仍将产生对称弯曲,如图 4-13(f)。B、C 截面的合成弯矩分别为:

$$M_B = \sqrt{M_{zB}^2 + M_{yB}^2} = \sqrt{1.98^2 + 1.08^2} = 2.25 \text{ kN} \cdot \text{m}$$

$$M_C = \sqrt{M_{zC}^2 + M_{yC}^2} = \sqrt{0.4^2 + 2.16^2} = 2.20 \text{ kN} \cdot \text{m}$$

由于 B、C 截面受等扭矩作用,因此传动轴的危险截面为截面 B,a、b 两点为危险点,其应力状态如图 4-13(g)。截面 B 的内力分量为 $T = 0.55 \text{ kN} \cdot \text{m}$,$M = M_B = 2.25 \text{ kN} \cdot \text{m}$。

(3) 强度校核。

将危险截面的 $W = \pi d^3/32$ 以及 T、M 值代入第三强度理论的强度条件式(4-22),得

$$\sigma_{v3} = \frac{1}{W}\sqrt{M^2 + T^2}$$

$$= \frac{32\sqrt{2.25^2 + 0.55^2} \times 10^3}{\pi(68 \times 10^{-3})^3}$$

$$= 75 \text{ MPa} < [\sigma] = 80 \text{ MPa}$$

可见,传动轴满足强度要求。

开动脑筋:试分析篮球架的横梁、立柱以及撑杆在篮球队员分别正面扣球挂篮和侧面扣球挂篮时各自产生的变形形式。

复习思考题

4-1　一根等直杆,直径 $D = 100 \text{ mm}$,承受转矩 $M = 7 \text{ kN} \cdot \text{m}$ 及轴向拉力 $F = 50 \text{ kN}$。如在杆的表面上 A 点处截取单元体如图所示,试计算该点应力,并画出单元体的应力状态图。

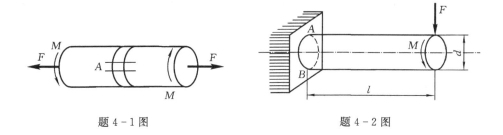

题 4-1 图   题 4-2 图

4-2 杆件受力如图所示。设 F、M、d 及 l 均为已知,试用单元体表示 A、B 点的应力状态。

4-3 一钻床如图所示,工作时 $F=20$ kN,立柱为铸铁,直经 $d=140$ mm,抗拉许用应力为 $[\sigma_+]=35$ MPa,试校核立柱强度。

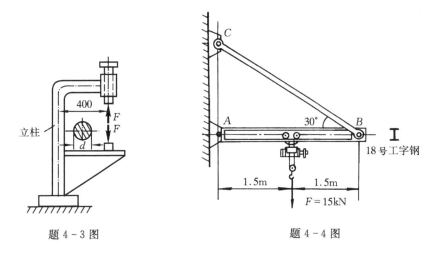

题 4-3 图   题 4-4 图

4-4 起重机构架受力如图,水平梁由 18 号工字钢制成,查表得梁高 $h=180$ mm,惯性矩 $I=16.6\times10^{-6}$ m^4,横截面面积 $A=30.6$ cm^2。材料的许用应力 $[\sigma]=100$ MPa。试校核梁 AB 的强度。

4-5 电动机功率为 9 kW,转速为 715 r/min,链轮直径 $D=250$ mm,主轴外伸部分长度 $l=120$ mm,主轴直径 $d=40$ mm。若 $[\sigma]=60$ MPa,链条紧边、松边拉力分别为 $2F$ 和 F。不计轴与轮重,试用第三和第四强度理论校核轴的强度。

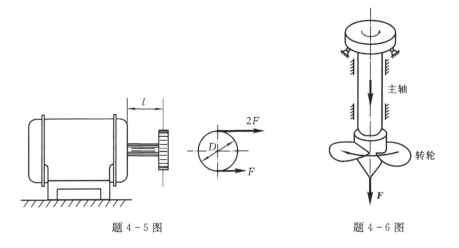

题 4-5 图   题 4-6 图

4-6　水轮机主轴如图示,已知机组输出功率 $P=37\,500$ kW,转速 $n=150$ r/min,轴向推力 $F=5\,190$ kN,自重 $W=285$ kN. 主轴外径 $D=750$ mm,内径 $d=340$ mm,$[\sigma]=80$ MPa。试按第四强度理论校核主轴强度。

4-7　如图所示,由功率 $P=7.5$ kW,转速 $n=100$ r/min 的电动机通过带轮带动传动轴。材料的许用应力$[\sigma]=85$ MPa。带的拉力为 $F_1+F_2=5.4$ kN,且 $F_1>F_2$,轴的直径 $d=60$ mm,两带轮的直径均为 $D=60$ cm。其余尺寸如图所示,单位为 mm。试按第四强度理论校核轴的强度。

4-8　已知直径为 d 的圆截面直杆,两端受转矩 M 和与轴线平行的集中力 F 作用,力作用线到轴线的距离为 e,如图所示。

(1)画出圆杆横截面上的左部应力分布图,并确定危险点的位置。

(2)取出危险点的单元体,并表示出它的应力状态。

(3)试列出该单元体以 F、M、e 表示的第三强度理论的相当应力。

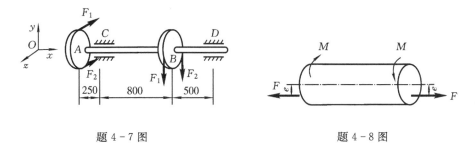

题 4-7 图　　　　　　　　　　　　　　题 4-8 图

复习题答案

4-1　$\tau=35.67$ MPa,$\sigma=35.67$ MPa

4-3　$\sigma_+=31$ MPa$<[\sigma_+]$,安全。

4-4　$\sigma_{max}=65.24$ MPa$<[\sigma]$

4-5　$\sigma_{v3}=58.3$ MPa$<[\sigma]$,安全;$\sigma_{v4}=57.5$ MPa$<[\sigma]$,安全

4-6　$\sigma_{v4}=54.4$ MPa$<[\sigma]$,安全

4-7　$\sigma_{v4}=80$ MPa$<[\sigma]$,安全

4-8　$\sigma_{v3}=\sqrt{\left(\dfrac{F}{A}+\dfrac{Fe}{W}\right)^2+4\left(\dfrac{M}{W_P}\right)^2}$

第 5 章

压杆的稳定性

5.1　压杆稳定的概念

　　前面在讨论直杆的轴向拉伸和压缩时,认为直杆在外力作用下,其轴线直到破坏始终保持为直线,在这种稳定的平衡形式下,杆的破坏是由于强度不足而引起的。

　　实际上,只有短而粗的压杆,其承载能力才取决于材料的强度。对于受压的细长直杆,往往在载荷远未达到强度破坏的数值时,就有可能突然变弯而丧失平衡的稳定性,即发生**失稳现象**。

　　例如直径为 3.5 mm,长度为 850 mm,材料为 Q235 钢的钢杆,将其下端固定,上端装一重为 4 N 的荷重。若在上端加一微小的横向力,使杆端稍有偏移,当横向微力除去后,杆就会在原来的位置附近摆动(图 5 - 1(a)),最后回到原来的平衡状态,此时杆处于稳定平衡状态。若将装在杆上端的荷重增加到 6 N,这时钢杆就会被压弯,并迅速倒下,如图 5 - 1 (b)。然而压

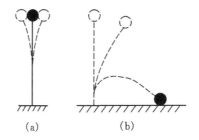

图 5 - 1　细长杆的失稳

弯前杆截面上的应力却只有

$$\sigma = \frac{F_N}{A} = \frac{6}{\frac{\pi}{4} \times 3.5^2} = 0.624 \text{ MPa}$$

显然该数值远小于 Q235 钢的屈服极限($\sigma_s = 235$ MPa)。这说明细长杆丧失承载能力并非因强度不够,而是由于失稳所致。

　　实验指出,当细长压杆所受的轴向压力 **F** 较小时,压杆轴保持直线形状的平衡是稳定的。当压力 F 增大到某一定值时,杆轴保持直线形状的平衡就变成不稳定的。其中必有一过渡过程中的临界状态,与临界状态对应的轴向压力称为**临界力**,用 F_{cr} 表示。压杆的这种临界平衡状态称为**屈曲**。

　　不仅压杆会发生失稳。截面的高度远大于宽度的梁,当载荷大于临界值时会突然发生侧向弯曲(图 5 - 2 (a));受压的薄壁圆筒(图 5 - 2 (b)),当载荷大于临界值时也会突然出现皱褶

（图 5 - 2（c））。这些都是失稳的例子。

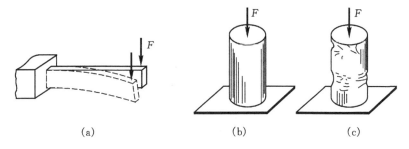

(a)   (b)   (c)

图 5 - 2 梁与桶的失稳

本章只限于讨论压杆的稳定计算问题,但其中的一些基本概念和分析问题的方法是研究其他稳定问题的基础。

5.2 临界力的计算

由上述讨论可知,压杆稳定性的丧失,是由于承受的轴向力达到或超过临界力 F_{cr} 而造成的,因此,研究压杆稳定性的关键是临界力 F_{cr} 的确定。由实验知,临界力与下述因素有关:

1）材料

在压杆几何尺寸与杆端约束相同的情况下,临界力 F_{cr} 与材料的弹性模量 E 成正比。

2）横截面的尺寸与形状

在材料、杆长及约束相同的情况下,临界力 F_{cr} 与压杆惯性矩 I 成正比。

显然细长杆在轴向压力作用下发生的弯曲与梁在横向力作用下发生的弯曲,在本质上是不同的。前者是由于压杆原有直线平衡形状的变化而突然发生的;后者是横向力引起的正常变形,并发生在整个受力过程中。但二者又有共同点,即都是由直变弯。杆件抵抗弯曲变形的能力,是以抗弯刚度 EI 衡量的。因此抗弯刚度愈大,愈不易变弯。临界力 F_{cr} 与抗弯刚度 EI 成正比。

3）杆长

在其他条件相同的情况下,临界力 F_{cr} 与压杆长度 l 的平方成反比。

4）约束情况

在其他条件相同的情况下,杆端约束愈牢固,压杆愈不易丧失稳定,临界力也就愈大。例如在固定铰支座处,杆只能转动,不能移动;在固定端处既不能转动,又不能移动。所以后者比前者的约束牢固,临界力较大。

纵上所述,在比例极限内,压杆的临界力与上述各因素之间的关系如下:

$$F_{cr} = \frac{\pi^2 EI}{(\mu l)^2} = \frac{\pi^2 EI}{L^2} \tag{5 - 1}$$

此式称为**欧拉公式**。式中 μ 称为**长度系数**,其值与压杆的约束情况有关,可从表 5 - 1 中查得; $L = \mu l$,称为**计算长度**。

例 5 - 1 压杆如图 5 - 3 所示。杆的截面为矩形,尺寸 $h = 4$ cm, $b = 2$ cm,长度 $l = 100$ cm, $E = 210$ GPa。杆的一端固定,另一端自由。试计算此压杆的临界力。

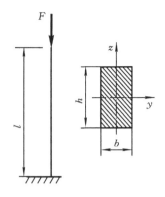

图 5-3   例 5-1 图

解 (1)确定长度系数 μ 并计算惯性矩 I。由表 5-1 查得 $\mu=2$,故计算长度为

$$L = \mu l = 2 \times 100 = 200 \text{ cm} = 2 \text{ m}$$

压杆截面积为矩形,因此对于轴 y 和 z 的惯性矩为

$$I_y = \frac{bh^3}{12} = \frac{2 \times 4^3}{12} = 10.67 \text{ cm}^4 = 10.67 \times 10^{-8} \text{ m}^4$$

$$I_z = \frac{hb^3}{12} = \frac{4 \times 2^3}{12} = 2.67 \text{ cm}^4 = 2.67 \times 10^{-8} \text{ m}^4$$

表 5-1   压杆的长度系数

约束情况	一端自由一端固定	两端铰支(球铰)	一端固定,一端只能移动,不能转动	一端铰支(球铰),一端固定	两端固定
失稳时挠度曲线形状					
μ	2	1	1	0.7	0.5

(2)计算临界力。因临界力与 EI 成正比,当压杆横截面对两个轴的惯性矩不等时,必定绕惯性矩较小的轴发生失稳,所以

$$F_{cr} = \frac{\pi^2 E I_z}{(\mu l)^2} = \frac{3.14^2 \times 210 \times 10^9 \times 2.67 \times 10^{-8}}{2^2} = 13\ 820 \text{ N} = 13.82 \text{ kN}$$

可见,当杆横截面的惯性矩不等时,临界力计算中应取小的惯性矩。

5.3   压杆的临界应力与临界应力总图

1.压杆的临界应力

当外加压力等于临界力 F_{cr} 时,压杆横截面上的平均应力称为临界应力,用 σ_{cr} 表示,即

$$\sigma_{cr} = \frac{F_{cr}}{A} = \frac{\pi^2 EI}{(\mu l)^2 A}$$

若将惯性矩以 $I=i^2A$ 代入上式,得

$$\sigma_{cr} = \frac{\pi^2 E}{(\mu l)^2} i^2 = \frac{\pi^2 E}{\lambda^2} \qquad (5-2)$$

式(5-2)称为**欧拉临界应力公式**。

式中

$$i = \sqrt{\frac{I}{A}} \qquad (5-3)$$

称为截面图形的**惯性半径**,而

$$\lambda = \frac{\mu l}{i} \qquad (5-4)$$

称为压杆的**柔度**。λ 是一个无量纲的量,它综合地反映了杆端约束情况,杆的长度及横截面的形状,尺寸结构等因素对临界应力的影响。对于一定材料制成的压杆,$\pi^2 E$ 是常数。因此,压杆临界应力仅与柔度有关:λ 越大,σ_{cr} 就越小,即越易失稳。

2. 压杆的临界应力总图

由实验分析可知,只有当临界应力 σ_{cr} 不超过材料的比例极限 σ_P 时,欧拉公式才能适用。即

$$\sigma_{cr} = \frac{\pi^2 E}{\lambda^2} \leqslant \sigma_P$$

或

$$\lambda \geqslant \sqrt{\frac{\pi^2 E}{\sigma_P}} = \lambda_P \qquad (5-5)$$

可见,λ_P 仅与材料性质有关。只有当 $\lambda \geqslant \lambda_P$ 时,欧拉公式才是正确的。

表 5-2 列出了一些材料的 λ_P 值。$\lambda \geqslant \lambda_P$ 的压杆,称为**细长杆**或**大柔度杆**。大柔度杆的破坏是由于弹性范围内的失稳所致。

试验表明,当压杆的柔度小于某一数值 λ_s 时,其破坏与否主要决定于强度,它的承压能力由杆件的抗压强度决定。$\lambda \leqslant \lambda_s$ 的压杆,称为**短粗杆**或**小柔度杆**。这时,对于由塑性材料制成的压杆,其临界应力 σ_{cr} 为

$$\sigma_{cr} = \sigma_s \qquad (5-6)$$

在工程实际中,常见压杆的柔度往往界于 λ_s 和 λ_P 之间,即 $\lambda_s < \lambda < \lambda_P$,这类压杆称为**中长杆**或**中柔度杆**。值得指出,中长杆受压失稳时的临界应力介于材料的 σ_s 和 σ_p 之间。在工程中通常按经验公式进行计算,如直线公式或抛物线公式等。计算临界应力的直线公式为

$$\sigma_{cr} = a - b\lambda \qquad (5-7)$$

式中,常数 a、b 只与材料的力学性质有关,其单位为 MPa。几种常用材料的 a、b、λ_P 和 λ_s 值如表 5-2 所示。

表 5 - 2　常用材料 a、b、λ_P 和 λ_s 值

材　　料	a/MPa	b/MPa	λ_P	λ_s
碳钢 Q235 $\sigma_s = 235\ \mathrm{MPa}$ $\sigma_P \geqslant 372\ \mathrm{MPa}$	304	1.12	104	61.4
优质碳钢 $\sigma_s = 306\ \mathrm{MPa}$ $\sigma_P \geqslant 470\ \mathrm{MPa}$	460	2.57	100	60
硅钢 $\sigma_s = 353\ \mathrm{MPa}$ $\sigma_P \geqslant 510\ \mathrm{MPa}$	577	3.74	100	60
铬钼钢	980	5.29	55	
硬铝	392	3.26	50	
铸铁	332	1.45	80	
松木	39.2	0.2	59	

综上所述,可将压杆按其柔度值分为三类,并分别按不同公式确定临界应力,从而进一步求得临界力:

① 对于细长杆(即大柔度杆,$\lambda \geqslant \lambda_P$),用欧拉公式

$$\sigma_{cr} = \frac{\pi^2 E}{\lambda^2}$$

② 对于中长杆(即中柔度杆 $\lambda_s < \lambda < \lambda_P$),用直线公式

$$\sigma_{cr} = a - b\lambda$$

③对于短粗杆(即小柔度杆,$\lambda \leqslant \lambda_s$),用压缩强度公式

$$\sigma_{cr} = \sigma_s$$

对于塑性材料制成的压杆,其临界应力随柔度变化的曲线,可由图 5 - 4 所示的**临界应力总图**来表示。

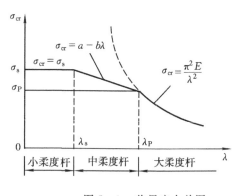

图 5 - 4　临界应力总图

5.4　压杆稳定计算

为了保证细长杆有足够的稳定性,轴向压力 F 必须满足下列稳定条件

$$F \leqslant \frac{F_{cr}}{[n_c]} \tag{5 - 8}$$

或

$$n_c = \frac{F_{cr}}{F} \geqslant [n_c] \tag{5 - 9}$$

式中:n_c 为压杆工作时的**实际稳定安全系数**;$[n_c]$为规定的**稳定安全系数**。考虑到压杆的初始

弯曲、加载偏心及材料的不均匀等因素对压杆的临界力影响较大,所以,$[n_c]$ 应适当取得大些。在静载荷情况下,通常不小于下列数值:钢 $1.8\sim2.0$,铸铁 $5.0\sim5.5$,木材 $2.8\sim3.2$。

　　例 5-2　25CH 型叉车提升机构如图 5-5(a)所示。已知活塞杆上的轴向压力 $F=700$ kN。活塞杆外径 $D=150$ mm,内径 $d=120$ mm,材料为 Q235 钢,$E=210$ GPa。若起重的最大高度为 $l=1\,760$ mm,规定的安全系数 $[n_c]=2$。试校核活塞杆的稳定性。

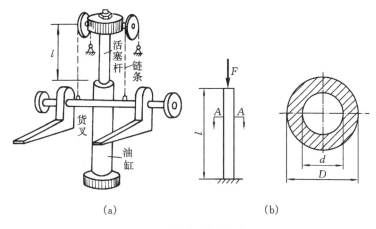

图 5-5　例 5-2 图

　　解　(1) 求活塞杆的柔度 λ。

横截面的惯性半径

$$i = \sqrt{\frac{I}{A}} = \sqrt{\frac{\frac{\pi}{64}(D^4 - d^4)}{\frac{\pi}{4}(D^2 - d^2)}} = \frac{1}{4}\sqrt{D^2 + d^2} = 48 \text{ mm}$$

可把活塞杆简化为一端固定一端自由的压杆,如图 5-5(b)。由表 5-1 知,长度系数 $\mu=2$,于是活塞杆柔度为

$$\lambda = \frac{\mu l}{i} = \frac{2 \times 1\,760}{48} = 73$$

由表 5-2 可知,Q235 钢 $\lambda_P=104$,$\lambda_s=61.4$,这里 $\lambda_s < \lambda < \lambda_P$,可见此活塞杆属中长杆。

　　(2) 求临界应力和临界力。

查表 5-2,得系数 $a=304$ MPa,$b=1.12$ MPa,由直线公式(5-7),得临界应力

$$\sigma_{cr} = a - b\lambda = 304 - 1.12 \times 73 = 222.24 \text{ MPa}$$

临界力

$$F_{cr} = \sigma_{cr}A = \sigma_{cr}\frac{\pi}{4}(D^2 - d^2)$$

$$= \frac{222.24 \times 10^6 \times \pi(150^2 - 120^2) \times 10^6}{4} = 1\,413 \text{ kN}$$

　　(3) 求实际安全系数。

$$n_c = \frac{F_{cr}}{F} = \frac{1\,413}{700} = 2.02$$

因为

$$n_c = 2.02 > [n_c] = 2$$

所以,活塞杆不会失稳。

5.5 提高压杆抵抗失稳的措施

要提高压杆抵抗失稳的能力,必须提高临界力 F_{cr},而临界力与压杆的材料、几何形状、尺寸以及约束情况有关,现分别讨论如下:

1. 压杆材料

对于柔度 $\lambda \geqslant \lambda_P$ 的细长杆,是用欧拉公式计算临界力的。这时临界力 F_{cr} 与材料的弹性模量 E 成正比。实验表明,各种钢材料的 $E = 196 \sim 216$ GPa,变化不大。因此,细长压杆若采用优质高强度钢,并不能有效地提高抵抗失稳的能力。

2. 约束条件及截面形状

由前面可知,约束得愈牢固,临界力愈大,压杆就愈不易丧失稳定,所以增强约束作用可以提高压杆抵抗丧失稳定的能力。为使压杆在两个方向的柔度相近,压杆常设计成圆环形截面或型钢组合截面,如图 5-6 所示。

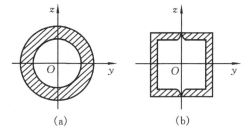

图 5-6　环形截面与槽钢组合截面

3. 压杆长度

由欧拉公式可见,临界力 F_{cr} 与杆长 l 的平方成反比,所以在可能的情况下,应尽量缩短压杆的实际长度。

提高压杆抵抗失稳的措施,除应考虑以上几个方面外,还可以从结构方面考虑。例如将压杆换成拉杆,就不会丧失稳定,从而大大改善了细长杆的承载能力。

复习思考题

5-1　压杆的失稳和梁的弯曲变形有何本质区别?

5-2　两端为球铰的压杆,横截面如图所示,试问压杆失稳时,横截面将绕哪一根轴转动?

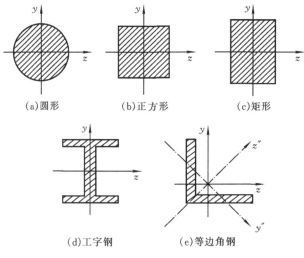

题 5-2 图

5-3　由四根等边角钢组成一压杆,其组合截面的形状分别如图(a)和图(b)所示,试问哪种组合截面的承载能力高?

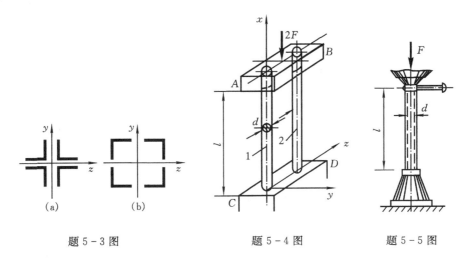

题 5-3 图　　　　　　　　　　题 5-4 图　　　　　　　题 5-5 图

5-4　两根相同尺寸和材料的细长立柱如图所示,弹性模量 $E=200\text{ GPa}$,直径 $d=80\text{ mm}$。两柱的下端固定,上端与刚性很大的横梁 AB 固结在一起。柱的有效长度 $l=1.2\text{ m}$,问两根立柱的临界力各为多少?

5-5　已知如图所示的千斤顶丝杠的最大承载量 $F=150\text{ kN}$,小径 $d_1=52\text{ mm}$,长度 $l=500\text{ mm}$,材料为 Q235 钢,可认为丝杠的下端固定,而上端是自由的。试计算此丝杠工作安全系数。

5-6　压缩机的活塞杆,受活塞传来轴向压力 $F=100\text{ kN}$ 的作用,活塞杆的长度 $l=1\text{ m}$,直径 $d=50\text{ mm}$,材料为碳钢,$E=200\text{ GPa}$。试求活塞杆的实际稳定安全系数(活塞杆两端可简化成铰支座)。

复习题答案

5-4　$F_{cr}=689\text{ kN}$

5-5　$n_c=3.08$

5-6　$n_c=5.0$

第6章

平面机构的运动分析

在机械及控制系统的设计中常要进行机构分析和综合,这就要求对所选定的机构进行运动分析,以便能达到预定的运动要求。本章仅研究运动的几何性质而不考虑诸如力和质量等与运动有关的物理因素。

6.1 平面机构的运动简图及其自由度

研究机构运动时,为使问题简化,有必要撇开那些与运动无关的因素(如构件的形状、组成构件的零件数目和运动副的构造等),仅用一些规定的简单线条和符号表示机构中的构件和运动副,并按比例确定各运动副的相对位置。这种能说明机构中各构件间相对运动关系的简单图形,称为**机构的运动简图**。若只是定性地表示机构的组成及运动原理,而不严格按比例绘制的简图,通常称为**机构示意图**。

6.1.1 平面运动副及构件的表示方法

运动副的表示符号如图 6-1、图 6-2、图 6-3 所示,其中画有斜线的构件代表机架,以示不动。图 6-1(a)表示两活动构件组成的转动副,图 6-1(b)和(c)分别表示活动构件与机架组成的转动副;图 6-2(a)表示两活动构件组成的移动副,图 6-2(b)表示活动构件与机架组成的移动副。当两构件组成高副时一般应画出两构件在接触处的轮廓曲线如图 6-3 所示。

构件的表示符号如图 6-4 所示,其中图 6-4(a)表示带有两个转动副的构件,图 6-4(b)表示带有一个转动副和一个移动副的构件,图 6-4(c)表示带有三个转动副的构件。齿轮一般用点画线画出,凸轮一般画出轮廓曲线。

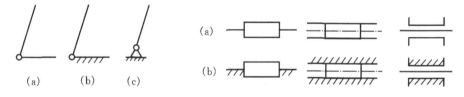

图 6-1 转动副的表示符号　　　　　图 6-2 移动副的表示符号

图 6-3 高副的表示符号

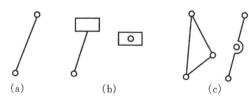

图 6-4 构件的表示符号

6.1.2　平面机构的运动简图

机构的运动简图很重要。研究已有的机械和设计新机械时都需要画出相应的机构运动简图，以便进行运动分析和受力分析。

下面以图 1-1 所示的单缸四冲程内燃机为例，说明机构运动简图的绘制方法及意义。

首先分析内燃机的组成。该内燃机的活塞 2、连杆 3、曲轴 4 和缸体 1(机架)组成主体部分，缸内燃烧的气体膨胀，推动活塞下行，通过连杆使得曲轴转动并将动力输出；凸轮轴 7 以及进、排气阀推杆 8 和机架组成进、排气的控制部分；凸轮轴上的齿轮 6 以及曲轴上的小齿轮 5 和机架组成传动部分，曲轴转动时通过齿轮将运动传至凸轮轴。

然后再分析各构件间的相对运动和接触情况，以便确定各运动副的类型及数目。该机构中活塞 2 与缸体 1，进、排气阀推杆 8 与缸体 1 均组成移动副；而齿轮 5 与 6，凸轮轴 7 上的凸轮与进、排气阀推杆 8 均组成高副；而连杆 3 与活塞 2，连杆 3 与曲轴 4，曲轴 4 与缸体 1，凸轮轴 7 与缸体 1 均组成转动副。对于平面机构，通常可选与构件运动平面相平行的平面为视图平面。

最后根据机构中各构件的实际尺寸确定合适的比例尺 μ_l，按照运动的传递顺序(从原动件活塞开始)确定各运动副的相对位置，并用规定的表示运动副及构件的符号，绘得单缸四冲程内燃机运动简图，如图 6-5 所示。

图 6-6 为图 1-2 的运动简图，它清楚地表达了颚式破碎机的偏心轴(曲柄)、动颚、肘板等构件间的相对运动关系。

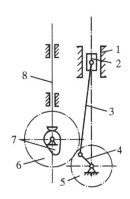

图 6-5　内燃机的机构简图

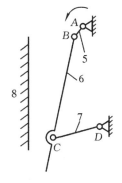

图 6-6　颚式破碎机的机构简图

6.1.3　平面机构的自由度

一个作平面运动的自由构件具有三个独立的运动，如图 6-7 所示，即构件 A 可沿 x 轴和 y 轴移动以及在 Oxy 坐标系平面内的转动。构件的独立运动数目称为**自由度**。因此，一个作平面运动的自由构件有三个自由度。

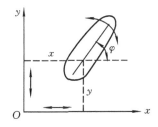

图 6-7　平面构件的自由度

1. 平面机构自由度的计算

当构件与构件间用运动副联接后，它们之间的某些独立运动便受到了限制，自由度将随之减少。这说明运动副对构件的独立运动构成了约束。每加上一个约束,自由构件便减少一个自由度。运动副约束数目的多少和特点完全取决于运动副的形式。转动副约束了两个移动,只保留了一个转动;移动副约束了沿一轴方向的移动和在平面内的转动,只保留了一个移动;平面高副只约束了沿接触点公法线方向的移动,保留了绕接触点的转动和沿接触点公切线方向的移动。总结上述分析可知:在平面机构中,平面低副具有两个约束,一个自由度;平面高副具有一个约束,两个自由度。

　　设一个平面机构由 N 个构件组成,其中必取一个构件作机架,则活动构件数为 $n = N - 1$。在未用运动副联接前,这些活动构件应有 $3n$ 个自由度;当用 P_L 个低副和 P_H 个高副使构件联接成机构后,则会引入 $(2P_L + P_H)$ 个约束,即减少了 $(2P_L + P_H)$ 个约束。若用 F 表示机构的自由度,则平面机构自由度的计算公式为

$$F = 3n - 2P_L - P_H \tag{6-1}$$

　　机构中不影响总体运动的局部独立运动,称为**局部自由度**。如图 6-8(a)所示的凸轮机构中,原动件凸轮 1 逆时针转动,通过滚子 3 使从动件 2 在导路中往复移动。滚子 3 绕 A 轴所作的相对转动即为局部自由度。局部自由度虽然不影响整个机构的运动,但可以减小高副接触处的摩擦和磨损,所以在机械中常有局部自由度出现,如滚子、滚轮等。

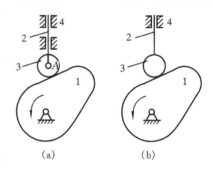

图 6-8　凸轮机构的局部自由度

　　机构中与其他运动副所起的限制作用重复、对机构运动不起新的限制作用的约束,称为**虚约束**。如图 6-9(a)所示的平行四边形机构中,三个转动副 B、C、E,只有两个对连杆 BEC 的运动起限制作用,故其中之一构成虚约束;如图 6-10 所示的压板机构 A、B、C 三处移动副中,有两个构成虚约束;如图 6-11 所示的行星轮系中,三个对称布置的行星轮的作用完全相同,只需一个行星轮即能满足运动的要求,因此,由其余两个行星轮所引入的高副为虚约束。

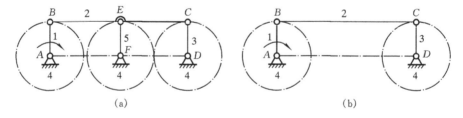

图 6-9　平行四边形机构的虚约束

　　在计算机构自由度时,应不计局部自由度与虚约束。

　　例如,图 6-8(a)所示的凸轮机构除去局部自由度,可假想滚子与从动件固结成一体,按图 6-8(b)所示机构计算自由度。此时该机构的 $n = 2$,$P_L = 2$,$P_H = 1$,其自由度为 $F = 3n - 2P_L - P_H = 3 \times 2 - 2 \times 2 - 1 = 1$。

　　例如,图 6-9(a)所示的平行四边形机构除去一个虚约束后,可按图 6-9(b)所示机构计算自由度。

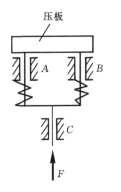

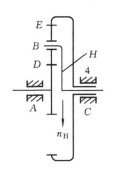

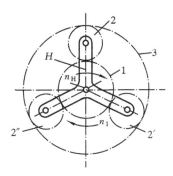

图 6-10　压板机构中的虚约束　　　　　　　图 6-11　行星轮机构中的虚约束

2. 平面机构具有确定运动的条件

平面机构只有机构自由度大于零才有可能运动。同时，机构自由度又必须和原动件数 W 相等，机构才具有确定的运动。

综上所述，平面机构具有确定运动的条件为：平面机构的自由度等于原动件数，即

$$F = W \qquad (6-2)$$

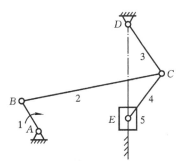

例 6-1　计算图 6-12 所示的冲压机构的自由度，并判断其运动是否确定。

解　由图知 $n=5$，C 处有 3 个构件(2、3、4)组成复合铰链，此处有 2 个转动副，E 处同时有转动副和移动副，A、B、D 三处各有 1 个运动副，故 $P_{\mathrm{L}}=7$，且 $P_{\mathrm{H}}=0$，$W=1$。

$$F=3n-2P_{\mathrm{L}}-P_{\mathrm{H}}=3\times5-2\times7-0=1$$

因 $W=1$，$F=W$，故机构具有确定的相对运动。

图 6-12　冲压机构

开动脑筋： 挖掘机由工作装置、上部转台、行走机构三部分组成。工作装置是直接完成挖掘任务的装置。它由动臂、斗杆、铲斗等三部分铰接而成，分别用往复式双作用液压缸控制。试绘出挖掘机工作装置的机构简图。并计算自由度数。

6.2 机构运动分析基础

机械运动是物质运动的形式之一,表示在时间过程中物体间或物体部分间相互位置的改变。在自然界和工程技术中机械运动是非常常见的运动形式,如物体的移动、天体的运行以及机器的运转等都属此种运动。通常,人们习惯于将机械运动简称为**运动**。

运动是物质存在的形式,物体的运动是绝对的,但运动的度量必定是相对的。我们说某一物体在运动,是指它对于其他物体的相对位置在变化,这就是说,必须确定一个参考物体才能进行运动的描述。这个参考物体就称为**参考系**。显然,从不同的参考系描述同一物体的运动就会得到完全不同的结果。例如,以地球为参考系观测同步通讯卫星是"静止"的,若以太阳与恒星组成的参考系观测同步卫星则是运动的。

6.2.1 点的速度与加速度

1. 矢量法

设动点 M 相对某参考系作曲线运动。在此参考系中任取一固定点 O,则动点在此参考系中的位置可由矢量 r 唯一地确定(图 6 - 13)。矢量 r 称为动点的位置矢径。动点运动过程中,矢径 r 的大小和方向一般都随时间而连续改变,成为时间 t 的单值连续矢量函数

$$r = r(t) \tag{6-3}$$

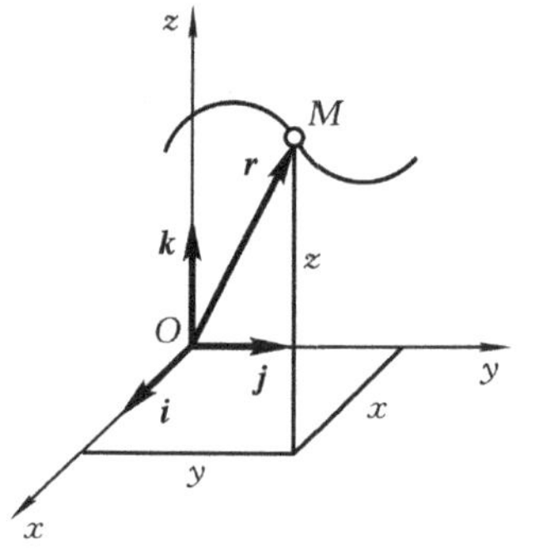

图 6 - 13 直角坐标描述点的运动

在点的运动过程中,矢量 r 的末端相对参考系描绘出一条连续曲线,称为**矢端曲线**,也就是动点的**运动轨迹**。

由物理学可知,动点 M 作曲线运动在任一瞬时的速度 v 等于位置矢径对时间的一阶导数,即

$$v = \frac{\mathrm{d}r}{\mathrm{d}t} \tag{6-4}$$

加速度 a 等于速度矢量 v 对时间的一阶导数或等于位置矢径 r 对时间的二阶导数,即

$$a = \frac{\mathrm{d}v}{\mathrm{d}t} = \frac{\mathrm{d}^2 r}{\mathrm{d}t^2} \tag{6-5}$$

2. 直角坐标法

为了便于进行数值计算,动点的位置矢径、速度矢量和加速度矢量必须用相应的投影标量描述,为此在参考体上固连直角坐标系 $Oxyz$(图 6 - 13),i、j、k 分别是沿 x、y、z 轴的单位矢量。于是,动点的位置矢径 r 又可表示为

$$r = xi + yj + zk \tag{6-6}$$

式中 x、y、z 为动点 M 在 $Oxyz$ 中的三个坐标,也是矢径 r 在三个坐标轴上的投影。动点在此参考系中的位置可由它们来唯一确定。动点在运动过程中,这些坐标都是时间 t 的单值连续函数,即

$$x = x(t), \quad y = y(t), \quad z = z(t) \tag{6-7}$$

式(6-7)又称为点的**直角坐标形式的运动方程**。从该组方程中消去时间参数 t,可得到点的运动轨迹方程。

将式(6-6)代入式(6-4),并注意到直角坐标系与参考体固连,单位矢量 $\boldsymbol{i}$、$\boldsymbol{j}$、$\boldsymbol{k}$ 方向不随时间改变,故有

$$\boldsymbol{v} = \frac{\mathrm{d}\boldsymbol{r}}{\mathrm{d}t} = \frac{\mathrm{d}x}{\mathrm{d}t}\boldsymbol{i} + \frac{\mathrm{d}y}{\mathrm{d}t}\boldsymbol{j} + \frac{\mathrm{d}z}{\mathrm{d}t}\boldsymbol{k} \tag{6-8}$$

另一方面,以 v_x、v_y、v_z 表示速度矢量在直角坐标轴上的投影,则速度矢量又可写为

$$\boldsymbol{v} = v_x\boldsymbol{i} + v_y\boldsymbol{j} + v_z\boldsymbol{k} \tag{6-9}$$

比较式(6-8)与式(6-9),可得

$$v_x = \frac{\mathrm{d}x}{\mathrm{d}t}, \quad v_y = \frac{\mathrm{d}y}{\mathrm{d}t}, \quad v_z = \frac{\mathrm{d}z}{\mathrm{d}t} \tag{6-10}$$

该式说明速度在直角坐标轴上的投影等于对应坐标对时间的一阶导数。

同理将式(6-9)代入式(6-5),即可得到加速度矢量的直角坐标表达式

$$\boldsymbol{a} = a_x\boldsymbol{i} + a_y\boldsymbol{j} + a_z\boldsymbol{k} \tag{6-11}$$

$$a_x = \frac{\mathrm{d}v_x}{\mathrm{d}t} = \frac{\mathrm{d}^2 x}{\mathrm{d}t^2}, \quad a_y = \frac{\mathrm{d}v_y}{\mathrm{d}t} = \frac{\mathrm{d}^2 y}{\mathrm{d}t^2}, \quad a_z = \frac{\mathrm{d}v_z}{\mathrm{d}t} = \frac{\mathrm{d}^2 z}{\mathrm{d}t^2} \tag{6-12}$$

即点的加速度在直角坐标轴上的投影等于速度在对应坐标轴上的投影对时间的一阶导数,或等于对应坐标对时间的二阶导数。

当已知速度矢量或加速度矢量在直角坐标系的 x、y、z 轴上的投影之后,可分别求出速度或加速度的大小和方向。

例 6-2　图 6-14 是曲柄滑块机构的示意图。曲柄 OA 绕固定轴 O 转动,A 端用铰链与连杆 AB 连接,连杆的 B 端通过铰链带动滑块沿水平滑槽运动。已知 $AB=OA=l$,曲柄与水平线夹角 φ 的变化规律为 $\varphi=\omega t$,ω 为常量。试求连杆 AB 上任一点 M 的运动方程、轨迹,以及速度和加速度。

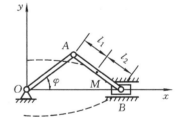

图 6-14　例 6-2 图

解　取直角坐标系 Oxy 如图所示。设点 M 到 A、B 点的距离分别为 l_1 和 l_2,则点 M 在任意时刻 t 的坐标为

$$\left.\begin{array}{l} x = (l+l_1)\cos\omega t \\ y = l_2\sin\omega t \end{array}\right\}$$

这就是点 M 的直角坐标形式的运动方程。消去参数 t,得到点 M 的轨迹方程为

$$\frac{x^2}{(l+l_1)^2} + \frac{y^2}{l_2^2} = 1$$

可见点 M 的轨迹是一个中心在点 O,半轴长各为 (l_1+l_2) 和 l_2 的椭圆。

点 M 的速度在 x 轴和 y 轴上的投影为

$$v_x = \frac{\mathrm{d}x}{\mathrm{d}t} = -(l+l_1)\omega\sin\omega t, \quad v_y = \frac{\mathrm{d}y}{\mathrm{d}t} = l_2\omega\cos\omega t$$

因此,速度的大小和方向余弦为

$$v = \sqrt{v_x^2 + v_y^2} = \omega\sqrt{(l+l_1)^2\sin^2\omega t + l_2^2\cos^2\omega t}$$

$$\cos(\boldsymbol{v}, \boldsymbol{i}) = \frac{v_x}{v} = \frac{-(l+l_1)\sin\omega t}{\sqrt{(l+l_1)^2\sin^2\omega t + l_2^2\cos^2\omega t}}$$

$$\cos(\boldsymbol{v}, \boldsymbol{i}) = \frac{v_y}{v} = \frac{l_2\cos\omega t}{\sqrt{(l+l_1)^2\sin^2\omega t + l_2^2\cos^2\omega t}}$$

点 M 的加速度在 x 轴和 y 轴上的投影为

$$a_x = \frac{\mathrm{d}v_x}{\mathrm{d}t} = -(l+l_1)\omega^2\cos\omega t, \quad a_y = \frac{\mathrm{d}v_y}{\mathrm{d}t} = -l_2\omega^2\sin\omega t$$

加速度的大小和方向余弦为

$$a = \sqrt{a_x^2 + a_y^2} = \omega^2\sqrt{x^2 + y^2} = \omega^2 r$$

$$\cos(\boldsymbol{a}, \boldsymbol{i}) = \frac{a_x}{a} = -\frac{x}{r}$$

$$\cos(\boldsymbol{a}, \boldsymbol{j}) = \frac{a_y}{a} = -\frac{y}{r}$$

式中 r 为点 M 的矢径 $\boldsymbol{r}$ 的模。由此可知,点 M 的加速度恒指向椭圆的中心 O 点。

延长 BA 杆到 D 点,使 $AD=AB$,显然当曲柄 OA 转动时,D 点的轨迹是沿 y 轴的直线段(图 6-15)。杆 BD 上除 A、B、D 三点外任一点的轨迹都是椭圆。椭圆规就是按此原理制成的。

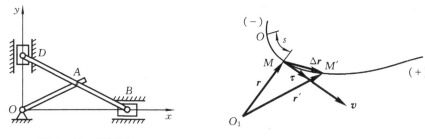

图 6-15　椭圆规　　　　　　图 6-16　弧坐标与速度在自然轴上的投影

3. 自然法

设动点 M 的轨迹为已知曲线,如图 6-16 所示。在曲线上任选一点 O 为起点,规定 O 的某一侧为正向。M 点在轨迹上的位置可由弧长 $\overset{\frown}{OM}=s$ 唯一确定。弧长 s 为一代数量,称为**弧坐标**。动点在运动过程中,其弧坐标是时间 t 的单值连续函数,可写为

$$s = s(t) \tag{6-13}$$

上式称为**以弧坐标表示的点的运动方程**。

自然法适合于表示运动轨迹完全确定的点的运动。

1)速度在自然轴上的投影

设在瞬时 t,动点在曲线上的位置为 M,其弧坐标为 s。经过时间间隔 Δt,动点由 M 点运动到 M' 点(见图 6-16)。弧坐标的增量为 $\Delta s = \overset{\frown}{MM'}$,位置矢径增量为 $\Delta\boldsymbol{r}$。当 $\Delta t\to 0$ 时,显然 $\Delta s\to 0$。根据速度的定义,动点在 M 位置的瞬时速度为

$$\boldsymbol{v} = \frac{\mathrm{d}\boldsymbol{r}}{\mathrm{d}t} = \frac{\mathrm{d}s}{\mathrm{d}t}\frac{\mathrm{d}\boldsymbol{r}}{\mathrm{d}s} = \frac{\mathrm{d}s}{\mathrm{d}t}\lim_{\Delta s\to 0}\left(\frac{\Delta\boldsymbol{r}}{\Delta s}\right)$$

现在来考察极限 $\lim\limits_{\Delta s\to 0}\left(\dfrac{\Delta\boldsymbol{r}}{\Delta s}\right)$,这是一个矢量,当 $\Delta t\to 0$,$\Delta s\to 0$ 时,$|\Delta\boldsymbol{r}|\to|\Delta s|$,故有 $\lim\limits_{\Delta s\to 0}\left|\dfrac{\Delta\boldsymbol{r}}{\Delta s}\right|=1$,即该矢量的模等于 1。而 $\Delta\boldsymbol{r}$ 的方向趋近于轨迹上 M 点的切线方向。设切线方向的单位矢量为 $\boldsymbol{\tau}$,并规定其指向为 s 增加的一方。这样就有

$$\lim_{\Delta s\to 0}\frac{\Delta\boldsymbol{r}}{\Delta s} = \boldsymbol{\tau}$$

因此,得到动点在 M 位置的瞬时速度为

$$v = \frac{\mathrm{d}s}{\mathrm{d}t}\boldsymbol{\tau} = v_\tau \boldsymbol{\tau} \tag{6-14}$$

上式表明动点的速度沿轨迹的切线方向,它在切线方向的投影等于弧坐标对时间的一阶导数。当 $\frac{\mathrm{d}s}{\mathrm{d}t} > 0$ 时,v 和 $\boldsymbol{\tau}$ 同向;当 $\frac{\mathrm{d}s}{\mathrm{d}t} < 0$ 时,v 和 $\boldsymbol{\tau}$ 反向。

2)加速度在自然轴上的投影

因为加速度是速度对时间的一阶导数,由式(6-14)得到加速度为

$$a = \frac{\mathrm{d}v}{\mathrm{d}t} = \frac{\mathrm{d}}{\mathrm{d}t}(v\boldsymbol{\tau}) = \frac{\mathrm{d}v}{\mathrm{d}t}\boldsymbol{\tau} + v\frac{\mathrm{d}\boldsymbol{\tau}}{\mathrm{d}t} \tag{6-15}$$

上式中的第一项 $\frac{\mathrm{d}v}{\mathrm{d}t}\boldsymbol{\tau}$ 是动点加速度 a 沿轨迹切线方向的一个分量,因此称为**切向加速度**。它反映了速度值对时间的变化率。以 a_τ 表示,有

$$a_\tau = \frac{\mathrm{d}v}{\mathrm{d}t}\boldsymbol{\tau} = \frac{\mathrm{d}^2 s}{\mathrm{d}t^2}\boldsymbol{\tau} = a_\tau \boldsymbol{\tau} \tag{6-16}$$

下面考察式(6-15)中的第二项,这需要计算 $\frac{\mathrm{d}\boldsymbol{\tau}}{\mathrm{d}t}$。

设点作曲线运动,瞬时 t,动点位于 M 点,经过时间间隔 Δt,动点运动到 M' 点,如图 6-17(a)示。曲线在 M 点的切向单位矢量为 $\boldsymbol{\tau}$,在 M' 点的切向单位矢量为 $\boldsymbol{\tau}'$,于是 $\boldsymbol{\tau}$ 和 $\boldsymbol{\tau}'$ 就组成了一个平面。当 Δt 趋近于零时,M' 点向 M 点无限接近,该平面就趋近一确定的极限位置,并称之为曲线在 M 点处的**密切面**。密切面内垂直于切线的直线称为**主法线**,主法线方向的单位矢量以 $\boldsymbol{n}$ 表示,指向曲线内凹一侧。

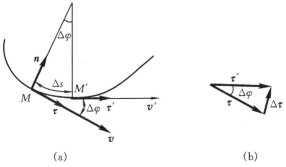

图 6-17　单位矢量 $\boldsymbol{\tau}$ 的变化

设对应于弧长 Δs 切线转过的角度为 $\Delta\varphi$,则定义曲线切线的转角对弧长一阶导数为曲线在 M 点的**曲率**。

$$\frac{1}{\rho} = \lim_{\Delta s \to 0} \frac{\Delta\varphi}{\Delta s} = \frac{\mathrm{d}\varphi}{\mathrm{d}s}$$

式中 ρ 为曲线在 M 点的曲率半径。

由图 6-17(b)可见切向单位矢量改变量 $\Delta\boldsymbol{\tau} = \boldsymbol{\tau}' - \boldsymbol{\tau}$ 的模为

$$|\Delta\boldsymbol{\tau}| = 2|\boldsymbol{\tau}|\sin\frac{\Delta\varphi}{2} \approx |\boldsymbol{\tau}|\Delta\varphi = \Delta\varphi$$

于是 $\frac{\mathrm{d}\boldsymbol{\tau}}{\mathrm{d}t}$ 的模为

$$\left|\frac{\mathrm{d}\boldsymbol{\tau}}{\mathrm{d}t}\right| = \lim_{\Delta t \to 0}\frac{|\Delta\boldsymbol{\tau}|}{\Delta t} = \lim_{\Delta t \to 0}\left(\frac{\Delta\varphi}{\Delta s}\,\frac{\Delta s}{\Delta t}\right) = \frac{\mathrm{d}\varphi}{\mathrm{d}s}\,\frac{\mathrm{d}s}{\mathrm{d}t} = \frac{1}{\rho}v_{\tau}$$

$\dfrac{\mathrm{d}\boldsymbol{\tau}}{\mathrm{d}t}$的方向即 $\Delta\boldsymbol{\tau}$ 的极限方向。由图 6 - 17(b)看出，$\Delta\boldsymbol{\tau}$ 与 $\boldsymbol{\tau}$ 的夹角为$\left(\dfrac{\pi}{2}-\dfrac{\Delta\varphi}{2}\right)$，当 $\Delta t \to 0$ 时，则 $\Delta\varphi \to 0$，因而 $\Delta\boldsymbol{\tau}$ 与 $\boldsymbol{\tau}$ 的夹角趋于 $\pi/2$，即垂直于切线上的单位矢量 $\boldsymbol{\tau}$，且指向轨迹内凹一侧。可见，该方向即为曲线在 M 点的主法线方向。

综上讨论，式(6 - 15)中的第二项为

$$v\,\frac{\mathrm{d}\boldsymbol{\tau}}{\mathrm{d}t} = \frac{1}{\rho}v^2\boldsymbol{n}$$

该项即为加速度沿主法线方向的另一分量，称为点的**法向加速度**。它反映了速度方向变化的快慢程度，以 $\boldsymbol{a}_n$ 表示，有

$$\boldsymbol{a}_n = \frac{v^2}{\rho}\boldsymbol{n} = a_n\boldsymbol{n} \tag{6 - 17}$$

于是，加速度在自然轴上的投影形式为

$$\boldsymbol{a} = \frac{\mathrm{d}v}{\mathrm{d}t}\boldsymbol{\tau} + \frac{v^2}{\rho}\boldsymbol{n} \tag{6 - 18}$$

该式表明：动点的加速度在轨迹的切线方向的投影等于速度的代数量对时间的一阶导数；加速度在法线方向的投影等于速度的平方除以轨迹在该点的曲率半径。

加速度 $\boldsymbol{a}$ 的大小和方向由下式求得

$$a = \sqrt{a_\tau^2 + a_n^2}, \quad \tan\theta = \frac{|a_\tau|}{a_n} \tag{6 - 19}$$

式中 θ 表示加速度 $\boldsymbol{a}$ 与法向加速度 $\boldsymbol{a}_n$ 之间的夹角(如图 6 - 18)。显然，加速度 $\boldsymbol{a}$ 的方向总是偏向轨迹曲线内凹的一侧。

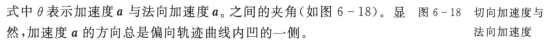

图 6 - 18　切向加速度与法向加速度

除了矢量法、直角坐标法和自然法之外，基于所研究问题的特点，还可以应用**极坐标法**、**柱坐标法**、**球坐标法**等研究点的运动，读者可参考相关的理论力学教材。

例 6 - 3　导杆机构如图 6 - 19 所示。曲柄 OA 绕轴 O 转动，通过套筒 A 带动摇杆 O_1B 绕轴 O_1 摆动。已知 $\varphi = \omega t$，ω 为常量，$OA = O_1O = r$，$O_1B = l$。试求杆端 B 点的运动方程、速度和加速度。

解　点 B 沿以 O_1 点为圆心，l 为半径的圆周运动。使用自然法建立其运动方程。

以 θ 表示杆 O_1B 与直线 O_1O 之间的夹角，取 t 等于零时点 B 的位置 B_0 为弧坐标原点，弧坐标正向与 θ 增加的方向一致，如图 6 - 19 所示。于是，在瞬时 t，点 B 的弧坐标为

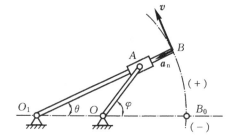

图 6 - 19　例 6 - 3 图

$$s = l\theta = \frac{1}{2}l\varphi = \frac{1}{2}l\omega t$$

上式即为点 B 的运动方程。

根据速度的自然法表示式可得

$$v = \frac{\mathrm{d}s}{\mathrm{d}t} = \frac{1}{2}l\omega$$

方向沿轨迹切线方向,如图 6 - 19 所示。

点 B 的切向加速度和法向加速度的大小分别为

$$a_\tau = \frac{\mathrm{d}v_\tau}{\mathrm{d}t} = 0, \quad a_n = \frac{v^2}{l} = \frac{1}{4}l\omega^2$$

故点 B 的加速度 a 的大小为

$$a = a_n = \frac{1}{4}l\omega^2$$

方向与 a_n 一致,沿 BO_1 指向 O_1 点。

根据所研究问题的特殊需要,有时也可以取弧坐标正向与 θ 增加的方向相反。请读者考虑,在这种情况下,点 B 的运动方程的表达形式如何? 怎样判断速度和加速度的方向。

4. 刚体的平行移动

刚体在运动过程中,若其上任意直线始终与它的初始位置平行,则称刚体作**平行移动**,简称为**平动**。工程上很多运动属于平动,如活塞在汽缸中的运动,车床上刀架的运动和摆动式送料槽的运动(图 6 - 20)等。

设刚体相对于某参考系作平动,如图 6 - 21 所示。在刚体上任取两点 A 和 B,两点的矢径分别为 r_A 和 r_B。由图可见它们有下列关系

$$r_A = r_B + \overrightarrow{BA} \tag{6-20}$$

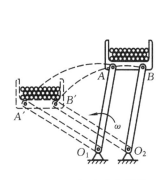

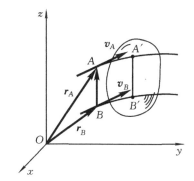

图 6 - 20　摆动式送料槽　　　　　图 6 - 21　刚体平行移动

根据刚体平动的定义,当刚体平动时矢量 $\overrightarrow{BA}$ 的大小和方向都不变,是常矢量。从而表明:刚体平动时其上各点的轨迹形状完全相同;由速度、加速度的定义不难得出,在任一瞬时刚体上各点的速度和加速度相等。因此,刚体平动的描述就简化为对刚体上一个点的运动进行描述。

自由刚体作空间平动时有 3 个自由度,作平面平动时有 2 个自由度。

6.2.2　刚体的角速度与角加速度

刚体在运动过程中,如果其上(或其延拓部分)有一条直线始终保持不动,则称刚体作**定轴转动**。该不动的直线称为**转轴**。如电机转子、离心泵叶轮和车床的主轴等都是定轴转动的实例。

1. 刚体定轴转动的运动方程式、角速度与角加速度

选定参考坐标系 $Oxyz$,并设转轴与 Oz 轴重合。过转轴作两个平面,其中一个平面为固定平面 N_0,另一个平面 N 与刚体固定。则描述平面 N 的角坐标 φ 即可完全确定刚体在空间的位置(图 6-22)。所以转动刚体具有一个自由度。φ 为代数量,按右手螺旋法则确定其正负。刚体转动过程中,φ 是时间 t 的单值连续函数,则**刚体定轴转动的运动方程**为

$$\varphi = \varphi(t) \qquad (6-21)$$

φ 的单位为弧度(rad)。

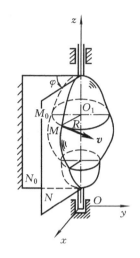

描述刚体转动方向及快慢的量是**角速度** ω,由下式确定

$$\omega = \frac{\mathrm{d}\varphi}{\mathrm{d}t} \qquad (6-22)$$

角速度的单位为弧度/秒(rad/s)。

工程中把机器每分钟的转数称为机器的**转速** n(r/min),转速与角速度的换算公式为

图 6-22　刚体定轴转动

$$\omega = \frac{2\pi n}{60} = \frac{\pi n}{30} \qquad (6-23)$$

描述角速度变化的量是角加速度 α,由下式确定

$$\alpha = \frac{\mathrm{d}\omega}{\mathrm{d}t} = \frac{\mathrm{d}^2\varphi}{\mathrm{d}t^2} \qquad (6-24)$$

角加速度的单位为弧度/秒^2(rad/s^2)。

当 α 与 ω 同号时,刚体作加速转动;而二者异号时,则作减速转动。

2. 转动刚体内各点的速度与加速度

刚体作定轴转动时,刚体内各点都在垂直于转轴的平面内作圆周运动,速度沿圆周的切线方向(图 6-22)。动点 M 的运动可通过以下各式确定

$$\left. \begin{array}{lll} \text{运动方程} & s = R\varphi & \\ \text{速度大小} & v = \dot{s} = R\dot{\varphi} = R\omega & \\ \text{切向加速度大小} & a_\tau = \dot{v} = R\dot{\omega} = R\alpha & \\ \text{法向加速度大小} & a_n = \dfrac{v^2}{R} = R\omega^2 & \end{array} \right\} \qquad (6-25)$$

式中 R 是动点到转轴的距离。全加速度大小和方向分别为

$$\left. \begin{array}{l} a = \sqrt{a_\tau^2 + a_n^2} = R\sqrt{\alpha^2 + \omega^4} \\ \tan\theta = \dfrac{|a_\tau|}{a_n} = \dfrac{|\alpha|}{\omega^2} \end{array} \right\} \qquad (6-26)$$

式中 θ 为全加速度与半径的夹角(图 6-23(b))。

研究刚体运动时,特别注意同一瞬时刚体上各点间速度、加速度的关系,亦即速度与加速度的分布情况。由上述式子可以推出,在垂直于转动轴的截面上,同一半径上各点的速度分布呈直角三角形(图 6-23(a)),而加速度分布呈锐角三角形(图 6-23(b))。

例 6-4　齿轮 Ⅰ、Ⅱ 相互啮合传动,相当于半径分别为节圆半径 R_1、R_2 的两摩擦轮作无滑动的滚动,如图 6-24(a)所示。已知主动轮 Ⅰ 的角速度为 ω_1,求从动轮 Ⅱ 的角速度 ω_2 及接触点 P 的速度与加速度。

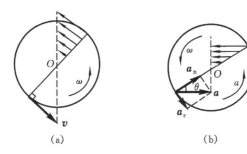

图 6 - 23　定轴转动刚体上各点的速度与加速度分布

解　两轮上位于接触处之点分别是 P_1 与 P_2，有

$$v_1 = R_1\omega_1, \quad v_2 = R_2\omega_2$$

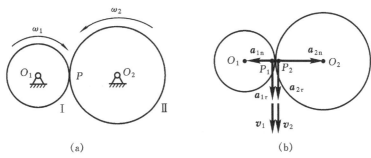

图 6 - 24　例 6 - 4 图

因两轮作无滑动的滚动，故 $v_1 = v_2$ 对任意瞬时均成立

$$R_1\omega_1 = R_2\omega_2, \quad \frac{\omega_2}{\omega_1} = \frac{R_1}{R_2}, \quad \omega_2 = \frac{R_1}{R_2}\omega_1$$

对 $v_1 = v_2$ 等式两端求导，得

$$R_1\alpha_1 = R_2\alpha_2, \quad \frac{\alpha_2}{\alpha_1} = \frac{R_1}{R_2}, \quad \alpha_2 = \frac{R_1}{R_2}\alpha_1$$

即两轮的角速度、角加速度与两轮半径成反比。点 P_1、P_2 的加速度均有图示的两个分量

$$a_{1\tau} = R_1\alpha_1, \quad a_{2\tau} = R_2\alpha_2, \quad a_{1\tau} = a_{2\tau}$$

$$a_{1n} = R_1\omega_1^2, \quad a_{2n} = R_2\omega_2^2, \quad a_{1n} \neq a_{2n}$$

即两接触点的切向加速度相等，法向加速度不等；这也是任何只滚不滑的接触点加速度的共同规律。

3. 定轴轮系的传动比

在机械工程中，齿轮对是传动的基本环节。一对外啮合齿轮传动如图 6 - 24(a) 所示。设主动轮 Ⅰ 与从动轮 Ⅱ 的角速度分别为 ω_1、ω_2，节圆半径分别为 R_1、R_2，轮齿数分别为 z_1、z_2，则两啮合齿轮主、从动轮角速度的比值称为该对**外啮合齿轮的传动比**，且有

$$i_{12} = -\frac{\omega_1}{\omega_2} = -\frac{R_2}{R_1} = -\frac{z_2}{z_1} \tag{6-27}$$

式中负号表示该对啮合齿轮的转向相反。若是一对内啮合齿轮则取正号。各轮的转向也可用图 6 - 25 所示的画箭头方法确定。

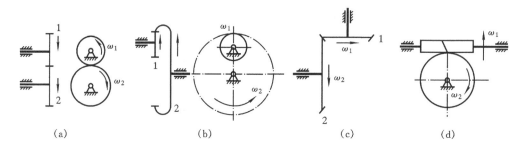

图 6 - 25 对齿轮的传动比

(a) 一对外啮合圆柱齿轮；(b) 一对内啮合圆柱齿轮；

(c) 一对锥齿轮；(d) 蜗杆传动

机械工程中还将由若干齿轮组成的传动系统称为**轮系**，将具有固定转轴的轮系称为**定轴轮系**。轮系中首末两轮的转速或角速度之比称为**轮系的传动比**，用 i_{AB} 表示，其中 A 代表首轮，B 代表末轮。且有

$$i_{AB} = (-1)^n \frac{\text{各从动齿轮齿数乘积}}{\text{各主动齿轮齿数乘积}} \qquad (6-28)$$

式中 n 为外啮合齿轮的对数。

需要指出，用 $(-1)^n$ 作传动比的符号，仅限于所有齿轮几何轴线均平行的定轴轮系。若轮系中含有锥齿轮或蜗杆蜗轮等轴线不平行的空间齿轮，仍可按上式计算轮系传动比，但需先用画箭头的方法来表示各轮的转向。

如图 6 - 26 所示二级减速齿轮箱中，Ⅰ轴上的齿轮 1 与Ⅱ轴上的齿轮 2 外啮合，Ⅱ轴上的齿轮 $2'$ 与Ⅲ轴上的齿轮 3 外啮合，故外啮合齿轮对数 $n=2$。设 4 个齿轮的齿数分别为 z_1、z_2、z'_2 和 z_3，则齿轮箱的传动比就可由式(6-28)计算：

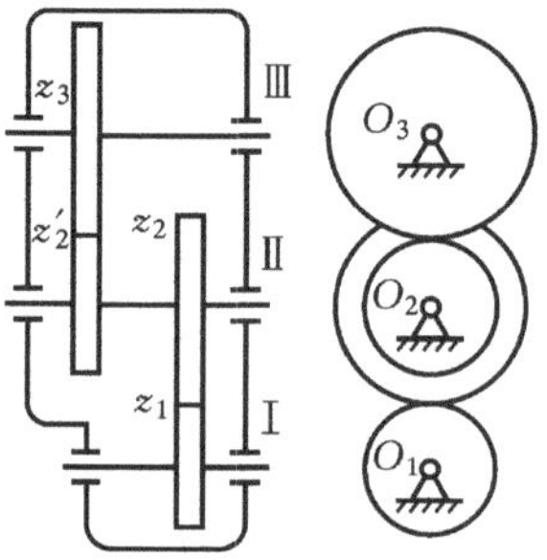

$$i_{13} = (-1)^2 \frac{z_2 z_3}{z_1 z'_2} = \frac{z_2 z_3}{z_1 z'_2}$$

图 6 - 26 二级减速齿轮箱

6.3 平面连杆机构

各构件均用低副相连的平面机构，称为**平面连杆机构**。平面连杆机构优点很多：由于低副为面接触，故单位面积上的压力小，易于润滑，磨损较轻；又因圆柱面和平面制造简便，故易于保证较高的加工精度等等。尽管这种机构的结构和设计比较复杂，运动副中的间隙造成的积累运动误差比较大，但它仍然在机械和仪表中得到广泛应用。

平面连杆机构中多数构件呈杆状，习惯上称构件为**杆**。平面连杆机构最基本的形式是由四杆组成的**四杆机构**。它的组成构件最少，结构最简单，且是构成多杆机构的基础。

6.3.1 铰链四杆机构

运动副全部为转动副的平面四杆机构称为**铰链四杆机构**。

图 6-27 为铰链四杆机构示意图。在该机构中固定不动的构件 4 称为**机架**，与机架直接相连接的构件 1 和构件 3 称为**连架杆**，不与机架直接相连接的构件 2 称为**连杆**。一般把能作整周转动的连架杆称为**曲柄**，把不能作整周转动的连架杆称为**摇杆**。

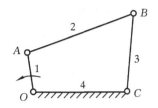

图 6-27　铰链四杆机构示意图

按两连架杆的运动形式不同，铰链四杆机构又可分三种基本形式：曲柄摇杆机构、双曲柄机构和双摇杆机构。

1. 曲柄摇杆机构

在铰链四杆机构中，如果一个连架杆为曲柄，另一个连架杆为摇杆，则此机构称为**曲柄摇杆机构**。

在曲柄摇杆机构中，通常由曲柄为原动件，可将曲柄的整周连续转动变换为摇杆的往复摆动。例如图 6-28 所示的牛头刨床，其进给系统中的曲柄摇杆机构就是以曲柄 AB 为主动件，将 AB 的匀速转动变换为带有棘爪的摇杆 CD 的往复摆动，从而带动棘轮作单向间歇转动，再通过螺旋传动，使工作台实现进给运动。除此，如图 6-29 所示的搅拌机构、图 1-2 所示的破碎机构等，都属于由曲柄作主动件的曲柄摇杆机构。

在曲柄摇杆机构中，也有以摇杆作原动件的，此时可将摇杆的往复摆动变换成曲柄的整周转动。例如在图 6-30 所示的缝纫机的驱动机构中，踏板 CD 为摇杆，曲轴 AB 为曲柄，当脚踏动摇杆 CD 作往复摆动时，通过连杆 BC 能使曲柄 AB 作连续转动，从而进行缝纫工作。

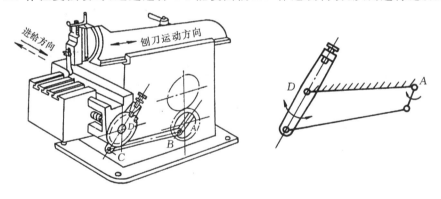

图 6-28　牛头刨床的进给机构

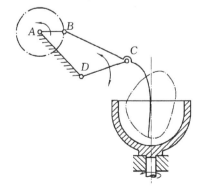

图 6-29　搅拌机的搅拌机构

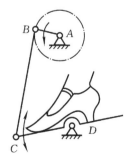

图 6-30　缝纫机驱动机构示意图

2．双曲柄机构

在铰链四杆机构中,如果两个连架杆均为曲柄,则此机构称为双曲柄机构。

双曲柄机构中的两曲柄可分别为主动件。一般情况下,主动曲柄与从动曲柄的转动角速度并不相等。例如图 6-31 所示的惯性筛中的四杆机构 ABCD 即为双曲柄机构,且连杆 BC 与机架 AD 长度不等。当主动曲柄 AB 匀速转动时,从动件曲柄 CD 作变速转动,再通过 CE 杆使筛子具有所需要的平动加速度,从而把大小不同的材料块因惯性而分筛。

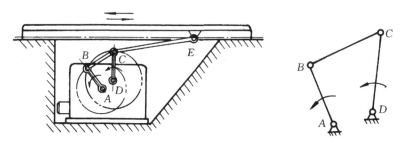

图 6-31　惯性筛

在双曲柄机构中,若两曲柄等长,连杆与机架边等长,如图 6-32 所示,则称为**平行四边形机构**。这种机构的两个曲柄回转方向相同且角速度时相等,故在机械工程中应用甚广。图 6-33所示为天平中使用的平行四边形机构,它能使天平盘始终保持水平。图 6-34 所示的机车主动轮联动装置就采用了这种机构。它能使被联动的各车轮与主动轮具有相同的运动。

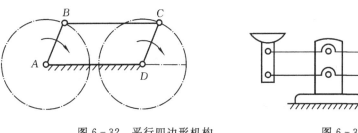

图 6-32　平行四边形机构　　　　　图 6-33　天平机构

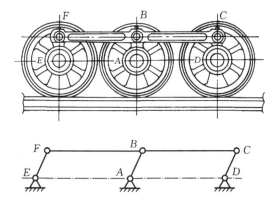

图 6-34　机车主动轮联动装置

3. 双摇杆机构

在铰接四杆机构中,如果两个连架杆均为摇杆,则此机构称为双摇杆机构。

在双摇杆机构中,两摇杆可分别为主动件。一般情况下,主动摇杆的角速度与从动摇杆的角速度也不相等。飞机起落架机构如图 6 - 35 所示,当飞机着陆时,轮 1 要从机翼 4 中推放出来(图中实线所示),飞机起飞后,为减少飞行中的阻力,又需要将轮子收入机翼(图中虚线所示)。这些动作是由主动摇杆 3 通过连杆 2 和从动摇杆 5 带动轮 1 实现的。图 6 - 36 所示的港口起重机也采用了双摇杆机构,该机构利用连杆上的特殊点 M 来实现货物的水平吊运。

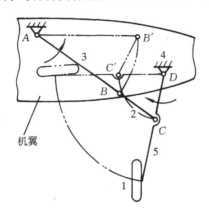

图 6 - 35 飞机起落架机构
1—轮;2—连杆;3—主动摇杆;4—机翼;5—从动摇杆

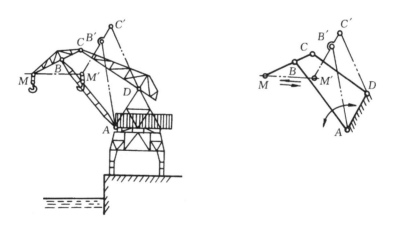

图 6 - 36 港口起重机

4. 铰链四杆机构存在曲柄的条件

由前述可知,铰链四杆机构的三种基本类型是按机构是否存在曲柄来区分的,显然,铰链四杆机构是否存在曲柄,取决于各构件长度之间的关系。实物演示和理论分析均已证明,连架杆成为曲柄必须满足以下两个条件:

(1)必要条件。最短构件与最长构件长度之和小于或等于其他两构件长度之和。

(2)充分条件。连架杆与机架中至少有一个为最短构件。

铰链四杆机构三种基本形式的判别见表 6 - 1。

表 6-1 铰链四杆机构基本形式的判别

$a+d \leqslant b+c$			$a+d \geqslant b+c$
双曲柄机构	曲柄摇杆机构	双摇杆机构	双摇杆机构
最短杆固定	与最短杆相邻的杆固定	与最短杆相对的杆固定	任意杆固定

注：a—最短杆长度；d—最长杆长度；b、c—其余两杆长度。

6.3.2 曲柄滑块机构

曲柄滑块机构是由曲柄、连杆、滑块及机架组成的另一种平面连杆机构，它可以被认为是由图 6-37(a)所示的曲柄摇杆机构演化而成的。当摇杆 3 的长度增至无穷大时，如图 6-37(b)所示，摇杆上 C 点的轨迹由圆弧线变成直线，摇杆 3 与机架 4 间的转动副演化成图 6-37(c)所示的移动副，即摇杆演变为滑块。

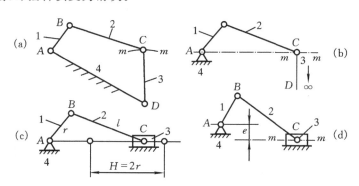

图 6-37 曲柄滑块机构的形成
1—曲柄；2—连杆；3—摇杆，滑块；4—机架

在曲柄滑块机构中，若曲柄为主动件，当曲柄作整周连续转动时，通过连杆可带动滑块作往复直线移动；反之，若滑块为主动件，当滑块作往复直线移动时，又可通过连杆带动曲柄作整周连续转动。对于图 6-37(c)所示的曲柄滑块机构，其滑块的行程长度等于曲柄长度的 2 倍，即 $H=2r$。

根据滑块导路中心线是否通过曲柄回转中心，曲柄滑块机构又分为**对心曲柄滑块机构**(图 6-37(c))和**偏置曲柄滑块机构**(图 6-37(d))。

曲柄滑块机构在各种机械中应用相当广泛。在曲柄压力机中应用曲柄滑块机构(图 6-38)是将曲柄转动变为滑块往复直线移动。而在内燃机中应用曲柄滑块机构(图 6-39)则是将滑块(活塞)往复直线移动变为曲柄转动。

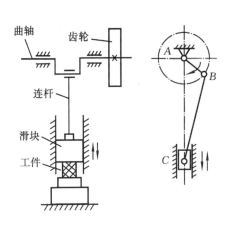

图 6-38 压力机中的曲柄滑块机构

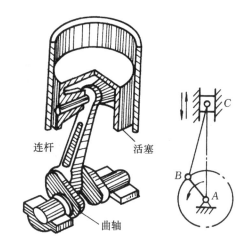

图 6-39 内燃机中的曲柄滑块机构

6.3.3 偏心轮机构

在曲柄摇杆机构中,如果将连杆与曲柄连接的销轴扩大成为绕轴心 A 转动的偏心盘。这样的机构就称为**偏心轮机构**,如图 6-40 所示。

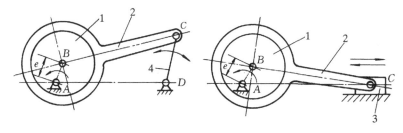

图 6-40 偏心盘机构

1—偏心盘;2—连杆;3—滑块;4—摇杆

当要求传递力较大,而从动件行程又较小时,由于曲柄很短,不便安装铰销,常采用这种机构。偏心圆盘的偏心距 e 即等于原曲柄的长度。由于这种结构增大了转动副的尺寸,提高了偏心轴的强度和刚度,且结构简单、便于安装,所以多用于承受较大冲击载荷的剪床、冲床、破碎机等机械中。

6.3.4 导杆机构

导杆机构也是含有一个移动副的四杆机构。如图 6-41 所示,四杆机构的一连架杆为曲柄,而另一连架杆 3 对滑块 2 的运动起导路作用,故称为导杆。当曲柄 1 的长度大于机架的长度时,如图 6-41(a)所示,随着曲柄 1 的整周转动,导杆 3 也作整周转动,此机构称为**转动导杆机构**;当曲柄 1 的长度小于机架的长度时,如图 6-41(b)所示,随着曲柄 1 的整周转动,导杆 3 只能作往复摆动,此机构称为**摆动导杆机构**。图 6-42 与图 6-43 分别表示了上述两种导杆机构在两种刨床中的应用。

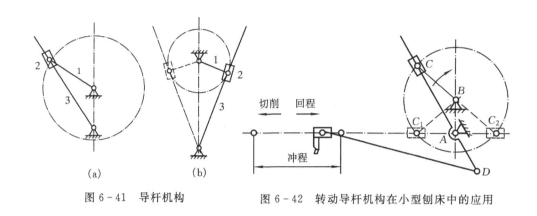

图 6-41 导杆机构

图 6-42 转动导杆机构在小型刨床中的应用

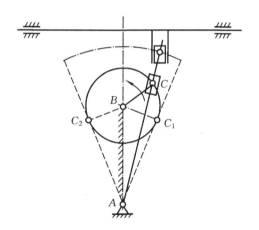

图 6-43 摆动导杆机构在牛头刨床中的应用

6.3.5 平面四杆机构的基本性质

1. 具有急回特性

曲柄摇杆机构如图 6-44。原动曲柄 AB 在转动一周的过程中,有两次与连杆 BC 共线,即图中 AB_1C_1 和 AB_2C_2 两个位置,这时摇杆 CD 对应位于两个极限位置 C_1D 和 C_2D。摇杆在两个极限位置间的夹角 ψ 称为摇杆的**摆角**。原动曲柄在摇杆处于两个极限位置时所夹的锐角 θ 则称为**极位夹角**。

由图 6-44 可知,当原动曲柄 AB 由位置 AB_1 顺时针方向转到 AB_2 位置时,转过的角度为 $\varphi_1=180°+\theta$,而摇杆 CD 则由极限位置 C_1D 摆到极限位置 C_2D,其摆角为 ψ;曲柄顺时针方向再转过角度 $\varphi_2=180°-\theta$,即由位置 AB_2 转回到 AB_1 时,摇杆相应由位置 C_2D 摆回到 C_1D,摆角仍然是 ψ。虽然摇杆来回摆动的摆角相同,但对应的曲柄转角却不等,即 $\varphi_1>\varphi_2$。设曲柄以等速转过 φ_1 和 φ_2 角的对应时间为 t_1 和 t_2,则 $t_1>t_2$。从而反映出摇杆来回摆动的快慢不同。如摇杆自 C_1D 摆至 C_2D 的过程是工作行程时,则摇杆的平均角速度 $\omega_1=\psi/t_1$;摇杆从 C_2D 摆回至 C_1D 为空回行程,其平均角速度 $\omega_2=\psi/t_2$。显然 $\omega_1<\omega_2$,即说明摇杆具有急回运动的性质。

为了反映从动摇杆急回运动的相对程度,通常用**行程速比系数** K 来表示,即

$$K = \frac{\omega_2}{\omega_1} = \frac{\psi/t_2}{\psi/t_1} = \frac{t_1}{t_2} = \frac{\varphi_1}{\varphi_2} = \frac{180° + \theta}{180° - \theta} \qquad (6-29)$$

或

$$\theta = 180° \frac{K-1}{K+1} \qquad (6-30)$$

由式(6-29)可知:行程速比系数 K 与极位夹角 θ 有关,亦即与机构各杆的相对长度有关。当 $\theta > 0$ 时,$K > 1$,即有急回运动特性。图 6-45 所示的导杆机构和图 6-46 所示的偏置曲柄滑块机构,其极位夹角 $\theta > 0$,故都具有急回运动特性。这些机构的急回运动特性在生产中常用于缩短机器的非生产时间,以提高生产效率。

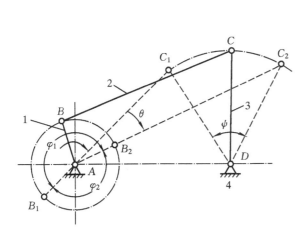

图 6-44　曲柄摇杆机构的急回运动

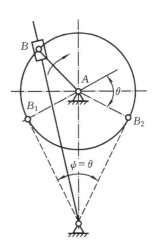

图 6-45　摆动导杆机构
的极位夹角

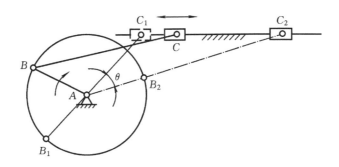

图 6-46　偏置曲柄滑块机构的极位夹角

2. 存在死点位置

在图 6-44 所示的曲柄摇杆机构中,设摇杆 CD 为主动件。曲柄 AB 为从动件,则当摇杆 CD 到达两极限位置 C_1D 和 C_2D 时,连杆和曲柄在一条直线上。这时,主动件摇杆作用于从动件曲柄 AB 上的力通过曲柄的转动中心,因此将不能使曲柄转动而产生了"顶死"现象。故这两个极限位置就称为死点位置。

在图 6-37 所示的曲柄滑块机构中,如以滑块 C 为主动件,当滑块移动至两个极限位置时,连杆 BC 与从动曲柄 AB 处于共线位置,机构处于死点位置。

对传动来说,机构存在死点位置是个缺陷,这个缺陷常利用安装飞轮加大惯性的办法,借惯性作用使机构闯过死点。也可以采用机构错位排列的办法,即将两组机构组合,使这两组机构的死点相互错开,如图 6-47 所示。当然,在工程实践中,也常利用机构的死点来实现一定的工作要求。如图 6-35 所示的飞机起落架机构,在机轮放下时,杆 AB 与 BC 成一线,此时机轮上可受到很大的力,但由于机构处于死点,传给 BC、AB 的力通过转动中心,所以起落架不会反转。

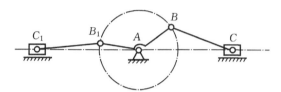

图 6-47　死点位置错开的曲柄滑块机构

6.3.6　平面四杆机构设计的图解法介绍

平面四杆机构设计的基本问题是根据已知条件在选择合适的机构形式后,确定机构运动简图中的各构件尺寸参数。设计方法有图解、解析与实验三种。图解法虽不及解析法精度高,但该方法直观方便,简单易行。且用该方法求解过程中已知条件与设计量间清晰的几何关系,又为解析法用计算机求解建立数学模型所采用,因此图解法在平面四杆机构设计中起着重要作用,本节对此给予简单介绍。

1. 按连杆的给定位置设计平面四杆机构

如图 6-48 所示,已知连杆长度和预定要占据的三个位置 B_1C_1、B_2C_2 和 B_3C_3,试设计此四杆机构。

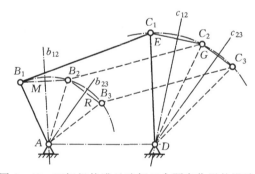

图 6-48　四杆机构满足连杆三个预定位置的设计

1)设计分析

该机构的设计,实质上就是要求确定两固定铰链 A、D 位置,从而确定其他三杆长度。由于 B、C 两点的轨迹分别是以 A、D 为圆心的圆弧,故可知转动副 A、D 分别在 $\overline{B_1B_2}$ 与 $\overline{B_2B_3}$、$\overline{C_1C_2}$ 与 $\overline{C_2C_3}$ 的垂直平分线之交点上。

2)设计步骤

连 $\overline{B_1B_2}$ 和 $\overline{B_2B_3}$、$\overline{C_1C_2}$ 和 $\overline{C_2C_3}$,并分别作它们的垂直平分线 b_{12}、b_{23}、c_{12} 和 c_{23},则 b_{12} 与 b_{23}、

c_{12} 与 c_{23} 的交点即为所求固定铰链中心 A、D 位置。可见设计结果是唯一的。连接 $\overline{AB_1}$、$\overline{DC_1}$ 即得所求的四杆机构 AB_1C_1D。

若仅给定连杆两个位置，则 A，D 可分别在 b_{12}、c_{12} 上适当选取，故有无数解答。此时需根据其他辅助条件来确定 A、D 位置。

例 6-5　图 6-49 所示为造型机翻台机构。翻台的两个给定位置为 Ⅰ 和 Ⅱ，Ⅰ 为砂箱震实位置，Ⅱ 为砂箱起模位置。翻台固定在铰接四杆机构的连杆 BC 上。已知尺寸如图示，单位为 mm，比例尺（$\mu_l = 0.05$ m/mm。要求机架上铰链中心 A、D 位于图中 x 轴上，试设计此四杆机构。

解　(1) 连接 $\overline{B_1B_2}$ 和 $\overline{C_1C_2}$，并分别作它们的垂直平分线 b_{12} 和 c_{12}，则 b_{12}、c_{12} 分别与 x 轴交于 A、D 点。

(2) 连接 $\overline{AB_1}$ 及 $\overline{C_1D}$ 得所求机构 AB_1C_1D。由图可得各杆长度分别为：

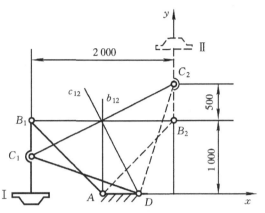

图 6-49　翻台四杆机构设计

$$l_{AB} = \mu_l AB_1 = 0.05 \times 20\sqrt{2} = 1.44 \text{ m} = 1\,414 \text{ mm}$$

$$l_{CD} = \mu_l C_1D = 0.05 \times \sqrt{1\,000} = 1.581 \text{ m} = 1\,581 \text{ mm}$$

$$l_{AD} = \mu_l AD = 0.05 \times 10 = 0.5 \text{ m} = 500 \text{ mm}$$

$$(l_{BC} = \mu_l B_1C_1 = 0.5 \text{ m} = 500 \text{ mm})$$

2. 按给定的行程速比系数 K 设计四杆机构

通常根据机械的工作性质和使用要求选取行程速比 K 值，使机构具有所需要的急回特性。设计时先依 K 值用式(6-30)计算出极位夹角 θ，然后利用机构在两极限位置时的几何关系，再结合其他条件，以确定机构运动简图的尺度参数。

1) 曲柄摇杆机构和偏置曲柄滑块机构设计

已知行程速比系数 K，摇杆长度 c 及摆角 ψ，试设计曲柄摇杆机构。

设计分析

此设计问题的关键是确定铰链 A 的位置。图 6-44 所示曲柄摇杆机构中，AB_1C_1D 与 AB_2C_2D 是机构的两个极限位置，若连接 C_1、C_2 点（图中未画）得 $\triangle C_1AC_2$ 和 $\triangle C_1DC_2$。$\triangle C_1DC_2$ 可以按已知条件作出；以 C_1C_2 为弦，以所对圆周角为 θ 作辅助圆，则 A 点必在该圆周上。

设计步骤(见图 6-50)

(1) 由给定的行程速比系数 K 计算极位夹角

$$\theta = 180° \frac{K-1}{K+1}$$

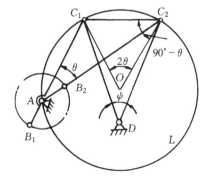

图 6-50　按 K 值设计曲柄摇杆机构

(2) 任取固定铰链中心 D，选取适当比例 μ_l，用摇杆长度 c 和摆角 ψ 作出摇杆的两个极限位置 C_1D 和 C_2D($C_1D = C_2D = c/\mu_l$)。

(3) 以 C_1C_2 为底，顶角为 2θ 的等腰 $\triangle C_1OC_2$。以 O 为圆心，$OC_1 = OC_2$ 为半径作辅助圆 L。在该圆上允许范围内任选一点 A，则 $\angle C_1AC_2 = \theta$。

(4)因两极限位置曲柄与连杆共线,故有 $AC_1 = BC - AB$;$AC_2 = BC + AB$,由此可得

$$AB = \frac{AC_2 - AC_1}{2}, \quad BC = \frac{AC_1 + AC_2}{2}$$

由于 A 点是圆 L 上任选的一点,所以可得无穷多解。但当给定机架长度或其他辅助条件时,A 点位置即可完全确定,得唯一解。

如果给定行程速比系数 K 和滑块 C 的冲程 H,设计曲柄滑块机构,则根据前面所述的曲柄摇杆机构的演化原理可知,这时的固定铰链中心 D 位于无穷远处,摇杆演变成了滑块。因此原摇杆的两个极限位置已变为滑块冲程的两个端点 C_1、C_2(见图 6-51)。其设计方法与上述相同,当给定偏心距 e 或其它辅助条件时,可得唯一解。

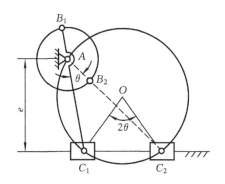

图 6-51 给定 K 设计偏置曲柄滑块机构

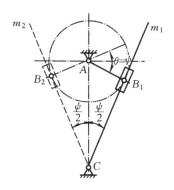

图 6-52 给定 K 设计摆动导杆机构

2)摆动导杆机构设计

已知行程速比系数 K 和机架长度 d,试设计摆动导杆机构。

设计分析

因摆动导杆的两个极限位置必与曲柄上铰链中心 B 的轨迹圆相切,且摆角 ψ 等于极位夹角 θ,故只需确定曲柄长度。

设计步骤(见图 6-52)

(1)由给定行程速比 K 计算极位夹角

$$\theta = 180° \frac{K-1}{K+1}$$

(2)任取固定铰链中心 C,用摆角 $\psi = \theta$,作出导杆两极限位置 Cm_1 和 Cm_2。

(3)作 $\angle m_1 C m_2$ 的平分线,并取适当比例 μ_l,用机架长度 d 在角平分线上定出曲柄固定铰链中心 A 的位置($CA = d / \mu_l$)。

(4)由 A 点作导杆极限位置 Cm_1(或 Cm_2)的垂线 AB_1(或 AB_2),则曲柄长度 $AB = \mu_l AB_1 = \mu_l AB_2$

6.4 凸轮机构

6.4.1 凸轮机构的工程应用及其特点

凸轮机构可实现各种复杂的运动要求,因而广泛用于各种机械和自动控制装置中。

图 6-53 所示为内燃机的凸轮配气机构。当凸轮等角速度回转时,其工作轮廓驱使气阀

推杆在导路中往复移动,从而使气阀按预期的运动规律启闭阀门。

图 6-54 所示为绕线机的凸轮绕线机构。绕线时,凸轮的工作轮廓迫使从动件绕 O 点按一定运动规律往复摆动,从而使线均匀地绕在绕线轴上。

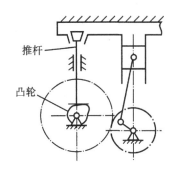 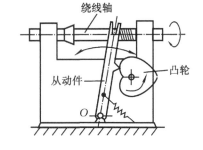

图 6-53 内燃机凸轮配气机构   图 6-54 绕线机的凸轮绕线机构

图 6-55 所示为凸轮自动送料机构。当带有凹槽的凸轮转动时,通过槽中的滚子,驱使从动件作往复移动。凸轮每转一周,从动件即从储料器中推出一个毛坯,送到加工位置。

图 6-56 所示为仿形刀架。刀架水平移动时,凸轮的轮廓驱使从动件带动刀头按相同的轨迹移动,从而切削加工出与凸轮轮廓相同的旋转曲面。

由上可知,凸轮是具有某种曲线轮廓或凹槽的构件,通过高副接触,使从动件获得连续或不连续的预期运动。该机构一般由凸轮、从动件和机架组成。

凸轮机构的主要优点是:结构简单、紧凑,工作可靠,正确地设计凸轮工作轮廓曲线可以使从动件得到预期的运动规律。缺点是凸轮工作轮廓的加工较为复杂,而且凸轮工作轮廓与从动件之间为点接触或线接触,易于磨损。所以通常多用于传力不大的控制机构和调节机构中。

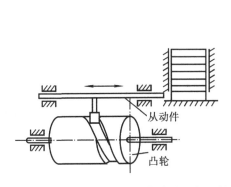 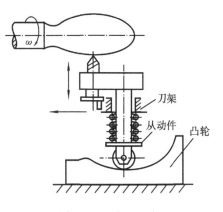

图 6-55 凸轮自动送料机构   图 6-56 仿形刀架

6.4.2 凸轮机构的分类

凸轮机构的种类很多,有不同的分类方法。

1. 按凸轮的形状分类

(1)盘形凸轮。如图 6-53、图 6-54 所示,盘形凸轮是一个绕固定轴转动并且具有变化半径的盘形零件。它是凸轮中最基本的形式。

（2）移动凸轮。当盘形凸轮的回转中心趋于无穷远时，凸轮相对机架作直线平动，这种凸轮称为移动凸轮（图6-56）。

（3）圆柱凸轮。圆柱凸轮可以看成是将移动凸轮卷在圆柱体上而得到的凸轮。由图6-55可以看出，圆柱凸轮机构是一个空间凸轮机构。

2. 按从动件的端部形状分类

（1）尖顶从动件。如图6-54所示，不论凸轮工作轮廓形状如何，从动件的尖顶都能与凸轮工作轮廓保持接触，从而保证从动件按预定规律运动。但尖顶易于磨损，仅适用于轻载低速的凸轮机构。

（2）滚子从动件。如图6-56所示，滚子和凸轮工作轮廓之间为滚动摩擦，耐磨损，故能承受较大的载荷。滚子从动件是一种常用的从动件。

（3）平底从动件。如图6-53所示，这种从动件不能与凹陷的凸轮工作轮廓接触。当不计摩擦时，凸轮与从动件之间的作用力始终与从动件平底垂直，其传力性能好，机构传动效率较高。

此外，按从动件的运动方式，还可分为直动从动件凸轮机构（图6-53、图6-55、图6-56）和摆动从动件凸轮机构（图6-54）。在直动从动件凸轮机构中，如果从动件轴线通过凸轮的轴心，则称为对心直动从动件凸轮机构，否则称为偏置直动从动件凸轮机构。

从动件可利用重力、弹簧力（图6-53、图6-54、图6-56）或依靠凸轮上的凹槽（图6-55）保持与凸轮工作轮廓接触。

6.4.3　从动件常用的运动规律

图6-57(a)所示为对心直动尖顶从动件盘形凸轮机构。图中以凸轮轴心O为圆心，以凸轮工作轮廓最小向径r_b为半径所作的圆，称为**基圆**。设凸轮按逆时针方向转动。当从动件的尖顶与凸轮工作轮廓上的A点接触时，从动件处于上升的起始位置。当凸轮的最大向径OB转至OB'位置时，从动件被推到距O轴最远处，这一运动过程称为推程（或升程），与推程相对应的凸轮转角φ_0称为**推程角**（或**升程角**）；当凸轮继续回转时，从动件的尖顶与以O为圆心的圆弧轮廓BC接触，从动件将在距轴O最远位置停留不动，与此对应的凸轮转角φ_s称为远休止角；当从动件的尖顶与向径值逐渐减小的凸轮轮廓CD段依次接触，从动件又由距轴O最远位置逐渐回到起始位置，这一运动过程称为**回程**，与回程相对应的凸轮转角φ'_0称为**回程角**；凸轮继续回转，从动件尖顶与基圆上的圆弧DA接触，从动件将在距轴O最近位置上静止不动，与此相对应的凸轮转角φ'_s称为**近休止角**。在推程或回程中，从动件所移动的距离称为行程，以h表示。

在凸轮转过一周过程中，从动件经历了"升—停—降—停"四个阶段，其位移s与凸轮转角φ的对应关系如图6-57(b)所示。对于工程中的绝大多数凸轮机构，由于其凸轮都以等角速度ω转动，凸轮转角$\varphi=\omega t$，即转角φ与时间t成正比，因此从动件的位移曲线的横坐标也可以用时间t来表示。当凸轮连续转动时，从动件将重复上述工作循环。然而，在工程实际中还可根据具体的工作要求，将从动件的运动设计成"停—升—降"、"升—停—降"或只有"升—降"等工作循环。

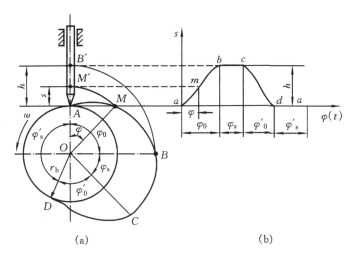

图 6-57　对心直动尖顶从动件盘形凸轮机构运动过程

凸轮的工作轮廓取决于从动件的运动规律。下面以直动从动件盘形凸轮机构为例,介绍几种常用的从动件运动规律,并且仅结合升程进行讨论。

设凸轮以匀角速度 ω 转动,当转过推程角 φ_0 时,从动件行程为 h,历经时间为 t_0,则 $\varphi_0 = \omega t_0$、$\varphi = \omega t$,所以,$t_0 = \varphi_0 / \omega$、$t = \varphi / \omega$。

1. 匀速运动规律

从动件速度为常数的运动称为匀速运动。此时从动件的运动方程为:

$$\left. \begin{array}{l} s = vt = \dfrac{h}{t_0}t \\[2mm] v = \dfrac{\mathrm{d}s}{\mathrm{d}t} = \dfrac{h}{t_0} = C \\[2mm] a = \dfrac{\mathrm{d}v}{\mathrm{d}t} = 0 \end{array} \right\} \qquad (6-31(\mathrm{a}))$$

式中 C 为常数。将 $t_0 = \varphi_0 / \omega$、$t = \varphi / \omega$ 代入上式,可得以转角 φ 表示的从动件运动方程为:

$$s = \frac{h}{\varphi_0}\varphi, \quad v = \frac{h}{\varphi_0}\omega, \quad a = 0 \qquad (6-31(\mathrm{b}))$$

对应上述方程的位移线图、速度线图和加速度线图分别见图 6-58(a)、(b)和(c)。可见,从动件在推程开始和终止瞬时,速度发生突变,从而使加速度理论上为无穷大。由后面即将学习的第 7 章知识可知,此种现象的发生,必将导致从动件在推程开始和终止时产生极大的**惯性力**,从而产生强烈的冲击,这种冲击称为**刚性冲击**。因此,匀速运动规律只适用于低速运转。

为了避免刚性冲击的产生,可采用圆弧、抛物线或其他曲线对从动件位移线图起始和终止处进行修正。

2. 匀加速匀减速运动规律(抛物线运动规律)

匀加速匀减速运动规律是指从动件在前半个行程($h/2$)中作匀加速运动,在后半个行程($h/2$)中作匀减速运动,且两者的绝对值相等。因此,作匀加速和匀减速所经历的时间相等。前半推程和后半推程时间各为 $t_0/2$,与之相应的凸轮转角各为 $\varphi_0/2$。从动件前半推程作匀加

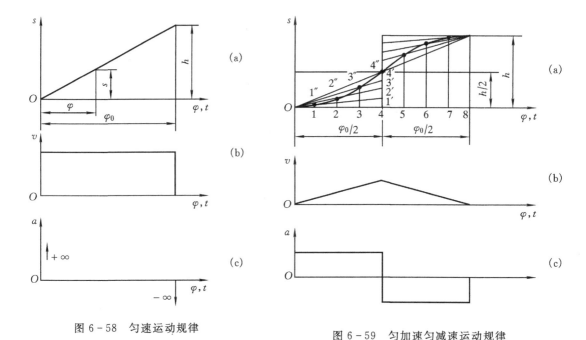

图 6-58　匀速运动规律　　　　　图 6-59　匀加速匀减速运动规律

速运动的运动方程为：

$$
\left.
\begin{aligned}
a &= \frac{\mathrm{d}v}{\mathrm{d}t} = C \\
v &= \frac{\mathrm{d}s}{\mathrm{d}t} = \int a\mathrm{d}t = at + C_1 \\
s &= \int v\mathrm{d}t = \frac{1}{2}at^2 + C_1 t + C_2
\end{aligned}
\right\}
\qquad (6-32(\mathrm{a}))
$$

式中 C、C_1、C_2 分别为常数。因为当 $t=0$ 时，$v=0$，$s=0$；当 $t=t_0/2$ 时，$s=h/2$，且 $t=\varphi/\omega$，一并代入上式，可得从动件前半推程匀加速运动方程为：

$$
\left.
\begin{aligned}
s &= \frac{2h}{\varphi_0^2}\varphi^2 \\
v &= \frac{4h\omega}{\varphi_0^2}\varphi \\
a &= \frac{4h}{\varphi_0^2}\omega^2
\end{aligned}
\right\}
\qquad (6-32(\mathrm{b}))
$$

同理，可求得后半推程作匀减速运动的运动方程为：

$$
\left.
\begin{aligned}
s &= h - \frac{2h}{\varphi_0^2}(\varphi_0 - \varphi)^2 \\
v &= \frac{4h\omega}{\varphi_0^2}(\varphi_0 - \varphi) \\
a &= -\frac{4h}{\varphi_0^2}\omega^2
\end{aligned}
\right\}
\qquad (6-32(\mathrm{c}))
$$

上述运动规律的运动图线见图 6-59。由图可知，这种运动规律的速度曲线是连续的。

不会产生刚性冲击。但在行程开始、终止以及行至 $\frac{h}{2}$ 等三个位置时，加速度有突变，所以从动件也会对机构产生冲击，但由于加速度的突变量为一定值而不是无穷大，所以较刚性冲击要小，称为**柔性冲击**。这种运动规律可用于中速轻载场合。

　　当用图解法设计凸轮轮廓时，通常需要绘制从动件的位移曲线。由式(6-32)可知，其位移曲线由两段反向抛物线组成，因此可按抛物线作图方法绘制。如图6-59(a)所示，按选定比例尺 μ_s,μ_φ，在 $s-\varphi$ 坐标系中的纵、横坐标轴上，将 $h/2$ 和 $\varphi_0/2$ 对应分成相同的若干等分，得分点 $1',2',3',\cdots$ 和 $1,2,3,\cdots$。作连线 $O1',O2',O3',\cdots$，分别与由点 $1,2,3,\cdots$ 所作纵坐标轴的平行线交于点 $1'',2'',3'',\cdots$，再将点 $O,1'',2'',3'',\cdots$ 连成光滑曲线，即得等加速段的位移曲线。等减速段的位移曲线，可用同样的方法按相反的次序画出。

3. 简谐运动规律(余弦加速度运动规律)

　　当一点在圆周上作匀速运动时，它在该圆直径上投影点的运动规律称为简谐运动规律。如图6-60所示，设以从动件的行程 h 为直径作一圆，则从动件的位移为：

$$s = \frac{h}{2}(1-\cos\theta)$$

　　设质点相对圆周移动，$\theta=\pi$ 时凸轮转角 $\varphi=\varphi_0$。因此，θ 与 φ 的关系为 $\theta=\pi\varphi/\varphi_0$，于是得

$$s = \frac{h}{2}\big[(1-\cos(\frac{\pi}{\varphi_0}\varphi)\big]$$

　　将上式对时间 t 分别求一次导数和二次导数，并取 $\omega=\mathrm{d}\varphi/\mathrm{d}t$，可分别得到从动件的速度方程和加速度方程。因此，从动件推程作简谐运动的运动方程为：

$$\left.\begin{array}{l}s = \dfrac{h}{2}\big[(1-\cos(\dfrac{\pi}{\varphi_0}\varphi)\big] \\[2mm] v = \dfrac{\pi h\omega}{2\varphi_0}\sin(\dfrac{\pi}{\varphi_0}\varphi) \\[2mm] a = \dfrac{\pi^2 h\omega^2}{2\varphi_0^2}\cos(\dfrac{\pi}{\varphi_0}\varphi)\end{array}\right\} \quad (6-33)$$

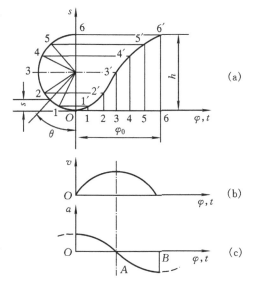

图 6-60　简谐运动规律

　　其相应的运动图线及其作图方法见图6-60。因为加速度曲线是余弦曲线，所以简谐运动又称为余弦加速度运动。由加速度曲线图可见，在"停转升"和"升转停"的转换瞬时，加速度值同样存在有限值的突变，即有柔性冲击产生，因此这种运动规律也只适用于中速场合。但当从动件作连续"升—降"型运动循环时，加速度曲线保持连续(图6-60(c)中虚线所示)，冲击即可消除，因此该运动规律可用于高速凸轮机构。

　　上述几种运动规律常组合应用，为了消除冲击即加速度曲线中不出现突变，工程中还采用摆线运动规律和高次多项式运动规律等，在此不再一一详述。

6.4.4　盘形凸轮轮廓曲线的图解设计

　　凸轮工作轮廓的设计是凸轮机构设计的主要内容,通常有解析法和图解法两种设计方法。解析法适用于高精度的高速凸轮、靠模凸轮等,对于一般机械,用图解法设计凸轮工作轮廓已能满足使用要求。由于图解法简便易行,而且非常直观,因此本节仅对此方法进行介绍。

　　虽然凸轮机构的形式很多,且从动件的运动规律也各不相同,然而用图解法设计凸轮轮廓曲线时所依据的原理及作图步骤却基本相同。本书只结合盘形凸轮,分别介绍尖顶从动件、滚子从动件、平底从动件盘形凸轮工作轮廓的绘制方法。

1. 对心直动尖顶从动件盘形凸轮

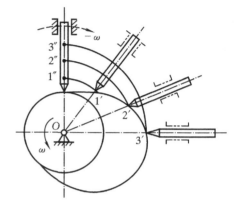

图 6-61　"反转法"原理

　　图 6-61 所示为一对心直动尖顶从动件盘形凸轮机构。主动件凸轮以角速度 ω 绕轴 O 转动,从动件沿固定导路作上下移动。绘制凸轮轮廓时,可设凸轮相对机架保持静止,而从动件一方面和导路一起以角速度($-\omega$)绕 O 轴转动,另一方面又以原有运动规律相对导路作往复移动。根据相对运动原理可知,机构各构件间的相对运动关系不变。由于从动件尖顶始终与凸轮轮廓保持接触,故尖顶的运动轨迹即为凸轮工作轮廓。此种方法称为**反转法**。下面举例说明作图步骤。

　　例 6-6　已知一对心直动尖顶盘形凸轮机构的凸轮以匀角速度 ω 顺时针方向转动,基圆半径 $r_b =$ 30 mm。从动件运动规律如下:

凸轮转角 φ	0～90°	90°～150°	150°～330°	330°～360°
从动件运动	匀速上升 30 mm	停止不动	匀加速、匀减速 下降到原处	停止不动

试设计该机构凸轮轮廓曲线。

　　解　作图步骤如下:

　　(1) 选取适当的比例尺绘制位移线图,见图 6-62(a)。图中长度比例尺 $\mu_l = 2$ mm/mm,角度比例尺 $\mu_\varphi = 6°$/mm(若问题直接给出位移线图 s-φ 曲线,则省去此步)。

　　(2) 将位移线图中对应的推程角和回程角分别分成若干等份(等份数越多,则设计出的凸轮轮廓越精确)。这里将推程角分成 3 等份,每等份30°;回程角份成 6 等份,每等份30°。于是得分点 0,1,2,…,10,各分点处对应的从动件位移量为 $00'$,$11'$,$22'$,…,$1010'$(见图 6-62(b))。

　　(3) 画基圆并确定从动件尖顶起始位置。如图 6-62(c)所示,取相同的比例尺 $\mu_l = 2$ mm/mm,以 O 为圆心,以 $r_b/\mu_l = 30/2 = 15$ mm 为半径画基圆;过 O 点画从动件导路中线与基圆交于 0 点,则 0 点即为从动件尖顶起始位置。

　　(4) 画反转过程中从动件的导路位置。自 $O0$ 沿 $-\omega$ 方向量取推程角、远休止角、回程角和近休止角分别为 90°、60°、180°和 30°,并将其分成与位移线图中对应的等份,等分线与其圆交点依次为 0,1,2,…,10。则射线 $O0$,$O1$,$O2$,…,$O10$ 即为反转过程中从动件导路所在的各个位置。

　　(5) 画凸轮工作轮廓。分别在 $O0$,$O1$,$O2$,…,$O10$ 上量取从动件位移线图中的对应位移量 $00'$,$11'$,$22'$,…,$1010'$,得反转过程中从动件尖顶的一系列位置 $0'$,$1'$,$2'$,…,$10'$;再分别光滑连接 $0'$,$1'$,$2'$,$3'$(推程段廓线)和 $4'$,$5'$,…,$10'$(回程段廓线),并作圆弧 $3'4'$(远休止廓线)和 $10'0'$(近休止廓线),则各段曲线所围成的封闭图形即为所求的凸轮工作廓线。

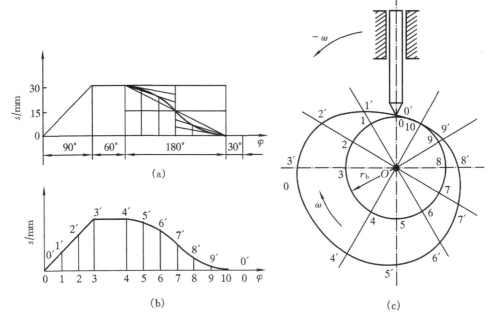

图 6-62　对心直动尖顶从动件盘型凸轮廓线设计

2. 偏置直动尖顶从动件盘形凸轮

如图 6-63 所示的偏置直动尖顶从动件盘形凸轮机构,凸轮转动中心 O 到从动件导路中心线的距离 e 称为**偏距**。以 O 为圆心,e 为半径所作的圆称为**偏距圆**。从动件在反转过程中依次占据的位置,不再是通过凸轮转动中心 O 的径向线而是偏距圆的切线 $K_0 0, K_1 1, \cdots, K_{10} 10$,从动件的位移 $00'$,$11', \cdots, 1010'$ 也应沿相应的切线量取。凸轮各转角的量取也与对心式不同,而应自 OK_0 开始沿 $-\omega$ 方向进行。其余的作图步骤与对心直动尖顶从动件盘形凸轮作图步骤相同。

3. 对心滚子从动件盘形凸轮

如图 6-64 所示,滚子从动件凸轮机构在运动过程中,滚子一方面随从动件一起移动,一方面又绕自身轴线转动。除滚子中心 O_1 与从动件的运动规律相同外,滚子上其他各点与从动件的运动规律都不相同。所以,只能根据滚子中心的运动规律进行设计。

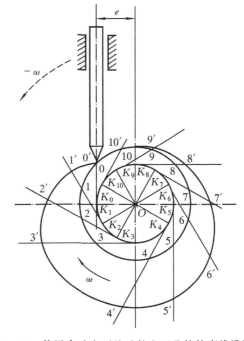

图 6-63　偏置直动尖顶从动件盘型凸轮轮廓线设计

为此,可以把滚子中心看作尖顶从动件的尖顶,按照前述方法绘制尖顶从动件的凸轮轮廓 L_0,

称为**理论轮廓**；再以曲线 L_0 上各点为圆心，以滚子半径为半径，按照相同的比例尺画一系列圆，这些圆的内包络线 L 即为滚子从动件盘形凸轮的工作轮廓。如果改变滚子半径，则将得到一个新的工作轮廓，而从动件的运动规律却保持不变。滚子从动件盘形凸轮的基圆半径通常是指理论轮廓的基圆半径。

4. 对心平底从动件盘形凸轮

对心平底从动件盘形凸轮机构，其凸轮轮廓线的绘制方法如图 6-65 所示。首先将从动件的导路中心线与平底的交点 B_0 视为尖顶从动件的尖顶，按尖顶从动件凸轮廓线的绘制方法求出尖顶的一系列位置 B_0，B_1，…；然后过这些点分别画出从动件平底的各个对应位置，并作这些平底的包络线，即得平底从动件盘形凸轮的工作轮廓。由图可见，从动件的平底与凸轮工作轮廓的切点随机构的位置而变化。为保证平底始终与凸轮工作轮廓接触，导路中心线两侧的平底宽度 H 应大于导路中线到最远接触点的垂直距离 L_{max}。

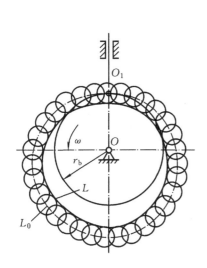

图 6-64　对心滚子从动件盘形凸轮廓线设计

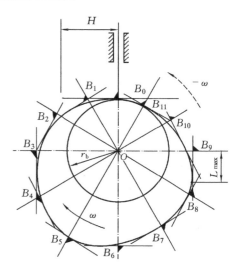

图 6-65　对心平底从动件盘形凸轮廓线设计

6.4.5　凸轮机构的压力角和凸轮基圆半径

1. 凸轮机构的压力角

在图 6-66 所示凸轮机构中，凸轮逆时针方向转动，从动件与凸轮工作轮廓在 B 点接触。如果不考虑摩擦，从动件的受力 $\boldsymbol{F}$ 方向沿接触点的公法线 n-n，与从动件在 B 点的速度 v 方向间的锐角夹角 α 称为该点的**压力角**。力 $\boldsymbol{F}$ 沿从动件导路方向的分力 $F_y = F\cos\alpha$ 将推动从动件移动，是有效分力；与导路方向垂直的分力 $F_x = F\sin\alpha$ 将使从动件压紧导路，产生动滑动摩擦力 $\boldsymbol{F_d}$，是有害分力。压力角愈大，有效力愈小，有害分力愈大。当压力角增大到使有效分力等于或小于有害分力产生的最大静滑动摩擦力 F_{max} 时，无论 $\boldsymbol{F}$ 力有多大，都无法推动从动件运动，即机构出现自锁现象。为了保证凸轮机构正常工作且具有一定的传动效率，设计时应对压力角有所限制。由于凸轮轮廓上各点的压力角通常是变化的，因应限制最大压力角不超过许用值 $[\alpha]$，即

$$\alpha_{max} \leqslant [\alpha] \qquad\qquad (6-34)$$

许用压力角$[\alpha]$的推荐值为：

推程　直动从动件　　$[\alpha]=30°$
　　　摆动从动件　　$[\alpha]=45°$

回程中从动件通常是靠外力或自重作用返回的，一般不会出现自锁现象。因此，压力角允许大些，无论是直动从动件还是摆动从动件，均取$[\alpha]=70°\sim80°$。

2. 凸轮的基圆半径

在图 6-66 中，凸轮的基圆半径r_b，凸轮的向径r和从动件位移s之间有如下的关系

$$s = r - r_b \qquad (a)$$

又由于凸轮和推杆在 B 点接触时，两者在公法线 n-n 上无相对运动，故推杆上 B_2 点的速度 v_{B2}（即 v）与凸轮上 B_1 点的速度 v_{B1} 在 n-n 上的分速度应相等，即 $v_{n2} = v_{n2} = v_n$，故有

$$v_{B2}\cos\alpha = v_{B1}\sin\alpha = v_n \qquad (b)$$

且

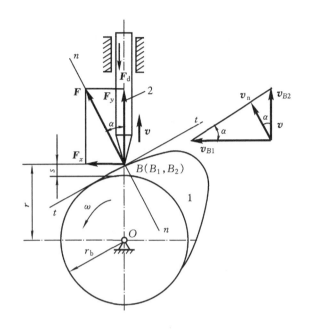

图 6-66　凸轮机构的压力角和基圆半径

$$v_{B1} = r\omega \qquad \qquad (c)$$

将(a)、(b)和(c)三式联立求解，可求得基圆半径 r_b 与压力角 α 之间有如下关系

$$r_b = \frac{v}{\omega\tan\alpha} - s \qquad (6-35)$$

由此可见，当v、ω 和 s 一定时，若压力角 α 减小，则凸轮基圆半径将增大，机构尺寸随之增大；若压力角 α 增大，虽凸轮基圆半径将减小，但机构的受力情况变差。即机构的结构紧凑与受力条件良好两者是有矛盾的。通常处理这一矛盾的做法是：①对于载荷不大，用于操纵或控制的凸轮机构主要考虑减小结构尺寸，可按经验公式 $r_b\approx2r_0$（r_0 为凸轮轴孔的半径）确定基圆半径，需要时再按式(6-34)验算压力角要求；②当载荷较大时，应以有利于受力为主确定压力角，并按式(6-35)计算出基圆半径 r_b。

6.5　间歇机构

机械中，特别在各种自动和半自动机械中，常常需要把原动件的连续运动变为从动件的周期性间歇运动，实现这种间歇运动的机构称为间歇运动机构。例如机床的进给机构、分度机构、自动进料机构、电影机的卷片机构和计数器的进位机构等。

间歇运动机构的种类很多，下面仅介绍最常用的棘轮机构和槽轮机构。

6.5.1　棘轮机构

1. 棘轮机构的组成及工作原理

如图 6-67 所示为常见的外啮合棘轮
机构。主要由棘爪 1,棘轮 2 与机架组成。
当摇杆 O_2B 向左摆动时,装在摇杆上的棘爪
1 插入棘轮的齿间,推动棘轮逆时针方向转
动。当摇杆 O_2B 向右摆动时,棘爪在齿背上
滑过,棘轮静止不动。从而将摇杆的往复摆
动转换为棘轮的单向间歇转动。为了防止
棘轮的自动反转,机构还同时设计了止推棘
爪 3。为了保证棘爪工作可靠,一般是利用
弹簧(扭簧或拉簧、压簧,图中未画出)将棘
爪紧压于棘轮。

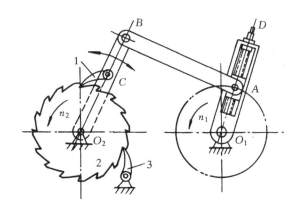

图 6-67　棘轮机构
1—棘爪;2—棘轮;3—止退棘爪

2. 棘轮机构的类型

棘轮机构可分为**齿式棘轮机构**和**摩擦式棘轮机构**两大类。

齿式棘轮机构有外啮合(图 6-67)、内啮合(图 6-68)两种形式。按棘轮齿形分,可分为
锯齿形齿(图 6-67)和矩形齿(图 6-69)两种。

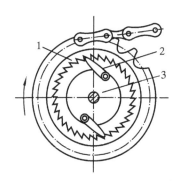

图 6-68　自行车飞轮
1—链轮;2—棘爪;3—飞体

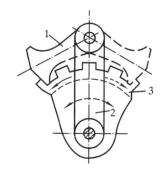

图 6-69　可变转向的棘轮机构

为了能无级地调节棘轮转角的大小并降低冲击和噪声,在机械中应用了摩擦式棘轮机构。
如图 6-70 为外摩擦式棘轮机构,它是靠棘爪 1 与棘轮 2 之间产生的摩擦力来驱动的,止退棘
爪 3 则可防止棘轮 2 反转。

图 6-71 为内摩擦式棘轮机构,当外套 1 逆时针方向转动时,因摩擦力的作用,使滚子 3
楔紧在外套 1 与星轮 2 之间,并带动星轮 2 一起转动;当外套顺时针方向转动时,滚子松开,星
轮静止不动。因此,当外套 1 往复摆动时,星轮 2 便可实现单向间歇转动。

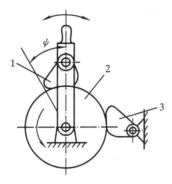

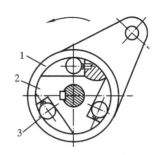

图 6-70　外摩擦式棘轮机构　　　　　　　图 6-71　内摩擦式棘轮机构

1—棘爪;2—棘轮;3—止退棘爪　　　　　　　1—外套;2—星轮;3—滚子

3. 棘轮转动的换向与转角的调节

单方向驱动的棘轮机构,常采用锯齿形轮齿(图 6-67)。可变向的棘轮机构,常采用矩形或梯形轮齿(图 6-69),当棘爪 1 在实线位置时,摇杆 2 推动棘轮 3 作逆时针方向间歇运动,当棘爪翻转到虚线位置时,摇杆将推动棘轮作顺时针方向间歇运动。

棘轮转过的角度是可以调节的。常用方法如下:

1) 改变曲柄长度

如图 6-67 所示,当转动螺杆 D 改变曲柄 O_1A 的长度后,摆杆摆动的角度就发生了变化,这时,棘轮转过的角度也随之相应改变。

2) 利用覆盖罩

如图 6-72(a)所示,棘轮装在罩盖 A 内,仅露出一部分齿,若转动罩盖 A,如图 6-72(b)所示,则不必改变摇杆摆动的角度 φ,就能使棘轮的转角由 α_1 变成 α_2。

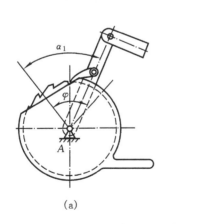

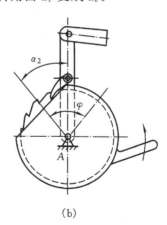

(a)　　　　　　　　　　　　　　　　　　(b)

图 6-72　转角可调的棘轮机构

4. 棘轮机构的特点及应用

1) 齿式棘轮机构的特点及应用

齿式棘轮机构的优点是结构简单,制造方便,运转可靠,转角大小可在一定范围内调节。缺点是棘轮的转角必须以相邻两齿所夹中心角为单位有级的变化,棘爪在棘轮齿顶滑行时会产生噪音,当棘爪和棘轮轮齿开始接触的瞬时会产生冲击,故不适用于高速机构。

棘轮机构的单向间歇运动特性常用于送进、制动、超越和转位分度等机构中。图6-73所示为浇铸自动线的输送装置,棘轮和带轮固连在同一轴上。当气缸内活塞上移时,活塞杆1推动摇杆使棘轮转过一定角度,将输送带2向前移动一段距离。当气缸内活塞下移时,棘爪在棘轮轮齿背上滑过,棘轮停止转动,浇包对准砂型进行浇铸。活塞不停地上下移动,即可有序完成砂型的浇铸与输送工作。

图6-74所示为提升机的棘轮制动器,棘轮和卷筒固为一体。当驱动装置(图中未画)驱动卷筒和棘轮一起逆时针转动时,重物被提升,棘爪在棘轮轮齿背上滑过。若停止驱动,棘爪便立即插入棘轮齿槽,制止卷筒顺时针转动,从而防止提升物体坠落事故的发生。这种制动器广泛用于卷扬机、提升机及运输机等设备中。

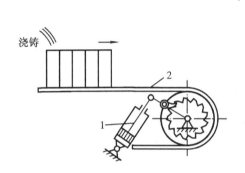
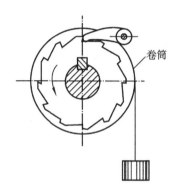

图6-73　浇铸自动线的输送装置　　　　　图6-74　棘轮制动器
1—活塞杆;2—输送带

图6-68所示为自行车后轴上的飞轮结构,是一种较为典型的超越机构。当脚踏脚蹬时,链条便带动内圈具有棘齿的链轮1顺时针转动,并通过棘爪2带动飞体3与后轴一起相对车架转动,后轮又借助于与地面间的摩擦力而沿地面滚动,从而自行车前进。在前进过程中。如果停止踏脚蹬,链轮即停止转动,但由于自行车具有惯性,后轮带动飞体使棘爪沿链轮内圈棘齿齿背滑过,从而继续顺时针相对机架转动,实现超越运动。这就是不蹬踏板自行车仍可自由滑行的原理。

2)摩擦式棘轮机构的特点和应用

摩擦式棘轮机构中棘轮转角可作无级调节,且传动平稳、无噪声。因靠摩擦力传动,可起到过载保护作用,又因其传动精度不高,故宜于低速、轻载的场合。

6.5.2　槽轮机构

1. 槽轮机构的组成及工作原理

槽轮机构(图6-75(a))由拨盘1、槽轮2与机架组成。当拨盘转动时,其中的圆销A进入槽轮相应的槽内,使槽轮转动。当拨盘转过$2\varphi_1$角时,槽轮转过$2\varphi_2$角(图6-75(b)),此时圆销A开始离开槽轮。拨盘继续转动,槽轮上的凹弧abc(称为锁止弧)与拨盘上的凸弧def相接触,此时槽轮不能转动。当拨盘的圆销A再次进入槽轮的另一槽时,槽轮又开始转动。这样就将原动件(拨盘)的连续转动变为从动件(槽轮)的周期性间歇转动。

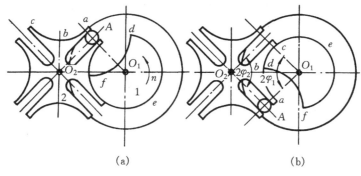

图 6-75　槽轮机构

1—拨盘;2—槽轮

2. 槽轮机构的类型

　　槽轮机构有外槽轮机构(图 6-75)和内槽轮机构(图 6-76)两种类型。根据机构中圆销的数目,外槽轮机构又有单圆销(图 6-75)、双圆销(图 6-77)和多圆销槽轮机构之分。单圆销外槽轮机构工作时,拨盘转一周,槽轮反向转动一次;双圆销外槽轮工作时,拨盘转一周,槽轮反向转动两次。内槽轮机构中,槽轮转向与拨盘转向相同。

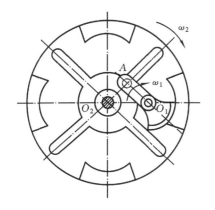

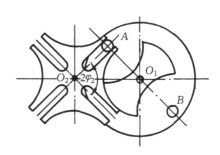

图 6-76　内槽轮机构　　　　　　图 6-77　双拨销槽轮机构

3. 槽轮机构的特点及应用

　　槽轮机构结构简单,转位迅速,效率较高,但制造与装配精度要求较高,且转角大小不能调节,在槽轮转动的始、末位置由于存在冲击,故不适于高速场合。因此,槽轮机构一般应用于转速不高的定角度分度装置中。常用于自动机床的换刀装置(图 6-78)及电影放映机的输片机构等。

4. 槽轮机构的运动系数

　　如图 6-75 所示,为了避免圆销与轮槽发生突然撞击,应使槽轮在开始和终止转动的瞬时角速度为零,即圆销进入或脱出槽轮径向槽的瞬时,圆销与拨盘中心的连线 O_1A 应垂直于轮槽

图 6-78　自动机床的换刀装置

的中心线 O_2A。设 Z 为均匀分布的径向槽数,则当槽轮 2 转过 $2\varphi_2 = 2\pi/Z$ 角度时,拨盘 1 的转角 $2\varphi_1$ 为

$$2\varphi_1 = \pi - 2\varphi_2 = \pi - \frac{2\pi}{Z} \tag{6-36}$$

在槽轮机构的一个工作循环中,槽轮运动的时间 t_2 与拨盘运动的时间 t_1 之比值 τ 称为机构的**运动(特性)系数**。当拨盘匀角速转动时,其运动时间与转角成正比。对于只有一个圆销的槽轮机构,t_2 和 t_1 分别对应于拨盘转过的角度 $2\varphi_1$ 和 2π,因此

$$\tau = \frac{t_2}{t_1} = \frac{2\varphi_1}{2\pi} = \frac{\pi - 2\pi/Z}{2\pi} = \frac{Z-2}{2Z} \tag{6-37}$$

对于圆销数为 n 的多圆销槽轮机构则有

$$\tau = \frac{t_2}{t_1} = n\frac{Z-2}{2Z} \tag{6-38}$$

显然,$\tau \leqslant 0$ 与 $\tau \geqslant 1$ 都无意义,因此 τ 的取值范围为

$$0 < \tau = n\frac{Z-2}{2Z} < 1 \tag{6-39}$$

5. 槽轮的槽数和拨盘的圆销数

1)槽轮的槽数确定

由式(6-39)知 $n\dfrac{Z-2}{2Z} > 0$,得 $Z > 2$,由于槽数必须取整数,故 $Z \geqslant 3$。为了槽轮的加工方便,其槽数不宜过多。通常取 $Z = 4$ 或 $Z = 6$。

2)拨盘的销数

由式(6-39)知 $n\dfrac{Z-2}{2Z} < 1$,得

$$n < \frac{2Z}{Z-2} \tag{6-40}$$

由此可知,槽轮机构中的圆销数不能随意选取。当 $Z = 4$ 时,$n = 1 \sim 4$;当 $Z = 6$ 时,$n = 1 \sim 3$。对于内槽轮机构,圆销数只能取 1。

6.6 构件上各点的速度与加速度

机构的运动分析包括对机构的工作原理、运动特性分析,同时还包括对组成机构的各构件上的各点进行运动分析。前者上述已经介绍,后者将在本节进行。

6.6.1 两构件上重合点的速度间及加速度间的关系

1. 复合运动的基本概念

工程中常遇到这样的情况:点相对于某一参考系运动,而此参考系又相对于另一参考系运动;对后一参考系而言,点就作复合运动。例如图 6-79 所示车轮轮缘上一点 M,相对车上的观察者来看,点作圆周运动;然而由于车身相对地面作直线平动,因此相对于地面上的观察者而言,M 点作复合的旋轮线运动。再如图 6-80 中的小球 M,相对直管 OA 在管内作直线运动,由于直管相对机架转动,所以小球相对于地面作复合曲线运动。

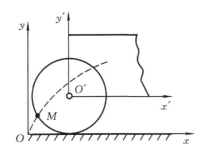
图 6-79　车轮轮缘点的复合运动分析

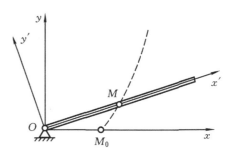
图 6-80　管内小球的复合运动分析

虽然相对于不同的参考系,所描述的同一点运动是不同的,但这些运动之间必然存在一定的联系。

首先定义三个对象:所研究的点称为**动点**,第一个参考系称为**动系**,第二个参考系称为**定系**。在图 6-79、图 6-80 两例中,定系均与地面相固结,因而不必特别说明;但有时定系不与地面固结,这时需要特别说明。

其次明确三种运动:

绝对运动　动点相对定系的运动;

相对运动　动点相对动系的运动;

牵连运动　动系相对定系的运动。

显然,绝对运动与相对运动都属点的运动,而牵连运动是刚体的运动。

通过适当地选择动坐标系,可以将一些比较复杂的运动分解为简单的牵连运动与相对运动的合成,从而使问题分析得到简化。无论在理论上或实际上都将具有重要的意义。

2. 速度合成定理

动点相对定系运动的速度称为**绝对速度**,以 v_a 表示;动点相对动系运动的速度称为**相对速度**,以 v_r 表示;一般情况下,动系运动时其上各点的速度各不相同。定义某瞬时动系上与动点重合的点为该瞬时动点的牵连点,称某瞬时牵连点(相对定系)的速度为**牵连速度**,并以 v_e 表示。由于动点的相对运动发生,因而不同瞬时牵连点是动系上不同的点。

如图 6-81 所示,设动点 M 在动系上的相对轨迹为 AB 曲线。在 $t+\Delta t$ 瞬时,点 M 运动至 M',$\overrightarrow{MM'}=\Delta r_a$ 是绝对位移;牵连点运动至 M_1,$\overrightarrow{MM_1}=\Delta r_e$ 是牵连位移。点 M_2 是当没有牵连运动而只有相对运动时动点 M 在 $t+\Delta t$ 瞬时的位置,因而 $\overrightarrow{MM_2}=\Delta r_r$ 是相对位移。由图上

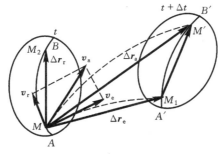
图 6-81　速度合成定理

的几何关系得

$$\Delta \boldsymbol{r}_a = \Delta \boldsymbol{r}_e + \overrightarrow{M_1 M'}$$

$$\lim_{\Delta t \to 0} \frac{\Delta \boldsymbol{r}_a}{\Delta t} = \lim_{\Delta t \to 0} \frac{\Delta \boldsymbol{r}_e}{\Delta t} + \lim_{\Delta t \to 0} \frac{\overrightarrow{M_1 M'}}{\Delta t}$$

由于

$$\lim_{\Delta t \to 0} \frac{\overrightarrow{M_1 M'}}{\Delta t} = \lim_{\Delta t \to 0} \frac{\Delta \boldsymbol{r}_r}{\Delta t}$$

所以

$$\boldsymbol{v}_a = \boldsymbol{v}_e + \boldsymbol{v}_r \qquad (6-41)$$

此式表明:在任一瞬时,动点的绝对速度为相对速度与牵连速度的矢量和,即点的复合运动速度合成定理。

在应用速度合成定理求解两构件上重合点的速度关系时,应按下面过程进行:

(1)选择动点、动系。动点一般可取主动件与从动件的重合点,且是主动件上或者从动件上一个不随时间变化的确定点。动系的选取应尽量使牵连运动简单,同时使相对运动明确。

(2)分析三种运动。特别强调,绝对运动与相对运动都属点的运动,而牵连运动是刚体的运动。

(3)分析三个速度。各速度矢量的大小和方位,应结合三种运动分析进行。

(4)应用定理并由已知求解未知量。注意绝对速度为平行四边形的对角线。

例6-7 已知凸轮顶杆机构中的凸轮为一偏心圆轮(图6-82(a)),其半径为R,偏心距为e,并以ω作等角速转动。求当$\angle OCA = 90°$时,顶杆AB上一点的速度。

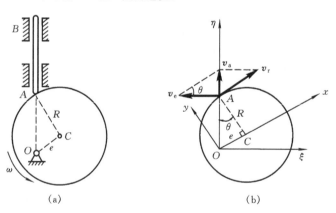

(a)   (b)

图6-82 例6-7图

解 杆AB上一点的运动是简单的直线运动,但也可看成是相对圆盘的圆周运动及圆盘的定轴转动的合成。

(1)动点:选杆上点A(图6-82(b));

动系:与偏心圆盘相固结。

(2)绝对运动:点A的直线运动;

相对运动:点A沿圆盘边缘的圆周运动;

牵连运动:动系Oxy绕O轴的定轴转动。

（3）v_a：方位沿 η 轴，大小未知；

　　　v_r：方位沿圆盘边缘切线，大小未知；

　　　v_e：方向垂直 η 轴向左，大小 $v_e = \sqrt{R^2 + e^2}\,\omega$。

（4）作速度平行四边形如图 6 - 82(b)。由几何关系得

$$v_a = v_e \tan\theta = \frac{e}{R}\sqrt{R^2 + e^2}\,\omega$$

$$v_r = \frac{v_e}{\cos\theta} = \frac{R^2 + e^2}{R}\omega$$

例 6 - 8　简易冲床的曲柄滑道机构如图 6 - 83 所示。曲柄 $OA = r$ 绕 O 轴以匀角速度 ω 转动，滑块 A 在滑道 BC 中滑动，并带动滑杆 BCD 在滑槽中上下平动。当 $\varphi = 30°$ 时，试求滑杆 BCD 的速度。

解　动点：滑块中心 A；

动系：滑杆 BCD。

绝对运动：以 O 为圆心的圆周运动；

相对运动：沿滑道 BC 的直线运动；

牵连运动：滑杆的上下平动。

绝对速度 v_a：方向垂直 OA 与 ω 转向一致，大小 $v_a = r\omega$；

相对速度 v_r：方位沿滑道 BC，大小未知；

牵连速度 v_e：方位沿铅垂线，大小未知。

作速度平行四边形如图 6 - 83。由几何关系得

$$v_e = v_a \sin\varphi = \frac{1}{2}r\omega \qquad v_r = v_a \cos\varphi = \frac{\sqrt{3}}{2}r\omega$$

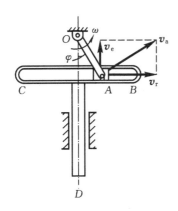

图 6 - 83　例 6 - 8 图

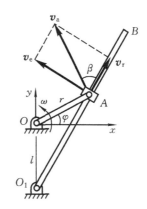

图 6 - 84　例 6 - 9 图

例 6 - 9　图 6 - 84 所示摆动导杆机构，由主动件 OA 通过滑块 A 带动导杆 O_1B 转动。已知曲柄 OA 的角速度 ω，尺寸 $r = l$，图示瞬时，转角 $\varphi = 30°$，试求此时导杆 O_1B 的角速度 ω_1。

解　动点：滑块中心 A；

动系：固连于 O_1B 杆。

绝对运动：是以 O 为圆心的圆周运动；

相对运动：沿 O_1B 作直线运动；

牵连运动：绕 O_1 轴的转动。

v_a：方向垂直于 OA 与 ω 转向一致，大小 $v_a = r\omega$；

v_r：方位沿 O_1B，大小未知；

v_e：方位垂直于 O_1B，大小未知。

作速度平行四边形如图 6-84。由几何关系得

$$v_e = v_a \sin\beta, \quad v_r = v_a \cos\beta$$

另一方面

$$v_e = \overline{O_1A} \cdot \omega_1$$

所以

$$\omega_1 = v_e/\overline{O_1A} = r\omega\sin60°/2r\sin60° = \omega/2$$

转向为逆时针。

3. 加速度合成定理

参照对三种速度的定义,称动点相对定系运动的加速度为**绝对加速度** a_a,动点相对动系运动的加速度为**相对加速度** a_r,动系中与动点重合之点(牵连点)相对定系的加速度为**牵连加速度** a_e。

点作复合运动时,加速度合成定理可以表述为

$$\left. \begin{aligned} a_a &= \alpha_e + a_r + a_C \\ a_C &= 2\boldsymbol{\omega} \times v_r \end{aligned} \right\} \tag{6-42}$$

式中:a_C——**科氏加速度**;

$\boldsymbol{\omega}$——动坐标系的转动角速度矢量,矢量的方位沿转动轴,指向根据右手定则决定。

科氏加速度是由于动坐标系转动而引起的。以图 6-84 导杆机构中的导杆 O_1B 为例,如图 6-85 所示。

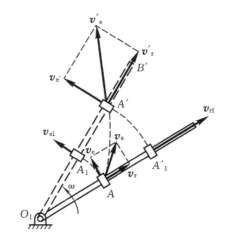

图 6-85　牵连运动为转动时点的加速度合成

在瞬时 t,设动点在位置 A,其牵连速度为 v_e,相对速度为 v_r,绝对速度 $v_a = v_e + v_r$;在瞬时 $t' = t + \Delta t$,杆转到 O_1B' 位置,由于具有相对运动,动点到达新的位置 A',此时的牵连速度为 v'_e,相对速度为 v'_r,且绝对速度 $v'_a = v'_e + v'_r$;杆上原来与动点相重合的点(即 t 瞬时的牵连点)在 t' 瞬时到达 A_1 点,并具有速度 v'_{e1}。根据各加速度的定义可得:

t 瞬时动点的牵连加速度

$$a_e = \lim_{\Delta t \to 0} \frac{v_{e1} - v_e}{\Delta t}$$

相对加速度

$$a_r = \lim_{\Delta t \to 0} \frac{v_{r1} - v_r}{\Delta t}$$

式中 $\boldsymbol{v}_{\mathrm{rl}}$ 是不考虑杆 O_1B 本身的转动（即牵连运动），经过时间间隔 Δt 后，动点由 A 运动到 A'_1 时所应有的相对速度。

绝对加速度

$$\boldsymbol{a}_{\mathrm{a}} = \lim_{\Delta t \to 0} \frac{\boldsymbol{v}'_{\mathrm{a}} - \boldsymbol{v}_{\mathrm{a}}}{\Delta t}$$

由上列各关系式可得

$$\boldsymbol{a}_{\mathrm{a}} = \boldsymbol{a}_{\mathrm{e}} + \boldsymbol{a}_{\mathrm{r}} + \lim_{\Delta t \to 0} \frac{\boldsymbol{v}'_{\mathrm{e}} - \boldsymbol{v}_{\mathrm{el}}}{\Delta t} + \lim_{\Delta t \to 0} \frac{\boldsymbol{v}'_{\mathrm{r}} - \boldsymbol{v}_{\mathrm{rl}}}{\Delta t}$$

等式右端第三项是 O_1B 杆上两个不同点（即瞬时 t' 的牵连点与瞬时 t 的牵连点）的速度差的极限，由于杆本身的转动（即牵连运动），其上各点的速度大小不等，可以证明，该附加项的大小等于 ωv_{r}，方位与 $\boldsymbol{v}_{\mathrm{r}}$ 的方向相垂直，指向与 ω 的转向相一致；等式右端第四项是考虑杆 O_1B 本身的转动（即牵连运动）所引起的相对速度相对于定坐标系方向的变化率，同样可以证明，该附加项的大小亦等于 ωv_{r}，方位与指向与前一项完全相同。这两项之和即为科氏加速度 $\boldsymbol{a}_{\mathrm{C}}$，是由法国工程师科里奥利(Coriolis)在 1832 年研究水轮机时首次发现的。代入上式即得式(6-42)。

如果杆的牵连运动是平动，如图 6-86 所示。根据平动的特点，在同一瞬时，杆上各点的速度相同，因此有 $\boldsymbol{v}'_{\mathrm{e}} = \boldsymbol{v}_{\mathrm{el}}$；同时，杆在两个不同瞬时的位置相平行，因此又有 $\boldsymbol{v}_{\mathrm{r}} = \boldsymbol{v}_{\mathrm{rl}}$。故牵连运动为平动时的科氏加速度 $\boldsymbol{a}_{\mathrm{C}} = 0$，此种情况下的加速度合成定理具有如下形式

$$\boldsymbol{a}_{\mathrm{a}} = \boldsymbol{a}_{\mathrm{e}} + \boldsymbol{a}_{\mathrm{r}} \tag{6-43}$$

式(6-42)和式(6-43)即给出了两构件上重合点的加速度间的确切关系。

例 6-10　在例 6-7 中求顶杆上一点在 $\angle OCA = 90°$ 时的加速度。

解　(1) 选顶杆上的点 A 为动点，动系与凸轮固结。

(2) 分析三种运动，并作速度分析得

$$v_{\mathrm{r}} = \frac{R^2 + e^2}{R} \omega$$

(3) 进行加速度分析(图 6-87)。

绝对加速度 $\boldsymbol{a}_{\mathrm{a}}$：方位铅直，大小未知；

牵连加速度 $\boldsymbol{a}_{\mathrm{e}}$：方向指向点 O，大小

$$a_{\mathrm{e}} = a_{\mathrm{e}}^{\mathrm{n}} = \sqrt{R^2 + e^2}\ \omega^2$$

相对法向加速度 $\boldsymbol{a}_{\mathrm{r}}^{\mathrm{n}}$：方向由 A 指向凸轮中心 C，大小

$$a_{\mathrm{r}}^{\mathrm{n}} = v_{\mathrm{r}}^2 / R = \frac{(R^2 + e^2)^2 \omega^2}{R^3}$$

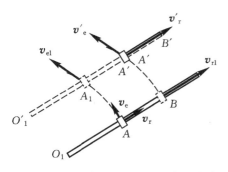

图 6-86　牵连运动为平动时点的加速度合成

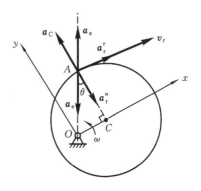

图 6-87　例 6-10 图

相对切向加速度 a_r^τ：方位沿凸轮曲线在 A 点处的切线,大小、指向未知;

科氏加速度 a_C：方向由 v_r 顺 ω 转向转过 $90°$ 确定,大小

$$a_C = 2\omega v_r = 2\,\frac{R^2 + e^2}{R}\omega^2$$

(4)运用加速度合成定理,有

$$a_a = a_e^n + a_r^n + a_r^\tau + a_C$$

将上式向图 6-87 所示的 y 轴投影

$$a_a\cos\theta = -\,a_e^n\cos\theta - a_r^n + a_C$$

可得

$$a_a = -\,\frac{e^4}{R^4}\,\sqrt{R^2 + e^2}\,\ \omega^2$$

6.6.2 同一构件上各点的速度间及加速度间的关系

在对机构进行运动分析时,我们将组成机构的诸构件均视为刚体。如果刚体在运动过程中,其上各点至某一固定平面的距离始终保持不变,则称该刚体作**平面运动**。很显然,组成平面机构的各构件在机构运转过程中,都在作平面运动。

1. 刚体平面运动的合成概念

设固定平面为 L_0（图 6-88）,作与 L_0 平行的另一固定平面 L 与刚体交成一个图形 S,则刚体作平面运动时,图形 S 就在固定平面 L 中运动。垂直于图形 S 的直线 A_1A_2 上各点的运动均与直线和图形的交点 O' 的运动相同,因而刚体的平面运动完全可以用平面图形 S 的运动代表。为确定图形 S 相对某参考坐标系的位置,只需确定其上一根直线 $O'M$ 的位置（图 6-89）,而为此只需确定点 O' 的坐标 $x_{O'}$、$y_{O'}$ 和 $O'M$ 直线与坐标轴的夹角 φ。可见,刚体的平面运动有 3 个自由度,平面运动的运动方程式为

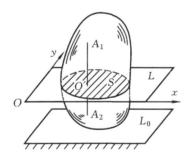

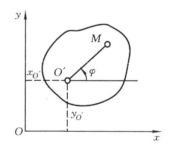

图 6-88 刚体平面运动   图 6-89 平面图形的位置确定

$$x_{O'} = f_1(t), \quad y_{O'} = f_2(t), \quad \varphi = f_3(t) \qquad (6-44)$$

特殊情况下,当 $\varphi =$ 常数,而 $x_{O'} = f_1(t)$、$y_{O'} = f_2(t)$ 时,线段 $O'M$ 方向保持不变,这时平面图形作平动;当 $x_{O'}$、$y_{O'}$ 均为常数,而 $\varphi = f_3(t)$ 时,平面图形绕 O' 轴转动。由此得到启发:刚体的平面运动可分解为平动和定轴转动这两种基本运动进行研究。

2. 平面运动分解为平动及转动

选平面图形上某一点 O' 称为**基点**,以 O' 点为原点作坐标系 $O'x'y'$,并令其两个坐标轴分别与固定坐标系的两个坐标轴始终保持平行（图 6-90）,该运动坐标系称为**平动坐标系**。于

是平面图形的运动就可分解为随同以基点 O' 为原点的平动坐标系的平动(牵连运动,通常习惯称为随基点 O' 的平动)和绕基点 O' 的转动(相对运动)。

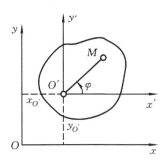

图 6-90 平动坐标系

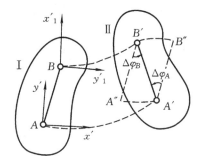

图 6-91 刚体平面运动的合成

应当注意,基点 O' 是任意选取的,但选取不同的基点,对运动的分解有影响。设平面图形由位置 Ⅰ 运动到位置 Ⅱ。图形上的直线 AB 随之运动到 $A'B'$,如图6-91所示。若以 A 点为基点,图形的平面运动就可以看成是随 A 点平移到 $A'B''$,同时绕 A' 点逆时针转过 $\Delta\varphi_A$ 角度到达 $A'B'$ 位置;若以 B 点为基点,图形的平面运动则可看成是随 B 点平移到 $B'A''$,同时绕 B' 点逆时针转 $\Delta\varphi_B$ 角度到达 $A'B'$ 位置。一般情况下,A、B 两点的位移不相等,即 $\overrightarrow{AA'} \neq \overrightarrow{BB'}$,故图形随基点的平动部分与基点的选择有关。另一方面,由于相对基点所转过的角度无论大小与转向都相同,即 $\Delta\varphi_A = \Delta\varphi_B = \Delta\varphi$,从而有 $\omega = \dot{\varphi}, \alpha = \ddot{\varphi}$,因此相对基点的转动部分与基点的选择无关,角速度与角加速度无需指明是相对于哪个基点而言,泛称为刚体平面运动的角速度和角加速度。

3. 平面图形内各点的速度

1)基点法

如图 6-92 所示,在图形内任取一点 O' 为基点,设其速度为 $\boldsymbol{v}_{O'}$。如果图形在任一瞬时的角速度为 ω,则平面图形内任一点 M 的运动,可以看成随同以基点 O' 为原点的平动坐标系的运动和绕基点 O' 作以 $\overline{O'M}$ 为半径的圆周运动的合成。根据速度合成定理 $\boldsymbol{v}_a = \boldsymbol{v}_e + \boldsymbol{v}_r$,将 $\boldsymbol{v}_a$ 记为动点 M 的速度 $\boldsymbol{v}_M, \boldsymbol{v}_e = \boldsymbol{v}_{O'}, \boldsymbol{v}_r$ 记为 $\boldsymbol{v}_{MO'}$,则有

$$\boldsymbol{v}_M = \boldsymbol{v}_{O'} + \boldsymbol{v}_{MO'} \tag{6-45}$$

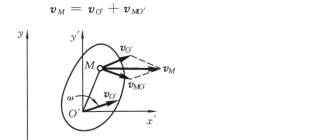

图 6-92 平面图形内一点的速度合成

式中相对速度 $\boldsymbol{v}_{MO'}$ 的大小为 $v_{MO'} = \overline{O'M} \cdot \omega$,方位垂直于 $\overline{O'M}$,指向与 ω 转向一致。上式表明:

平面图形内任一点的速度等于基点的速度与该点相对于基点运动速度的矢量和。该式是平面运动构件上各点速度分析的基本关系式。与之相对应的方法又称为**基点法**或**合成法**。

将式(6-45)向 O' 与 M 两点的连线上投影,并注意到 $\boldsymbol{v}_{MO'} \perp \overline{O'M}$,则有

$$[\boldsymbol{v}_M]_{O'M} = [\boldsymbol{v}_{O'}]_{O'M} \tag{6-46}$$

即,平面图形内任意两点的速度在这两点连线上的投影相等,称为速度投影定理。实际上,该定理反映了刚体形状不变的特征,具有普遍意义。

例6-11 曲柄摇杆机构,如图6-93所示。已知杆 $OA=30$ cm,以匀角速度 $\omega=6$ rad/s 作顺时针转动。连杆 $AB=60$ cm。求在图示位置时,连杆 AB 的角速度 ω_{AB} 和杆 BC 的角速度 ω_{BC}。

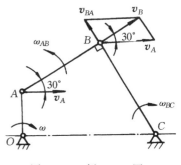

图6-93 例6-11图

解 OA 杆作定轴转动

$$v_A = \overline{OA} \cdot \omega = 30 \times 6 = 180 \text{ cm/s}$$

方向与 $\overline{OA}$ 垂直。

AB 杆作平面运动,选 A 点为基点,分析 B 点的速度。由图6-93的速度矢量几何关系得

$$v_B = v_A \cos 30° = 180 \times \frac{\sqrt{3}}{2} = 156 \text{ cm/s}$$

$$v_{BA} = v_A \sin 30° = 180 \times 0.5 = 90 \text{ cm/s}$$

于是,AB 杆的角速度为

$$\omega_{AB} = v_{BA} / \overline{AB} = 90/60 = 1.5 \text{ rad/s}$$

转向为逆时针。从几何关系可求杆 BC 的长度为

$$\overline{BC} = \frac{\overline{OA} + \overline{AB} \sin 30°}{\sin 60°} = \frac{60}{0.866} = 69.2 \text{ cm}$$

因此杆 BC 的角速度为

$$\omega_{BC} = v_B / \overline{BC} = 156/69.2 = 2.25 \text{ rad/s}$$

转向为顺时针。

2)速度瞬心法

某瞬时平面图形内(或其延拓部分上)速度为零的点 P,称为平面图形在该瞬时的**瞬时速度中心**,简称为**速度瞬心**。如果取 P 点作基点,则因基点的速度 $\boldsymbol{v}_P=0$,所以图形内任一点的速度等于该点随图形绕 P 点转动的速度。亦即,此时图形上各点的速度分布与图形绕速度瞬心作定轴转动的情况完全相同(图6-94(b))。显然,由此将对求解平面图形内各点的速度带来很大的方便。可以证明,一般情况下图形在各瞬时的速度瞬心唯一存在。

某瞬时,设平面图形的角速度为 ω,其上一点 O' 的速度为 $\boldsymbol{v}_{O'}$,如图6-94(a)所示。过 O'

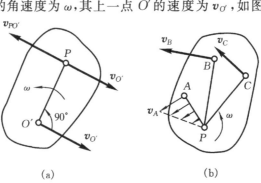

(a)   (b)

图6-94 速度瞬心法

点作 v_σ 的垂线,并在由 v_σ 顺 ω 转向转过 $90°$ 的一侧上取一点 P,使 $\overline{O'P}=v_\sigma/\omega$。则这样确定的 P 点,其速度等于零,即

$$v_P = v_{\sigma'} - v_{PO'} = v_{\sigma'} - \overline{O'P} \cdot \omega = 0$$

当然,图形在另一瞬时的速度瞬心是图形上的另外一点,此时图形上各点的速度分布又与图形绕该点转动的情况完全相同。

运用速度瞬心法求解的关键在于正确确定速度瞬心。确定速度瞬心的几种常用方法如下:

(1)当平面图形沿某一固定面作纯滚动时,图形上与固定面的接触点的速度为零,即为平面图形的速度瞬心(图 6-95(a))。

(2)已知某瞬时平面图形上任意两点 A、B 的速度方向,并且互不平行(图 6-95(b)),此时,过 A、B 两点分别作两点速度的垂线,其交点即为平面图形的速度瞬心。

(3)如果某瞬时平面图形上 A、B 两点的速度垂线重合,如(图 6-95(c))所示。则两速度矢端的连线与垂线 AB 的交点,即为速度瞬心。

(4)在特殊情况下,某瞬时两点速度互相平行且速度垂线并不重合,则速度瞬心趋向无穷远处,此时图形的瞬时角速度 $\omega=0$,其内各点速度相同,图形作**瞬时平动**。

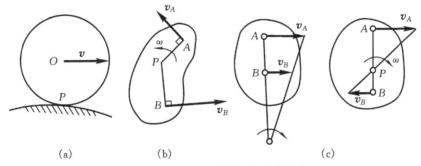

(a)   (b)   (c)

图 6-95 确定速度瞬心的几种方法

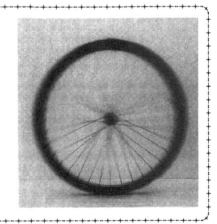

开动脑筋:图示为沿地面滚动的自行车车轮照片。从照片中辐条的清晰度上你能看出车轮上各点的速度分析规律么?

例 6-12 在图 6-96 所示的曲柄滑块机构中,曲柄长度 $OA=r$,连杆长度 $AB=l$,且 $l/r=5$,曲柄角速度为 ω。试求当转角 $\varphi=30°$ 时活塞 B 的速度。

解 平面机构中曲柄 OA 作定轴转动,连杆 AB 作平面运动,活塞 B 沿 OB 作直线平动。由此可知 $v_A \perp \overline{OA}$,且 $v_A = r\omega$,v_B 沿水平方向。

分别作 v_A、v_B 速度垂线交于 P 点,则 P 点就是连杆 AB 的速度瞬心。由此

$$\omega_{AB} = \frac{v_A}{PA}, \quad v_B = \overline{PB} \cdot \omega_{AB} = \frac{\overline{PB}}{\overline{PA}} v_A$$

应用平面三角方法求得比值 $\overline{PB}/\overline{PA}$,然后代入上式,得

$$v_B = 0.587 v_A = 0.587 r\omega$$

同理,可求得 φ 角为任一值时的活塞速度。这是内燃机设计时活塞运动分析的基础。

如果将**曲柄滑块机构**中的滑块 B 与机架的连接由低副(面接触)改为高副(线接触),则变换为**曲柄滚轮机构**如图 6-97 所示。该机构在印刷机、插齿机等机械中常可见到。

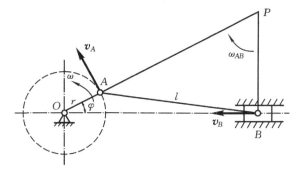

图 6-96 例 6-12 图

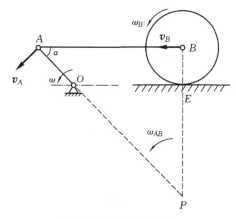

图 6-97 例 6-13 图

例 6-13 图 6-97 所示的曲柄滚轮机构中,曲柄匀角速度 ω 转动,滚轮沿机架滚动,半径为 r。曲柄 $\overline{OA} = \sqrt{2} r$,连杆 $\overline{AB} = 4r$。求当连杆位于水平时滚轮所具有的角速度 ω_B。

解 平面机构中,曲柄 OA 作定轴转动,连杆 AB 及轮 B 均作平面运动,轮心 B 沿水平作直线运动。由此可知 $v_A \perp \overline{OA}$,且 $v_A = \sqrt{2} r\omega$,v_B 沿水平方位。

先研究连杆,分别作 v_A、v_B 的垂线交于 P 点,即为连杆 AB 的速度瞬心,由此得

$$\omega_{AB} = \frac{v_A}{PA}, \quad v_B = \overline{PB} \cdot \omega_{AB} = \frac{\overline{PB}}{\overline{PA}} v_A$$

再研究滚轮 B,轮与机架的接触点 E 即为滚轮的速度瞬心,由此得轮作平面运动的角速度为

$$\omega_B = \frac{v_B}{EB} = \frac{\overline{PB}}{\overline{PA} \cdot \overline{EB}} v_A$$

由于图示瞬时连杆处于水平,故可知 $\alpha = 45°$,$\overline{PA} = 4\sqrt{2} r$,$\overline{PB} = 4r$,$\overline{EB} = r$,$v_A = \sqrt{2} r\omega$,代入 ω_{AB} 及 ω_B 关系式后,得

$$\omega_{AB} = \frac{1}{4}\omega, \quad \omega_B = \omega$$

均为逆时针转向。

例 6-14 棘轮机构如图 6-98(a)所示。已知曲柄 OA 匀角速度 ω 顺时针转动,机构尺寸为 $\overline{OA} = R$,$\overline{O_1 B} = 2\sqrt{3} R$,$\overline{AB} = 8R$,$\overline{O_1 O} = 5\sqrt{3} R$,$\overline{O_1 D} = 2R$。试求当曲柄 OA 位于铅垂向下位置时棘爪 D 的速度。

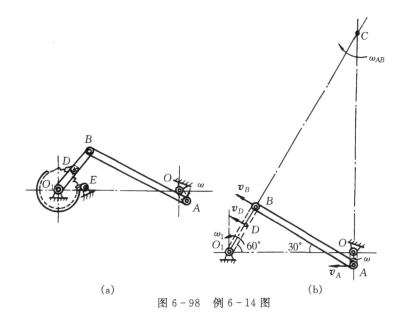

图 6 - 98　例 6 - 14 图

解　这里,针对问题的提出,棘爪的尺寸可略去不计。棘爪的速度即等于摇杆上 D 点的速度。

在图 6 - 98(b)所示的曲柄摇杆机构中,曲柄 OA 及摇杆 O_1B 分别作定轴转动,连杆 AB 则作平面运动。由此可知 $v_A \perp \overline{OA}$,且 $v_A = R\omega$, $v_B \perp \overline{O_1B}$。

取 AB 杆作研究对象。分别过 A、B 点作速度 v_A、v_B 的垂直线交于 C 点,即为连杆作平面运动的速度瞬心,故有

$$\omega_{AB} = \frac{v_A}{\overline{CA}} = \frac{R\omega}{\overline{CA}}, \quad v_B = \overline{CB} \cdot \omega_{AB} = \frac{\overline{CB}}{\overline{CA}} R\omega$$

再研究摇杆 O_1B。根据转动刚体上点的速度与刚体角速度间的关系,得

$$\omega_1 = \frac{v_B}{\overline{O_1B}} = \frac{\overline{CB}}{\overline{CA} \cdot \overline{O_1B}} R\omega, \quad v_D = O_1D \cdot \omega_1 = \frac{\overline{CB} \cdot \overline{O_1D}}{\overline{CA} \cdot \overline{O_1B}} R\omega$$

由机构的已知尺寸及图 6 - 98(b)所示位置,并根据 $\triangle CAB$ 和 $\triangle CO_1O$ 的相似条件,得 $\overline{CB}/\overline{CA} = \overline{CO}/\overline{CO_1}$ $= \sin 60° = \sqrt{3}/2$,且 $\overline{O_1D}/\overline{O_1B} = \sqrt{3}/3$。一并代入 v_D 表达式,得

$$v_D = \frac{1}{2} R\omega$$

方向如图 6 - 98(b)所示。

例 6 - 15　轮系增速机构如图 6 - 99 所示。曲柄 OA 以角速度 ω_0 绕固定轴 I 转动。节圆半径为 r_2 的齿轮 2 活动地套在曲柄 A 端的销轴 II 上。曲柄转动时,II 轴带动齿轮 2 在节圆半径为 r_1 的固定内接齿轮 1 上滚动,从而带动节圆半径为 r_3 的从动齿轮 3 绕定轴 III 转动。若已知 $r_1/r_3 = 11$,曲柄 OA 的转速 $n_0 = 1\,470$ r/min。试求轮 3 的转速 n_3。

解　在该轮系中,既有 2 轮绕 II 轴的自转,又有 II 轴绕 III 轴(I 轴 III 轴重合)的公转。这种在转动过程中至少有一个齿轮的几何轴线绕另一齿轮的几何轴线转动的轮系称为**周转轮系**。

在该轮系中,曲柄 OA 作定轴转动

$$v_A = \overline{OA} \cdot \omega_0 = (r_2 + r_3)\omega_0$$

齿轮 2 作平面运动,与固定内接齿轮 1 啮合,啮合点 P 即为速度瞬心,由此可求得齿轮 2 的角速度及其上与齿轮 3 的啮合点 C 的速度

$$\omega_2 = v_A / \overline{PA} = v_A / r_2$$

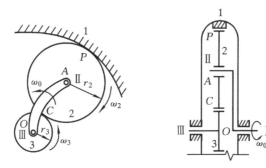

图 6-99　例 6-15 图

$$v_C = \overline{PC} \cdot \omega_2 = 2r_2\omega_2 = 2(r_2 + r_3)\omega_0$$

齿轮 3 作定轴转动,且与齿轮 2 的啮合点 C 的速度相同,所以

$$\omega_3 = v_C/r_3 = 2(r_2 + r_3)\omega_0/r_3$$

由于 $2r_2 + r_3 = r_1$,故得传动比

$$\frac{\omega_0}{\omega_3} = \frac{n_0}{n_3} = \frac{r_3}{2(r_2 + r_3)} = \frac{1}{\dfrac{r_1}{r_3} + 1}$$

已知 $r_1/r_3 = 11, n_0 = 1\,470$ r/min,由此得

$$n_3 = 12n_0 = 17\,640 \text{ r/min}$$

这里,n_3 与 n_0 的转向是相同的。

周转轮系中的固定齿轮可以是内啮合的也可以是外啮合的,但该轮必须存在。由上可见,其传动比取决于 r_1/r_3 的比值,当 $r_1 \gg r_3$ 的情况下,传动比值很大,这正是定轴轮系所无法相比的周转轮系的一大优点。而且周转轮系结构紧凑轻便,在飞机、拖拉机、装载机及齿轮加工机床等机构中得到了广泛的应用。

4. 平面图形内各点的加速度

设某瞬时,平面图形的角速度为 ω,角加速度为 α,图形内一点 O' 的加速度为 $\boldsymbol{a}_{O'}$(图 6-100)。现分析图形内任一点 M 的加速度。

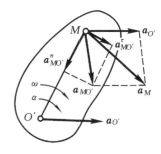

图 6-100　平面图形内一点
的加速度合成

以 O' 点为基点,则平面图形内 M 点的运动,就可以视为随着以基点 O' 为原点的平动系的运动,与绕该平动系上 O' 点作半径等于 $\overline{O'M}$ 的圆周运动的合成。根据牵连运动为平动时的加速度合成定理,见式(6-43),有

$$\boldsymbol{a}_M = \boldsymbol{a}_{O'} + \boldsymbol{a}_{MO'}$$

式中 $\boldsymbol{a}_{MO'}$ 是 M 点的相对加速度。由于相对轨迹为圆周,故 $\boldsymbol{a}_{MO'}$ 有切向与法向两个分量,其中:$a_{MO'}^{\tau} = \overline{O'M} \cdot \alpha$,方向垂直于 $\overline{MO'}$;$a_{MO'}^n = \overline{O'M} \cdot \omega^2$,方向沿 $\overline{MO'}$,且指向 O' 点。于是,有

$$\boldsymbol{a}_M = \boldsymbol{a}_{O'} + \boldsymbol{a}_{MO'}^{\tau} + \boldsymbol{a}_{MO'}^n \tag{6-47}$$

上式表明:平面图形内任一点的加速度,等于基点的加速度与该点相对于基点的相对切向加速度和相对法向加速度三者的矢量和。

例 6-16　试求例 6-13 所示曲柄滚轮机构中滚轮轮心 B 的加速度。

解　运动分析同例 6-13。

由于曲柄 OA 匀角速 ω 转动,故 $a_A = a_A^n = \overline{OA} \cdot \omega^2 = \sqrt{2}r\omega^2$,自 A 点指向 O 点。

AB 杆作平面运动,以 B 点作动点,A 点作基点,则由式(6-47),得

$$a_B = a_A^n + a_{BA}^\tau + a_{BA}^n$$

式中,由于 B 轮沿机架作直线滚动,故轮心 B 作直线运动,a_B 沿水平,指向、大小待求,不妨设 a_B 水平向右;a_{BA}^τ 垂直于 BA,大小、指向未知,不妨设 a_{BA}^τ 垂直于 $\overline{BA}$ 且向上;a_{BA}^n 自 B 点指向 A 点,且 $a_{BA}^n = \overline{BA} \cdot \omega_{AB}^2$。动点 B 的加速度矢量分析如图 6-101 所示。

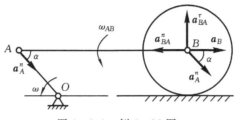

图 6-101　例 6-16 图

根据例 6-13 的计算结果可知 $\alpha = 45°$,$\omega_{AB} = \dfrac{1}{4}\omega$,于是将上式向 AB 投影,得

$$a_B = a_A^n \cos\alpha + 0 - a_{BA}^n$$

$$= \sqrt{2}\, r\omega^2 \frac{\sqrt{2}}{2} - 4r\left(\frac{1}{4}\omega\right)^2$$

$$= \frac{3}{4} r\omega^2$$

复习思考题

6-1　试说明图示各机构中的构件数,并说明共有多少运动副? 其中高副多少? 低副多少? 低副中的转动副和移动副各多少?

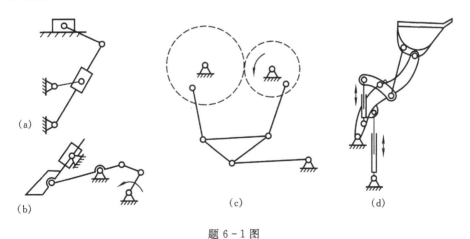

题 6-1 图

6-2　指出图中所示各机构中的复合铰链、局部自由度和虚约束,并计算机构的自由度。

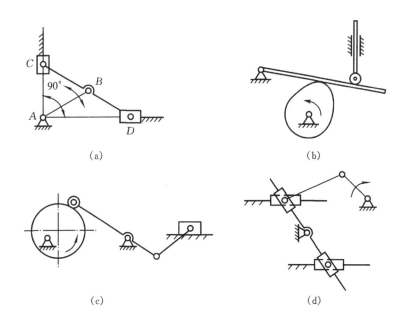

题 6-2 图

6-3 动点 M 沿曲线 AB 运动,试指出下列所画出的加速度情况是否可能? 为什么?

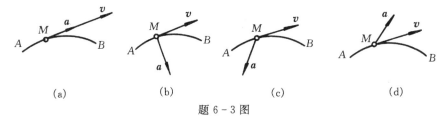

题 6-3 图

6-4 点 M 沿螺旋线自外向内运动,如图所示,它走过的弧长与时间的一次方成正比,问点的加速度是越来越大,还是越来越小? 这点越跑越快,还是越跑越慢?

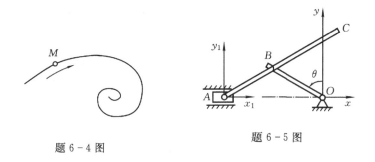

题 6-4 图

题 6-5 图

6-5 曲柄滑块机构中曲柄 OB 逆时针转动,$\theta = \omega t$(式中 ω 为常量)。已知:$AB = OB = R, BC = l$,且 $l > R$。试确定连杆 AC 上 C 点相对于 Oxy(刚连于机架)和相对于 $Ax_1 y_1$(刚连于滑块 A)两不同参考系的运动方程和轨迹方程。若 $l = R, C$ 点的运动轨迹将如何?

6-6 图示刨床导杆机构。曲柄的 A 端以铰链与滑块相连。滑块可沿 O_1B 杆上的导槽滑动。设 $OA = r, OO_1 = d$,曲柄角速度 $\omega =$ 常量。试求:

(1)滑块 A 相对机架的运动规律;

(2)滑块 A 在杆 O_1B 导槽中滑动的规律。

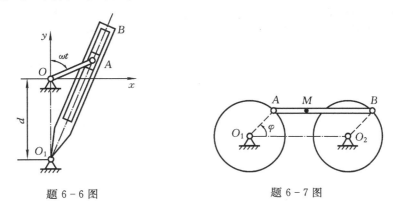

题 6 - 6 图　　　　　　　　　　题 6 - 7 图

6 - 7　已知图示机构的尺寸如下:$O_1A=O_2B=AM=r=0.2$ m,$O_1O_2=AB$。如 O_1 轮按 $\varphi=15\pi t$(φ 以 rad 计,t 以 s 计)的规律转动,求当 $t=0.5$ s 时,AB 杆的位置及杆上点 M 的速度和加速度。

6 - 8　图示搅拌机构中,$AB=O_1O_2$,$O_1A=O_2B=R$(cm),若 O_1A 以不变转速 n(r/min)转动,试问构件 BAM 作什么运动? M 点的轨迹是什么? 并求 M 点的速度和加速度。

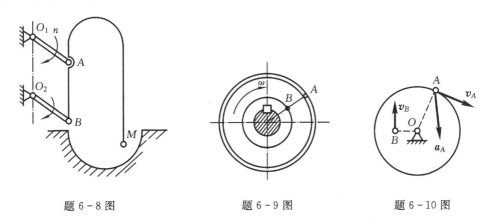

题 6 - 8 图　　　　　　题 6 - 9 图　　　　　　题 6 - 10 图

6 - 9　皮带轮边缘上 A 点的速度 $v_A=500$ mm/s,与 A 点在同一直径上 B 点的速度 $v_B=100$ mm/s,距离 $AB=20$ cm。试求皮带轮直径 D 与角速度分别等于多少?

6 - 10　一绕轴 O 转动的皮带轮,某瞬时轮缘上点 A 的速度大小为 $v_A=50$ cm/s,加速度大小为 $a_A=150$ cm/s^2;轮内另一点 B 的速度大小为 $v_B=10$ cm/s。已知该两点到轮轴的距离相差 20 cm。试求此瞬时: (1)皮带轮的角速度;(2)皮带轮的角加速度及 B 点的加速度。

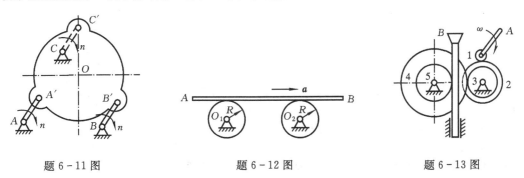

题 6 - 11 图　　　　　　　题 6 - 12 图　　　　　　题 6 - 13 图

6-11　揉茶机的揉桶由三根曲柄支持如图所示,曲柄的转动轴 A、B、C 与支轴 A'、B'、C' 恰成等边三角形。已知:曲柄相互保持平行且长度均为 $l=15$ cm,转速 $n=45$ r/min。试求揉桶中心 O 点的速度和加速度。

6-12　齿条静放在两齿轮上如图所示。齿条以匀加速度 $a=0.5$ cm/s^2 向右作加速运动,齿轮半径均为 $R=250$ mm。在图示瞬时,齿轮节圆上各点的加速度大小为 3 m/s^2。试求齿轮节圆上各点的速度。

6-13　千斤顶机构如图所示。已知:把柄 A 与齿轮 1 固结,转速为 30 r/min,齿轮 1~4 齿数分别为 $z_1=6$,$z_2=24$,$z_3=8$,$z_4=32$;齿轮 5 的半径为 $r_5=4$ cm。试求齿条的速度。

6-14　图示轮系中,已知各轮齿数分别为 $z_1=20$,$z_2=40$,$z'_2=15$,$z_3=45$,求传动比 i_{13}。

6-15　图示轮系中,已知各轮齿数分别为 $z_1=z_2=20$,$z_3=60$,$z_4=30$,$z_5=60$。试求传动比 i_{15}。

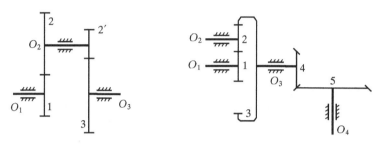

题 6-14 图　　　　　　　　　　　题 6-15 图

6-16　何谓曲柄?铰链四杆机构有曲柄的条件是什么?

6-17　何谓行程速比系数 K?其意义如何?

6-18　试分析摆动导杆机构、偏置滑块机构在什么情况下出现"死点"?

6-19　铰链四杆机构 $ABCD$ 各杆尺寸如图所示(单位 mm)。试问:当分别取杆 AD、AB、BC 和 CD 为机架时各是何种类型的铰链四杆机构?

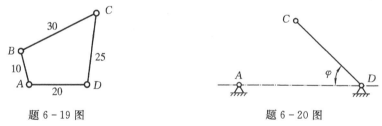

题 6-19 图　　　　　　　　　　　题 6-20 图

6-20　在图示曲柄摇杆机构 $ABCD$ 中,已知机架 AD 的位置及其长度 $l_{AD}=80$ mm,摇杆 CD 的长度 $l_{CD}=50$ mm,摇杆 CD 的左极限位置 DC_1 与机架 AD 夹角 $\varphi=45°$,行程速比系数 $K=1.4$。试用图解法设计该机构。

6-21　试设计一摆动导杆机构。已知机架 AC 的长度 $l_{AC}=200$ mm,行程速比系数 $K=1.4$。

6-22　设计一偏置曲柄滑块机构。已知行程速比系数 $K=1.4$,滑块行程 $H=40$ mm,偏距 $e=10$ mm。试求曲柄长度 l_{AB} 和连杆长度 l_{BC}。

6-23　图示加热炉炉门用铰链四杆机构启闭。炉门作为连杆,其上两铰链中心 B、C 点相距 50 cm。C_1B_1 为关闭位置,B_2C_2 为开启位置,要求两固定铰链中心 A、D 点在 y-y 轴线上,其他相关尺寸如图所示,单位为 cm。试设计此机构。

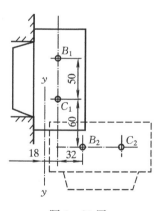

题 6-23 图

6-24　凸轮机构有哪些特点?常用于何种场合?对比尖顶、滚子、平底从动件各自的优缺点。

6 - 25　什么是刚性冲击？什么是柔性冲击？

6 - 26　试设计一对心尖顶推杆盘形凸轮机构的凸轮廓线。已知推杆升程和回程均采用等速运动规律，升程 $h=10$ mm，升程角 $\varphi_0=135°$，远休止角 $\varphi'_s=75°$，回程角 $\varphi'_0=60°$，近休止角 $\varphi_s=90°$，且凸轮以匀角速度 ω 逆时针转动，凸轮基圆半径 $r_b=20$ mm。

6 - 27　设计一滚子对心直动从动件盘形凸轮。已知凸轮以匀角速度顺时针方向转动，基圆半径 $r_b=32$ mm，滚子半径 $r_r=8$ mm，从动件运动规律为

凸轮转角	0°～120°	120°～150°	150°～330°	330°～360°
从动件运动	匀加速匀减速上升 20 mm	停止不动	匀速下降到原位置	停止不动

6 - 28　图示曲柄滑道机构中，丁字杆 BC 为水平，而 DE 铅垂。曲柄长 $OA=10$ cm，并以匀角速度 $\omega=20$ rad/s 绕 O 轴顺时针转动，通过滑块 A 使杆 BC 作往复运动。求当曲柄与水平线交角分别为 $\varphi=0°$、30°和 90°时，杆 BC 的速度。

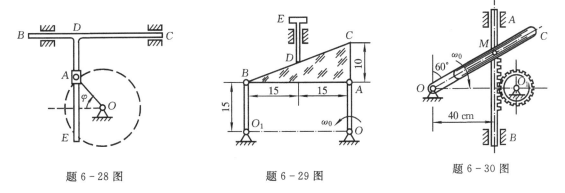

题 6 - 28 图　　　　　题 6 - 29 图　　　　　题 6 - 30 图

6 - 29　图示为一平面凸轮机构。曲柄 OA 及 O_1B 可分别绕水平轴 O 及 O_1 转动，带动三角形平板 ABC 运动，平板的斜面 BC 又推动顶杆 DE 沿导轨作铅垂运动。已知 $OA=O_1B$，$AB=OO_1$，在图示位置时，OA 铅垂，$AB\perp OA$，OA 的角速度 $\omega_0=2$ rad/s，逆时针转动。图中尺寸单位为 cm，试计算图示瞬时 DE 杆上 D 点的速度。

6 - 30　摇杆 OC 带动齿条 AB 上下移动，齿条又带动半径等于 10 cm 的齿轮绕 O_1 摆动。在图示位置杆 OC 的角速度 $\omega_0=0.5$ rad/s，顺时针。求该瞬时齿轮的角速度。

6 - 31　在图示机构中，当杆 OC 绕垂直于图面的 O 轴摆动时，滑块 A 就沿 OC 杆滑动，并带动杆 AB 铅垂移动。设 $OK=l$，图示位置 OC 杆的转角为 φ，角速度为 ω（逆时针）。试求：该瞬时滑块 A 相对机架及杆 OC 的速度。

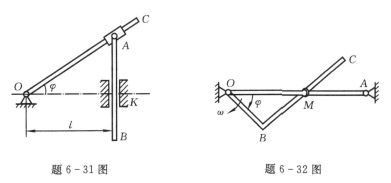

题 6 - 31 图　　　　　　　　题 6 - 32 图

6-32 曲杆 OBC 绕 O 轴转动,使套在其上的小环 M 沿固定直杆 OA 滑动。已知:$OB=10$ cm,OB 与 BC 垂直,曲杆的角速度 $\omega=0.5$ rad/s。求当 $\varphi=60°$ 时,小环 M 的速度。

6-33 在图(a)和(b)所示的两种机构中,已知 $O_1O_2=a=200$ mm,$\omega_1=3$ rad/s。求图示位置时杆 O_2A 的角速度。

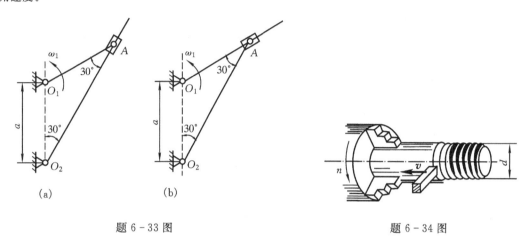

题 6-33 图　　　　　　　　　　　　　　题 6-34 图

6-34 车床主轴的转速 $n=30$ r/min,工件的直径 $d=4$ cm,如车刀轴向走刀速度为 $u=1$ cm/s,求车刀对工件的相对速度。

6-35 图示一槽轮机构。已知拨盘 O_1 作匀速转动,$\omega_1=10$ rad/s,$O_1A=R=50$ mm,两轴距离 $O_1O_2=L=\sqrt{2}R$。求当 $\alpha=30°$ 时,槽轮 O_2 转动的角速度及销子 A 相对于槽轮的速度。

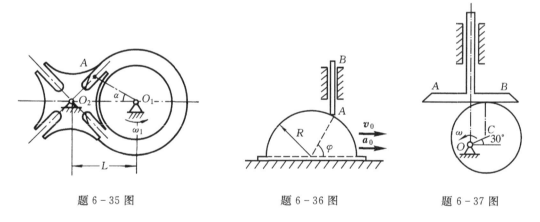

题 6-35 图　　　　　　　　题 6-36 图　　　　　　　题 6-37 图

6-36 半径为 R 的半圆形凸轮沿水平方向向右移动,使顶杆 AB 沿铅垂导轨滑动。在图示位置 $\varphi=60°$ 时,凸轮具有速度 v_0 和加速度 a_0,求该瞬时顶杆 AB 的速度和加速度。

6-37 图示凸轮机构中,偏心圆轮以匀角速度 ω 绕 O 轴转动。已知 $\omega=2$ rad/s,圆轮半径 $R=20$ cm,偏心距 $OC=10$ cm。在图示位置,OC 与水平夹角 $30°$。求此时导板 AB 的速度和加速度。

6-38 具有圆弧形滑道的曲柄滑道机构,使滑道 CD 获得往复运动。已知曲柄以匀角速度转动,其转速为 $n=120$ r/min,$OA=15$ cm,$R=26$ cm。求当 $\varphi=60°$ 时,滑道 CD 的速度及加速度(此时 $\angle ACO$ 恰等于 $30°$)。

6-39 图示一种刨床机构。已知机构的尺寸为:$OA=25$ cm,$OO_1=60$ cm,$O_1B=100$ cm。曲柄角速度 $\omega=10$ rad/s。求当 $\varphi=60°$ 时,刨头 CD 的运动速度和加速度。

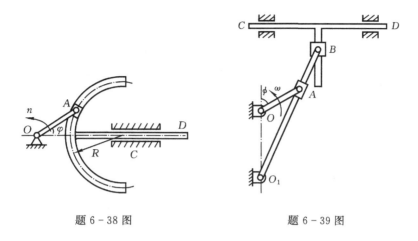

题 6 - 38 图　　　　　　　　　　题 6 - 39 图

6 - 40　根据平面运动刚体上速度的分布规律,判断下列平面图形上给定点的速度分布是否可能。为什么？

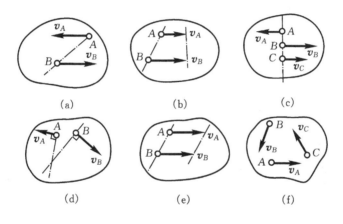

题 6 - 40 图

6 - 41　拖车的车轮 A 与垫滚 B 的半径均为 r。问当拖车以速度 v 前进时,轮 A 与垫滚 B 的角速度是否相等？（设 A、B 与地面间无滑动）。

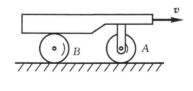

题 6 - 41 图

6 - 42　试找出下列各图中平面运动刚体在图示位置的速度瞬心,并确定角速度的转向以及 M 点速度的方向。

6 - 43　已知曲柄滑块机构中,曲柄长为 r,连杆长为 l,曲柄的角速度 ω_0 为常量。试求图示两特殊位置时连杆的角速度。

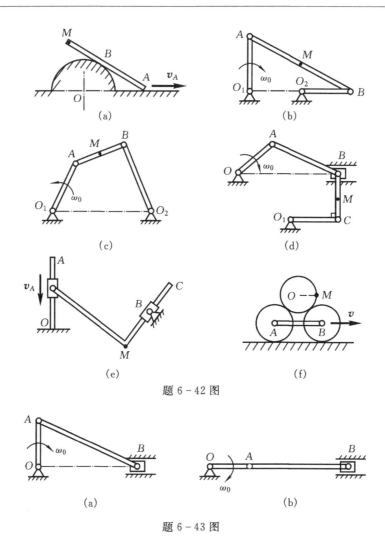

题 6 - 42 图

题 6 - 43 图

6 - 44　两个四连杆机构如图。在图示瞬时,轮 O 以匀角速度 ω_0 顺时针转动,求杆 AB 和 BC 的角速度。

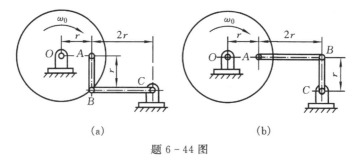

题 6 - 44 图

6 - 45　四连杆机构由曲柄 O_1A 带动。已知 $\omega_1=2$ rad/s,$O_1A=10$ cm,$O_1O_2=5$ cm,$AD=5$ cm。当 O_1A 铅垂时,AB 平行于 O_1O_2,且 AD 与 O_1A 在同一直线上,$\varphi=30°$。试求三角板 ABD 的角速度和 D 点的速度。

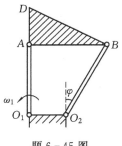

题 6 - 45 图

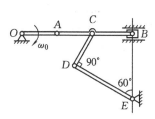

题 6 - 46 图

6 - 46　曲柄连杆机构如图所示。在连杆 AB 的中点 C 以铰链与 CD 杆连接,而 CD 杆又以铰链与 DE 杆连接,DE 杆可绕 E 轴转动。已知 $OA=$ 25 cm,$DE=50$ cm。某瞬时当曲柄 OA 转至水平位置,角速度 $\omega_0=8$ rad/s;B,E 恰在同一铅垂线上,$\angle CDE=90°$,$\angle DEB=60°$。求该瞬时 DE 杆的角速度。

6 - 47　图为轧钢厂剪断钢材的飞剪连杆机构。当曲柄 OA 转动时,连杆 AB 使摆杆 BF 绕 F 轴摆动,装有刀片的滑块 C 由连杆 BC 带动作上下的往复运动。已知曲柄的角速度为 ω,$OA=r$,$BF=BC=l$。试求图示位置剪刀的速度。

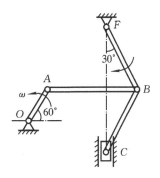

题 6 - 47 图

6 - 48　图示机构由曲柄 OA 带动行星齿轮Ⅱ在固定齿轮Ⅰ上滚动。行星齿轮Ⅱ通过连杆 BC,带动活塞 C 往复运动。已知齿轮节圆半径 $r_1=100$ mm,$r_2=200$ mm,$BC=200\sqrt{26}$ mm。在图示位置时,$\beta=90°$,$\omega_{OA}=0.5$ rad/s。试求连杆的角速度及 B 点与 C 点的速度。

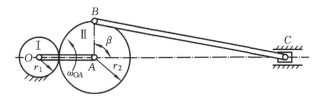

题 6 - 48 图

6 - 49　曲柄 AB 以匀角速度 $\omega=10$ rad/s 转动,并通过连杆 BC 带动摇杆 CD 绕 D 轴摆动,如图所示,已知 $AB=1$ m,$BC=CD=2$ m,$AD=3$ m。试求曲柄 AB 处于水平位置时,连杆 BC 的角速度及其中点 G 的速度。

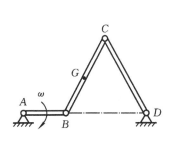

题 6 - 49 图

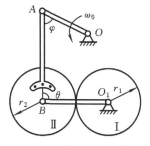

题 6 - 50 图

6-50　瓦特行星传动机构如图所示。齿轮 Ⅱ 与连杆 AB 固结。已知：$r_1 = r_2 = 30\sqrt{3}$ cm，OA 长 $r = 75$ cm，AB 长 $l = 150$ cm。试求当 $\varphi = 60°$，$\theta = 90°$，$\omega_0 = 6$ rad/s 时，曲柄 O_1B 及齿轮 Ⅰ 的角速度。

6-51　土石破碎机构如图示。已知：曲柄 O_1A 的匀角速度 $\omega = 5$ rad/s，$b = 200$ mm。试求当 O_1A 与 O_2B 位于水平，$\theta = 30°$，$\varphi = 90°$ 瞬时，钢板 CD 的角速度。

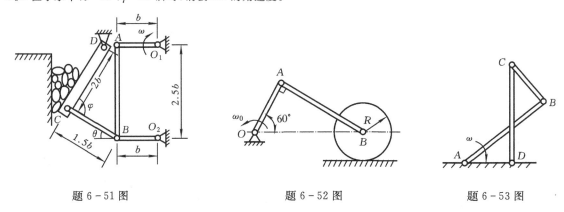

题 6-51 图　　　　　　　　题 6-52 图　　　　　　　　题 6-53 图

6-52　滚轮机构如图。曲柄 OA 长为 r，以匀角速度 ω_0 逆时针转动；半径为 R 的滚子沿水平面作纯滚动。试求图示位置时滚轮的角速度和角加速度。

6-53　反平行四边形机构如图所示。已知：AB 与 CD 等长为 $l = 40$ cm，BC 与 AD 等长为 $b = 20$ cm，曲柄 AB 以匀角速度 $\omega = 3$ rad/s 绕 A 轴转动。试求当 CD 垂直于 AD 时，杆 BC 的角速度与角加速度。

复习题答案

6-1　(a)6,7,0,7,5,2；　(b)6,7,0,7,6,1；
　　　　(c)7,9,1,8,8,0；　(d)9,11,0,11,9,2

6-5　相对于 Oxy：$x = (l-R)\sin\omega t$，$y = (l+R)\cos\omega t$，$\dfrac{x^2}{(l-R)^2} + \dfrac{y^2}{(l+R)^2} = 1$

　　　相对于 Ax_1y_1：$x_1 = (l+R)\sin\omega t$，$y_1 = (l+R)\cos\omega t$，$x_1^2 + y_1^2 = (l+R)^2$

6-6　相对于 Oxy：$x_A = r\sin\omega t$，$y_A = r\cos\omega t$

　　　相对于导槽：$\zeta_A^2 = d^2 + r^2 + 2dr\cos\omega t$

6-7　$v_M = 9.42$ m/s，$a_M = 444$ m/s²

6-8　$v_M = 0.105Rn$ cm/s，$a_M = 0.011Rn^2$ cm/s²

6-9　$\omega = 2$ rad/s，$D = 500$ mm

6-10　$\omega = 2$ rad/s，$\alpha = 4.47$ rad/s²，$a_B = 30$ cm/s²

6-11　$v_0 = 70.69$ cm/s，$a_0 = 333.1$ cm/s²

6-12　$v = 0.8599$ m/s

6-13　$v_B = 0.785$ cm/s

6-14　$i_{13} = 6$

6-15　$i_{15} = 6$

6-28　$\varphi = 0°$，$v_{BC} = 0$；$\varphi = 30°$，$v_{BC} = 100$ cm/s；$\varphi = 90°$，$v_{BC} = 200$ cm/s

6-29　$v_D = 10$ cm/s

6-30　$\omega = 2.67$ rad/s

6-31　$v_a = \dfrac{l\omega}{\cos^2\varphi}$，$v_r = \dfrac{l\omega\sin\varphi}{\cos^2\varphi}$

6 - 32 $v_M = 17.3$ cm/s

6 - 33 (a) $\omega_2 = 1.5$ rad/s, (b) $\omega_2 = 2$ rad/s

6 - 34 $v_r = 6.36$ cm/s, $\angle(\boldsymbol{v}_r, \boldsymbol{v}) = 80°57'$

6 - 35 $\omega_2 = 4.1$ rad/s, $v_r = 0.467$ m/s

6 - 36 $v_{AB} = \dfrac{\sqrt{3}}{3} v_0$, $a_{AB} = \dfrac{\sqrt{3}}{3} \left(a_0 - \dfrac{8v_0^2}{3R} \right)$

6 - 37 $v_{AB} = 10\sqrt{3}$ cm/s, $a_{AB} = 20$ cm/s²

6 - 38 $v_{CD} = 2.18$ m/s, $a_{CD} = 5.26$ m/s²

6 - 39 $v_{CD} = 230$ cm/s, $a_{CD} = 1\,295$ cm/s²

6 - 43 (a) $\omega_{AB} = 0$, (b) $\omega_{AB} = \dfrac{r\omega_0}{l}$

6 - 44 (a) $\omega_{AB} = 0$, $\omega_{BC} = \dfrac{\omega_0}{2}$; (b) $\omega_{AB} = \dfrac{\omega_0}{2}$, $\omega_{BC} = 0$

6 - 45 $\omega_{ABD} = 1.07$ rad/s, $v_D = 25.36$ cm/s

6 - 46 $\omega_{DE} = 1.732$ rad/s

6 - 47 $v_C = \omega r$

6 - 48 $\omega_{BC} = 0.15$ rad/s, $v_B = 212$ mm/s, $v_C = 180$ mm/s

6 - 49 $\omega_{BC} = 5$ rad/s, $v_G = 5\sqrt{3}$ m/s

6 - 50 $\omega_{O_1 B} = 3.75$ rad/s, $\omega_1 = 6$ rad/s

6 - 51 $\omega_{CD} = 1.25$ rad/s

6 - 52 $\omega = \dfrac{2\sqrt{3}}{3R} r\omega_0$, $a = \dfrac{2r}{9R}\omega_0^2$

6 - 53 $\omega_{BC} = 8$ rad/s, $\alpha_{BC} = 20$ rad/s²

第 7 章

机械动力分析及零件的动应力

工程实际中的机器总有启动与停机过程,运行中的车辆总有加速与减速阶段……,因此,研究物体的机械运动与作用在物体上的力之间的关系是十分必要的。这部分的研究内容,称为**动力学**。

目前,机械向着精密、高速和高效方向发展,在机械的研究和设计中,普遍需要进行动力计算。例如各种机械的动力分析问题,振动控制问题,功率与效率的计算,以及运动构件的强度计算等都是动力学的课题。本章提供了了解和处理这些问题的基本理论。

7.1 动力学基本方程

动力学的基础是牛顿 1687 年提出的惯性定律、运动定律和反作用定律。其中反作用定律作为力的基本性质之一在第 2 章中已介绍。

惯性定律:无外力作用时,质点将保持原来的运动状态(静止或匀速直线运动)。质点保持原来运动状态的性质称为**惯性**,而惯性大小的度量称为质点的**质量**。惯性定律已定性地说明了力与运动变化之间的关系,定量关系需用运动定律描述。

运动定律:质点的加速度与作用力的大小成正比,方向与力的方向相同。在数学上可表示为

$$F = ma \tag{7-1}$$

式中:F—— 作用在质点上的合力;

m—— 质点的质量;

a—— 质点的加速度。

因惯性定律可归结为运动定律的特例,所以式(7-1)就成为动力分析计算的依据,称为**动力学基本方程**。

牛顿定律是人们长期对各种运动的大量观测所得到的总结性结果,之后被作为公理设定,并用作推演经典力学的基础。近代科学的发展证明,当研究接近光速(3×10^5 km/s)的物体的运动或者研究微观粒子的运动时,应用牛顿定律将会出现偏差。在这种情况下,必须考虑到由相对论和量子理论对经典力学的扩充。

由于运动具有相对性,对不同的参考系,运动的描述就不一样。按照牛顿的论述,他的理论是相对于一个"绝对静止"的参考系而言。实际上要想选取这样一个绝对静止的参考系是根本不可能的,因为宇宙万物都在运动。但是,如果在我们所建立的参考系中,应用牛顿定律及其推论所得到的结果在所要求的精确度范围内符合客观实践,就可以认为这参考系是牛顿定律所

满足的参考系,并称为**惯性参考系**。大量实践表明,在一般的工程技术问题中,把地球作为惯性参考系已具有足够的精确度。如考虑地球自转的影响,则可取地心为原点而三轴指向三颗恒星的坐标系为惯性参考系。

国际单位制中的长度、时间和质量的单位为基本单位,分别为:米(m)、秒(s)和千克(kg)。而力的单位为导出单位。由式(7-1)导出力的单位是千克·米/秒²(kg·m/s²),称为牛顿(N),$1N = 1\ kg\cdot m/s^2$。

在经典力学中认为质量 m 不随时间变化。若以 r 表示质点的位置矢径,以 v 表示质点的速度矢量,则从式(7-1)可得

$$\frac{d}{dt}(mv) = F \tag{7-2}$$

式中 mv 是质点机械运动强弱的一种度量,称为质点的**动量**。式(7-2)又称为**质点的动量定理**。或另一形式

$$m\frac{d^2 r}{dt^2} = F \tag{7-3}$$

式(7-3)又称为**质点运动微分方程**。在计算具体的动力学问题时,可根据运动的特点选择不同的投影形式。

例 7-1　图 7-1 所示为桥式起重机,其上小车吊一质量为 m 的重物,沿横向作匀速平动,速度为 v_0。由于突然急刹车,重物因惯性绕悬挂点 O 向前作圆周运动。设绳长为 l,试求钢丝绳的最大拉力。

解　以重物为研究对象,其上作用有重力 G,钢丝绳拉力 F。

刹车后,小车不动,重物绕 O 点作圆周运动。由于运动轨迹已知,故将式(7-1)向轨迹切向和法向分别投影,得

$$m\frac{dv}{dt} = -G\sin\varphi \tag{a}$$

$$m\frac{v^2}{l} = F - G\cos\varphi \tag{b}$$

由(b)式可得

$$F = G\cos\varphi + m\frac{v^2}{l}$$

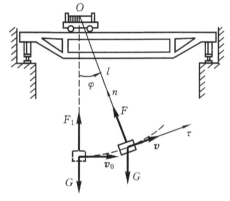

图 7-1　例 7-1 图

由(a)式知,重物作减速运动,故在刹车瞬时,重物的速度具有最大值 v_0,且此时 $\varphi = 0$,$\cos\varphi$ 取得最大值 1,此时钢丝绳的拉力最大,其值为

$$F_1 = F_{max} = G + m\frac{v_0^2}{l}$$

由于刹车前重物作匀速直线运动,处于平衡状态,绳的拉力可通过平衡条件 $\sum F_n = 0$,求得

$$F_0 = G = mg$$

若 $v_0 = 5\ m/s, l = 5\ m$,则

$$F_{max}/F_0 = 1 + \frac{v_0^2}{gl} = 1.51$$

可见,刹车时钢丝绳的拉力突然增大了 51%。因此,桥式起重机的操作规程中对吊车的行走速度都进行了限制。此外,在不影响工作安全的条件下,钢绳应尽量长一些,以减小由于刹车而引起的钢丝绳的动拉力。

7.2　质心运动定理

对于质点系的动力学问题,原则上可以对其内部的每个质点建立各自的运动微分方程。然后再对方程组联立求解。然而实际上,对于许多质点系的动力学问题,往往没必要了解其中每个质点的运动情况,而只需知道质点系总体的运动特征。质心运动定理就描述了质点系的质心运动变化与作用力之间的关系。

7.2.1　质心

质点系的质量分布特征之一可用质量中心(简称**质心**)来描述。设质点系由 n 个质点组成,其中任一质点的质量为 m_i,位置矢径为 r_i,则质点系质心 C 的位置由下式决定

$$r_C = \frac{\sum m_i r_i}{\sum m_i} = \frac{\sum m_i r_i}{m} \qquad (7-4)$$

式中:r_C——质心 C 的矢径;

$m = \sum m_i$——质点系的质量。

如以直角坐标表示质心的位置,质心的三个坐标 x_C、y_C、z_C 可分别表示为

$$x_C = \frac{\sum m_i x_i}{m}, \quad y_C = \frac{\sum m_i y_i}{m}, \quad z_C = \frac{\sum m_i z_i}{m} \qquad (7-5)$$

质心的位置在一定程度上反映了质点系各质点质量分布的情况。

如果质点系受重力的作用,则将式(7-5)右端的分子和分母同乘以重力加速度 g 后,即为熟知的重心坐标公式。由此可见,在重力场中质点系的质心和重心重合。但应注意,因为重心是重力平行力系的中心,所以这个结论只有在地球表面附近才有意义,而质心的位置只与质量分布有关。在宇宙空间,重心已失去意义,而质心却依然存在。

7.2.2　质心运动定理

外界物体作用于质点系内第 i 质点的力用 F_i^e 表示,称为**质点系的外力**;质点系内其他质点作用于第 i 质点的力用 F_i^i 表示,称为**质点系的内力**。设第 i 质点在质点系的内、外力作用下获得加速度为 a_i,则由式(7-3),得

$$m_i a_i = F_i^e + F_i^i$$

设质点系由 n 个质点组成,对每个质点都写出上式并相加,得

$$\sum m_i a_i = \sum (F_i^e + F_i^i)$$

对整个质点系而言,内力成对出现而自成平衡,因此 $\sum F_i^i \equiv 0$;对恒定质量的封闭质点系,由式(7-4)等号两端分别对时间求两次导数得:

$$m \ddot{r}_C = m a_C = \sum m_i \ddot{r}_i = \sum m_i a_i$$

一并代入上式,有

$$m a_C = \sum F_i^e \qquad (7-6)$$

或

$$m\ddot{\boldsymbol{r}}_C = \sum \boldsymbol{F}_i^e \qquad (7-7)$$

上式表明：一个封闭质点系的质量与质心加速度的乘积等于作用于该质点系所有外力的矢量和(外力系的主矢量)。此结论又称为质心运动定理，式(7-7)即为**质心运动微分方程式**。由此不难得到推论如下：

(1) 封闭系统质心的运动不能由内力加以改变。

(2) 若 $\sum \boldsymbol{F}_i^e = 0$，则封闭质点系质心的速度保持常矢量。

应用质心运动定理，可以解释一系列的工程现象。例如汽车发动时，发动机汽缸内的气体压力对整个汽车来说是内力，并不能直接使车辆启动。车辆启动是通过主动轮旋转，与地面接触点间有向后滑动趋势，从而地面对主动轮作用有向前的摩擦力 F_{sA}，(若路面太滑，发动机启动后只能使车轮在原地转动打滑)正是前后轮与地面间摩擦力的差值 $F_{sA} - F_{sB}$ 才使汽车启动，如图 7-2(a)。车辆要使用表面不平的胶轮，机车要增加重量，都是为了增加这个起主动力作用的摩擦力。

往复式机器如图 7-2(b)，活塞往复运动带动连杆作平面运动，推动曲轴使飞轮定轴转动，运转中系统的质心位置将发生变化，即质心有加速度存在。根据质心运动定理可以推断，机器

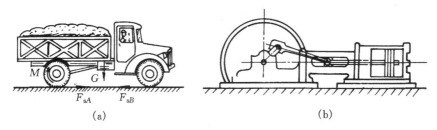

图 7-2 质心运动定理应用实例

将受到交变的外力作用，这外力将与基础所受到的动压力构成一对作用与反作用力。往复式机器的基础在这种交变载荷作用下，将发生与机器运转周期相同的基础振动与噪音，因而这类机器不宜高速运转。

旋转式机器如电机及透平机，一般来说转子的偏心量很小，机器运转比较稳定，易于提高转速。但由于加工、装配和材料等原因，很难做到完全没有偏心，随着高速转动，质心仍会有一定量的加速度，设转子转速为 10^4 r/min，偏心量为 10 μm，则机器地基所受交变外力的力幅将超过转子的重力，机器基础亦会产生明显的振动与噪音。

在计算具体问题时一般将矢量方程式(7-6)变换为相应的投影方程。

例 7-2 如图 7-3 所示，电动机外壳用螺栓与水平基础固联，定子质量为 m_1，转子质量为 m_2，转子的轴线通过定子的质心 $O(C_1)$，由于制造及材料不均匀等因素导致转子产生偏心，偏心距 $OC_2 = e$，设转子匀角速度转动。求电机所受的水平与铅直反力。

解 取电机整体为研究对象。所受外力有定子的重力 $m_1 g$，转子的重

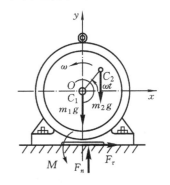

图 7-3 例 7-2 图

力 $m_2 g$，基础与螺栓的水平、铅直反力 F_τ、F_n。

取图示固定坐标系 Oxy，设电机质心为 C（图中未画出），先写出质心 C 的坐标

$$\left.\begin{aligned} x_C &= \frac{m_1 x_{C_1} + m_2 x_{C_2}}{m_1 + m_2} = \frac{m_2}{m_1 + m_2} e\cos\omega t \\ y_C &= \frac{m_1 y_{C_1} + m_2 y_{C_2}}{m_1 + m_2} = \frac{m_2}{m_1 + m_2} e\sin\omega t \end{aligned}\right\} \tag{a}$$

再写出质心 C 的运动微分方程

$$\left.\begin{aligned} (m_1 + m_2)\ddot{x}_C &= F_\tau \\ (m_1 + m_2)\ddot{y}_C &= -m_1 g - m_2 g + F_n \end{aligned}\right\} \tag{b}$$

将式（a）对时间 t 求二阶导数并代入式（b），得

$$\left.\begin{aligned} F_\tau &= -m_2 e\,\omega^2 \cos\omega t \\ F_n &= (m_1 + m_2)g - m_2 e\,\omega^2 \sin\omega t \end{aligned}\right\} \tag{c}$$

式（c）表明，电机受到的水平、铅直反力都是随时间变化的周期性变力，这种由于转子偏心而引起的力将使电动机发生振动。

例 7-3　上例中的电动机若置于光滑的水平基础之上（不固联），试求在转子匀速转动过程中，定子沿水平方向的位置变化规律。

解　取电机整体为研究对象，受力分析如图 7-4，由于水平方向没有外力作用，故在水平方向电机质心速度守恒。设电机由静止启动，则在电机运转过程中质心在水平方向的位置将保持不变（静止），故取 y 轴过质心 C 的固定坐标系 O_1xy 如图 7-4 所示，根据质心 C 的 x 坐标公式，有

$$\begin{aligned} x_C &= \frac{-m_1 x_{C_1} + m_2 x_{C_2}}{m_1 + m_2} \\ &= \frac{-m_1 x_{C_1} + m_2 (e\cos\omega t - x_{C_1})}{m_1 + m_2} = 0 \end{aligned}$$

即

$$-m_1 x_{C_1} + m_2 (e\cos\omega t - x_{C_1}) = 0$$

由此得

$$x_{C_1} = \frac{m_2 e\cos\omega t}{m_1 + m_2}$$

可见，由于转子偏心，置于光滑水平面上的电机定子沿水平面作简谐运动。这一现象可用于初步检验小型电机的制造质量。

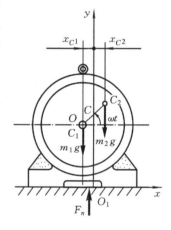

图 7-4　例 7-3 图

开动脑筋：跳水运动员的质心轨迹如图所示。请问其腾空的高度、入水点至跳板的水平距离分别取决于什么？

7.3　转动定理

工程中多数机器的主要零部件如转子、飞轮和齿轮等，都在作定轴转动。转动定理建立了转动刚体运动变化与作用力矩之间的关系，可用来解决转动刚体的动力分析。

7.3.1　刚体定轴转动微分方程

设刚体在力系$(\boldsymbol{F}_1,\boldsymbol{F}_2,\cdots,\boldsymbol{F}_n)$作用下绕定轴 z 转动(图 7-5),某瞬时的角速度为 ω,角加速度为 α。刚体内质点 M_i 的质量为 m_i,到转轴的距离为 r_i,作用在该质点上的质点系内力为 $\boldsymbol{F}_i^{\mathrm{i}}$,外力为 $\boldsymbol{F}_i^{\mathrm{e}}$,则合力 $\boldsymbol{F}_i = \boldsymbol{F}_i^{\mathrm{e}} + \boldsymbol{F}_i^{\mathrm{i}}$。某瞬时质点 M_i 具有的切向加速度 $a_i^{\tau} = r_i\alpha$。

根据式(7-3),将质点 M_i 的运动方程向轨迹圆的切线投影,得

$$m_i a_i^{\tau} = m_i r_i \alpha = F_i^{\tau} \qquad\qquad \text{(a)}$$

将上式等号两端同乘以 r_i 后,得

$$m_i r_i^2 \alpha = F_i^{\tau} r_i \qquad\qquad \text{(b)}$$

显然,等号右端 $F_i^{\tau} r_i = M_z(\boldsymbol{F}_i) = M_z(\boldsymbol{F}_i^{\mathrm{e}}) + M_z(\boldsymbol{F}_i^{\mathrm{i}})$。对每个质点都写出上式并求和,注意到内力系对 z 轴之矩 $\sum M_z(\boldsymbol{F}_i^{\mathrm{i}}) \equiv 0$,得

$$\sum m_i r_i^2 \alpha = \sum M_z(\boldsymbol{F}_i^{\mathrm{e}}) \qquad\qquad \text{(c)}$$

式中 $\sum m_i r_i^2$ 为刚体内各质点的质量与其到 z 轴的距离平方的乘积之和,称为刚体对 z 轴的**转动惯量**,用 J_z 表示,即

$$J_z = \sum m_i r_i^2 \qquad\qquad (7-8)$$

则式(c)可写为

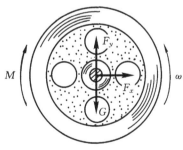

图 7-5　刚体定轴转动

$$J_z \alpha = \sum M_z(\boldsymbol{F}_i^{\mathrm{e}}) \qquad\qquad (7-9(\mathrm{a}))$$

或

$$J_z \ddot{\varphi} = \sum M_z(\boldsymbol{F}_i^{\mathrm{e}}) \qquad\qquad (7-9(\mathrm{b}))$$

上式表明转动刚体对转轴的转动惯量与角加速度的乘积等于作用于刚体的所有外力对转轴之矩的代数和,此结论即为**转动定理**。式(7-9b)为刚体**转动微分方程式**。

例 7-4　某飞轮的转速为 n,对转轴的转动惯量为 J_z,要使飞轮在 t 秒(s)时间内停止转动,设制动力矩 M 为常量,试求该力矩的大小。

解　取飞轮为研究对象,受制动力矩 M 和轴承反力 F_x、F_y 及飞轮重力 G 作用(图 7-6)。

由于 F_x、F_y 及 G 对转轴无矩,故根据刚体定轴转动微分方程,有

$$J_z \frac{\mathrm{d}\omega}{\mathrm{d}t} = -M$$

因 M、J_z 均为常量,且由题意可知,当 $t=0$ 时,$\omega_0 = \dfrac{2\pi n}{60}$;当 $t=t$ 时,$\omega = 0$。故有

$$J_z \int_{\omega_0}^{0} \mathrm{d}\omega = -M \int_{0}^{t} \mathrm{d}t$$

得

$$M = J_z \frac{\omega_0}{t} = J_z \frac{n\pi}{30t}$$

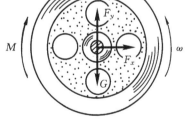

图 7-6　例 7-4 图

7.3.2　常见刚体的转动惯量

前面已通过式(7-8)给出了刚体对 z 轴的转动惯量定义,如果刚体质量连续分布,该式就将求和转变成求定积分

$$J_z = \int_m r^2 \mathrm{d}m \qquad\qquad (7-10)$$

由刚体定轴转动微分方程可见,在同样的外力矩作用下,刚体的转动惯量 J_z 愈大,则角加速度愈小,表明愈难改变它的转动状态。这说明:转动惯量是刚体转动时惯性大小的度量。它不仅与刚体的质量有关,并且和刚体质量的分布情况有关。对于确定转轴的刚体,它是一个恒为正值的不变量。在国际单位制中,它的单位是千克·米²(kg·m²)。

工程中的往复式空气压缩机、冲床、内燃机和泵等往复式机械,由于在运转时外力矩变化较大,为了减少转速波动,使机器稳定运转,通常总在这类机械的转轴上安装飞轮,并使飞轮的质量尽量靠近轮缘分布(图 7-6),目的是使飞轮对转轴具有较大的转动惯量。相反,一些频繁启动和制动的机械,以及仪表中的一些转动零件,为了使其具有较高的灵敏度,要求对转轴的转动惯量尽量地小,为此,应尽量使其质量靠近转轴分布。

转动惯量可通过计算或由实验测定。下面仅以几种均质简单形状的刚体为例,来说明计算方法的应用。

1. 转动惯量计算举例

1)均质薄圆环

总质量为 m,半径为 R,z 轴过环中心且与环面垂直,如图 7-7(a)。由于圆环很薄,故可认为各质点距 Oz 轴的距离均为 R,圆环对 Oz 轴的转动惯量为

$$J_z = \sum m_i R^2 = \left(\sum m_i\right) R^2 = mR^2 \tag{7-11}$$

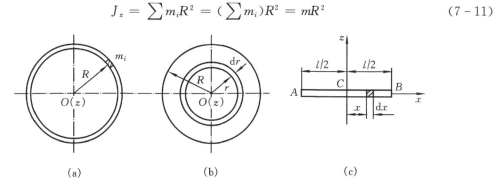

(a)   (b)   (c)

图 7-7   刚体的转动惯量算例

2)均质圆柱体(圆盘)

总质量为 m,半径为 R,z 轴过圆截面中心 O,且与圆截面垂直,如图 7-7(b)。将圆柱体看成由半径为 $r(0 \leqslant r \leqslant R)$,厚度为 $\mathrm{d}r$ 的薄圆环叠成。微元质量

$$\mathrm{d}m = \frac{m}{\pi R^2} 2\pi r \mathrm{d}r = \frac{2m}{R^2} r \mathrm{d}r$$

则整个圆柱体(盘)对其中心轴的转动惯量为

$$J_z = \int_m r^2 \mathrm{d}m = \frac{2m}{R^2} \int_0^R r^3 \mathrm{d}r = \frac{1}{2} mR^2 \tag{7-12}$$

3)均质细直杆

质量为 m,杆长为 l,z 轴过质心 C 且与杆垂直,如图 7-7(c)。距质心为 z 处取长度为 $\mathrm{d}x$ 的微段,则微元质量为

$$\mathrm{d}m = \frac{m}{l} \mathrm{d}x$$

杆对其对称轴 z 的转动惯量为

$$J_z = \int_m x^2 \, \mathrm{d}m = \int_{-\frac{l}{2}}^{\frac{l}{2}} x^2 \frac{m}{l} \mathrm{d}x = \frac{1}{12} m l^2 \qquad (7-13)$$

工程中其他常见均质物体的转动惯量的计算公式可在工程手册中查到,其中摘出一部分列于表 7-1 中。

表 7-1　几种简单形状匀质刚体的转动惯量

物体形状	简　　图	轴	转动惯量	回转半径
细直杆		z	$J_z = \dfrac{m}{12} l^2$	$\rho_z = \dfrac{\sqrt{3}}{6} l$
细圆环		z	$J_z = mR^2$	$\rho_z = R$
		x	$J_x = \dfrac{m}{2} R^2$	$\rho_x = \dfrac{\sqrt{2}}{2} R$
圆盘		z	$J_z = \dfrac{m}{2} R^2$	$\rho_z = \dfrac{\sqrt{2}}{2} R$
		x	$J_x = \dfrac{m}{4} R^2$	$\rho_x = \dfrac{1}{2} R$
矩形薄板		z	$J_z = \dfrac{m}{12} (a^2 + b^2)$	$\rho_z = \dfrac{\sqrt{3}}{6} \sqrt{a^2 + b^2}$
圆柱体		z	$J_z = \dfrac{m}{2} R^2$	$\rho_z = \dfrac{\sqrt{2}}{2} R$
		x	$J_x = \dfrac{m}{4}(R^2 + \dfrac{l^2}{3})$	$\rho_x = \dfrac{1}{2}\sqrt{R^2 + \dfrac{l^2}{3}}$
厚壁圆筒		z	$J_z = \dfrac{m}{2}(R^2 + r^2)$	$\rho_z = \dfrac{\sqrt{2}}{2}\sqrt{R^2 + r^2}$
		x	$J_x = \dfrac{m}{4}(R^2 + r^2 + \dfrac{l^2}{3})$	$\rho_x = \dfrac{1}{2}\sqrt{R^2 + r^2 + \dfrac{l^2}{3}}$
实心球		z	$J_z = \dfrac{2}{5} mR^2$	$\rho_z = \dfrac{\sqrt{10}}{5} R$
厚度很小的空心球		z	$J_x = \dfrac{2}{3} mR^2$	$\rho_z = \dfrac{\sqrt{6}}{3} R$

2. 回转半径

在各种工程学科中,还常把刚体对 z 轴的转动惯量写成另一种形式

$$J_z = m\rho_z^2 \qquad\qquad (7-14)$$

式中 m 表示回转体质量;ρ_z 称为刚体对 z 轴的**回转半径**。其物理意义在于,设想把回转体作为一个犹如薄圆环的飞轮,并使该飞轮对过质心且垂直于环面的 z 轴的转动惯量与回转体对同一轴的转动惯量相等,则该飞轮的半径即等于 ρ_z。因而在有些学科中又称转动惯量为**飞轮力矩**。

开动脑筋:表演者手中紧握一根长杆,即可平稳表演高空走钢丝节目。你注意到表演者是如何使用手中杆的?能利用你所学到的相关力学知识进行解释吗?

3. 平行轴定理

工程上,有些物体的转轴并不通过质心,如偏心凸轮的转动。工程手册中一般只列出物体对于过质心 C 的 z 轴的转动惯量 J_z,而物体对于与 z 轴平行的 z' 轴的转动惯量 $J_{z'}$,则需用平行轴定理来求出。

设刚体的质量为 m,z 通过质心 C,z' 与 z 轴平行且两轴间距离为 d（图7-8）。则

$$J_{z'} = J_z + md^2 \qquad\qquad (7-15)$$

即:刚体对任一轴的转动惯量,等于刚体对过质心且与该轴平行的轴的转动惯量加上刚体质量与两轴间距离平方之乘积,这就是转动惯量的平行轴定理。该定理可用下面的例子加以说明。

质量为 m,长度为 l 的均质细直杆如图7-9所示。由式(7-13)可知,杆对过质心且与杆垂直之轴 z 的转动惯量 $J_z = \frac{1}{12}ml^2$。现求对过其端点,且与 z 轴平行的 z' 轴的转动惯量,可直接由平行轴定理求得

$$J_{z'} = J_z + md^2 = \frac{1}{12}ml^2 + m(\frac{l}{2})^2 = \frac{1}{3}ml^2$$

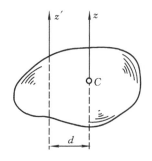

图 7-8　刚体的平行轴

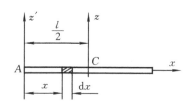

图 7-9　平行轴定理举例

再用积分法进行验证。取微元段如图 7-9 所示,则

$$J_{z'} = \int_m x^2 \mathrm{d}m = \int_0^l \frac{m}{l} x^2 \mathrm{d}x = \frac{1}{3} m l^2$$

两者结果一致。

例 7-5　钟摆结构简化如图 7-10 所示。已知均质直杆 OA 长度为 l,质量为 m_1;均质圆盘直径为 d,质量为 m_2。求摆对通过悬挂点 O 的水平轴的转动惯量。

解　将钟摆结构分为细直杆 OA 和圆盘 C_1 两部分,它们对水平轴 O 的转动惯量分别用 J_1 和 J_2 表示,则

$$J_1 = \frac{1}{3} m_1 l^2$$

$$J_2 = \frac{1}{2} m_2 (\frac{d}{2})^2 + m_2 (l + \frac{d}{2})^2$$

$$= m_2 (\frac{3}{8} d^2 + l^2 + ld)$$

由此得整个钟摆结构对水平轴 O 的转动惯量为

$$J_O = J_1 + J_2 = \frac{1}{3} m_1 l^2 + m_2 (\frac{3}{8} d^2 + l^2 + ld)$$

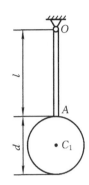

图 7-10　例 7-5 图

7.4　动能定理

动能定理建立动能的变化与作用力的功之间的关系。对工程中大量的单自由度系统,在力作功简单的情况下,应用该定理求解系统的运动非常方便。

7.4.1　动　能

质点的动能等于质点的质量与其速度平方乘积的二分之一,即 $\frac{1}{2} mv^2$。

质点系的动能等于质点系内各个质点动能的算术之和,记作 T,即

$$T = \sum \frac{1}{2} m_i v_i^2 \qquad (7-16)$$

式中 m_i、v_i 分别为质点系第 i 质点的质量与速度。动能为正标量。在国际单位制中动能的单位为焦耳(J),$1\ \mathrm{J} = 1\ \mathrm{N \cdot m} = 1\ \mathrm{kg \cdot m^2/s^2}$。

刚体平动时,其内各质点速度都等于质心速度 v_C,将 $v_i = v_C$ 代入式(7-16),得

$$T = \sum \frac{1}{2} m_i v_i^2 = \frac{1}{2} (\sum m_i) v_C^2 = \frac{1}{2} m v_C^2 \qquad (7-17)$$

式中 $m = \sum m_i$ 为刚体的质量。上式表明:平动刚体的动能等于刚体的质量与质心速度平方乘积的二分之一。

刚体以角速度 ω 绕定轴转动时,其内任一质点的速度 $v_i = r_i \omega$,代入式(7-16),得

$$T = \sum \frac{1}{2} m_i (r_i \omega)^2 = \frac{1}{2} (\sum m_i r_i^2) \omega^2 = \frac{1}{2} J_z \omega^2 \qquad (7-18)$$

式中 $J_z = \sum m_i r_i^2$ 是刚体对于转轴的转动惯量。上式表明:转动刚体的动能等于刚体对于转轴的转动惯量与角速度平方乘积的二分之一。

刚体质量为 m,作平面运动的角速度为 ω,某瞬时的速度瞬心为点 P(图 7-11)。其内任一质

点到点 P 的距离为 r_i,速度 $v_i = r_i\omega$,代入式(7-16)得

$$T = \sum \frac{1}{2}m_i(r_i\omega)^2 = \frac{1}{2}\left(\sum m_i r_i^2\right)\omega^2 = \frac{1}{2}J_P\omega^2 \qquad (7-19)$$

式中 $J_P = \sum m_i r_i^2$,是刚体对通过速度瞬心 P 且与平面图形相垂直的轴的转动惯量。以 J_C 表示刚体对过质心 C 且与平面图形相垂直轴的转动惯量,r_C 表示点 C 到点 P 的距离,则 $J_P = J_C + mr_C^2$,$v_C = r_C\omega$,代入式(7-19)并整理后,得

$$T = \frac{1}{2}mv_C^2 + \frac{1}{2}J_C\omega^2 \qquad (7-20)$$

即:平面运动刚体的动能等于随质心平动的动能与绕质心转动的动能之和。

例如,半径为 R,质量为 m 的均质圆轮沿地面作直线纯滚动,某瞬时轮心速度为 v_O(图7-12)。则此时轮的动能为

$$T = \frac{1}{2}\left(\frac{1}{2}mR^2\right)\left(\frac{v_O}{R}\right)^2 + \frac{1}{2}mv_O^2 = \frac{3}{4}mv_O^2$$

请读者根据式(7-19)对上述计算结果进行验证。

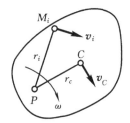

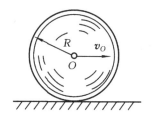

图 7-11   刚体平面运动动能

图 7-12   均质圆轮纯滚动功能

7.4.2   力的功

由工程实际可知,物体受力作用而引起的运动状态变化,不仅决定于力的大小和方向,且与物体在力的作用下经过的路程有关。力学中引入**功**的概念,以表征力在一段路程上的累积效应。当伴随着物体的机械运动而出现与其他形式的能量(如与热、电、磁相关的能量)相互转化的现象时,我们还可更深刻地将功理解为是能从一种形式转化为另一种形式的度量。

质点 M 在合力 F 作用下沿曲线 $\overset{\frown}{M_1M_2}$ 运动(图7-13),取无限小路程 ds,与之相对应的无限小位移为 dr,则力 F 与位移 dr 的标积,称为力对质点所作的**元功**,记作 δA,即

$$\delta A = F \cdot dr = F\cos\theta ds \qquad (7-21)$$

式中 θ 是力 F 与位移 dr 的夹角。用 δA 符号而不用 dA 符号表示元功,是因为它并不一定表示为某个函数的全微分。

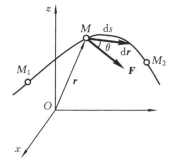

图 7-13   功的描述

在固定直角坐标系中,$F = F_x i + F_y j + F_z k$,$dr = dx i + dy j + dz k$,代入式(7-21),得元功分析表达式为

$$\delta A = F_x dx + F_y dy + F_z dz \qquad (7-22)$$

元功沿路程 $\overparen{M_1M_2}$ 的积分称为力在此路程上所作的功,记作 A,即

$$A = \int_{\overparen{M_1M_2}} \boldsymbol{F} \cdot \mathrm{d}\boldsymbol{r} = \int_{\overparen{M_1M_2}} F\cos\theta \mathrm{d}s$$
$$= \int_{\overparen{M_1M_2}} (F_x\mathrm{d}x + F_y\mathrm{d}y + F_z\mathrm{d}z) \qquad (7-23)$$

在国际单位制中,功的单位与动能相同,即焦耳(J)。下面就工程中几种常见力的功进行讨论。

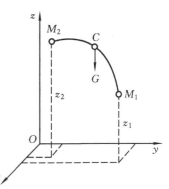

1. 常力的功

设质点在常力 F 作用下,由 M_1 点运动到 M_2 点,$\boldsymbol{r}_1$、$\boldsymbol{r}_2$ 分别为对应于 M_1、M_2 点的位置矢径,则由式(7-23),得

$$A = \int_{\overparen{M_1M_2}} \boldsymbol{F} \cdot \mathrm{d}\boldsymbol{r} = \boldsymbol{F} \cdot \int_{\boldsymbol{r}_1}^{\boldsymbol{r}_2} \mathrm{d}\boldsymbol{r} = \boldsymbol{F} \cdot (\boldsymbol{r}_2 - \boldsymbol{r}_1) \qquad (7-24)$$

可见常力作功仅与力作用点的起点和终点位置的 $\boldsymbol{r}_1$ 和 $\boldsymbol{r}_2$ 有关,而与路径无关。

重力属于最常见的常力。设物重为 G,其质心 C 沿曲线从 M_1 点运动到 M_2 点(图7-14),取 z 轴铅垂向上,则 $F_x = F_y = 0$,$F_z = -G$,代入式(7-23),得

图 7-14　重力之功

$$A = \int_{z_1}^{z_2} (-G)\mathrm{d}z = -G(z_2 - z_1) \qquad (7-25)$$

2. 弹性力的功

如图7-15所示,刚性系数为 c,原长为 l_0 的弹簧一端系于固定点 O,另一端则与质点 M 相连。在弹性范围内,作用于质点 M 的弹性力为

$$\boldsymbol{F} = -c(r - l_0)\frac{\boldsymbol{r}}{r}$$

代入式(7-23),得质点由 M_1 点运动到 M_2 点的过程中的弹性力功为

$$A = \int_{\overparen{M_1M_2}} \boldsymbol{F} \cdot \mathrm{d}\boldsymbol{r} = \frac{c}{2}\left[(r_1 - l_0)^2 - (r_2 - l_0)^2\right]$$

令 $\delta_1 = r_1 - l_0$,$\delta_2 = r_2 - l_0$,分别表示质点在 M_1、M_2 位置时的弹簧变形量,则

$$A = \frac{c}{2}(\delta_1^2 - \delta_2^2) \qquad (7-26)$$

显然,弹性力作功仅取决于弹簧起始与终了位置的弹簧变形量,而与经历的路径无关。

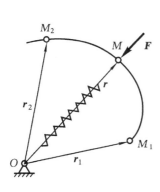

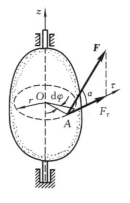

图 7-15　弹力之功　　　　　　　图 7-16　转动刚体上的力之功

3. 作用在定轴转动刚体上的力的功

作用在定轴转动刚体上点 A 的力 F，与 A 点运动轨迹的切线夹角为 α（图7-16），力在切线方向的投影为 $F_\tau = F\cos\alpha$，当刚体绕 z 轴转动一微小转角 $\mathrm{d}\varphi$ 时，作用点 A 走过相应的微小路程 $\mathrm{d}s$；当刚体绕 z 轴转动的转角从 φ_1 到 φ_2 过程中，由式（7-23），力 F 作功为

$$A = \int_{s_1}^{s_2} F\cos\alpha\,\mathrm{d}s = \int_{\varphi_1}^{\varphi_2} F_\tau r\,\mathrm{d}\varphi = \int_{\varphi_1}^{\varphi_2} M_z(\boldsymbol{F})\,\mathrm{d}\varphi \qquad (7-27)$$

如果是力偶作用在刚体上，只需将力偶矩矢量在 z 轴上的投影 M_z 代入上式便可计算力偶的功。

4. 质点系内力的功

一般情况下，质点系内力作功总和不一定等于零。如图7-17(a) 所示两相互吸引的质点 M_1 与 M_2，它们相互作用的内力 $\boldsymbol{F}_{12} = -\boldsymbol{F}_{21}$。当它们相向分别移近 $\mathrm{d}s_1$ 与 $\mathrm{d}s_2$ 路程时，这对内力全作正功，其总和不等于零。工程中内力作功的例子很多，如内燃机靠气缸内的气体膨胀而推动活塞作功，发射卫星靠运载火箭喷气的强大推力使卫星获得前进的速度，人骑自行车靠双脚对踏板的压力方能行驶等等。

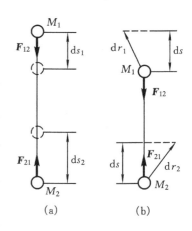

对于刚体，由速度投影定理可知，任意两质点的速度沿其连线的投影相等。因而在任一 $\mathrm{d}t$ 时间内，两质点的位移在其连线上投影 $\mathrm{d}s$ 必定相等（图7-17(b)），故这对内力中一个作正功而另一个作负功，其和为零。所以，刚体在运动过程中内力作功和等于零。

图 7-17 内力之功

5. 约束反力的功

在很多情况下，约束反力的元功之和是等于零的。类似于刚体内力作功情况，链杆约束反力作功和等于零；不可伸长的柔索，因为其上任意两点的位移沿柔索方向的投影均相等，故约束反力作功和也等于零；当两物体相互光滑接触时，约束反力与光滑接触面垂直，因而力作用点的微小位移与力的方向垂直，从而这些约束反力元功为零；光滑固定铰链、光滑轴承、光滑接触面等，约束反力都不作功。

刚体沿固定面纯滚动时，因为约束反力作用点即为速度瞬心（图7-18）。由于速度瞬心的位移 $\mathrm{d}r_P = 0$，故由支承面所提供的摩擦力 F_s，法向反力 F_n 均作功为零。工程中将约束反力在作用点可能产生位移上作功之和等于零的约束称为**理想约束**。

7.4.3 动能定理

对质点系内任一质点列运动微分方程式（7-2），并在等号两边与位移 $\mathrm{d}r$ 作标积运算，考虑到 $\mathrm{d}r/\mathrm{d}t = \boldsymbol{v}$，得

$$m\boldsymbol{v} \cdot \mathrm{d}\boldsymbol{v} = \boldsymbol{F} \cdot \mathrm{d}\boldsymbol{r}$$

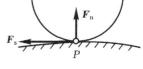

图 7-18 纯滚动时约束反力之功

因为 $\boldsymbol{v} \cdot \mathrm{d}\boldsymbol{v} = \mathrm{d}\left(\dfrac{1}{2}\boldsymbol{v} \cdot \boldsymbol{v}\right) = \mathrm{d}\left(\dfrac{1}{2}v^2\right)$，且 $\boldsymbol{F} \cdot \mathrm{d}\boldsymbol{r} = \delta A$，故有

$$d(\frac{1}{2}mv^2) = \delta A$$

对质点系各质点列出上式并求和

$$\sum d(\frac{1}{2}mv^2) = \sum \delta A$$

将求和符号与微分符号互换

$$d(\sum \frac{1}{2}mv^2) = dT = \sum \delta A \tag{7-28}$$

上式即微分形式的质点系动能定理：质点系动能的微分等于作用在质点系上所有力的元功之和。

以 T_1、T_2 分别表示质点系在起始和终了时具有的动能，$\sum A$ 代表作用在质点系上所有力在对应路程中所作的功，则对上式积分后，得

$$T_2 - T_1 = \sum A \tag{7-29}$$

即为积分形式的质点系动能定理：运动过程中，质点系初始与终了位置的动能改变量，等于作用在质点系上的所有力在该过程中的作功总和。

例 7-6　汽车与载荷总重量为 G，轮胎与路面的动滑动摩擦系数为 f，若以速度 v_0 沿水平直线公路行驶，且不计空气阻力，试求汽车前后轮同时制动到汽车停止所滑过的距离 s。

解　以汽车为研究对象，在刹车到停车这一过程中，车轮卡死与汽车一起作平动。故动能变化为

$$T_2 - T_1 = 0 - \frac{1}{2}\frac{G}{g}v_0^2$$

作用于汽车上的力有重力 G，前后轮所受到的法向总反力 $F_n = G$ 和动摩擦力 $F_d = fF_n$。由于 G 与 F_n 均与运动方向垂直，故只有 F_d 作负功，即

$$\sum A = -F_d s = -fGs$$

根据动能定理 $T_2 - T_1 = \sum A$，得

$$-\frac{1}{2}\frac{G}{g}v_0^2 = -fGs$$

由此得到

$$s = \frac{v_0^2}{2gf}$$

一般情况下，汽车急刹车后滑行的距离 s 可通过在路面上所留下的刹车痕迹测得，这样通过上式即可求得汽车刹车前的行驶速度 $v_0 = \sqrt{2fgs}$。交警在处理交通事故时，可由此判断司机是否超速行车。

例 7-7　置于水平面内的行星齿轮机构，曲柄 OO_1 受不变力偶矩 M 作用绕固定轴 O 转动，曲柄带动齿轮 1 在固定齿轮 2 上滚动（图 7-19）。设曲柄 OO_1 长为 l，质量为 m，并认为是均质杆；齿轮 1 的半径为 r_1，质量为 m_1，并认为是均质圆盘。试求曲柄由静止转过 φ 角后的角速度和角加速度，不计摩擦。

解　取整个系统为研究对象，曲柄和齿轮 1 分别作定轴转动和平面运动。由速度分析可得出曲柄的角速度 ω 和齿轮 1 的角速度 ω_1 的关系为，$r_1\omega_1 = L\omega = v_{O_1}$，故整个系统的动能为

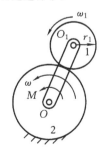

图 7-19　例 7-7 图

$$T = \frac{1}{2}J_O\omega^2 + \frac{1}{2}m_1 v_{O_1}^2 + \frac{1}{2}J_{O_1}\omega_1^2$$

$$= \frac{1}{2}\times\frac{1}{3}ml^2\omega^2 + \frac{1}{2}m_1(l\omega)^2 + \frac{1}{2}\times\frac{1}{2}m_1 r_1^2\left(\frac{l\omega}{r_1}\right)^2$$

$$= \frac{1}{2}(\frac{1}{3}m + \frac{3}{2}m_1)l^2\omega^2$$

系统在水平面内运动,重力不作功。此外,摩擦不计,系统受理想约束,故约束反力作功和为零。只有主动力偶矩 M 作正功,由式(7-29)得

$$\frac{1}{2}(\frac{1}{3}m + \frac{3}{2}m_1)l^2\omega^2 - 0 = M\varphi$$

可求出曲柄角速度

$$\omega^2 = \frac{12M}{(2m+9m_1)l^2}\varphi \tag{a}$$

即

$$\omega = \sqrt{\frac{12M}{(2m+9m_1)l^2}\varphi} \tag{b}$$

式(b)表示的是 ω 与 φ 的函数关系。将式(a)两边对时间 t 求导数,并注意 $\frac{\mathrm{d}\varphi}{\mathrm{d}t} = \omega$,最后得

$$\alpha = \frac{6M}{(2m+9m_1)l^2}$$

例 7-8　电动机带动卷扬机如图 7-20 所示。电机转矩为 M,视作不变量。主动轴 AB 和从动轴 CD 对各自中心轴的转动惯量分别为 J_1 和 J_2(包括装在轴上的所有转动件),卷筒半径为 R,齿轮传动比 $i = \omega_1/\omega_2$,提升重物质量为 m,略去轴承摩擦,系统由静止开始提升重物。求重物提升距离 s 时的加速度。

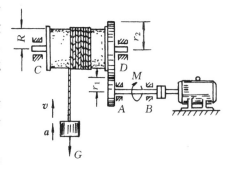

图 7-20　例 7-8 图

解　取电机以外的系统为研究对象。作用于系统的力有物体重力 G 和轴 AB,轴 CD 的重力、电机的转矩 M 及各轴承处的约束反力。

当重物提升距离 s 时,从动轴 CD 相应转角为 φ_2,主动轴 AB 相应的转角为 φ_1,由已知条件可求得 $\varphi_2 = s/R$,$\varphi_1 = i\varphi_2$,在此过程中只有重力 G 和转矩 M 作功,有

$$\sum A = M\varphi_1 - Gs = (\frac{Mi}{R} - mg)s$$

系统初始静止,当重物提升距离 s 时,速度为 v,主动轴及从动轴的角速度分别为 ω_1 和 ω_2,且 $\omega_2 = v/R$,$\omega_1 = i\omega_2$,则系统动能为

$$T = \frac{1}{2}J_1\omega_1^2 + \frac{1}{2}J_2\omega_2^2 + \frac{1}{2}mv^2 = \frac{1}{2}(\frac{J_1 i^2}{R^2} + \frac{J_2}{R^2} + m)v^2$$

根据质点系动能定理,有

$$T_2 - T_1 = \frac{1}{2}(\frac{J_1 i^2}{R^2} + \frac{J_2}{R^2} + m)v^2 = (\frac{Mi}{R} - mg)s$$

上式建立了重物上升距离 s 与其对应速度 v 之间的函数关系。将等式两端对时间 t 求导数,并注意到 $v = \mathrm{d}s/\mathrm{d}t$,$a = \mathrm{d}v/\mathrm{d}t$,得

$$\frac{1}{2}(J_1 i^2 + J_2 + mR^2)2va = (Mi - mgR)Rv$$

于是,得

$$a = \frac{(Mi - mgR)R}{J_1 i^2 + J_2 + mR^2}$$

可见,重物上升的加速度与提升距离 s 无关,该结果适用于提升任意高度的情况。工程中常对重物提升的加速度有一定的限制极值,故由此可求出电动机应提供的转矩 M,以供选择电机的功率时参考。

7.4.4　功率和功率方程

1. 功率

在工程实际中,不仅要求机器能做功,而且要求在一定时间内能完成一定数量的功。力在单位时间内所作的功称为**功率**,用 P 表示。它表明了力作功的快慢,是衡量机器工作能力的一个重要指标。

力在 $\mathrm{d}t$ 时间内的元功是 δA,且 $\delta A = \boldsymbol{F} \cdot \mathrm{d}\boldsymbol{r}$,因此力的功率为

$$P = \frac{\delta A}{\mathrm{d}t} = \frac{\boldsymbol{F} \cdot \mathrm{d}\boldsymbol{r}}{\mathrm{d}t} = \boldsymbol{F} \cdot \boldsymbol{v} = F_\tau v \tag{7-30}$$

即力的功率等于力与其作用点的速度的标积或等于力在作用点的速度方向的投影与速度大小的乘积。

力矩与力偶矩统称为转矩,转矩 M 的元功为 $\delta A = M \mathrm{d}\varphi$,故转矩的功率为

$$P = M \frac{\mathrm{d}\varphi}{\mathrm{d}t} = M\omega \tag{7-31}$$

即转矩的功率等于转矩 M 与物体转动角速度的乘积。

可见,在功率一定的条件下,如需要产生大的力和转矩,则需降低速度或转速。例如,汽车上坡时,为了能获得较大的牵引力就采用低速挡。又如,车削工件时,如切削量大,则应选用低转速;反之,应选用高转速。

在国际单位制中,功率的单位是焦耳／秒(J/s),称为瓦(W)。

如果电动机转速 n 的单位用转／分(r/min),转矩 M 的单位用牛顿·米(N·m),则电动机功率可由式(7-31)得到

$$P = \frac{M\omega}{1\,000} = \frac{Mn}{9\,550} \quad (\mathrm{kW}) \tag{7-32}$$

通常电动机的功率和转速为已知,均在机器的铭牌上标明,因此由上式即可求出电动机的输出转矩为

$$M = 9\,550 \frac{P}{n} \quad (\mathrm{N \cdot m})$$

此关系在第 3 章的 3.4.1 节中已经以式(3-25)给出,并多次应用。

开动脑筋:人们骑自行车遇到漫上坡时,通常沿"s"形路线行走。原因何在?

例 7-9　设提升质量 2000 kg 的钢锭,速度 $v = 0.166\ \mathrm{m/s}$。求提升此钢锭所消耗的功率。

解　因匀速提升,故提升钢锭所需的力与钢锭重力相等,即

$$F = mg = 19\,620\ \mathrm{N}$$

由式(7-30)得

$$P = Fv = 19\,620 \times 0.166 = 3\,257\ \mathrm{W} = 3.26\ \mathrm{kW}$$

2．功率方程

任何机器工作时，必须输入一定的功，在输出一定的有用功的同时，机器要克服无用的阻力而消耗一部分功。如以 $\delta A_人$ 表示输给机器的元功，$\delta A_有$ 和 $\delta A_无$ 分别表示有用阻力（如机床切削阻力）和无用阻力（如摩擦力）所消耗的元功，则由动能定理表达式(7-28)，得

$$dT = \delta A_人 - \delta A_有 - \delta A_无$$

两边同除以 dt，并以 $P_人$、$P_有$ 和 $P_无$ 分别表示输入功率、有用阻力输出功率和无用阻力消耗功率，则

$$\frac{dT}{dt} = P_人 - P_有 - P_无 \tag{7-33}$$

上式称为**机器的功率方程**。它表达了任一机器输入和输出的功率与机器动能变化率之间的关系。

一般来说，机器运转都有三个阶段：启动阶段、正常稳定运转阶段和制动阶段，这三个阶段称为机器的一个循环。

机器启动时，速度逐渐增加，故 $\frac{dT}{dt} > 0$，这时

$$P_人 > P_有 + P_无$$

即输入功率要大于有用功率与无用功率之和。

机器刹车时（或负荷突然增加时），机器作减速运动，故 $\frac{dT}{dt} < 0$，这时

$$P_人 < P_有 + P_无$$

即输入功率小于有用功率与无用功率之和。

当机器正常稳定运转时，一般来说是匀速的，故 $\frac{dT}{dt} = 0$，此时输入功率等于有用功率和无用功率之和。即

$$P_人 = P_有 + P_无 \tag{7-34}$$

称为**机器的机器平衡方程**。

如果不考虑摩擦所消耗的功率，则 $P_无 = 0$。故

$$P_人 = P_有$$

即

$$M_人 \, \omega_人 = M_出 \, \omega_出$$

所以

$$M_出 = M_人 \frac{\omega_人}{\omega_出} = M_人 \, i \tag{7-35}$$

式中 i 表示传动比（速比）。此式在机械传动中求力矩时经常用到。

3．机械效率

根据前面所述可知，正常稳定阶段有用功率总是比输入功率小。在工程上取有用功率对输入功率之比，称为**机械效率**，以 η 表示

$$\eta = \frac{P_有}{P_人} = 1 - \frac{P_无}{P_人} \tag{7-36}$$

由于摩擦是不可避免的，故机械效率 η 的值总是小于 1。机械效率愈接近于 1，有用功率愈接近于输入功率，摩擦所消耗的功率也就越小，机器的工作性能越好。机械效率的大小，是评价

一台机器工作性能的重要指标之一。

　　机械效率的大小与机器的传动形式及工作条件有关。加工精细、润滑良好的一对圆柱齿轮,其效率可达 98%;蜗轮蜗杆传动效率只有 60% 左右,这就是说约有 40% 的输入功率消耗在摩擦发热上。一般机械效率 η 可由机械设计手册查得。

　　例 7 - 10　C618 车床的主轴转速 $n = 42$ r/min 时,其切削力 $F = 14.3$ kN,若工件直径 $d = 115$ mm,电动机到主轴的机械效率 $\eta = 0.76$。求此时电动机的功率为多少?

　　解　先求切削力 F 的功率 $P_切$,由式(7 - 32)有

$$P_切 = \frac{Mn}{9\,550} = \frac{F\dfrac{d}{2}n}{9\,550} = 14\,300 \times \frac{0.115}{2} \times \frac{42}{9\,550} = 3.618 \text{ kW}$$

再求电动机的功率,由式(7 - 36)有

$$P_电 = \frac{P_切}{\eta} = \frac{3.618}{0.76} = 4.76 \text{ kW}$$

7.5　达朗贝尔原理

　　达朗贝尔原理是一种解决非自由质点系动力学问题的普遍方法。其特点是用研究静力平衡问题的方法来研究动力学问题,故又称为**动静法**。该方法用来求解动反力等问题显得特别方便,因而在工程技术中得到了广泛的应用。

7.5.1　惯性力

　　当物体受到外力作用而被迫改变其运动状态时,该物体即对施力物体产生反作用力。

图 7 - 21　车的惯性力

　　例如沿水平直线轨道推车时(图 7 - 21),车因受到人的推力 F 作用而产生加速度 a,同时,人的手上也会感觉到有压力 F_g 作用,而且车子质量愈大,车速变化愈剧烈,手感的这个压力就愈大。由此说明,该力是由车子的惯性引起,故称为车的惯性力。设车的质量为 m,略去一切阻力,则由牛顿第二定律知 $F = ma$,于是,由作用力与反作用定律可得车的惯性力为 $F_g = -F = -ma$。

　　再如绳子一端系一质量为 m 的小球,并给球以初速度 v,用手拉住绳的另一端使球在水平面内作匀速圆周运动(图 7 - 22)。略去重力影响,小球在水平面内只受拉力 F 作用而被迫改变运动状态,产生加速度 $a = a_n$。与此同时,小球也对绳子产生反作用力 $F_g = -F = -ma_n$,这是由于小球本身具有惯性,力图保持其原来的运动状态不变而对绳子的反抗力,该力称为小球的惯性力。由于该力总是沿着球的运动轨迹的法线而背离中心,故又称为**离心力**。该力作用在绳子上。

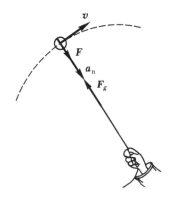

图 7 - 22　球的惯性力

　　现将上述特例推广到质点在空间作一般曲线运动的情形。设质点质量为 m,某瞬时的加速度为 a,则质点的惯性力

$$F_g = -ma$$

即:质点的惯性力的大小等于质点的质量与加速度大小的乘积,其方向与质点的加速度方向相反。

必须注意,质点的惯性力并不作用在该质点上,而作用于使质点产生加速度的物体上。

7.5.2 质点与质点系的达朗贝尔原理

设一质量为 m 的非自由质点 M,在主动力 F 和约束反力 F_N 的作用下作某一曲线运动(图 7-23),若以 a 表示质点的加速度,则根据质点动力学基本方程,有

$$F + F_N = ma$$

将上式写成

$$F + F_N - ma = 0$$

引入惯性力 $F_g = -ma$,上式又可改写为

$$F + F_N + F_g = 0 \qquad (7-37)$$

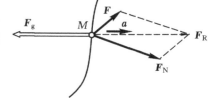

图 7-23 达朗贝尔原理

可见,由于惯性力的引入,质点动力学基本方程在形式上就转化为静力平衡方程。式(7-37)表明:当非自由质点运动时,作用于质点的主动力、约束反力与质点的惯性力在形式上组成一平衡力系,这就是质点的达朗贝尔原理。

值得注意,式(7-37)在形式上是平衡方程,但实际上反映了力与运动变化的关系,属于动力学问题。这种把动力学问题表达为静力平衡问题的方法称为**动静法**。

设质点系由 n 个质点组成,取其中任一质点 M_i,其质量为 m_i,加速度为 a_i,则该质点的惯性力为 $F_{gi} = -m_i a_i$。作用于该质点的主动力为 F_i 和约束反力为 F_{Ni}。于是对每个质点都应用质点的达朗贝尔原理,可得方程组

$$F_i + F_{Ni} + F_{gi} = 0 \quad (i = 1, 2, \cdots, n) \qquad (7-38)$$

即:当一非自由质点系运动时,如果给系内每一质点加上惯性力,则每一点的惯性力和作用于它的主动力、约束反力在形式上分别组成平衡力系。这就是质点系的达朗贝尔原理。

既然作用于每个质点的主动力、约束反力与其惯性力在形式上组成平衡力系,则作用于整个质点系的主动力系、约束反力系与由各质点的惯性力所组成的惯性力系,在形式上也必然是平衡关系,必然满足主矢和对任一点的主矩同时等于零的平衡条件。即

$$\left. \begin{array}{l} \sum F_i + \sum F_{Ni} + \sum F_{gi} = 0 \\ \sum M_O(F_i) + \sum M_O(F_{Ni}) + \sum M_O(F_{gi}) = 0 \end{array} \right\} \qquad (7-39)$$

此结论对质点系的局部系统同样适用。具体应用时,可将式(7-37)、式(7-39)向所选坐标系的各轴分别进行投影。

例 7-11 图 7-24 所示为燃气轮机的叶轮,其上沿周长安装有很多径向叶片。每个叶片质量为 0.1 kg,叶片质心至轮轴心的距离 $R = 500$ mm,气轮机的转速为 10 000 r/min。试求旋转时叶片根部所受的拉力,叶片自重略去不计。

解 取叶片为研究对象,叶轮作匀角速转动。将叶片视为质量集中于其质心 C 的一个质点,其向心加速度为 $a_n = R\omega^2$,故惯性力的大小为

$$F_g = mR\omega^2 = 0.1 \times 0.5 \times \left(\frac{2\pi \times 10\ 000}{60}\right)^2$$

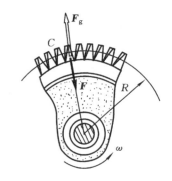

图 7-24 例 7-11 图

$$= 54\,775 = 5.48 \times 10^4 \text{ N}$$

其方向与质心加速度的方向相反,即沿径向向外。应用动静法求叶片根部的力,将惯性力加在叶片上,叶片根部所受的力 F 与惯性力形式上构成平衡力系,即

$$F - F_g = 0$$

由此得

$$F = F_g = 54.8 \text{ kN}$$

此结果说明,叶片根部所受的拉力,大小等于惯性力的大小,其值约为叶片自重的 55 000 倍。当此力超过叶片材料所能承受的极限时,会引起根部断裂事故。因此,离心惯性力的影响在高速旋转机械中应特别重视。

例 7-12　质量为 m 的小球 M_1、M_2 与铅垂转轴 AB 刚性连结如图 7-25 所示。杆 CD 与 AB 夹角为 α。$OC = OD = b$,$AB = l$。已知角速度 $\omega =$ 常量,AB 及 CD 均为无重刚性杆。试求轴承 A、B 处的约束反力。

解　取系统为研究对象。系统受两小球重力 $G_1 = G_2 = G$ 以及 A、B 轴的约束反力 F_{Ax}、F_{Bx} 和 F_{By} 作用。

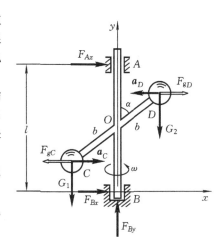

图 7-25　例 7-12 图

由于 $\omega =$ 常量,故两小球的加速度均为法向加速度,大小 $a_n = (b\sin\alpha)\omega^2$,法向惯性力的大小为

$$F_{gC} = F_{gD} = ma_n = mb\omega^2\sin\alpha$$

方向与加速度方向相反。

根据达朗贝尔原理,作用在系统上的主动力 G_1、G_2,约束反力 F_{Ax}、F_{Bx}、F_{By} 与惯性力 F_{gC}、F_{gD} 形式上组成平衡的平面力系,根据平衡条件,得

$$\sum F_x = 0, \quad F_{Ax} + F_{Bx} + F_{gD} - F_{gC} = 0 \tag{a}$$

$$\sum F_y = 0, \quad F_{By} - G_1 - G_2 = 0 \tag{b}$$

$$\sum M_B(\boldsymbol{F}) = 0, \quad -F_{Ax} \cdot l - F_{gD} \cdot 2b\cos\alpha = 0 \tag{c}$$

将 $G_1 = G_2 = mg$,$F_{gC} = F_{gD} = mb\omega^2\sin\alpha$ 代入上述方程,解得

$$F_{Ax} = -F_{Bx} = -\frac{mb^2\omega^2\sin\alpha}{l}, \quad F_{By} = 2mg$$

可见,F_{Ax} 和 F_{Bx} 都是由于转动而引起的,称为**附加动反力**,它影响高速转子的稳定运转,减少机械的工作寿命。工程中应采取措施,尽量减小这种力的影响。

7.5.3　刚体惯性力系的简化结果

应用动静法求解刚体动力学问题时,必须将加在刚体内各质点上的惯性力所形成的惯性力系加以简化。由力系简化理论可知,在一般情况下,力系向一点简化,可得一过简化中心的力和一力偶,该力矢量等于力系的主矢量,该力偶矩矢量等于力系对该点的主矩,且主矢量与简化中心无关,而主矩则随简化中心的不同而改变。

首先研究惯性力系的主矢量。设刚体内任一质点 M_i 的质量为 m_i,加速度为 a_i;刚体的总质量为 m,质心 C 的加速度为 a_C。则惯性力系的主矢为

$$\boldsymbol{F}_g = \sum \boldsymbol{F}_{gi} = \sum (-m_i \boldsymbol{a}_i) = -m\boldsymbol{a}_C \tag{7-40}$$

此式表明,无论刚体作什么运动,惯性力系的主矢量都等于刚体的质量与质心加速度的乘积,方向与质心的加速度方向相反。

至于惯性力系的主矩,将随刚体运动的不同而不同。现就刚体作平动、定轴转动和平面运动这三种情形下的惯性力系简化结果分述如下。

1. 刚体平动时惯性力系的简化结果

刚体平动时其上各点的加速度都相同,且等于质心 C 的加速度 $\boldsymbol{a}_C$,因此刚体内各质点的惯性力组成一个同向的空间平行力系,与各质点的重力所组成的平行力系完全相似。因此,刚体平动时,惯性力系简化为通过质心 C 的一合力(图 7-26),且

$$\boldsymbol{F}_g = -m\boldsymbol{a}_C \tag{7-41}$$

2. 刚体定轴转动时惯性力系的简化结果

仅讨论工程中常见的,刚体具有对称平面且转轴垂直于对称平面的情形。此时可先将刚体的空间惯性力系简化为在对称平面内的平面力系,再将此平面力系向对称平面与转轴的交点 O 简化,则惯性力系的主矢为

$$\boldsymbol{F}_g = -m\boldsymbol{a}_C$$

对 O 点的惯性主矩为

$$M_{gO} = \sum M_O(\boldsymbol{F}_{gi}^\tau) + \sum M_O(\boldsymbol{F}_{gi}^n)$$

由于 $\boldsymbol{F}_{gi}^n$ 均通过转轴,$\sum M_O(\boldsymbol{F}_{gi}^n) = 0$,且 $a_i^\tau = r_i\alpha$ (图 7-27(a)),所以

$$M_{gO} = \sum M_O(\boldsymbol{F}_{gi}^\tau) = -\sum r_i(m_i r_i \alpha) = -\left(\sum m_i r_i^2\right)\alpha = -J_O\alpha$$

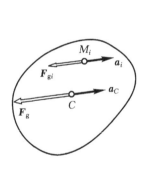

图 7-26　刚体平动时的
　　　　　惯性力系简化

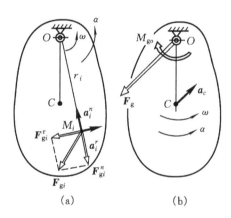

图 7-27　刚体定轴转动时的
　　　　　惯性力系简化

式中 $J_O = \sum m_i r_i^2$ 为刚体对转轴 O 的转动惯量,α 为刚体转动的角加速度,负号表示主矩与 α 转向相反。

以上结果表明:具有垂直于转轴的对称平面的转动刚体,惯性力系向转轴与对称面的交点 O 简化的结果为一通过点 O 的惯性力和一惯性力偶(图 7-27(b)),且

$$\boldsymbol{F}_g = -m\boldsymbol{a}_C, \quad M_{gO} = -J_O\alpha \tag{7-42}$$

显然,① 若转轴通过质心(图7-28(a)),则 $F_g = ma_C = 0$,此时惯性力系简化为一力偶;② 若 $\omega =$ 常量,则 $M_g = J_O\alpha = 0$,此时惯性力系简化为通过点 O 的一惯性力,如图 7-28(b);③ 若转轴通过质心,且 $\alpha = 0$,则惯性力系主矢与主矩同时等于零,如图 7-28(c)。

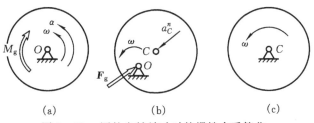

图 7-28　圆轮定轴转动时的惯性力系简化

3. 刚体作平面运动时惯性力系的简化结果

仅讨论刚体具有对称平面且刚体平行此平面运动的情形,则刚体的惯性力系可简化为在此平面内的平面力系。由于平面运动可分解为随同质心 C 的平动和绕 C 点转动两部分,将惯性力系向质心 C 简化,由上述所得结论可知:随质心平动部分的惯性力系可简化为通过质心 C 的一惯性力;绕质心转动部分的惯性力系可简化为一惯性力偶,故有

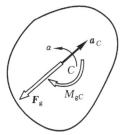

$$F_g = -ma_C, \quad M_{gC} = -J_C \alpha \qquad (7-43)$$

式中 J_C 是刚体对过质心 C 且与对称平面相垂直轴的转动惯量,α 是刚体作平面运动的角加速度。上述表明:具有对称平面且平行此平面作平面运动的刚体,其惯性力系向质心 C 简化的结果为通过质心 C 的一个惯性力和一惯性力偶(图 7-29)。

图 7-29　刚体平面运动时的惯性力系简化

应用质点系的达朗贝尔原理求解刚体动力学问题时,关键是要根据刚体的不同运动形式,按上述讨论结果正确地加惯性力和惯性力偶。在受力图上以刚体质心 C 的加速度 a_C 的相反方向画出惯性力,以角加速度 α 的相反转向画出惯性力偶,在平衡方程中惯性力与惯性力偶矩的正负号均应根据受力图确定。

例 7-13　电动卷扬机机构如图 7-30 所示。已知起动时电动机的平均驱动力矩为 M,被提升重物质量为 m_1,鼓轮质量为 m_2,半径为 r,质心与轮心重合,且对轮心回转半径为 ρ。试求起动阶段重物的平均加速度 a 和此时轴承 O 的约束反力。

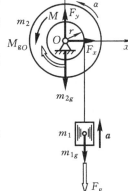

解　研究对象取系统,受驱动力矩、物体重力、鼓轮重力以及轴承 O 的约束反力作用。

被提升重物作平动,惯性力系简化为过其质心的合力,大小为

$$F_g = m_1 a$$

方向与加速度 a 的方向相反。鼓轮作定轴转动。设鼓轮具有垂直于转轴的对称平面,因质心在转轴上,故惯性力系向轴心简化为一力偶,其力偶矩的大小为

$$M_{gO} = J_O \alpha = m_2 \rho^2 \frac{a}{r}$$

其转向与 α 转向相反。

图 7-30　例 7-13 图

应用动静法,作用于系统的主动力系、约束力系与惯性力系形式上平衡,由平面力系平衡方程

$$\sum M_O(\boldsymbol{F}) = 0, \quad M - M_{gO} - m_1 gr - F_g r = 0$$

$$\sum F_x = 0, \quad F_x = 0$$

$$\sum F_y = 0, \quad F_y - m_1 g - m_2 g - F_g = 0$$

由此解得

$$a = \frac{(M - m_1 gr)r}{m_2\rho^2 + m_1 r^2}$$

$$F_y = (m_1 + m_2)g + \frac{m_1(M - m_1 gr)r}{m_1 r^2 + m_2\rho^2}$$

显然,当系统处于静止或匀速提升重物过程中,轴承约束反力仅与重物及鼓轮的重力有关。当系统处于启动、加速或制动过程中,会引起轴承附加动反力。

例7-14 转子总质量 $m = 20$ kg,偏心距 $e = 0.1$ mm。设转轴垂直于转子对称平面,如图7-31所示,转速 $n = 12\ 000$ r/min,轴承 A、B 距对称平面距离相等。求轴承附加动反力。

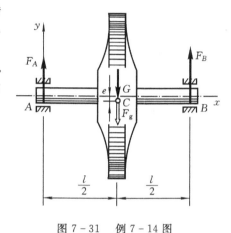

解 取转子为研究对象,受重力 G 和轴承约束力 F_A、F_B 作用。

由于转轴垂直于对称平面,且转子匀角速转动,故其惯性力系简化为过质心 C 的合力 F_g,其大小为

$$F_g = me\omega^2$$

应用动静法,主动力系、约束力系与惯性力系满足平衡条件

$$\sum M_B(\boldsymbol{F}) = 0, \quad -lF_A + \frac{l}{2}G + \frac{l}{2}F_g = 0$$

$$\sum F_y = 0, \quad F_A + F_B - G - F_g = 0$$

求得

$$F_A = F_B = \frac{1}{2}G + \frac{1}{2}me\omega^2$$

图 7-31   例 7-14 图

显然,上述结果第一项只与重力有关,称为**静反力**,而第二项则与惯性力有关,即为附加动反力。本题中附加动反力为

$$F_A'' = F_B'' = \frac{1}{2}me\omega^2 = \frac{20 \times 0.1 \times 10^{-3}}{2}(\frac{12\ 000 \times 2\pi}{60})^2 = 1.58 \text{ kN}$$

如果仅考虑重力作用,则轴承的静反力为

$$F_A' = F_B' = \frac{1}{2}mg = 98 \text{ N}$$

在此情形下,仅由于 0.1 mm 的偏心所引起的附加动反力竟是静反力的 16 倍,这是不容忽视的。

7.5.4 转子的静平衡与动平衡

由于诸多因素的影响,导致转子的转轴与对称平面不相垂直或转子质心偏离转轴。这样,当机械高速运转时,就会由于巨大的惯性力而对运动副产生巨大的附加动压力,它将加剧轴承的摩损,降低机械的传动效率,影响机器的使用寿命和正常生产,同时还伴随产生振动与噪声,影响工人的身心健康,必须设法消除。

1. 转子的静平衡

为消除转动构件的离心惯性力,应保证转子的质心(重心)C 在转轴上,称之为转子的**静平衡**。如图 7-32(a) 所示重量为 G_1 的曲轴,其重心 C_1 不在转轴上,偏心距矢量 $\boldsymbol{e}_1 = \overrightarrow{OC_1}$。为使它达到静平衡,可在重心 C_1 的对方加上平衡锤,如图7-32(b)。设锤重为 G_2,偏心距矢量 $\boldsymbol{e}_2 = \overrightarrow{OC_2}$,则曲轴的总重心 C 在轴 O 上的条件为

$$G_1\boldsymbol{e}_1 + G_2\boldsymbol{e}_2 = 0$$

式中重量与偏心距矢量之积称为**重径积**。若转子由 n 部分构成,则静平衡的条件是:转子各部

分重径积的矢量和为零，即

$$\sum G_i e_i = 0 \qquad (7-44)$$

式中 $i = 1, 2, \cdots, n$。

　　实际上由于制造和安装误差，以及材质不均匀等原因，即使理论上重心在转轴上的转子（如对称于转轴的圆盘），仍然存在着静不平衡，因此需要进一步用实验方法加以平衡。

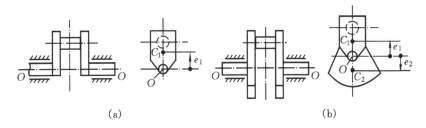

(a)　　　　　　　　　　　　　　　　　(b)

图 7-32　曲轴的重径积

　　进行静平衡试验时，需将转子的轴放在两个水平刀刃上，任其自由滚动（图7-33）。若不计滚动摩擦，当转子停止滚动时，其重心 C 位于最低点。故可在重心的相反方向选定的半径处，试加平衡重量（通常用胶合水泥）继续试验，不断调整这一平衡重或所在半径的大小，直到转子转到任何位置均能静止，此时表明总重心移到转轴上。取下胶合水泥，按照重径积相等的条件，在转子上焊上金属配重，或在相反方向去掉适当重量的材料，即可达到静平衡。

图 7-33　轮子的静平衡实验

　　静平衡适用于直径远大于轴向长度的盘形转子。

2. 转子的动平衡

　　对于轴向长度较大的转子，如电动机转子、多缸发动机的曲轴等，即使其重心在转轴上，运转时仍可能对支承转子的轴承产生附加动压力。如图7-34(a)所示的双拐曲轴，其重心 C 在转轴上，但运转时两个曲拐部分质量的惯性力（F_g、F'_g）却组成一力偶，如图7-34(b)，惯性力系仍不平衡。若重心 C 也不在转轴上，则既有不平衡的惯性力，也有不平衡的惯性力偶。这种包含惯性力偶的不平衡问题，属于动不平衡问题。

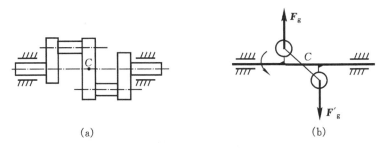

(a)　　　　　　　　　　　　　　　　　(b)

图 7-34　双拐曲轴的动不平衡

可以证明，若将转子各部分的重径积分配到两个与转轴垂直的平行平面内，当这两个平面内的重径积都满足式(7-44)时,转子在理论上达到动平衡,既无惯性力,又无惯性力偶。可见,动平衡包括了静平衡。

由于和静平衡同样的原因,理论上动平衡的转子也需要进行动平衡试验。这种试验在专用的动平衡机上进行。工程上用来评价平衡试验结果的指标常为重径积的大小或**平衡精度**(平衡精度等于总重心的偏心距与角速度之积 $e\omega$)。当平衡试验进行到平衡精度小于规定值时,即认为试验完成。

可见,对于细长的高速转子应当进行动平衡实验,以最终达到动平衡。

7.6 动应力

由动载荷所引起的应力称为**动荷应力**,简称为**动应力**。因为动载荷问题相当复杂,故本节仅介绍一些较为简单的问题及有关基本概念。

7.6.1 匀变速直线平动或匀角速转动时的动应力计算

零件变速运动时,其内各质点的加速度将引起惯性力,因此根据达朗贝尔原理,在零件上虚加相应的惯性力,然后按动静法来处理动载荷问题。

1. 零件作匀变速直线平动时的动应力计算

设重量为 G 的物体被吊绳以加速度 a 提升(图7-35)。用截面法假想地将吊绳切开,取下半部分为研究对象。不计吊绳自重时,这部分受吊绳内力 F_d 和物体重力 G 作用。物体的惯性力

$$F_g = \frac{G}{g}a$$

根据动静法,由 $\sum F_x = 0$ 列平衡方程,可以求得

$$F_d = G + \frac{G}{g}a$$

可见,这里吊绳的拉力 F_d 由两部分组成:其中 G 为物体静止或匀速上升时绳的内力,而 $\dfrac{G}{g}a$ 则是由于物体具有加速度而引起的**附加动载荷**。设正应力在吊绳截面上均匀分布,则吊绳中的动应力 σ_d 为

$$\sigma_d = \frac{F_d}{A} = \frac{G}{A}\left(1 + \frac{a}{g}\right)$$

式中 A 为吊绳横截面积。令 $\sigma = \dfrac{G}{A}$ 表示加速度为零时的**静应力**,$\left(1 + \dfrac{a}{g}\right)$ 称为**动荷系数**,用 K_d 表示,则上式可表示为

$$\sigma_d = K_d\sigma \tag{7-45}$$

即动应力等于动荷系数与静应力之积。强度条件为

$$\sigma_d = K_d\sigma \leqslant [\sigma] \tag{7-46}$$

或

$$\sigma \leqslant \frac{[\sigma]}{K_d} \tag{7-47}$$

图7-35 匀变速直线平动零件的附加动载荷

上式表明：只要将许用应力除以相应的动荷系数 K_d，则动载荷作用下的强度问题可按静载荷的方法计算。

2. 零件匀角速转动时的动应力计算

图 7 - 36(a) 所示飞轮以匀角速度 ω 绕过轴心 O 且垂直于盘面的轴转动。若略去轮辐对轮缘的作用（这样处理的结果使强度偏于安全），则可将其简化成为图 7 - 36(b) 所

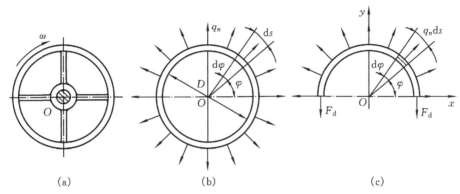

(a)　　　　　　　　　　　(b)　　　　　　　　　　　(c)

图 7 - 36　匀角速定轴转动零件的附加动载荷

示的均质薄壁圆环。仍用动静法来计算环中的应力。设薄圆环的直径为 D，环横截面积为 A，材料密度为 ρ。圆环匀角速转动，环上各质点仅有法向加速度 a_n，且有

$$a_{\mathrm{n}} = \frac{D}{2}\omega^2$$

从圆环上取长度为 ds 的微段，其惯性力为

$$\mathrm{d}F_{\mathrm{gn}} = (\rho A\,\mathrm{d}s)a_{\mathrm{n}} = \frac{\rho AD}{2}\omega^2\mathrm{d}s$$

或

$$\mathrm{d}F_{\mathrm{gn}} = q_n\mathrm{d}s = q_n\left(\frac{D}{2}\mathrm{d}\varphi\right)$$

式中 $q_{\mathrm{n}} = \dfrac{1}{2}\rho AD\omega^2$ 为单位长度圆环的惯性力，其方向背离圆心，称为圆环上的**惯性力载荷集度**。

为求圆环横截面上的应力，可将环沿直径截开，取其一部分研究，受力分析如图 7 - 36(c) 所示，其中 F_d 为环横截面上的内力。由 $\sum F_y = 0$，得

$$\int_0^{\pi} q_n\sin\varphi\,\frac{D}{2}\mathrm{d}\varphi - 2F_d = 0$$

由此解得

$$F_d = \frac{1}{2}q_n D = \frac{1}{4}\rho AD^2\omega^2 \tag{7-48}$$

横截面上的应力为

$$\sigma_{\mathrm{d}} = \frac{F_d}{A} = \frac{1}{4}\rho D^2\omega^2 = \rho v^2 \tag{7-49}$$

式中 $v = \dfrac{D}{2}\omega$，表示薄圆环上任一点的线速度。圆环中动应力所应满足的强度条件为

$$\sigma_d \leqslant [\sigma] \tag{7-50}$$

由式(7-49)可知,圆环等角速转动时横截面上的动应力与转速或各质点的线速度平方成正比。而与横截面面积无关。因此,并不能通过增加横截面面积的方法来提高其强度。工程上在设计飞轮时,对飞轮的转速应有限制。极限转速可通过式(7-49)与式(7-50)计算得到。

7.6.2　冲击应力的概念

工程中冲击载荷也很常见,如汽锤锻造和落锤打桩等。冲击载荷的作用时间很短,冲击力很大,故冲击应力远大于静应力。在工程计算中,将冲击应力与静应力之比称为冲击动荷系数,用 K'_d 表示。由于冲击时的加速度不易计算或测定,从而难于应用动静法。因此,工程上一般采用偏于安全的**能量法**来确定 K'_d 的大小。

在图7-37(a)中,以弹簧来代表受冲击的弹性零件(如图7-37(b)所示的梁或用图7-37(c)所示的压杆)。设弹簧的刚度系数为 c,受到自高度 h 下落的重物(重量为 G)的冲击而被压缩,其最大变形量为 δ_d。此时重物速度为零。取重物开始下落时为初始位置,重物落在弹簧上并使弹簧产生最大变形时为终了位置,视重物为刚体并略去该过程中的所有能量损失(这样所得结果偏于安全)。则在此过程中,动能 $T_1 = T_2 = 0$;重力作正功,且 $A_重 = G(h + \delta_d)$;弹力作负功,且 $A_弹 = -\frac{1}{2}c\delta_d^2$。于是由动能定理 $T_2 - T_1 = \sum A$,得

$$G(h + \delta_d) = \frac{1}{2}c\delta_d^2$$

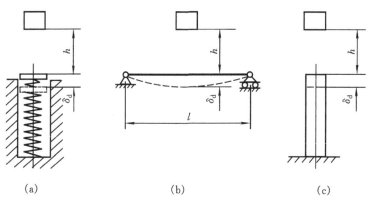

(a)　　　　　　　　(b)　　　　　　　　(c)

图7-37　冲击零件的动载荷

设 δ_s 为弹簧在静载荷 G 作用下的静变形量,则由胡克定律可得 $\delta_s = G/c$,即 $c = G/\delta_s$,将此关系代入上式,以整理后可得

$$\delta_d^2 - 2\delta_s\delta_d - 2\delta_s h = 0$$

解此一元二次方程并舍去负根后,得

$$\delta_d = \delta_s\left(1 + \sqrt{1 + \frac{2h}{\delta_s}}\right) \tag{7-51}$$

因为在弹性范围内应力与应变成正比,故冲击动荷系数 K'_d 又可定义为冲击最大变形量与静变形量之比,即

$$K'_d = \frac{\delta_d}{\delta_s} = 1 + \sqrt{1 + \frac{2h}{\delta_s}} \qquad (7-52)$$

图 7-38　叠板弹簧

由上式可见当静变形量 δ_s 较大，即受冲击件的刚度较小时，冲击动荷系数较小，故工程上常减小受冲件的刚度以减小冲击载荷。如汽车大梁不直接放在车轴上，而是在它与车轴之间安装叠板弹簧（图 7-38）。

冲击载荷 F_d，冲击动应力 σ_d 和冲击最大变形量 δ_d 可按下式计算

$$\left.\begin{array}{l} F_d = K'_d G \\ \sigma_d = K'_d \sigma \\ \delta_d = K'_d \delta_s \end{array}\right\} \qquad (7-53)$$

从而，冲击零件的强度条件仍可写成式（7-46）或（7-47）的形式。

例 7-15　简支梁如图 7-37(b) 所示，在其中点受到冲击。已知物重 $G=150$ N，$h=75$ mm，跨度 $l=1$ m，梁截面为边长 50 mm 正方形，$E=200$ GPa，试求其冲击动荷系数。

解　由表 3-5 得惯性矩为

$$I = \frac{1}{12} \times 50^4 \text{ mm}^4$$

由表 3-7，可得梁中点的挠度为

$$\delta_s = \frac{Gl^3}{48EI} = \frac{150 \times 1}{48 \times 200 \times 10^9 \times (50^4/12) \times 10^{-12}} = 3 \times 10^{-5} = 0.03 \text{ mm}$$

由式（7-52），得冲击动荷系数为

$$K'_d = 1 + \sqrt{1 + \frac{2h}{\delta_s}} = 1 + \sqrt{1 + \frac{2 \times 75}{0.03}} = 71.7$$

可见，此时冲击应力为静应力的 71.7 倍。

7.6.3　交变应力与疲劳破坏

1. 交变应力的概念与实例

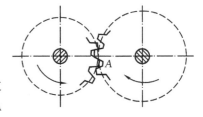

图 7-39　齿轮啮合图

许多零件在工作时，其应力随时间作周期性的变化，这种应力称为**交变应力**。例如齿轮的轮齿每啮合一次，齿根 A 点的弯曲正应力就由零变化到某一最大值，然后再回到零（图 7-39）。齿轮连续转动时，A 点的应力即作周期变化。又如图 7-40(a) 所示的电机转轴，虽外伸端所受载荷 F 的大小和方向并不随时间变化，但由于轴的转动，横截面上 a 点的位置就如图 7-40(b) 中所示，由 Ⅰ 位置周期性的改变为 Ⅱ、Ⅲ、Ⅳ、Ⅰ 位置，该点的弯曲正应力也随时间而作周期改变，变化规律如图 7-40(c) 所示。

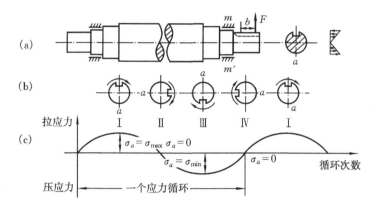

图 7-40　转轴转动时的交变应力

交变应力每重复变化一次,称为一个应力循环。重复变化的次数称为**循环次数**。应力-时间曲线(图 7-40(c))称为**应力循环曲线**。应力循环中最小应力 σ_{min} 和最大应力 σ_{max} 之比表征着应力的变化特点,称为循环特征,用 r 表示,即

$$r = \frac{\sigma_{min}}{\sigma_{max}} \tag{7-54}$$

图 7-41 所示为某交变应力的变化曲线。图中最大应力和最小应力的代数平均值称为平均应力,用 σ_m 表示,即

$$\sigma_m = \frac{\sigma_{min} + \sigma_{max}}{2} \tag{7-55}$$

最大与最小应力代数差的一半称为**应力幅**,用 σ_a 表示,即

$$\sigma_a = \frac{1}{2}(\sigma_{max} - \sigma_{min}) \tag{7-56}$$

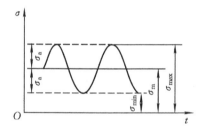

由图 7-41 可见,平均应力 σ_m 可认为是交变应力中的静应力部分,而应力幅相应于交变应力中的动应力部分。

图 7-41　交变应力幅与平均应力

下面介绍工程实际中,最常见的两种交变应力。

1) 对称循环应力

这种应力的应力循环曲线如图 7-42(a) 所示,其 σ_{max} 和 σ_{min} 大小相等而符号相反。即 $\sigma_{max} = -\sigma_{min}$,其循环特征 $r = -1$。图 7-40 所示轴的弯曲正应力即为其一例。

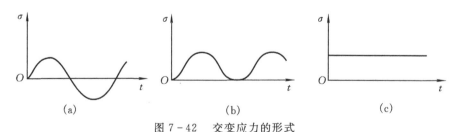

图 7-42　交变应力的形式

2) **脉动循环应力**

这种应力的应力循环曲线如图 7-42(b) 所示。图中 $\sigma_{min} = 0$,$\sigma_{max} > 0$,其循环特征 $r = 0$。图 7-39 所示的齿轮单向转动时,轮齿的弯曲正应力即为其一例。

此外,不随时间变化的静应力可视为交变应力的一种特殊情况,应力循环曲线如图 7-42(c),其 $\sigma_a = 0, \sigma_{max} = \sigma_{min} = \sigma, r = +1$。

杆件在交变切应力下工作时,上述概念同样适用,只需将正应力 σ 换成切应力 τ 即可。

2. 疲劳破坏的特点

实践表明,长期处在交变应力下工作的杆件,即使用塑性较好的材料制成,且其最大工作应力远低于材料的强度极限,也常在没有明显塑性变形的情况下发生突然断裂。这种现象称为**疲劳破坏**。

图 7-43 分别为工程中疲劳破坏零件的断口示意及实物断口照片。由图可见,疲劳破坏的断口表面通常有两个截然不同的区域,即光滑区和粗糙区。这种断口特征可从引起疲劳破坏的过程来解释。当交变应力中的最大应力超过一定限度并经历了多次循环后,在最大应力处或材质薄弱处产生细微的裂纹源。如果材料表面损伤、有夹杂物或由加工造成的细微裂纹等缺陷,则这些缺陷本身就成为裂纹源。随着应力循环次数的增加,裂纹逐渐扩大。由于应力的交替变化,裂纹两表面的材料时而压紧,时而分开,逐渐形成断口表面的光滑区。另一方面,由于裂纹的扩展,有效的承载面将随之削弱,而且裂纹尖端处形成高度应力集中,当裂纹扩大到一定程度后,在一个偶然的振动或冲击下,零件沿削弱了的截面突然发生脆性断裂,形成断口表面的粗糙区。

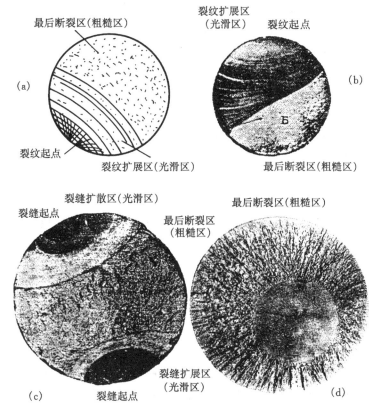

图 7-43　疲劳破坏的特点

7.6.4　材料的持久极限及其影响因素

1. 材料的持久极限

在交变应力下材料的机械性能必须通过试验测定,在图7-44所示的疲劳试验机上用一组(6～10根)标准的光滑小试件在同一循环特征下,先在某一最大应力下进行试验,直到发生疲劳破坏。记下试件在应力循环中的最大应力 σ_{max} 及疲劳破坏时的应力循环次数 N。然后逐次降低最大应力值,发生疲劳破坏时相应的循环次数 N 也就增多,从而可以得到以 σ_{max} 为纵坐标,N 为横坐标的一条试验曲线,这一曲线称为**疲劳曲线**。

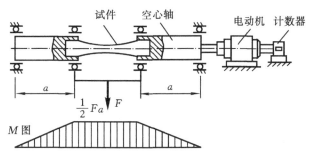

图7-44　疲劳实验机

图7-45为低碳钢在对称循环时的回转弯曲疲劳曲线。可见,σ_{max}-N 曲线有水平渐近线。由于实验不可能无限期的进行,因此一般认为钢试件只要经过 10^7 次循环而仍未破坏时经无限次循环也不会破坏,故对应于 $N_0 = 10^7$ 时的最大应力即为钢的持久极限,且将 $N_0 = 10^7$ 称为**循环基数**。而某些有色金属,由于其疲劳曲线很难趋于水平,因此通常规定一个循环基数,例如 $N_0 = 10^8$,并把它相应的最大应力定义为材料的**条件持久极限**。材料在对称循环($r = -1$)时的持久极限用 σ_{-1} 表示。

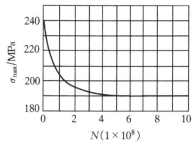

图7-45　疲劳曲线

试验表明,钢材的持久极限与静载下抗拉强度极限 σ_b 之间存在下列近似关系:

$$\sigma_{-1} \approx 0.4\sigma_b（弯曲）$$

$$\sigma_{-1} \approx 0.28\sigma_b（拉-压）$$

$$\tau_{-1} \approx 0.22\sigma_b（扭转）$$

从上述关系中可见,持久极限远小于强度极限,即在交变应力作用下,材料抵抗破坏的能力显著降低。

2. 影响持久极限的主要因素

材料的持久极限是用标准试件测定的。实际零件的形状、尺寸和表面质量常与标准试件不同,故实际零件的持久极限与标准试件的持久极限不同(通常低于材料的持久极限)。

影响持久极限的主要因素是:

1）零件的外形

工程中的零件不都是等截面杆。如机械零件常有沟槽、螺纹、圆孔、键槽和台阶等,由此而引起局部的应力集中。试验表明,应力集中促使疲劳裂纹的形成,从而零件的持久极限显著降低。这一影响常用**有效应力集中系数** K_σ(切应力时用 K_τ) 来表示。若在对称循环下,由标准试件测得的持久极限为 σ_{-1},而有应力集中因素的小试件测得的持久极限为 $(\sigma_{-1})_K$,则有效应力集中系数为

$$K_\sigma = \frac{\sigma_{-1}}{(\sigma_{-1})_K} \tag{7-57}$$

$K_\sigma(K_\tau) > 1$,其值由试验测定,可由有关手册中查得。

2) 零件的尺寸

试验表明,由于零件截面尺寸的增大,包含材质缺陷的机率增多,其持久极限随之降低,降低的程度可用**尺寸系数** $\varepsilon_\sigma(\varepsilon_\tau)$ 来衡量。若在对称循环下,由光滑标准试件测得的持久极限为 σ_{-1},而用光滑大试件测得的持久极限为 $(\sigma_{-1})_\varepsilon$,则尺寸系数为

$$\varepsilon_\sigma = \frac{(\sigma_{-1})_\varepsilon}{\sigma_{-1}} \tag{7-58}$$

$\varepsilon_\sigma(\varepsilon_\tau) < 1$,常用钢材的尺寸系数可查有关手册。

3) 零件的表面质量

零件表面的加工质量对持久极限也有影响。测定材料持久极限的标准试件是经过磨削加工的。若零件的表面加工质量较差(如有刀痕等缺陷)而引起应力集中,将降低其持久极限。反之,用强化方法(如喷丸处理等) 提高零件的表面质量,则可提高其持久极限。表面质量对持久极限的影响可用**表面质量系数** β 衡量。若标准试件的持久极限为 σ_{-1},而试件表面在其他加工情况下的持久极限为 $(\sigma_{-1})_\beta$,则表面质量系数为

$$\beta = \frac{(\sigma_{-1})_\beta}{\sigma_{-1}} \tag{7-59}$$

实验表明,在对称循环的拉-压、弯曲或扭转交变应力下,表面质量系数 β 值基本相同。

除上述三种主要因素外,还有一些因素对零件的持久极限也有影响。例如,当零件在腐蚀性介质中工作时,持久极限将显著降低。其他因素对零件持久极限的影响均可用相应的系数来衡量。

3. 零件的持久极限

由上述可知,在对称循环下,考虑应力集中、尺寸大小和表面质量的影响后,零件的持久极限为

$$\sigma_{-1}^0 = \frac{\varepsilon_\sigma \beta}{K_\sigma} \sigma_{-1} \tag{7-60}$$

计算对称循环下零件的疲劳强度时,应以持久极限 σ_{-1}^0 为极限应力。选适当的疲劳安全系数 S 后,可得许用应力为

$$[\sigma_{-1}] = \frac{\sigma_{-1}^0}{S} \tag{7-61}$$

对称循环下的强度条件为

$$\sigma_{\max} \leqslant [\sigma_{-1}] = \frac{\sigma_{-1}^0}{S} \tag{7-62}$$

式中 $\sigma_{\max}$ 为零件危险截面上危险点处的最大应力。

复习思考题

7-1 两质点质量相同,在相同力的作用下,试问在各瞬时,两质点的速度和加速度是否相同?为什么?

7-2 汽车质量为 m,以匀速度 v 驶过桥,桥面 ACB 呈抛物线形,其尺寸如图所示,求汽车过 C 点时对桥的压力。(提示:抛物线在 C 点的曲率半径 $\rho_C = \dfrac{l^2}{8h}$)

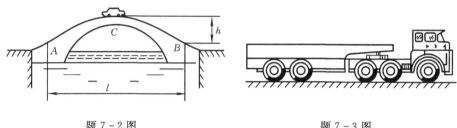

题 7-2 图   题 7-3 图

7-3 卡车—拖车沿水平直线路面从静止开始匀加速运动,在 20 s 末,速度达到 40 km/h。已知卡车、拖车的质量分别为 5 000 kg 与 15 000 kg,卡车与拖车的从动轮的摩擦力分别为 0.5 kN 与 1.0 kN。试求卡车主动轮(后轮)产生的平均牵引力。

7-4 物块 A、B 质量分别为 $m_A = 20$ kg,$m_B = 40$ kg,两物块用弹簧连接如图示。已知物块 A 沿铅垂方向的运动规律为 $y = \sin 8\pi t$,其中 y 以 cm 计,t 以 s 计。试求支承面 CD 的压力,并求它的最大与最小值。弹簧质量略去不计。

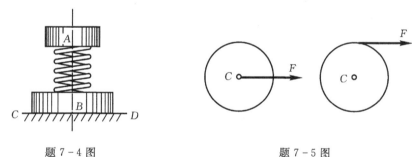

题 7-4 图   题 7-5 图

7-5 两个相同的均质圆盘,放在光滑水平面上,在两圆盘的不同位置上,各作用一大小和方向都相同的力 F,使两圆盘同时由静止开始运动。试问哪个圆盘的质心运动得快?为什么?

7-6 在图示曲柄滑槽机构中,长为 l 的曲柄以匀角速度 ω 绕 O 轴转动,运动开始时 φ 角等于零。已知均质曲柄的质量为 m_1,滑块 A 的质量为 m_2,导杆 BD 的质量为 m_3,点 G 为其质心,且 $BG = l/2$,忽略摩擦。求(1)机构质量中心的运动方程;(2)作用在 O 轴的最大水平力。

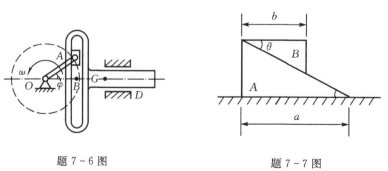

题 7-6 图   题 7-7 图

7-7 大小两个相似直角三角块 A、B 的各参数分别为：水平边长 a 和 b，质量 $m_A = 3m$，$m_B = m$，斜边倾角为 θ。所有接触面光滑，系统初始静止。求 B 落到地面时 A 移动的距离 s。

7-8 凸轮机构中，凸轮以等角速度 ω 绕轴 O 转动。质量为 m_1 的顶杆借助于右端的弹簧拉力而压在凸轮上，当凸轮转动时，顶杆作往复运动。设凸轮为一均质圆盘，质量为 m_2，半径为 r，偏心距为 e。求在任一瞬时基座螺钉的水平、铅垂附加动反力。

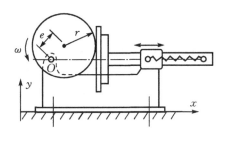

图 7-8 图

7-9 飞轮轮缘质量为 m，外径为 D_1，内径为 D_2，以角速度 ω 绕水平中心轴转动。今在闸杆的一端加一铅垂力 F 以使飞轮停止转动。若闸杆与飞轮间摩擦系数为 f，求制动飞轮所需的时间。

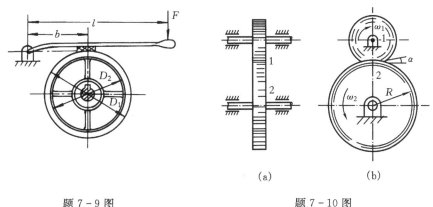

题 7-9 图　　　　　　　　　　　　　　　　题 7-10 图

(a)　　　　　　(b)

7-10 齿轮轴 2 对其转轴的转动惯量 $J = 0.294\ \text{kg} \cdot \text{m}^2$，齿轮 2 被齿轮 1 带动，在 $t = 2\ \text{s}$ 内由静止匀加速到 $n = 120\ \text{r/min}$。若齿轮 2 的节圆半径 $R = 25\ \text{cm}$，压力角 $\alpha = 20°$。轴承的摩擦阻力忽略不计。求齿轮 1 给齿轮 2 的作用力。

7-11 图示系统在同一铅垂面内。质量 $m = 5\ \text{kg}$ 的小球固连在 AB 杆的 B 端，杆的 C 点处连接着一弹簧，刚度系数 $k = 800\ \text{N/m}$，弹簧的另一端固定于 D 点。A，D 在同一条铅垂线上。若不考虑 AB 杆的质量，当摆杆自水平静止位置无初速地释放，此时弹簧恰好没有变形。试求当 AB 杆摆到下方铅垂位置时，小球 B 的速度。

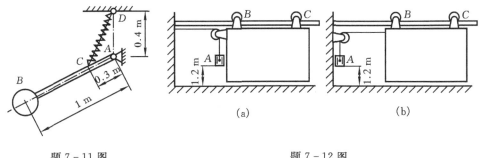

题 7-11 图　　　　　　　　　　　　题 7-12 图

(a)　　　　　　　　(b)

7-12 质量为 16 kg 的滑动嵌板的运动由滚子 B 和 C 导向。质量为 12 kg 的平衡重 A 用一缆绳绕过滑轮连接于嵌板,如图所示。若自静止释放该系统,求图示两种情况下,当平衡重落地瞬时的嵌板的速度。设摩擦及小滑轮质量可略去不计。

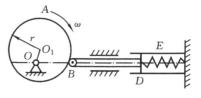

7-13 如图所示,偏心轮机构放在水平面内,偏心轮 A 使顶杆 BD 沿水平方向作往复运动。与顶杆相连的弹簧 E 保证了顶杆始终与偏心轮接触。偏心轮重 G,偏心距 OO_1 为其半径之半,弹簧的刚性系数为 c。当顶杆在其极左位置时,弹簧的弹性力为零。欲使顶杆(不计其质量)由极左位置移到最右位置,问偏心轮(为均质圆盘)的最小初角速度应为多大?

题 7-13 图

7-14 图示电绞车提升一质量为 m 的物体,在其主动轮上作用有一矩为 M 的主动力偶。已知主动轮对其轮轴的转动惯量为 J_1,从动轴连同安装在这两轴上的齿轮以及其它附属零件其转轴的转动惯量为 J_2;两轮的半径比 $r_2/r_1 = i$;吊索缠绕在半径为 R 的鼓轮上。设轴承的摩擦和吊索的质量均略去不计,求重物的加速度。

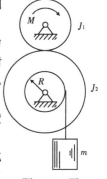

题 7-14 图

7-15 两相同铁球重均为 G,用重量可以不计的刚杆固连于转轴上,当轴以匀角速度转动时,试判断下列各情况中哪些需要静平衡?哪些需要动平衡?

7-16 质量为 m 的汽车以加速度 a 作水平直线运动。汽车重心 C 离地面高度为 h,汽车的前、后轮轴到过重心垂线的距离分别等于 c 和 b,如图所示。求其前、后轮的正压力;又汽车应以多大的加速度行驶,方能使前、后轮的压力相等。

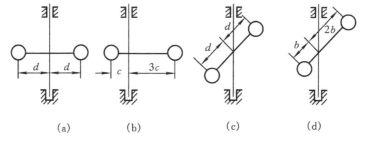

    (a)   (b)   (c)   (d)

题 7-15 图

7-17 匀质薄板 ABCD 质量为 50 kg,用不计重量的刚杆 BG 、CH 和细绳 AE 悬于图示位置。试求突然剪断细绳 AE 的瞬间,平板的加速度和杆 BG、CH 的受力。

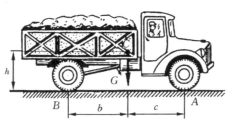

题 7-16 图

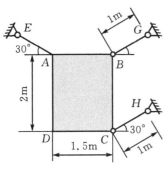

题 7-17 图

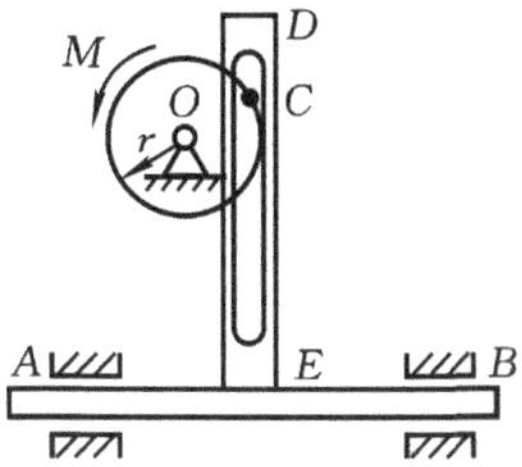

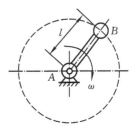

题 7-18 图

7-18 曲柄滑道机构如图所示。已知轮 O 半径为 r，对转轴的转动惯量为 J，轮上作用一不变的转矩 M。滑槽 ABD 的质量为 m，它与滑道的摩擦系数为 f，其它摩擦均略去不计，求轮的转动微分方程。

7-19 什么是疲劳破坏？有何特点？它是如何形成的？

7-20 材料的持久极限和零件的持久极限有何区别，各如何确定？试述提高零件持久极限的措施。

7-21 卷扬机上的钢丝绳以 $a = 2$ m/s^2 的加速度向上提升重为 $G = 4$ kN 的料斗。钢丝绳的截面面积 $A = 0.57$ cm^2，许用应力为 $[\sigma] = 100$ MPa。试校核钢丝绳的强度。

7-22 长度 $AB = l$ 的转臂，一端附有重为 G 的钢球，并以等角速度 ω 绕一铅直轴在光滑水平面上旋转。已知转臂材料的许用应力为 $[\sigma]$，试求该转臂所需的截面面积（转臂质量不计）。

题 7-22 图

7-23 图示圆盘匀角速度 $\omega = 40$ rad/s 旋转，材料密度为 $\rho = 7.8 \times 10^3$ kg/m^3，尺寸如图示（单位为 mm）。试求轴内由圆孔引起的最大正应力。

7-24 一重量 $G = 1$ kN 的刚性重物，从高度 $h = 2$ m 处自由落下冲击梁上 C 点，如图所示。当此梁 C 点沿冲击方向加力 G 时（见图(b)），C 点的静挠度 $\delta_s = 0.1$ mm。试求冲击时的动荷系数及冲击载荷的大小。

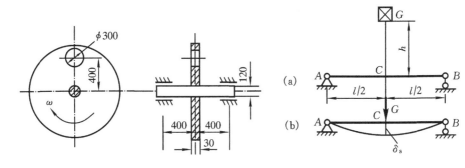

题 7-23 图

题 7-24 图

复习题答案

7 – 2 $R = m(g - \dfrac{8h}{l^2}v^2)$

7 – 3 平均牵引力 $F = 12.6$ kN

7 – 4 $F_{nmax} = 714$ N, $F_{nmin} = 462$ N

7 – 6 $(1) x_C = \dfrac{(m_1 + 2m_2 + 2m_3)l\cos\omega t + m_3 l}{2(m_1 + m_2 + m_3)}$; $y_C = \dfrac{(m_1 + 2m_2)l\sin\omega t}{2(m_1 + m_2 + m_3)}$

$(2) F_{xmax} = \dfrac{l\omega^2}{2}(m_1 + 2m_2 + 2m_3)$

7 – 7 向左移动 $\dfrac{a - 6}{4}$

7 – 8 $F_x = -(m_1 + m_2)e\omega^2\cos\omega t$, $F_y = -m_2 e\omega^2\sin\omega t$

7 – 9 $t = \dfrac{\omega bm(D_1^2 + D_2^2)}{4fFlD_1}$

7 – 10 $F_n = 7.87$ N

7 – 11 $v_B = 3.64$ m/s

7 – 12 (a) $v = 2.66$ m/s; (b) $v = 3.18$ m/s

7 – 13 $\omega = 2\sqrt{\dfrac{cg}{3G}}$

7 – 14 $a = \dfrac{(Mi - mgR)R}{MR^2 + J_1 i^2 + J_2}$

7 – 16 $F_{nA} = m\dfrac{bg - ha}{c + b}$, $F_{nB} = m\dfrac{cg + ha}{c + b}$, 当 $a = \dfrac{b - c}{2h}g$ 时, $F_{nA} = F_{nB}$

7 – 17 $a = 8.49$ m/s^2, $F_{BG} = 175.5$ N, $F_{CH} = 69.5$ N

7 – 18 $(J + mr^2\sin^2\varphi)\ddot{\varphi} + mr^2\dot{\varphi}^2\cos\varphi\sin\varphi + fmgr\sin\varphi = M$

7 – 21 $\sigma_d = 84.5$ MPa $< [\sigma]$

7 – 22 $A \geqslant \dfrac{Gl\omega^2}{g[\sigma]}$

7 – 23 $\sigma_{max} = 12.84$ MPa

7 – 24 $K_d = 201$, $F_d = 201$ kN

第8章

机械传动的基本形式

一台机器通常由原动机、传动装置和工作机三部分组成,原动机通过传动装置为工作机提供动力。传动装置的作用是传递运动与动力,实现能量分配、速度变换及改变运动形式等,以满足工作机对速度、运动形式以及动力等方面的要求。

按其工作原理,传动装置可分为机械传动、流体传动和电力传动三类。其中机械传动具有变速范围大、传动比准确、运动形式转换方便、环境温度对传动的影响小,以及传递的动力大、工作可靠、寿命长等一系列的优点,因而得到广泛的应用。本章仅对几种常用的机械传动进行讨论。

8.1 带传动

8.1.1 带传动的工作原理

1. 带传动的有效拉力及带的应力分析

带传动是用挠性传动带做中间体而靠摩擦力工作的一种传动。如图 8-1 所示,把一根或几根闭合的传动带张紧在两个带轮上,带与两轮的接触面间就产生了正压力。当主动轮(一般是小轮)回转时,借助于摩擦力的作用,便将带拖动,而带又拖动从动轮回转,这样就把主动轮的运动和动力传给了从动轴。

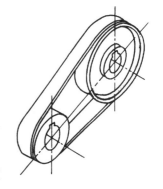

静止时两边带的拉力相等,均为初拉力 F_0,如图8-2(a);传动时带与带轮间产生摩擦力,绕进主动轮 1 的一侧被进一步拉紧,称为**紧边**,其拉力由 F_0 增至 F_1;另一侧则被放松,称为**松边**,其拉力由 F_0 减小到 F_2,如图 8-2(b)。紧边拉力与松边拉力之差称为**有效拉力**,用 F 表示。显然,有效拉力就等于带和带轮接触面上的摩擦力 F_s,因此有

图 8-1 带传动

$$F = F_1 - F_2 = F_s \qquad (8-1)$$

当有效拉力 F 值超过摩擦力的极限值时,带与带轮之间将产生打滑。

带传动所能传递的功率 P 为

$$P = Fv/1000 \qquad (8-2)$$

式中 v 为带运行速度,m/s。其余量的单位分别为:功率 P,kW;有效拉力 F,N。

在传动工作过程中,带中应力由三部分组成:

(1)由紧边拉力引起的拉应力 σ_1 及由松边拉力引起的拉应力 σ_2。显然 $\sigma_1 > \sigma_2$。

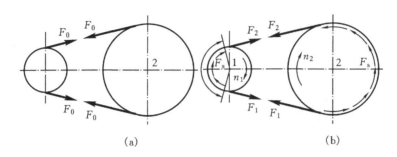

图 8 - 2　带传动的受力分析

（2）由离心拉力引起的拉应力 σ_c。虽然离心力只产生在带的圆周运动部分，但由此产生的离心拉力却作用于带的全长上，故离心拉应力沿带各截面处均产生。

（3）由于带的弯曲变形所引起的弯曲应力 σ_w。显然小带轮上带的弯曲变形最大，故该部分带的弯曲应力最大。

将上述三种应力叠加，即得到带的应力分布图，如图 8-3 所示。由此可得如下两点结论：

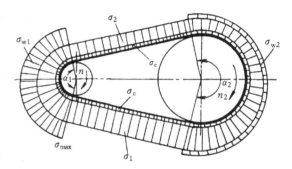

图 8 - 3　带的应力分布图

① 作用于带上某点处的应力是随其运行位置而不断变化的，即带是处于交变应力状态下工作。当带的应力循环次数达到一定值后，带将产生疲劳破坏（脱层、断裂）。

② 在一周的运转过程中，带中最大应力 σ_{max} 发生在紧边开始绕上主动小带轮处的横截面上，其值为

$$\sigma_{max} = \sigma_1 + \sigma_c + \sigma_{w1} \qquad (8-3)$$

2. 带的弹性滑动与传动比

在带传动中，若不考虑带的弹性伸长，则主动轮的圆周速度 v_1、带速 v 和从动轮的圆周速度 v_2 三者相等。设 n_1、n_2 分别为主、从动带轮的转速，即有 $v = \dfrac{\pi d_1 n_1}{60} = \dfrac{\pi d_2 n_2}{60}$，从而得到理想传动比

$$i = \frac{n_1}{n_2} = \frac{d_2}{d_1} \qquad (8-4)$$

式中 d_1、d_2 为小带轮、大带轮的基准直径 mm。

事实上带是弹性体，受力后将产生弹性变形，而且受力不同，带的变形量也不同。如图 8-4 所示，设小带轮以恒定的圆周速度运转，并带动带的紧边以相同的速度 v_1 运动。当带进入小带轮的接触弧起点 A 之后，便开始由紧边向松边过渡，拉力由 F_1 逐渐降至 F_2，带的拉伸变形随之减小，故带在与带轮一起前进的同时又相对于带轮产生向后的弹性收缩，使带速由 v_1 下降到

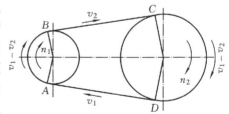

图 8 - 4　带的弹性滑动

v_2(松边带速)。这种现象也发生在从动轮上,情况恰好相反,带速由 v_2 上升为 v_1。这样,由于带的弹性变形而引起带在带轮上的微小相对滑动,称为带的**弹性滑动**。弹性滑动使从动轮的圆周速度低于主动轮的圆周速度,因而降低了运动效率,使温升增加,带的磨损加快。通常将从动轮圆周速度的降低率称为**滑动率**,用 ε 表示,则

$$\varepsilon = \frac{v_1 - v_2}{v_1} = 1 - \frac{v_2}{v_1} = 1 - \frac{d_2 n_2}{d_1 n_1} \tag{8-5}$$

由此可得皮带传动的实际传动比为

$$i = \frac{n_1}{n_2} = \frac{d_2}{d_1(1-\varepsilon)} \tag{8-6}$$

由于在一般带的传动中滑动率 $\varepsilon = 1\% \sim 2\%$,因而在计算传动比时可忽略不计,所以带传动的传动比仍可按式(8-4)的理想情况进行计算。

顺便指出,带的弹性滑动和打滑是两个完全不同的概念。前者是由弹性带两边存在拉力差而引起,是传动中不可避免的现象;而后者则是因为过载而产生,是可以避免的。一旦出现打滑现象,带传动系统就无法正常工作,而且还会造成带的严重磨损。因此打滑是带传动的失效形式之一。

3. 带传动的特点

带传动有如下优点:

(1) 适用于两轴中心距较大的传动。

(2) 带具有良好的弹性,可以缓冲、吸振,尤其是 V 带没有接头,传动平稳,噪声小。

(3) 当过载时,带与带轮之间会自动打滑,可以防止其他零件因过载而损坏。

(4) 结构简单,制造与维护方便,成本低。

带传动的主要缺点是:外廓尺寸较大,不紧凑;工作中有弹性滑动,不能保证准确的传动比;传动效率较低;带的寿命较短;由于需要施加张紧力,所以轴承受力较大。

8.1.2　带的类型与结构

1. 带的类型

按照横截面形状不同,带可分为平带、V 带、圆带、多楔带和同步带等多种类型。

1) 平带

平带由多层胶帆布构成,其横截面为扁平矩形(图8-5(a)),工作面是与带轮表面相接触的内侧面。平带传动结构简单,带长可根据需要剪截后用接头接成封闭环形。平带传动的形式有:

(1) 开口传动。用于带轮两轴线平行、两轮共面、转向相同的传动中(图 8-1)。

(2) 交叉传动。用于两轮共面、轴线平行、转向相反的传动中(图 8-6(a))。

(3) 半交叉传动。用于两带轮轴线在空间交错的传动中,交错角通常为 90°(图 8-6(b))。

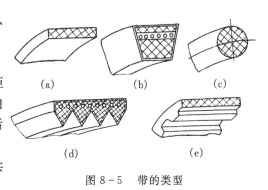

(a)　　　　(b)　　　　(c)

(d)　　　　　　(e)

图 8-5　带的类型

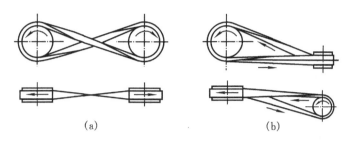

(a) (b)

图 8-6 平带传动

2）V 带

V 带的横截面为等腰梯形（图 8-5(b)），其工作面是带与轮槽相接触的两侧面，带与轮槽槽底不接触。

当带对带轮的作用力 F_R 和带与带轮间的摩擦系数 f_s 均相同的情况下，平带工作面和 V 带工作面的正压力（图 8-7）分别为

$$F_n = F_R, \quad 2F_n' = \frac{F_R}{\sin\frac{\varphi}{2}}$$

工作时，平带传动和 V 带传动产生的摩擦力分别为

$$F = f_s F_n = f_s F_R$$

$$F' = 2f_s F_n' = \frac{f_s}{\sin\frac{\varphi}{2}} F_R = f_v F_R$$

式中：φ——V 带轮轮槽角；

f_v—— 当量摩擦系数。

可见，V 带传动产生的摩擦力 F' 大于平带传动产生的摩擦力 F，也相当于摩擦系数从 f_s 增加到 $f_v = \dfrac{f_s}{\sin\dfrac{\varphi}{2}}$。例如取 $\varphi = 38°$，则 $f_v \approx 3.07 f_s$。而且 V 带传动通常是多根带并用，这都使其传递功率比平带传动大，因此应用更为广泛。但 V 带传动只能用于开口传动。

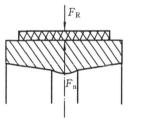

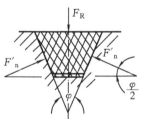

图 8-7 平带、V 带与带轮间受力比较

3）圆带

圆带截面为圆形（图 8-5(c)），只能用于轻载传动，如仪器装置、缝纫机等。

4）多楔带

多楔带相当于多条 V 带组合而成，工作面是楔的侧面（图 8-5(d)）。适用于传递动力大，且要求结构紧凑的场合。

5）同步带

同步带是带齿的环形带（图 8-5(e)），与之相配合的带轮工作表面也有相应的轮齿。工作时，带齿与轮齿互相啮合，既能缓冲、吸振，又能使主动轮和从动轮圆周速度同步，保证准确的

传动比。但对制造与安装精度要求高,成本也较高。

根据上述特点,带传动多用于两轴中心距较大,传动比要求不严格的机械中。

2. 普通 V 带的结构和规格

普通 V 带是横截面呈现梯形、楔角 $\alpha = 40°$ 的环形传动带。它由包布、顶胶、抗拉体和底胶等组成(图 8 - 8)。抗拉体是承受载荷的主体,顶胶和底胶分别在带弯曲时作拉伸和压缩变形,用橡胶帆布制成的包布包在带的外面。按照抗拉体的结构分绳芯 V 带(图 8 - 8(a))和帘布芯 V 带(图 8 - 8(b))两种形式。为了提高抗拉体的承载能力,材料采用化学纤维。

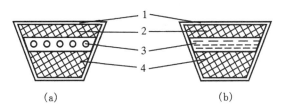

图 8 - 8　普通 V 带的结构形式
1— 包布;2— 顶胶;3— 抗拉体;4— 底胶

当 V 带在带轮上弯曲时,带中保持原有长度不变的周线称为**节线**(图8 - 9(a))。由全部节线组成的面称为**节面**(图8 - 9(b))。带的节面宽度以 b_p 表示,称为**节宽**。带在弯曲时,节宽保持不变。

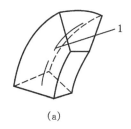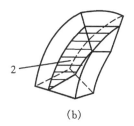

图 8 - 9　普通 V 带节线与节面
1— 节线;2— 节面

普通 V 带的带高(截面高度)h 与节宽 b_p 之比 $h/b_p = 0.7$,按截面尺寸由小到大分为 Y、Z、A、B、C、D 和 E 七种截型,其有关截面尺寸见表 8 - 1。

表 8 - 1　普通 V 带截面尺寸

尺寸	V 带截型							V 带截面
	Y	Z	A	B	C	D	E	
顶宽　b/mm	6.0	10.0	13.0	17.0	22.0	32.0	38.0	
节宽　b_p/mm	5.3	8.5	11.0	14.0	19.0	27.0	32.0	
高度　h/mm	4.0	6.0	8.0	11.0	14.0	19.0	25.0	
楔角　α/(°)	40°							
质量　q/kg·m⁻¹	0.02	0.06	0.10	0.17	0.30	0.63	0.92	

V 带的节线长度称为**基准长度**,以 L_d 表示。每种截型的普通 V 带都用多种基准长度,以满

足不同中心距的需要。普通 V 带各种截型的基准长度系列见表 8－2。

表 8－2 普通 V 带基准长度及长度修正系数

基准长度	带长修正系数 K_L							基准长度	带长修正系数 K_L						
L_d/mm	Y	Z	A	B	C	D	E	L_d/mm	Y	Z	A	B	C	D	E
								1 800	—	1.18	—	1.01	0.95	0.86	—
200	0.81	—	—	—	—	—	—	2 000	—	—	1.03	0.98	0.88	—	—
224	0.82	—	—	—	—	—	—	2 240	—	—	1.06	1.00	0.91	—	—
250	0.84	—	—	—	—	—	—	2 500	—	—	1.09	1.03	0.93	—	—
280	0.87	—	—	—	—	—	—	2 800	—	—	1.11	1.05	0.95	0.83	—
315	0.89	—	—	—	—	—	—	3 150	—	—	1.13	1.07	0.97	0.86	—
355	0.92	—	—	—	—	—	—	3 550	—	—	1.17	1.09	0.99	0.89	—
400	0.96	0.87	—	—	—	—	—	4 000	—	—	1.19	1.13	1.02	0.91	—
450	1.00	0.89	—	—	—	—	—	4 500	—	—	—	1.15	1.04	0.93	0.90
500	1.02	0.91	—	—	—	—	—	5 000	—	—	—	1.18	1.07	0.96	0.92
560	—	0.94	—	—	—	—	—	5 600	—	—	—	—	1.09	0.98	0.95
630	—	0.96	0.81	—	—	—	—	6 300	—	—	—	—	1.12	1.00	0.97
710	—	0.99	0.83	—	—	—	—	7 100	—	—	—	—	1.15	1.03	1.00
800	—	1.00	0.85	—	—	—	—	8 000	—	—	—	—	1.18	1.06	1.02
900	—	1.03	0.87	0.82	—	—	—	9 000	—	—	—	—	1.21	1.08	1.05
1 000	—	1.06	0.89	0.84	—	—	—	10 000	—	—	—	—	1.23	1.11	1.07
1 120	—	1.08	0.91	0.86	—	—	—	11 200	—	—	—	—	—	1.14	1.10
1 250	—	1.11	0.93	0.88	—	—	—	12 500	—	—	—	—	—	1.17	1.12
1 400	—	1.14	0.96	0.90	—	—	—	14 000	—	—	—	—	—	1.20	1.15
1 600	—	1.16	0.99	0.92	0.83	—	—	16 000	—	—	—	—	—	1.22	1.18

注：同种规格的带长有不同的公差，使用时应按配组公差选购。带的基准长度极限偏差和配组公差可查机械设计手册。

普通 V 带标记举例如下：

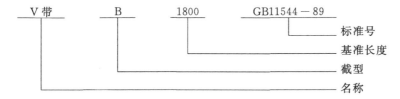

8.1.3 带传动的主要几何参数

在 V 带轮上，与所配用 V 带的节面宽度 b_p 相对应的带轮直径称为**基准直径** d。

带包围在带轮上的弧线部分叫接触弧，接触弧所对的中心角称为**包角**（图8－10 中的 α_1 和 α_2）。当其他条件相同时，包角愈大，摩擦力就愈大，带所能传递的功率也就愈大；包角太小则带容易打滑。因为小轮上的包角比大轮上的包角小，所以在带传动的设计和使用中，只考虑小轮的包角 α_1。为了保证带正常工作，一般要求小轮包角大于某一数值（平型带 $\alpha_1 \geqslant 150°$，三角带 $\alpha_1 \geqslant 120°$），否则容易打滑。

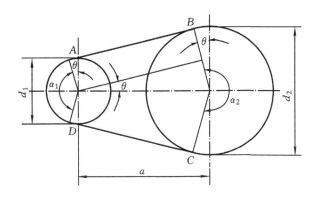

图 8 - 10　　开式传动的几何关系

带传动的主要几何参数有包角 α，基准长度 L_d，中心距 a 及带轮基准直径 d_1、d_2 等。对于工程中应用最广的开口传动，主要参数间有如下近似关系

基准长度

$$L_d \approx 2a + \frac{\pi}{2}(d_1 + d_2) + \frac{(d_2 - d_1)^2}{4a} \tag{8-7}$$

中心距

$$a = \frac{2L_d - \pi(d_1 + d_2) + \sqrt{[2L_d - \pi(d_1 + d_2)]^2 - 8(d_2 - d_1)^2}}{8} \tag{8-8}$$

小带轮上包角

$$\alpha_1 = 180° - 2\theta \approx 180° - \frac{d_2 - d_1}{a} \times 57.3° \tag{8-9}$$

式中：L_d —— 带的基准长度，mm；

　　　d_1、d_2 —— 小、大带轮基准直径，mm；

　　　α_1 —— 小带轮上包角。

8.1.4　三角带轮

三角带轮一般都由轮缘、腹板和轮毂三部分组成（图 8 - 11）。

按带轮直径的大小，可制成实心、腹板或轮辐等结构形式（图 8 - 12）。当带轮直径较小时，采用实心式（图 8 - 12(a)）；当带轮直径大于 350 mm 时，采用轮辐式图 8 - 12(c)；带轮直径小于 350 mm，可采用腹板结构，其中对于宽腹板带轮，为了加工、起吊和减轻重量，还可在腹板上开孔，又称为孔板结构（图 8 - 12(b)）。

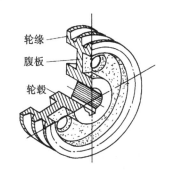

图 8 - 11　三角带轮的结构

三角带轮通常采用铸铁、钢或非金属材料制成。带速 $v \leqslant$ 25 m/s 时可采用铸铁，高速时宜采用甩钢制带轮。为了满足高速运转时对带轮平衡的要求，不仅要求带轮重量轻，而且要求质量分布均匀，结构合理，易于制造；为了减少带的磨损，带槽的工作表面应光滑，各槽的尺寸、形状都应保持一定的精度，以使各根带的拉力分配均匀。

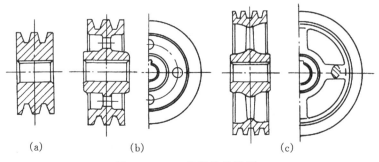

图 8-12   三角带轮的类型

8.1.5   带传动的张紧装置

三角皮带工作一段时间后，会变得松弛起来。为了保证皮带传动能力，必须重新张紧，才能正常工作。常见的张紧装置有以下几种。

1. 定期张紧装置

采用定期改变中心距的方法使皮带重新张紧。如图8-13(a)示，将装有带轮的电动机装在滑道1上。这样松开螺栓2，旋转调节螺钉3，将电动机右推至所需位置，然后再拧紧螺栓2，即可使带重新张紧。也可采用图8-13(b)所示方法，将装有带轮的电动机安装在可调的摆架上，这样。通过调节螺杆4的长度使皮带重新张紧。

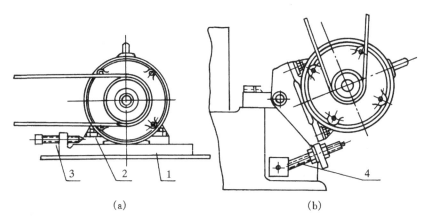

图 8-13   皮带的定期张紧装置
1— 滑道；2— 螺栓；3— 调节螺钉；4— 调节螺杆

2. 自动张紧装置

将装有带轮的电动机安装在一端悬空的摆架上（图8-14），利用电动机的自重，使带轮随同电机一起绕固定轴摆动，以自动保持皮带的张紧状态。

3. 张紧轮装置

当中心距不能调节时，可采用图8-15所示的张紧轮将皮带张紧。张紧轮一般应放在松边的内侧，使皮带只受单向弯曲。同时还应尽量靠近大轮，以免过分影响皮带在小轮上的包角。

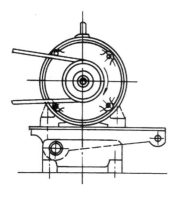

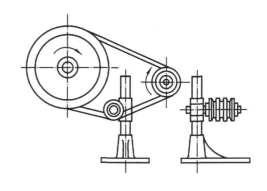

图 8-14　皮带的自动张紧装置　　　　　　图 8-15　张紧轮装置

8.1.6　普通 V 带传动的设计计算

普通 V 带传动的设计是在给定的条件下,确定带传动的参数。给定的条件包括:① 传动的用途、工作情况,原动机的类型、启动方式;② 传递的功率;③ 大小带轮的转速等。设计的内容有:① 选取 V 带的截型、计算基准长度和根数;② 确定传动的中心距;③ 确定带轮的结构尺寸;④ 确定初拉力及作用在轴上的载荷;⑤ 设计传动的张紧装置。

普通 V 带传动的一般设计步骤如下。

1. 确定 V 带的截型和带轮基准直径

1) 计算设计功率

设计功率是根据 V 带传递的功率、载荷性质、连续工作时间等因素按下式确定

$$P_{\mathrm{d}} = K_{\mathrm{A}} P \tag{8-10}$$

式中:P_{d}—— 普通 V 带传动的设计功率,kW;

K_{A}—— 工况系数,由表 8-3 选取;

P——V 带传递的名义功率,kW。

表 8-3　工况系数 K_{A}

工作机载荷性质		原动机					
		空、轻载启动			重载启动		
		每天工作时间 /h					
		< 10	$10 \sim 16$	> 16	< 10	$10 \sim 16$	> 16
载荷变动微小	液体搅拌机、通风机和鼓风机($\leqslant 7.5$ kW)、离心式水泵和压缩机、轻型运输机等	1.0	1.1	1.2	1.1	1.2	1.3
载荷变动小	带式输送机(不均匀负荷)、通风机(> 7.5 kW)、旋转式水泵和压缩机(非离心式)、发动机、金属切削机床、印刷机、旋转筛、锯木机和木工机械等	1.1	1.2	1.3	1.2	1.3	1.4

续表 8 - 3

工作机载荷性质		原动机					
		空、轻载启动			重载启动		
		每天工作时间 /h					
		< 10	10 ~ 16	> 16	< 10	10 ~ 16	> 16
载荷变动较大	制砖机、斗式提升机、往复式水泵和压缩机、起重机、磨粉机、冲剪机床、橡胶机械、振动筛、纺织机械、重载输送机等	1.2	1.3	1.4	1.4	1.5	1.6
载荷变动很大	破碎机(旋转式、颚式等)、磨碎机(球磨、棒磨、管磨)等	1.3	1.4	1.5	1.5	1.6	1.8

注:1. 空载、轻载启动 —— 电动机(交流、直流并励),四缸以上的内燃机,装有离心式离合器、液力联轴器的动力机等。

2. 重载启动 —— 电动机(联机交流启动、直流复励或串励),四缸以下的内燃机。

3. 反复启动、正反转频繁、工作条件恶劣等场合,K_A 应乘以 1.2;增速时 K_A 值查机械手册。

2) 选择 V 带截型

V 带的截型需根据设计功率 P_d 和小带轮的转速 n_1(r/min) 按图 8-16 确定。若由 P_d 与 n_1 确定的坐标点靠近两种型号交界处,可先取两种型号计算,然后进行分析比较,决定舍取。选用较小剖面截型,会使带的根数增加;选用较大剖面截型,会使传动结构尺寸增大,但所需带的根数减少。

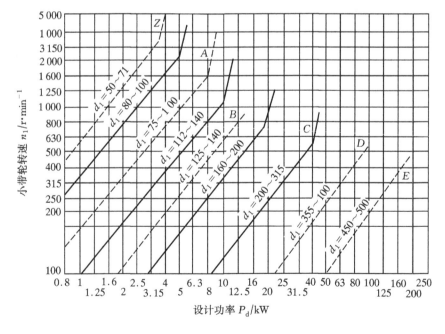

图 8 - 16　普通 V 带选型图

3) 确定带轮的基准直径

V 带的弯曲应力是造成带疲劳损坏的主要原因。为了减小弯曲应力,应尽可能选用较大的带轮基准直径。但直径增加会加大传动的外廓尺寸,故应根据实际情况合理选取带轮直径。图 8-16 所示普通 V 带选型图中所列带轮基准直径即为相应截型小带轮的荐用基准直径,起始值为其最小基准直径。

选定小带轮基准直径 d_1 后,可按 $d_2 = id_1$ 计算大带轮基准直径。

4) 验算带速

若带速过高,离心力增大,会降低传动的工作能力;反之,带速太低,由 $P = Fv$ 可知,当传递功率一定时,F 过大,所需带的根数就很多,这样会使载荷分布不均匀现象严重。一般应使带速 $v = 5 \sim 25$ m/s,较适宜的带速 $v = 10 \sim 20$ m/s。带速计算公式为

$$v = \frac{\pi d_1 n_1}{60 \times 1\,000} \tag{8-11}$$

式中各参数的单位:v 为 m/s;d_1 为 mm;n_1 为 r/min。

2. 确定中心距和 V 带基准长度

1) 初选中心距

V 带传动的中心距要适宜,过大则带的长度增加,传动中易引起带的振颤;过小则当带速一定时,单位时间内带绕经带轮的次数增多,带的应力循环次数增加,易造成带的疲劳破坏。一般根据传动的需要,可按下式初选中心距 a_0

$$0.7(d_1 + d_2) \leqslant a_0 \leqslant 2(d_1 + d_2) \tag{8-12}$$

2) 确定 V 带基准长度

根据带传动的几何关系、带轮的基准直径 d 及初选中心距 a_0,可按式(8-7)计算所需的 V 带基准长度 L_{d0},然后再根据表 8-2 选取 V 带的基准长度 L_d。

3) 计算实际中心距

根据带轮的基准直径及带的基准长度,可按式(8-8)计算实际中心距,也可按下式作近似计算

$$a \approx a_0 + \frac{L_d - L_{d0}}{2} \tag{8-13}$$

考虑安装调整和补尝张紧力的需要,带传动中心距一般设计成可以调整的,其变化范围为

$$\left.\begin{array}{l} a_{\min} = a - 0.015 L_d \\ a_{\max} = a + 0.03 L_d \end{array}\right\} \tag{8-14}$$

4) 验算小带轮包角

小带轮包角计算式见式(8-9)。

3. 确定 V 带的根数

1) 单根 V 带的基本额定功率

单根 V 带的基本额定功率是指在包角 $\alpha_1 = \alpha_2 = 180°(i = 1)$、$L_d$ 为某一特定值,且载荷平稳条件下,单根 V 带所能传递的功率。表 8-4 列出了不同截面形状的单根普通 V 带的基本额定功率 P_1 值。

2) V 带根数的计算

V 带传动所需带的根数可由设计功率 P_d 除以单根 V 带的基本额定功率 P_1 确定。考虑实际工作的条件与上述特定条件不同,应对 P_1 进行修正,故带的根数

$$z = \frac{P_d}{(P_1 + \Delta P_1)K_\alpha K_L} \tag{8-15}$$

式中：ΔP_1——单根 V 带基本额定功率的增量，kW，见表 8-5。原因是 $i \neq 1$ 时带绕在大轮上所产生的弯曲应力比绕在小轮上的有所减小，从而使传递的功率有所增加；

K_α——包角修正系数，见表 8-6；

K_L——带长修正系数，见表 8-2。

带的根数越多，带轮越宽，越容易引起载荷集中，故通常控制带的根数 $z \leqslant 10$。

表 8-4 单根普通 V 带的基本额定功率 P_1
($\alpha_1 = \alpha_2 = 180°$，特定长度，载荷平稳) kW

截型	小带轮基准直径 $d_1/\text{r} \cdot \text{min}^{-1}$	小带轮转速 $n_1/\text{r} \cdot \text{min}^{-1}$											
		200	300	400	500	600	730	800	980	1 200	1 460	1 600	1 800
Y	20	—	—	—	—	—	—	—	0.02	0.02	0.02	0.03	—
	31.5	—	—	—	—	—	0.03	0.04	0.04	0.05	0.06	0.06	—
	40	—	—	—	—	—	0.04	0.05	0.06	0.07	0.08	0.09	—
	50	—	—	0.05	—	—	0.06	0.07	0.08	0.09	0.11	0.12	—
Z	50	—	—	0.06	—	—	0.09	0.10	0.12	0.14	0.16	0.17	—
	63	—	—	0.08	—	—	0.13	0.15	0.18	0.22	0.25	0.27	—
	71	—	—	0.09	—	—	0.17	0.20	0.23	0.27	0.31	0.33	—
	80	—	—	0.14	—	—	0.20	0.22	0.26	0.30	0.36	0.39	—
	90	—	—	0.14	—	—	0.22	0.24	0.28	0.33	0.7	-0.40	—
A	75	0.16	—	0.27	—	—	0.42	0.45	0.52	0.60	0.68	0.73	—
	90	0.22	—	0.39	—	—	0.63	0.68	0.79	0.93	1.07	1.15	—
	100	0.26	—	0.47	—	—	0.77	0.83	0.97	1.14	1.32	1.42	—
	125	0.37	—	0.67	—	—	1.11	1.19	1.40	1.66	1.93	2.07	—
	160	0.51	—	0.94	—	—	1.56	1.69	2.00	2.36	2.74	2.94	—
B	125	0.48	—	0.84	—	—	1.34	1.44	1.67	1.93	2.20	2.33	2.50
	160	0.74	—	1.32	—	—	2.16	2.32	2.72	3.17	3.64	3.84	4.15
	200	1.02	—	1.85	—	—	3.06	3.30	3.86	4.50	5.15	5.46	5.83
	250	1.37	—	2.50	—	—	4.14	4.46	5.22	6.04	6.85	7.20	7.63
	280	1.58	—	2.89	—	—	4.77	5.13	5.93	6.90	7.78	8.13	8.46
C	200	1.39	1.92	2.41	2.87	3.30	3.80	4.07	4.66	5.29	5.86	6.07	6.28
	250	2.03	2.85	3.62	4.33	5.00	5.82	6.23	7.18	8.21	9.06	9.38	9.63
	315	2.86	4.04	5.14	6.17	7.14	8.34	8.92	10.23	11.53	12.48	12.72	12.67
	400	3.91	5.54	7.06	8.52	9.82	11.52	12.10	13.67	15.04	15.51	15.24	14.08
	450	4.51	6.40	8.20	9.81	11.29	12.98	13.08	15.39	16.59	16.41	15.57	13.29
D	355	5.31	7.35	9.24	10.90	12.39	14.04	14.83	16.30	17.25	16.70	15.63	12.97
	450	7.90	11.02	13.85	16.04	19.67	21.12	22.25	24.16	24.84	22.42	19.59	13.34
	560	10.76	15.07	18.95	22.38	25.32	28.28	29.55	31.00	29.67	22.08	15.13	—
	710	14.55	20.35	25.45	29.76	33.18	35.97	36.87	35.58	27.88	—	—	—
	800	16.76	23.39	29.08	33.72	37.13	39.26	39.55	35.26	21.32	—	—	—
E	500	10.86	14.96	18.55	21.65	24.21	26.62	27.57	28.52	25.53	16.25	—	—
	630	15.65	21.69	26.95	31.36	34.83	37.64	38.52	37.14	29.17	—	—	—
	800	21.70	30.05	37.05	42.53	46.26	47.79	47.38	39.08	16.46	—	—	—
	900	25.15	34.71	42.49	48.20	51.48	51.13	49.21	34.01	—	—	—	—
	1 000	28.52	39.17	47.52	53.12	55.45	52.26	48.19	—	—	—	—	—

注：本表摘自 GB/T13575.1—92。

表 8 - 5　单极普通 V 带 $i \neq 1$ 时额定功率的增量 ΔP_1　　　　　　kW

截型	传动比 i	小带轮转速 n_1/r · min^{-1}											
		200	300	400	500	600	730	800	980	1 200	1 460	1 600	1 800
Y	1.35 ~ 1.51	—	—	0.00	—	—	0.00	0.00	0.01	0.01	0.01	0.01	—
	1.52 ~ 1.99	—	—	0.00	—	—	0.00	0.00	0.01	0.01	0.01	0.01	—
	≥2	—	—	0.00	—	—	0.00	0.00	0.01	0.01	0.01	0.01	—
Z	1.35 ~ 1.51	—	—	0.01	—	—	0.01	0.01	0.02	0.02	0.02	0.02	—
	1.52 ~ 1.99	—	—	0.01	—	—	0.01	0.02	0.02	0.02	0.02	0.03	—
	≥2	—	—	0.01	—	—	0.02	0.02	0.02	0.03	0.03	0.03	—
A	1.35 ~ 1.51	0.02	—	0.04	—	—	0.07	0.08	0.08	0.11	0.13	0.15	—
	1.52 ~ 1.99	0.02	—	0.04	—	—	0.08	0.09	0.10	0.13	0.15	0.17	—
	≥2	0.03	—	0.05	—	—	0.09	0.10	0.11	0.15	0.17	0.19	—
B	1.35 ~ 1.51	0.05	—	0.10	—	—	0.17	0.20	0.23	0.30	0.36	0.39	0.44
	1.52 ~ 1.99	0.06	—	0.11	—	—	0.20	0.23	0.26	0.34	0.40	0.45	0.51
	≥2	0.06	—	0.13	—	—	0.22	0.25	0.30	0.38	0.46	0.51	0.57
C	1.35 ~ 1.51	0.14	0.21	0.27	0.34	0.41	0.48	0.55	0.65	0.82	0.99	1.10	1.23
	1.52 ~ 1.99	0.16	0.24	0.31	0.39	0.47	0.55	0.63	0.74	0.94	1.14	1.25	1.41
	≥2	0.18	0.26	0.35	0.44	0.53	0.62	0.71	0.83	1.06	1.27	1.41	1.59
D	1.35 ~ 1.51	0.49	0.73	0.97	1.22	1.46	1.70	1.95	2.31	2.92	3.52	3.89	4.98
	1.52 ~ 1.99	0.56	0.83	1.11	1.39	1.67	1.95	2.22	2.64	3.34	4.03	4.45	5.01
	≥2	0.63	0.94	1.25	1.56	1.88	2.19	2.50	2.97	3.75	4.53	5.00	5.62
E	1.35 ~ 1.51	0.96	1.45	1.93	2.41	2.89	3.38	3.86	4.58	5.61	6.83	—	—
	1.52 ~ 1.99	1.10	1.65	2.20	2.76	3.31	3.86	4.41	5.23	6.41	7.80	—	—
	≥2	1.24	1.86	2.48	3.10	3.72	4.34	4.96	5.89	7.21	8.78	—	—

注：本表摘自 GB/T13575.1 – 92。

表 8 - 6　包角修正系数 K_α

$\alpha_1°$	180	175	170	165	160	155	150	145	140	135
K_α	1.00	0.99	0.98	0.96	0.95	0.93	0.92	0.91	0.89	0.88
$\alpha_1°$	130	125	120	115	110	105	100	95	90	—
K_α	0.86	0.84	0.82	0.80	0.78	0.76	0.74	0.72	0.69	—

例 8 - 1　设计一电动机与减速器之间的普通 V 带传动。已知：电动机功率 $P = 5$ kW，转速 $n_1 = 1460$ r/min，减速器输入轴转速 $n_2 = 320$ r/min，载荷变动微小，负载启动，每天工作 16 h，要求结构紧凑。

解　求解步骤如下。

计算与说明	主要结果
1. 确定 V 带截型 　　工况系数　　　　由表 8-3 　　设计功率　　　　$P_d = K_A P = 1.2 \times 5$ 　　V 带截型　　　　由图 8-16	$K_A = 1.2$ $P_d = 6$ kW A 型
2. 确定带轮直径 　　小带轮基准直径　　由图 8-16 　　验算带速　　　　$v = \dfrac{\pi d_1 n_1}{60 \times 1\,000} = \dfrac{\pi \times 100 \times 1\,460}{60 \times 1\,000}$ m/s 　　大带轮基准直径　$d_2 = d_1 \dfrac{n_1}{n_2} = 100 \times \dfrac{1\,460}{320}$ mm $= 456$ mm，取 　　传动比　　　　$i = \dfrac{d_2}{d_1} = \dfrac{450}{100} = 4.5$	$d_1 = 100$ mm $v = 7.64$ m/s，在允许范围内 $d_2 = 450$ mm $i = 4.5$
3. 确定中心距及 V 带基准长度 　　初定中心距　　　$0.7(d_1 + d_2) \leqslant a_0 \leqslant 2(d_1 + d_2)$ 知 　　　　　　　　由 385 mm $\leqslant a_0 \leqslant 1\,100$ mm，取 　　初定 V 带基准长度 $L_{d0} = 2a_0 + \dfrac{\pi}{2}(d_1 + d_2) + \dfrac{1}{4a_0}(d_2 - d_1)^2$ 　　　　　$= 2 \times 700 + \dfrac{\pi(100 + 450)}{2} + \dfrac{(450 - 100)^2}{4 \times 700}$ mm 　　　　　$= 2\,308$ mm 　　V 带基准长度　　由表 8-2 　　传动中心距　　　$a = a_0 + \dfrac{L_d - L_{d0}}{2} = 700 + \dfrac{2\,240 - 2\,308}{2}$ mm 　　　　　$= 666$ mm 　　小带轮包角　　　$a_1 = 180° - 57.3° \times \dfrac{d_2 - d_1}{a}$ 　　　　　$= 180° - 57.3° \times \dfrac{450 - 100}{666} = 150°$	 $a_0 = 700$ mm $L_d = 2\,240$ mm $a = 666$ mm $a_1 = 150°$
4. 确定 V 带根数 　　单根 V 带的基本额定功率　由表 8-4 　　额定功率增量　　　　由表 8-5 　　包角修正系数　　　　由表 8-6 　　带长修正系数　　　　由表 8-2 　　V 带根数　　　$z = \dfrac{P_d}{(P_1 + \Delta P_1) K_a K_L}$ 　　　　　$= \dfrac{6}{(1.32 + 0.17) \times 0.92 \times 1.06} = 4.10$	$P_1 = 1.32$ kW $\Delta P_1 = 0.17$ kW $K_a = 0.92$ $K_L = 1.06$ 取 $z = 5$

8.2　链传动

8.2.1　链传动的主要特点、类型及其应用

1. 链传动的主要类型

链传动是一种具有中间挠性件的啮合传动，图 8-17 所示。它由主动链轮 1，通过链条 2，带动从动链轮 3 实现动力和运动的传递。

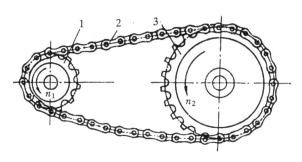

图 8-17　链传动(滚子链)

1— 主动链轮；2— 链条；3— 从动链轮

　　按形状结构不同主要分为**滚子链**(图 8-17)和**齿形链**(图 8-18)两种。滚子链比齿形链结构简单、重量轻、价格低、供应方便，因而应用广泛；齿形链比滚子链传动平稳、噪声小(又称无声链)，故可用于较高速度的场合。

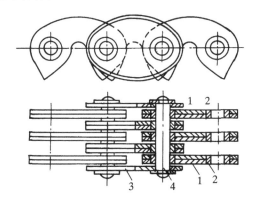

图 8-18　齿形链(无声链)

1— 内链板；2— 套筒；3— 外链板；4— 销轴

　　按用途不同又可分为传动链、起重链和牵引链。**传动链**用于一般机械中传递运动和动力，**起重链**用于起重机械提升重物，**牵引链**用于运输机械中驱动输送带。其中最常用的是传动链。

2. 链传动的特点及应用

　　与其他传动相比。主要有以下特点：

　　(1) 与带传动相比，无弹性滑动和打滑，因而平均传动比准确，传递功率较大，对轴的作用力较小，结构较紧凑。

　　(2) 与齿轮传动相比，两传动轴的中心距 a 较大(可达 $5 \sim 6$ m(最大 10 m))，有缓冲吸振作用。

　　(3) 能在低速、重载、高温及粉尘、油污等恶劣环境下工作，传动效率较高($\eta = 0.95 \sim 0.98$)。

　　(4) 因瞬时链速和瞬时传动比是变化的，造成传动不平稳，有冲击和噪声，且磨损后易发生跳齿，不适于载荷变化很大和急速反向传动的场合。

　　基于以上特点，链传动广泛应用于运输、起重、冶金、化工等各种机械的动力传动。目前链传动的传递功率 $P \leqslant 100$ kW，链速 $v \leqslant 12 \sim 15$ m/s，最高达 $v = 40$ m/s，传动比 $i < 8$，效率 $\eta = 0.91$

～0.97,中心距 a 可达 5～6 m。

8.2.2　滚子链传动的结构、主要参数及几何尺寸

1. 滚子链的结构

如图 8-19(a)所示,滚子链由内链板 1、外链板 2、销轴 3、套筒 4 和滚子 5 组成。销轴与外链板、套筒与内链板分别采用过盈配合,滚子与套筒、套筒与销轴间均为间隙配合,故可相对自由转动。

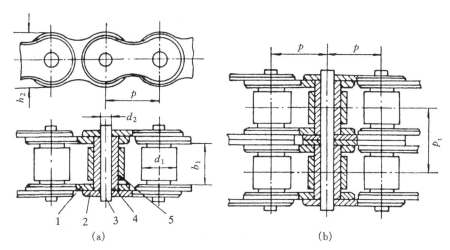

图 8-19　滚子链结构

1— 内链板;2— 外链板;3— 销轴;4— 套筒;5— 滚子

2. 滚子链传动的主要参数及几何尺寸

1)链条节距 p

滚子链上相邻两销轴中心的距离称为链条节距,用 p 表示(图 8-19(b)),是链传动最主要的参数。

2)链轮齿数

小链轮齿数用 z_1 表示,一般 $z_{1min} \geqslant 17$;大链轮齿数用 z_2 表示,一般 $z_2 \leqslant 120$。

3)链排数 z_p

当 z_1、z_2 确定后,增大节距 p 可提高承载能力,但链轮直径亦随之增大,为此可选用多排小节距,以减小链轮直径。链排数用 z_p 表示。如图 8-19(b) 所示为双排链。链的承载能力与排数成正比,但排数不宜过多,以避免各排链受载不均匀,一般 $z_p \leqslant 3$。

4)链节数 L_p

链条的长度 L 等于链节数 L_p 与链条节距 p 之乘积,即 $L = L_p p$。为了便于链条闭合为环形时内链板与外链板相接,链节数必须取为偶数。

5)链速 v

链传动的速度一般分为低速、中速和高速。其中 $v < 0.6$ m/s 时,称为低速;$v = 0.6$～8 m/s 时,称为中速;$v > 8$ m/s 时,称为高速。

6）滚子链链轮

目前应用较广的滚子链链轮端面齿形见图 8－20,由三段圆弧($\overset{\frown}{aa}$、$\overset{\frown}{ab}$、$\overset{\frown}{cd}$)和一直线($\overline{bc}$)组成,$\overset{\frown}{abcd}$ 为齿廓工作段,采用标准刀具加工而成。链轮上被链条节距等分的圆称为**分度圆**,其直径用 d 表示。链轮需注明以下参数:链节距 p,齿数 z,分度圆直径 d,齿顶圆直径 d_a,齿根圆直径 d_f 等。主要几何尺寸计算公式如下:

$$\left.\begin{array}{ll} \text{分度圆直径} & d = \dfrac{p}{\sin \dfrac{180°}{z}} \\[4mm] \text{齿顶圆直径} & d_a = p\left(0.54 + \cot \dfrac{180°}{z}\right) \\[4mm] \text{齿根圆直径} & d_f = d - d_1 \end{array}\right\} (8-16)$$

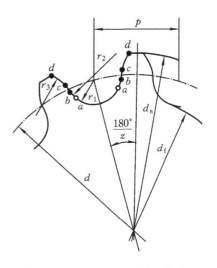

图 8－20　滚子链链轮端面齿形

式中 d_1 为滚子直径,见表8－7。滚子链链轮的端面齿形及其几何尺寸可参考有关资料。

滚子链已标准化,分 A、B 两种系列。国产滚子链一般用 A 系列。该系列的规格、主要参数和极限拉伸载荷见表 8－7,并参考图 8－19。

滚子链的标记为:

| 链号 | － | 排数 | × | 整链链节数 | | 国标号 |

例如:10A—1×90 GB1243.1—83 表示:A 系列、节距 15.875 mm、单排、90 节的滚子链。

表 8－7　滚子链规格和主要参数

链号	节距 p	排距 p_t	滚子外径 d_1	内链节内宽 b_1	销轴直径 d_2	内链板高度 h_2	极限拉伸载荷[1][2]（单排）F_B	单排质量 q
	/mm	/mm	最大 /mm	最小 /mm	最大 /mm	最大 /mm	最小 /kN	/kg·m^{-1}
08A	12.70	14.38	7.95	7.85	3.96	12.07	13.8	0.60
10A	15.875	18.11	10.16	9.40	5.08	15.09	21.8	1.00
12A	19.05	22.78	11.91	12.57	5.95	18.08	31.1	1.50
16A	25.40	29.29	15.88	15.75	7.92	24.13	55.6	2.60
20A	31.75	35.76	19.05	18.90	9.53	30.18	86.7	3.80
24A	38.10	45.44	22.23	25.22	11.10	36.20	124.6	5.60
28A	44.45	48.87	25.40	25.22	12.70	42.24	169.0	7.50
32A	50.80	58.55	28.58	31.55	14.27	48.26	222.4	10.10
40A	63.50	71.55	39.68	37.85	19.84	60.33	347.0	16.10
48A	76.20	87.83	47.63	47.35	23.80	72.39	500.4	22.60

注:本表摘自 GB1243.1—83。

① 多排链的极限载荷等于列表数值乘以排数。

② 使用过渡链板时,其极限拉伸载荷按表列数值的 80% 计算。

8.2.3　链传动的工作原理

1. 平均传动比

由于是啮合传动,主动链轮每转过一个节距 p,从动链轮也转过一个相同的节距 p。即链条

平均线速度为

$$v = \frac{z_1 n_1 p}{60 \times 1\ 000} = \frac{z_2 n_2 p}{60 \times 1\ 000} \quad \text{m/s} \tag{8-17}$$

则平均传动比为

$$i = \frac{n_1}{n_2} = \frac{z_2}{z_1} \tag{8-18}$$

式中：p—— 节距，mm；

n_1、n_2—— 主、从动链轮转速，r/min；

z_1、z_2—— 主、从动链轮齿数。

2. 瞬时传动比

由于链条进入链轮后形成折线，当链轮转到不同位置时，链条发生位置波动，如图8-21所示。为便于分析，假设传动中链条主动边始终处于水平位置。下面分析一个链节从进入啮合到

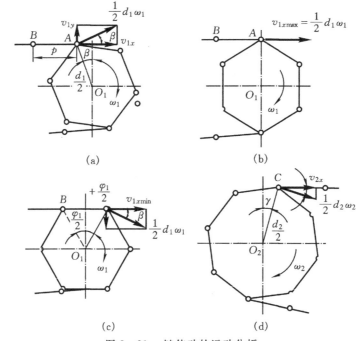

图 8-21　链传动的运动分析

下一个链接开始啮合过程中链速的变化情况。图 8-21(a) 所示为链节与主动链轮轮齿在任一点 A 处啮合，因为链条销轴的圆周速度与链轮 A 点的圆周速度都等于 $\frac{d_1}{2}\omega_1$，所以链条在水平前进方向和垂直方向的速度分量分别为

$$\left. \begin{array}{l} v_{1x} = \dfrac{d_1}{2}\omega_1 \cos\beta \\[3mm] v_{1y} = \dfrac{d_1}{2}\omega_1 \sin\beta \end{array} \right\} \tag{8-19}$$

式中：β—— 销轴中心和主动链轮中心连线与铅垂线间的夹角。

由图可知，从销轴 A 开始进入啮合起，到即将脱离啮合止（此时与 A 相邻的销轴开始进入

啮合），A 所对应的中心角 $\varphi_1 = \dfrac{2\pi}{z_1}$，而 β 角在 $-\dfrac{\varphi_1}{2}$ 到 $+\dfrac{\varphi_1}{2}$ 间变化。当 $\beta = 0$ 时（图 8-21(b)），

$v_{1x} = v_{1x\max} = \dfrac{d_1}{2}\omega_1$；当 $\varphi = \pm\dfrac{\varphi_1}{2}$ 时（图 8-21(c)），$v_{1x} = v_{1x\min} = \dfrac{d_1}{2}\omega_1\cos\dfrac{\varphi_1}{2}$。可见，链条水平

速度在周期变化着，从而导致链速的不均匀性。由于 $\varphi_1 = \dfrac{2\pi}{z_1}$，可见 z_1 数值越小，β 角变化范围

越大，链速不均匀性也就越严重，由式（8-19）还可看出，链条沿铅垂方向的分速度 v_{1y} 也在随

β 的变化呈周期性变化，从而使链条在垂直方向上有规律的抖动。

同理，由图 8-21(d) 可看出，从动链轮相应啮合的销轴 C 的水平分速度

$$v_{2x} = \frac{d_2}{2}\omega_2\cos\gamma \tag{8-20}$$

式中：γ—— 销轴中心和从动链轮中心连线与铅垂线间的夹角。

因为

$$v_{1x} = v_{2x}$$

所以可导出链传动的瞬时传动比为

$$i' = \frac{\omega_1}{\omega_2} = \frac{d_2\cos\gamma}{d_1\cos\beta} \tag{8-21}$$

显然，链传动的瞬时传动比在一般情况下非恒定值。

8.2.4　链传动的设计

1. 受力分析

1) 静载荷

(1) 工作拉力 F_1。链传动的紧边受有工作拉力，用 F_1 表示

$$F_1 = \frac{1\,000P}{v} \quad (\text{N}) \tag{8-22}$$

式中：P—— 传动功率，kW；

　　v—— 链速，m/s。

(2) 离心拉力 F_2。链条运转中，经过链轮时产生的离心拉力用 F_2 表示。该力作用在链条全

长上，当链速超过 7 m/s 时，其影响不可忽视。

$$F_2 = qv^2 \quad (\text{N}) \tag{8-23}$$

式中：q—— 单位长度链条的质量，kg/m。见表 8-7；

　　v—— 链速，m/s。

(3) 垂度拉力 F_3。由于链条本身重量所产生的悬垂

拉力，用 F_3 表示（图 8-22），显然，链条的紧边与松边都

将受此力作用，但因其数值较小，一般可近似取为

$$F_3 \approx (0.1 \sim 0.15)F_1 \quad (\text{N}) \tag{8-24}$$

式中：F_1—— 工作拉力，N。

(4) 压轴力 F_Q。链条紧边总拉力

$$F = F_1 + F_2 + F_3 \tag{8-25}$$

链条松边总拉力

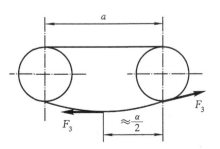

图 8-22　链传动的垂度拉力

$$F' = F_2 + F_3 \qquad (8-26)$$

由于离心力仅在链中作用而对轴不产生压力,故链传动作用于轴上的压力 F_Q 可近似取为两边拉力之和减去离心拉力的影响,即

$$F_Q = F + F' - 2F_2 = F_1 + 2F_3 \approx (1.2 \sim 1.3)\frac{1\,000P}{v} \quad (N) \qquad (8-27)$$

2)动载荷

通过前面对式(8-19)的讨论可知,链轮齿数越小,链速波动就越大,由此产生的链传动动载荷亦越大。

2. 失效形式

链传动的失效形式有以下几种:

1)疲劳破坏

正常润滑的链传动,铰链元件受到交变应力的反复作用,因疲劳强度不足而破坏。其中链板为疲劳断裂;滚子和套筒为冲击疲劳破坏;套筒、销轴与滚子表面为接触疲劳破坏。

2)磨损

铰链、链条与轮齿的接触表面在工作中发生磨损,使链节距过度伸长(标准试验条件下允许伸长度为 3%),从而导致脱链现象。润滑状况不良将加速磨损的过程。

3)胶合

当链速很高时,动载影响严重,致使润滑不良,铰链的接触表面会严重发热,在一定压力下使金属表面发生粘着,随着链条的运动使金属从其表面上撕落而引起严重的粘着磨损现象,称为胶合失效。

4)破断

低速重载或经常起动、反转、制动的链传动,由于过载和冲击,有可能在发生疲劳失效之前产生破断失效。

3. 设计准则

链传动的设计准则是:在一定使用寿命和润滑良好的条件下,避免上述各种失效。

1)许用功率曲线

为避免链传动出现各种失效,图 8-23 为套筒滚子链传动许用功率曲线图。图中横坐标为小链轮转速 n_1,纵坐标为套筒滚子链在特定试验条件下测得的许用功率 P_0。试验条件为:$z_1 = 19$,$L_P = 100$,单列链水平布置,载荷平稳,润滑方式及工作环境正常,使用寿命约为 15 000 h。图中还表明了各种润滑方式所适用的工作条件。

(1)遇到下列情况时,许用功率 P_0 应适当降低:

①$v \leqslant 1.5$ m/s,润滑不良时,降至$(0.3 \sim 0.6)P_0$;无润滑时,降至$(0.15 \sim 0.3)P_0$,且寿命 $< 15\,000$ h。

②$1.5$ m/s $\leqslant v \leqslant 7$ m/s,润滑不良时,降至$(0.15 \sim 0.3)P_0$。

③$v > 7$ m/s 时,必须有充分、良好的润滑,否则传动不可靠,应避免采用。

(2)当要求工作寿命低于 15 000 h 时,可按有限寿命进行设计,其许用功率可以高些。

2)计算传动功率 P_c

实际使用中,当与特定试验条件不同时,计算传动功率应作如下修正:

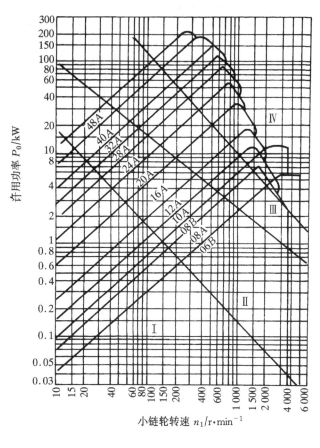

链号	节距
06B	9.525
08B	12.70
08A	12.70
10A	15.875
12A	19.05
16A	25.40
20A	31.75
24A	38.10
28A	44.45
32A	50.80
40A	63.50
48A	76.20

链传动的润滑

Ⅰ—人工润滑
Ⅱ—滴油润滑
Ⅲ—油浴、飞溅润滑
Ⅳ—喷油润滑

图 8 - 23　套筒滚子链许用功率曲线

$$P_c = K_A P \leqslant P_0 K_z K_L K_p \tag{8-28}$$

式中：P_c——传动功率，kW；

K_A——工作情况系数，见表 8-8；

P_0——许用传动功率，kW，见图 8-23；

K_z——小链轮齿数系数，见表 8-9；

K_L——链长系数，根据链节数 L_P 查图 8-24；

K_p——多排链系数，根据排数 z_P 查表 8-10。

表 8-8　工作情况系数 K_A

载荷性质	原动机及传动方式		
	电动机汽轮机	内燃机	
		液力传动	机构传动
平　　稳	1.0	1.0	1.2
冲击较小	1.3	1.2	1.4
冲击较大	1.5	1.4	1.7

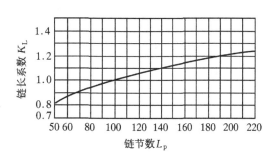

图 8 - 24　链长系数 K_L

表 8 - 9　小链轮齿数系数 K_z

z_1	9	10	11	12	13	14	15	16	17	19
K_z	0.45	0.50	0.55	0.61	0.67	0.72	0.78	0.83	0.89	1.00
z_1	21	23	25	27	29	31	33	35	38	
K_z	1.12	1.23	1.35	1.46	1.58	1.70	1.81	1.94	2.12	

表 8 - 10　多排链系数 K_p

排数 z_p	1	2	3	4	5	6	$\geqslant 7$
K_p	1.0	1.7	2.5	3.3	4.1	5.0	与生产厂商定

3）静强度校核

对于低速（$v < 0.6$ m/s）链传动，其主要失效形式为过载拉断，设计时必须进行静强度校核。

由式（8-25）可求得链的紧边最大总拉力 F，则静强度安全系数

$$S = \frac{z_p F_B}{F K_A} \geqslant 7 \qquad (8-29)$$

式中：z_p——链排数；

　　　F_B——单排链的极限拉伸载荷，N，见表 8-7；

　　　F——链的紧边总拉力，N，由式（8-25）计算；

　　　K_A——工作情况系数，见表 8-8。

4. 链条的张紧

链条的张紧作用与带的张紧不同，目的是为了减小链条松边的垂度，防止啮合不良和链条的抖动。常用的张紧装置及形式有：

1）张紧轮张紧

如图 8-25(a)、(b)，它是通过定期或自动调整张紧轮的位置张紧链条的。一般张紧轮应装在靠近主动链轮一端的松边上，张紧轮的直径与主动链轮的直径相近为好。

2）压板或托板张紧

如图 8-25(c)、(d)，它是通过调整压板或托板的位置张紧链条的。托、压板上最好衬以橡胶、塑料或胶木，以减少链条的磨损。

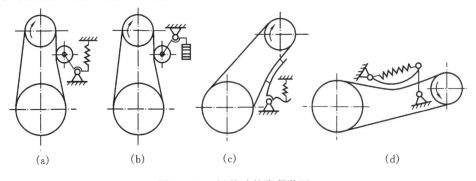

(a)　　　　　　(b)　　　　　　(c)　　　　　　(d)

图 8 - 25　链传动的张紧装置

5. 链传动的设计

1) 链速 v 和链轮极限转速 n_1

为控制链条抖动和噪声，需对由式 (8-17) 确定的链速加以限制，一般要求 $v \leqslant 6 \sim 8$ m/s (极限值 $12 \sim 15$ m/s)。

若 v 超过极限值，应改用小节距的多排链。$v < 0.6$ m/s 时，应按式 (8-29) 校核链条的静强度，如不满足强度要求，应改变传动参数。

2) 传动比

链传动的传动比一般取 $i = 1 \sim 7$。i 过大会使小链轮的包角过小，啮合齿数少，因而加重磨损，使链条寿命缩短。推荐值为 $i = 2 \sim 2.5$。

3) 链轮齿数 z_1、z_2

小链轮齿数 z_1 对传动平稳性和工作寿命均有影响。齿数多，可减小传动比不均匀性及动载荷，减缓冲击及磨损，提高工作寿命，对速度较高的链传动尤为重要。为使链条磨损均匀，z_1、z_2 最好互为质数或为不能整除链条节数的数。在外廓尺寸允许时，尽量选取较多齿数，具体选取可参见表 8-11。

表 8-11　小链轮齿数 z_1 的选取

链速 $v/\text{m} \cdot \text{s}^{-1}$	< 0.6	$0.6 \sim 3$	$3 \sim 8$	$8 \sim 25$	> 25
z_1	$\geqslant 13$	$\geqslant 17$	$\geqslant 21$	$\geqslant 23$	$\geqslant 35$

4) 链条节距 p 和链排数 z_p

链条节距 p 大，可提高抗拉断强度，但运转中会带来较大的啮合冲击。故应在满足工作要求的前提下，尽量选取较小节距的单排链；高速重载时可选小节距的多排链。另外，当载荷大、中心距小、传动比大时，选用小节距多排链；而速度不太高、中心距大、传动比小时，选用大节距单排链较为经济。

5) 链条节数 L_p 与传动中心距 a

链条节数 L_p 一般取为偶数。可由下式求出其计算值

$$L'_p = \frac{2a_0}{p} + \frac{z_1 + z_2}{2} + \frac{p}{a_0} \left(\frac{z_2 - z_1}{2\pi} \right)^2 \tag{8-30}$$

式中：a_0——初定中心距，mm；

$\quad\quad p$——链条节距，mm；

$\quad\quad z_1$、z_2——小、大链轮齿数。

由上式算出的 L'_p 必须圆整为相近的偶数 L_p。

将圆整后的 L_p 代回上式，可求出实际中心距

$$a = \frac{p}{4} \left[\left(L_p - \frac{z_1 + z_2}{2} \right) + \sqrt{ \left(L_p - \frac{z_1 + z_2}{2} \right)^2 - 8 \left(\frac{z_2 - z_1}{2\pi} \right)^2 } \right] \quad \text{mm} \tag{8-31}$$

式中：L_p——链条节数。

安装中心距应比 a 值小约 $2 \sim 5$ mm，以使链条松边有一定的初垂度以利于脱链，另外，在结构上应保证中心距 a 可调节，以便链条磨损后调整。链速不变、中心距 a 小、链节数 L_p 少的链传动，链的磨损会加速。中心距大、链较长的链传动抗振能力较强，工作寿命较长；但中心距太大，松边会上下颤动，使传动不平稳。中心距适用范围为：$a = (20 \sim 80)p$；推荐的最适宜的中

心距 $a = (30 \sim 50)p$。

例 8-2 设计由 Y18L-8 型电动机驱动压气机用的一级套筒滚子链传动。电动机功率 $P = 11$ kW，转速 $n_1 = 730$ r/min，传动比 $i = 3.3$，冲击较小，两班制工作，链传动倾斜角小于 $45°$，中心距可以调整。

解 采用套筒滚子链传动，设计步骤方法如下：

(1) 选取链轮齿数 z_1、z_2。

假设链速 $v = 3 \sim 8$ m/s，

查表 8-11，取 $z_1 = 21$；

则 $z_2 = iz_1 = 3.3 \times 21 = 69.3$，取奇数 $z_2 = 69$。

(2) 确定链条节数 L_p。

初定中心距 $a_0 = 40p$，

由式 (8-30) 得链节数

$$L'_p = 2\frac{a_0}{p} + \frac{z_1 + z_2}{2} + \frac{p}{a_0}\left(\frac{z_2 - z_2}{2\pi}\right)^2 = 2\frac{40p}{p} + \frac{21 + 69}{2} + \frac{p}{40p}\left(\frac{69 - 21}{2\pi}\right)^2$$

$$= 126.46$$

取偶数 $L_p = 126$。

(3) 计算传动功率 P_c。

查表 8-8，得工作情况系数 $K_A = 1.3$；

由式 (8-28) 得计算传动功率

$$P_c = K_A P = 1.3 \times 11 = 14.3 \text{ kW}$$

(4) 计算许用功率 P_0。

查表 8-9，得齿数系数 $K_z = 1.12$；

由图 8-24，得链长系数 $K_L = 1.08$；

选单排链，$z_p = 1$，查表 8-10，得多排链系数 $K_p = 1.0$；

由式 (8-28) 得许用功率

$$P_0 = \frac{P_c}{K_z K_L K_p} = \frac{14.3}{1.12 \times 1.08 \times 1.0} = 11.82 \text{ kW}$$

(5) 选取链节距 p、链号并确定润滑方式。

据转速 $n_1 = 730$ r/min，许用功率 $P_0 = 11.83$ kW，

由图 8-23 及表 8-7 查得链节距 $p = 19.05$ mm；

选链号为 12A—1×126 GBl243.1—83；

需用油浴、飞溅润滑。

(6) 验算链速 v。

由式 (8-17) 得链速

$$v = \frac{z_1 p n_1}{60 \times 1\,000} = \frac{21 \times 19.05 \times 730}{60 \times 1\,000} = 4.87 \text{ m/s}$$

因为 $v > 0.6$ m/s，故不需进行静强度校核。

(7) 确定实际中心距。

由式 (8-31) 得实际中心距

$$a = \frac{p}{4}\left[\left(L_p - \frac{z_1 + z_2}{2}\right) + \sqrt{\left(L_p - \frac{z_1 + z_2}{2}\right)^2 - 8\left(\frac{z_2 - z_1}{2\pi}\right)^2}\right]$$

$$= \frac{19.05}{4}\left[\left(126 - \frac{21 + 69}{2}\right) + \sqrt{\left(126 - \frac{21 + 69}{2}\right)^2 - 8\left(\frac{69 - 21}{2\pi}\right)^2}\right]$$

$$= 757.5 \text{ mm}$$

(8) 计算压轴力 F_Q。

由式(8-27)得压轴力

$$F_Q \approx (1.2 \sim 1.3)\frac{1\,000P}{v} = (1.2 \sim 1.3)\frac{1\,000 \times 11}{4.87} = 2\,710 \sim 2\,936\ \text{N}$$

8.3　齿轮传动

8.3.1　齿轮传动概述

齿轮传动是一种啮合传动。如图 8-26 所示,当一对齿轮相互啮合而工作时,主动轮 O_1 的轮齿$(1,2,3,\cdots)$通过力 F 的作用逐个地推动从动轮 O_2 的轮齿$(1',2',3',\cdots)$使从动轮转动,因而将主动轴的动力和运动传递给从动轴。

1. 齿轮传动的速比

对于图 8-26 中的一对齿轮传动,设主动齿轮的转速为 n_1,齿数为 z_1;从动齿轮的转速为 n_2,齿数为 z_2。则传动的速比为

$$i_{12} = \frac{n_1}{n_2} = \frac{z_2}{z_1} \qquad (8-32)$$

一对齿轮传动的速比不宜过大,否则会使结构过于庞大,不利于制造和安装。通常,一对圆柱齿轮传动的速比 $i \leqslant 5$,一对圆锥齿轮传动的速比 $i \leqslant 3 \sim 5$。

2. 齿轮传动的优缺点及应用

齿轮传动的主要优点是:传动速比恒定不变;传递功率范围较大;效率高(一般效率为 $0.95 \sim 0.98$,最高可达 0.99);工作可靠,寿命较长;结构紧凑,外廓尺寸小。

齿轮传动的主要缺点是:制造和安装精度要求较高。否则在高速运转时会产生较大的振动和噪声;轴间距离较大时,传动装置较庞大。

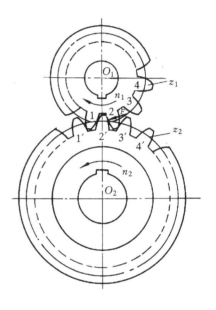

图 8-26　齿轮传动

齿轮传动广泛地应用于各种机械中。通常是既用于传递动力,又用于传递运动,在仪表中则主要用于传递运动。大部分齿轮传动用于传递回转运动,齿轮齿条传动则可将回转运动变换成直线移动,或者将直线移动变换成回转运动。

3. 齿轮传动的类型

1) 按照两轴相对位置

齿轮传动可分为两轴平行、两轴相交以及两轴相错三大类。常用齿轮传动的分类以及它们的特点见表 8-12。

表 8 - 12　常用齿轮传动分类

啮合类别		图　　例	说　　明
两轴平行	外啮合直齿圆柱齿轮传动		1. 轮齿与齿轮轴线平行； 2. 传动时,两轴回转方向相反； 3. 制造最简单； 4. 速度较高时容易引起动载荷与噪声； 5. 对标准直齿圆柱齿轮传动,一般采用的圆周速度常在 2～3 m/s 以下
	外啮合斜齿圆柱齿轮传动		1. 轮齿与齿轮轴线倾斜成某一角度； 2. 相啮合的两齿轮其轮齿倾斜方向相反,倾斜角大小相同； 3. 传动平稳,噪声小； 4. 工作中会产生轴向力,轮齿倾斜角越大,轴向力越大； 5. 适用于圆周速度较高($v > 2$～3 m/s)的场合
	人字齿轮传动		1. 轮齿左右倾斜方向相反,呈"人"字形,因此可以消除斜齿轮因轮齿单向倾斜而产生的轴向力； 2. 制造成本较高
	内啮合圆柱齿轮传动		1. 它是外啮合齿轮传动的演变形式。大轮的齿分布在圆柱体内表面,成为内齿轮； 2. 大小齿轮的回转方向相同； 3. 轮齿可制成直齿,也可制成斜齿。当制成斜齿时,两轮齿倾斜方向相同,倾斜角大小相等
	齿条传动		1. 相当于大齿轮直径为无穷大的外啮合圆柱齿轮传动； 2. 齿轮作回转运动,齿条作直线平动； 3. 轮齿一般是直齿,也有制成斜齿的

啮合类别		图　　例	说　　明
两轴相交	直齿圆锥齿轮传动		1. 轮齿排列在圆锥体表面上,其方向与圆锥的母线一致; 2. 一般用在两轴线相交成 90°,圆周速度小于 2 m/s 的场合
	螺旋(曲齿)圆锥齿轮传动		1. 螺旋圆锥齿轮的轮齿是弯曲的; 2. 一对螺旋圆锥齿轮同时啮合的齿数比直齿圆锥齿轮多。啮合过程不易产生冲击,传动较平衡,承载能力较高。在高速和大功率的传动中广泛应用; 3. 设计加工比较困难,需专用机床加工,轴向推力比较大
两轴相错	螺旋齿轮传动		1. 单个螺旋齿轮与斜齿轮并无区别。相应地改变两个螺旋齿轮的轮齿倾斜角,即可组成轴间夹角为任意值(从 0°~90°)的螺旋齿轮传动; 2. 斜齿轮传动是轴间夹角为 0° 的螺旋齿轮传动的特例,蜗杆传动是轴间夹角为 90° 的螺旋齿轮传动的特例; 3. 螺旋齿轮传动承载能力较小,且磨损较严重

2) 按照防护方式

齿轮传动又可分为开式、闭式和半开式三种类型。

开式齿轮传动没有防护的箱体,齿轮将受到灰尘及有害物质的侵袭,而且润滑条件差,容易加剧齿面磨损,所以只能用在速度不高及不太重要的地方。

闭式齿轮传动则将齿轮封闭在刚性的箱体中,能保证良好的润滑条件。因此,对速度较高或较重要的齿轮传动,一般都采用闭式传动。

介于开式和闭式齿轮传动之间为半开式齿轮传动,通常在齿轮外面安装有简易罩子,虽无密封性,但也不致将齿轮暴露在外。

8.3.2　渐开线齿廓曲线及其啮合特性

对齿轮传动最基本的要求就是它的瞬时速比(即两轮角速度的比值 ω_1/ω_2)必须恒定不变。否则,当主动轮以等角速度回转时,从动轮角速度是变化的,因而产生惯性力,引起冲击和振动,甚至导致轮齿的损坏。为此必须选用适当的齿廓曲线。能满足瞬时速比恒定的齿形有渐开线、摆线和圆弧等,其中渐开线齿廓便于制造,安装精度要求较低,故工程中应用最普遍。

1. 渐开线的形成

将绕在半径为 r_b 的圆盘上的细线拉紧并将它展开成直线(图 8-27),线上任一点 K(如系在线上的笔尖)的轨迹 $\overset{\frown}{AK}$ 称为**渐开线**。展开的直线称为**发生线**,半径为 r_b 的圆称为**基圆**。渐开线齿轮的齿廓,由同一基圆上两条相反的渐开线构成(图 8-28)。

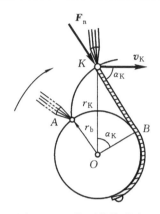
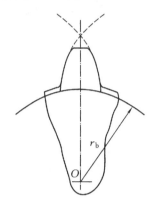

图 8-27 渐开线的形成   图 8-28 渐开线齿廓的形成

2. 渐开线的性质

由渐开线的形成可知它具有下述性质:

(1)因绕在基圆上的线的 $\overset{\frown}{AB}$ 段展开拉直后为 $\overline{BK}$ 段,故基圆上圆弧 $\overset{\frown}{AB}$ 与发生线上对应线段 $\overline{BK}$ 的长度相等,即

$$\overset{\frown}{AB} = \overline{BK}$$

(2)渐开线上各点的法线恒切于基圆。在图 8-27 中,$\overline{BK}$ 是基圆的切线;而 K 点附近的渐开线的微段,又是发生线绕 B 点作无限小的微转动时形成的,故 $\overline{BK}$ 是渐开线在 K 点的曲率半径,切点 B 为曲率中心,即发生线又是渐开线的法线,此法线与基圆相切。

(3)渐开线上离基圆较远的点,其压力角较大。在图 8-27 中,K 点圆周速度 v_K 与该点所受法向压力 F_n 所夹的锐角称为**压力角**,用 α_K 表示。令 $\overline{OK} = r_K$,由图可得

$$\cos\alpha_K = \frac{\overline{OB}}{\overline{OK}} = \frac{r_b}{r_K}$$

故 α_K 随 r_K 增大而增大。在基圆上压力角为零。由图可见,K 点压力角 α_K 愈小,法向反力 F_n 沿速度 v_K 方向的分力 $F_n\cos\alpha_K$ 就愈大,传力性能也就愈好。

(4)基圆愈大,渐开线愈平担。由图可得 K 点的曲率半径为

$$\overline{BK} = r_b\tan\alpha_K$$

式中 $\tan\alpha_K$ 为正值,故由上式可见该点的曲率半径与基圆半径成正比,即 r_b 增加时渐开线趋于平坦。当 $r_b \to \infty$ 时,$\overline{BK} \to \infty$,渐开线变为直线,从而得到齿条的齿廓。

(5)因渐开线是从基圆开始向外逐渐展开的,故基圆以内无渐开线。

3. 渐开线齿廓的啮合特性

1)渐开线齿廓可保证恒定传动比传动

如图 8-29 所示,设两渐开线齿廓 E_1、E_2 在任意点 K 相啮合。$\overline{N_1N_2}$ 是过 K 点的公法线,它与两轮轮心的连心线交于 P,则 P 点称为**节点**。分别以两轮的中心 O_1 和 O_2 为圆心,O_1P 和

O_2P 为半径所作的圆称为**节圆**。节圆半径分别用 r_1' 和 r_2' 表示。根据渐开线的性质(2)可知,公法线 $\overline{N_1N_2}$ 必与两基圆相切,即 $\overline{N_1N_2}$ 为两基圆的内公切线。在传动过程中,两基圆的大小和位置都不变,则两基圆为定圆。又两定圆在同一方向的内公切线只有一条,所以两齿廓不论在何处接触(例如在 K' 点啮合),过接触点的公法线 $\overline{N_1N_2}$ 均为一条固定直线,该直线与连心线的交点 P 必为一定点。由于有 $\triangle O_1N_1P \backsim \triangle O_2N_2P$,则

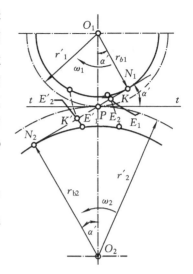

$$i_{12} = \frac{\omega_1}{\omega_2} = \frac{O_2P}{O_1P} = \frac{r_{b2}}{r_{b1}} = 常数 \qquad (8-33)$$

式(8-33)表明两轮的传动比为恒定值,并等于两轮的基圆半径的反比。

2) 渐开线齿廓的中心距可分性

因为两轮的基圆半径不变,由式(8-33)可知,当两轮实际中心距相对于设计的理论中心距略有误差时,传动比仍保

图 8-29　渐开线齿廓的啮合

持不变。渐开线齿轮传动的这个性质,称为**中心距可分性**。渐开线的这一特有优点,给齿轮的制造和安装带来了很大的方便。但需指出,中心距的增大,导致两轮齿侧的间隙增大,传动时将产生冲击与噪声,因此这一可分性仅限于制造、安装误差、轴的变形和轴承磨损等微量范围内。

3) 渐开线齿廓间的正压力方向不变

一对渐开线齿廓啮合时,若不考虑齿廓间的摩擦,则它们之间的正压力过其接触点,且沿公法线作用。而一对渐开线齿廓在任何位置啮合时,接触点处的公法线又都是同一条直线 $\overline{N_1N_2}$,故两啮合齿廓间的正压力方向始终不变。直线 $\overline{N_1N_2}$ 被称为**啮合线**。啮合线与两轮节圆的内公切线所夹的锐角 α' 被称为**啮合角**。当齿轮的转矩一定时,渐开线齿廓间作用力的大小不变,这对于齿轮传动的平稳性是很有利的。

8.3.3　渐开线标准直齿圆柱齿轮传动

1. 齿轮的基本参数

决定渐开线齿轮尺寸的基本参数是齿数 z,模数 m,压力角 α,齿顶高系数 h_a^* 和顶隙系数 c^*。

1) 齿数 z

由式(8-32)可知,齿轮传动的速比决定于两齿轮的齿数。

2) 模数 m,压力角 α

图 8-30 所示为渐开线直齿圆柱齿轮的齿形。在任意直径 d_k 的圆周上,相邻两齿同侧齿廓间的弧长称为该圆的齿距,用 p_k 表示。若齿数为 z,则

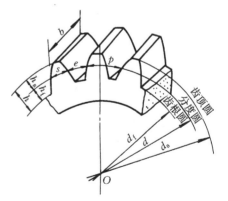

图 8-30　齿轮各部分的名称及代号

$$\pi d_k = zp_k$$

即

$$d_k = \frac{p_k}{\pi} z \qquad (8-34)$$

由上式可知,在不同直径的圆周上,比值 p_k/π 是不同的;又由渐开线的性质 3)可知,不同直径处齿廓上的压力角 α_k 也不相等。为了便于设计、制造和互换,工程设计中把齿轮某一特定圆上的 p_k/π 比值和压力角 α_k 都定为标准值,这个圆称为**分度圆**,直径用 d 表示。

分度圆上的齿距 p 对 π 的比值称为**模数**,用 m 表示

$$m = \frac{p}{\pi} \qquad (8-35)$$

模数是一段标准长度,单位为 mm,它是齿轮几何尺寸计算的基础。齿轮上各基本尺寸都是模数的倍数。图 8-31 表明,齿数相同的齿轮,模数愈大轮齿就愈大,齿轮承受载荷的能力也愈强。齿轮的模数已标准化,表 8-13 为我国国家标准规定的标准模数系列的一部分。

表 8-13　齿轮标准模数系列　　　　　　　　　　mm

第一系列	…	1.5	2	2.5	3	4	5	6	8
	10	12	16	20	25	32	40	50	
第二系列	…	1.75	2.25	2.75	(3.25)	3.5	(3.75)	4.5	5.5
	(6.5)	7	9	(11)	14	18	22	28	36
	45								

注:本表摘自 GB1357—87。

① 本标准适用于渐开线圆柱齿轮。对斜齿轮则是指法向模数。

② 优先采用第一系列,其次是第二系列,括号内的模数尽量不用。

分度圆上的压力角 α 简称为**压力角**。由渐开线的性质可知,分度圆确定之后,α 的大小将改变基圆尺寸,影响齿轮的渐开线齿廓形状。我国的国家标准规定标准压力角为 $\alpha = 20°$。

3) 齿顶高系数 h_a^* 和顶隙系数 c^*

这两个参数影响到齿轮的径向尺寸,国家标准规定了正常齿该参数的标准值

$$h_a^* = 1, \quad c^* = 0.25$$

2. 标准直齿圆柱齿轮的几何尺寸计算

渐开线直齿圆柱齿轮各部分的名称和尺寸符号如图 8-30 所示。

前面已分析,分度圆是齿轮设计计算和加工的基准圆。由式(8-35)得分度圆上的齿距 p 为

$$p = \pi m \qquad (8-36)$$

因分度圆周长 $\pi d = zp = z\pi m$,所以分度圆直径为

$$d = mz \qquad (8-37)$$

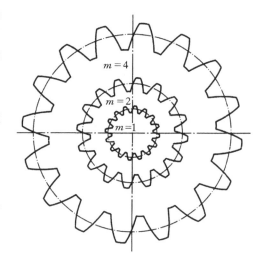

图 8-31　不同模数的齿形图

模数、压力角、齿顶高系数和顶隙系数均为标准值的齿轮称为**标准齿轮**。标准齿轮的主要特征之一是分度圆上的齿厚 s 与齿槽宽 e 相等,由式(8-36)得

$$e = s = \frac{p}{2} = \frac{\pi m}{2} \qquad (8-38)$$

当一对齿轮啮合传动时,为保证一个齿轮的齿顶与另一个齿轮的齿槽底部不相抵触(即不发生干涉),且有利于贮存润滑油,要求一个齿轮的齿顶圆到另一个齿轮的齿根圆之间要控制有一定的径向间隙 c,并称之为**顶隙**。

表 8-14 列出了渐开线标准直齿圆柱齿轮几何尺寸计算的常用公式。

表 8-14　渐开线标准直齿圆柱齿轮(外啮合) 常用几何尺寸计算公式

名称	符号	计算公式
模数	m	由强度或结构要求,按表 8-13 选取标准值。
顶隙	c	$c = 0.25m$
分度圆直径	d	$d_1 = mz_1, \quad d_2 = mz_2$
齿顶高	h_a	$h_a = m$
齿根高	h_f	$h_f = h_a + c = 1.25m$
齿全高	h	$h = h_a + h_f = 2.25m$
齿顶圆直径	d_a	$d_{a1} = d_1 + 2h_a = (z_1 + 2)m$
		$d_{a2} = d_2 + 2h_a = (z_2 + 2)m$
齿根圆直径	d_f	$d_{f1} = d_1 - 2h_f (z_1 - 2.5)m$
		$d_{f2} = d_2 - 2h_f = (z_2 - 2.5)m$
齿距	p	$p = \pi m$
齿厚	s	$s = \pi m/2$
齿槽宽	e	$e = \pi m/2$
标准中心距	a	$a = \dfrac{d_1 + d_2}{2} = \dfrac{m}{2}(z_1 + z_2)$

3. 正确安装条件

一对齿轮在安装时,为避免齿轮反转时出现空程和发生冲击,理论上要求齿廓间没有侧向间隙。因为标准齿轮分度圆上的齿厚等于齿槽宽,故在无侧隙的正确安装时,应使两轮的分度圆相切,此时分度圆与节圆重合,啮合角 $\alpha' = \alpha = 20°$。这种安装称为**标准安装**,其中心距称为**标准中心距**,用 a 表示。显然

$$a = \frac{1}{2}(d_1 + d_2) = \frac{m}{2}(z_1 + z_2) \qquad (8-39)$$

式中:d_1 和 d_2 分别为两轮的分度圆直径;z_1 和 z_2 分别为两轮的齿数。

4. 标准直齿圆柱齿轮的啮合传动

一对标准直齿圆柱齿轮当其分度圆相切而啮合时,构成标准直齿圆柱齿轮传动。为了保证正确啮合和连续传动,必须满足以下几个条件:

1) 正确啮合的条件

标准齿轮传动的正确啮合条件是:两齿轮的模数、压力角必须分别相等。即

$$m_1 = m_2 = m$$
$$\alpha_1 = \alpha_2 = \alpha$$

2) 连续传动的条件

当齿轮啮合传动时,在一对轮齿即将脱离啮合时,后一对轮齿必须进入啮合。否则,传动就

会出现中断现象,发生冲击,无法保持传动的连续平稳性。为此,要求一对齿轮在任何瞬时必须有一对或一对以上的轮齿处于啮合状态。对于标准齿轮,一般都能满足这一连续传动的条件。而且,相啮合齿轮的齿数越多,传动的连续平稳性就越高。

　　3)避免根切和干涉的条件

　　若标准齿轮齿数太少,在加工(或传动)时会发生根切(或干涉)现象。所谓**根切**,是指用**展成法**加工齿轮(如滚齿)时,轮齿齿根部分的齿廓会被刀具多切去一部分,如图8-32中阴影线部分所示。根切后的轮齿不仅强度降低,甚至不能满足连续传动的条件。有的加工方法(如仿形法铣齿)虽能避免加工时轮齿的根切,但在齿轮啮合时,轮齿齿根部分(图8-32中阴影线部分)将与啮合轮齿的齿顶部分相抵触,以至两轮轮齿相互卡住,发生**干涉**。根切和干涉现象都必须避免。对标准直齿圆柱齿轮,避免根切和干涉的条件是:齿轮的齿数必须大于或等于17,即

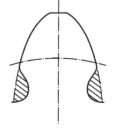

图8-32　齿廓的根切

$$z \geqslant 17$$

　　例8-3　减速器中一对标准直齿圆柱齿轮传动,已知其模数$m = 4$ mm,主动轮齿数$z_1 = 20$,从动轮齿数$z_2 = 40$。试计算传动的中心距及齿轮各部分尺寸。

　　解　由表8-14可得

齿距:　　　　　　$p = \pi m = 4\pi = 12.56$ mm

齿厚:　　　　　　$s = \dfrac{p}{2} = 2\pi = 6.28$ mm

齿槽宽:　　　　　$e = \dfrac{p}{2} = 2\pi = 6.28$ mm

分度圆直径:　　　$d_1 = mz_1 = 4 \times 20 = 80$ mm

　　　　　　　　　$d_2 = mz_2 = 4 \times 40 = 160$ mm

齿顶高:　　　　　$h_a = m = 4$ mm

齿根高:　　　　　$h_f = 1.25m = 1.25 \times 4 = 5$ mm

齿全高:　　　　　$h = 2.25m = 2.25 \times 4 = 9$ mm

齿顶圆直径:　　　$d_{a1} = m(z_1 + 2) = 4 \times (20 + 2) = 88$ mm

　　　　　　　　　$d_{a2} = m(z_2 + 2) = 4 \times (40 + 2) = 168$ mm

齿根圆直径:　　　$d_{f1} = m(z_1 - 2.5) = 4 \times (20 - 2.5) = 70$ mm

　　　　　　　　　$d_{f2} = m(z_2 - 2.5) = 4 \times (40 - 2.5) = 150$ mm

中心距:　　　　　$a = \dfrac{m}{2}(z_1 + z_2) = \dfrac{4}{2}(20 + 40) = 120$ mm

8.3.4　渐开线斜齿圆柱齿轮传动

1. 渐开线斜齿圆柱齿轮的形成及传动特点

1)渐开线斜齿圆柱齿轮的形成

　　渐开线斜齿圆柱齿轮简称**斜齿轮**,其齿面的形成与渐开线直齿圆柱齿轮相似,如图8-33所示,发生面S在基圆柱上作纯滚动时,其上一条直线$\overline{KK}$在空间的轨迹形成渐开面。对于直齿轮,$\overline{KK}$线与基圆柱母线平行,其轨迹为渐开面(图8-33(a));而对于斜齿轮,$\overline{KK}$线与基圆柱母线成夹角β_b,其轨迹为螺旋渐开面(图8-33(b))。

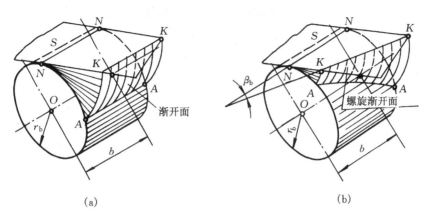

(a)　　　　　　　　　　　　　(b)

图 8-33　渐开线直齿与斜齿圆柱齿轮齿面的形成(比较)

斜齿轮轮齿与其分度圆柱面的交线是一条螺旋线。该线上任一点的切线与分度圆柱母线的夹角 β 简称为**螺旋角**,是斜齿轮的主要参数之一。根据螺旋线方向,斜齿轮有右旋和左旋两种。以齿轮轴线为准,螺旋线向右上方倾斜为右旋,向左上方倾斜为左旋(图 8-34)。

2)渐开线斜齿圆柱齿轮的传动特点

直齿轮啮合时齿面上的接触线都平行于轴线如图 8-35(a) 所示。当齿轮传递载荷时,由于沿整个齿宽同时进入啮合,又同时退出啮合,所以受力是突然加载又突然卸载。因此传动平稳性较差,容易引起冲击和噪声,尤其是高速传动时更为严重。

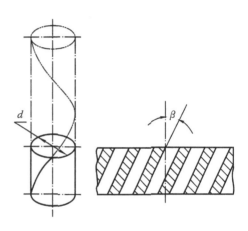

图 8-34　斜齿轮的螺旋角

斜齿轮的轮齿在任何位置啮合,其接触线都是与轴线倾斜的直线,如图8-35(b) 所示。一对轮齿从开始啮合起,齿面上的接触线长度由零逐渐增长

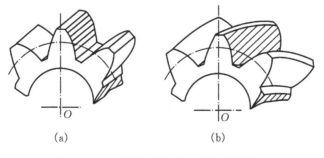

(a)　　　　　　　　　(b)

图 8-35　直齿与斜齿啮合时的接触线

至最大值,以后又逐渐缩短到零脱离啮合,所以轮齿的啮合是一逐渐的啮合过程。另外,由于轮齿是倾斜的,所以同时啮合的齿数较多。因此,斜齿轮传动有以下特点:

(1)工作平稳。传动过程中的冲击、振动和噪声较轻,适用于高速场合;

(2)承载能力强。适用于重载;

（3）传动时产生轴向分力，它对轴和轴承支座的结构提出了特殊要求。

2. 渐开线斜齿圆柱齿轮的主要参数与几何尺寸计算

斜齿轮的主要参数有端面与法面之分。端面垂直于轮轴，法面垂直于螺旋线方向（齿向），

端面与法面之间的夹角等于螺旋角 β。由图 8-36 可得法面齿距 p_n 和端面齿距 p_t 的关系为 $p_n = p_t\cos\beta$，因 $p = \pi m$，故**法面模数** m_n 与**端面模数** m_t 的关系为

$$m_n = m_t\cos\beta \qquad (8-40)$$

斜齿轮加工时因齿轮刀具沿螺旋方向进刀，其法面轮齿参数 m_n、α_n、h_a^*、c^* 与刀具的标准参数相同。分析齿形、加工选刀或计算轮齿强度时均考虑法面参数。

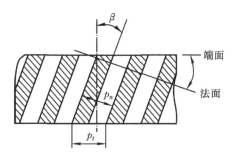

图 8-36 斜齿轮的端面与法面
（斜齿轮分度圆柱展开图）

斜齿轮端面上为渐开线齿形，其几何尺寸均按端面参数计算。如斜齿圆柱齿轮的分度圆直径计算式为

$$d = m_t z = \frac{m_n z}{\cos\beta} \qquad (8-41)$$

法面模数为标准值时，标准斜齿轮主要几何尺寸计算公式列于表 8-15。

表 8-15 标准斜齿轮几何尺寸计算公式

名称	符号	公式
螺旋角	β	$\beta_1 = -\beta_2$，一般取 $8° \sim 20°$
法面模数	m_n	由强度或结构要求确定，取标准值
顶隙	c	$c = 0.25 m_n$
分度圆直径	d	$d_1 = \dfrac{m_n z_1}{\cos\beta}$， $d_2 = \dfrac{m_n z_2}{\cos\beta}$
齿顶高	h_a	$h_a = m_n$
齿根高	h_f	$h_f = h_a + c = 1.25 m_n$
齿全高	h	$h = h_a + h_f = 2.25 m_n$
齿顶圆直径	d_a	$d_{a1} = d_1 + 2h_a = d_1 + 2m_n$， $d_{a2} = d_2 + 2h_a = d_2 + 2m_n$
齿根圆直径	d_f	$d_{f1} = d_1 - 2h_f = d_1 - 2.5 m_n$， $d_{f2} = d_2 - 2h_f = d_2 - 2.5 m_n$
标准中心距	a	$a = \dfrac{d_1 + d_2}{2} = \dfrac{m_n(z_1 + z_2)}{2\cos\beta}$

3. 斜齿圆柱齿轮的当量齿轮与当量齿数

用成形法加工斜齿轮或进行斜齿轮轮齿的强度计算时都必须知道它的法向齿形。

斜齿轮的法向齿形是指一平面与其分度圆柱螺旋线垂直所截得的齿廓形状。齿形与斜齿轮法向齿形近似的直齿渐开线齿轮称为该斜齿轮的**当量齿轮**，其齿形参数与斜齿轮的法面参数 m_n、α_n、h_a^*、c^* 相同。

如图 8-37，过斜齿轮分度圆柱面上齿廓的一点 P 作该齿廓的法面 $n-n$，得到过 P 点的法面齿廓与当量齿轮的轮齿近似。法面与分度圆柱截交线为一个长、短轴半径分别为 $a = \dfrac{1}{2}\left(\dfrac{d}{\cos\beta}\right)$，$b = \dfrac{1}{2}d$ 的椭圆。短轴半径处椭圆的曲率半径为

$$\rho = \frac{a^2}{b} = \frac{d}{2\cos^2\beta} = \frac{m_n z}{2\cos^3\beta}$$

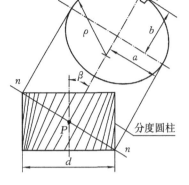

图 8-37　斜齿轮的当量齿轮

因为以 ρ 为半径所作的圆与 P 点附近的一段椭圆非常接近，所以以 ρ 为半径，以法面模数 m_n，标准压力角 α_n 作出的假想直齿圆柱齿轮即为该斜齿轮的当量齿轮，当量齿数为

$$z_v = \frac{2\rho}{m_n} = \frac{m_n z}{m_n \cos^3\beta} = \frac{z}{\cos^3\beta} \qquad (8-42)$$

当量齿数是假想齿轮的齿数，可以不是整数，而且总大于实际斜齿轮的齿数。

当量齿轮不发生根切的最小齿数为 $z_{v\,min} = 17$，所以标准斜齿圆柱齿轮不发生根切的最小齿数为

$$z_{min} = z_{v\,min}\cos^3\beta = 17\cos^3\beta \qquad (8-43)$$

可见，斜齿轮不发生根切的最少齿数较直齿轮要少，因而在相同条件下其结构比直齿轮的结构紧凑。

4. 标准渐开线斜齿圆柱齿轮的正确啮合条件

一对标准斜齿圆柱齿轮的正确啮合条件为：两轮法面模数及法面压力角分别相等，两轮分度圆上的螺旋角大小相等，旋向相反。即

$$m_{n1} = m_{n2} = m_n$$

$$\alpha_{n1} = \alpha_{n2} = \alpha_n$$

$$\beta_1 = -\beta_2 （负号表示螺旋角方向相反）$$

例 8-4　减速器中一标准斜齿圆柱齿轮传动，已知其模数 $m_n = 3$ mm，主动轮齿数 $z_1 = 20$，从动轮齿数 $z_2 = 78$；主动轮为右旋，螺旋角 $\beta = 11°28'$。试计算传动中心距及齿轮各部分尺寸。

解　由表 8-15 可得：

分度圆直径：　　　$d_1 = \frac{m_n z_1}{\cos\beta} = \frac{3 \times 20}{\cos 11°28'} = 61.22$ mm

$$d_2 = \frac{m_n z_2}{\cos\beta} = \frac{3 \times 78}{\cos 11°28'} = 238.76 \text{ mm}$$

齿顶高：　　　$h_a = m_n = 3$ mm

齿根高：　　　$h_f = 1.25 m_n = 1.25 \times 3 = 3.75$ mm

齿高：　　　$h = 2.25 m_n = 2.25 \times 3 = 6.75$ mm

齿顶圆直径：　　　$d_{a1} = d_1 + 2h_a = 61.22 + 2 \times 3 = 67.22$ mm

$$d_{a2} = d_2 + 2h_a = 238.76 + 2 \times 3 = 244.76 \text{ mm}$$

齿根圆直径：　　　$d_{f1} = d_1 - 2h_f = 61.22 - 2 \times 3.75 = 53.72$ mm

$$d_{f2} = d_2 - 2h_f = 238.76 - 2 \times 3.75 = 231.26 \text{ mm}$$

中心距：　　　$a = \frac{m_n}{2\cos\beta}(z_1 + z_2) = \frac{3}{2\cos 11°28'}(20 + 78) = 150$ mm

8.3.5　直齿圆锥齿轮传动

1. 圆锥齿轮传动的特点和应用

　　圆锥齿轮传动用于传递两相交轴之间的动力和运动,两轴交角可以是任意的,但通常是相互垂直的情形。

　　圆柱齿轮的轮齿均匀地分布在圆柱体上,而圆锥齿轮的轮齿则均匀地分布在圆锥体上,且轮齿向锥顶方向逐渐缩小,情况如图8-38所示。

　　圆锥齿轮的加工和安装比较困难,而且圆锥齿轮传动中有一个齿轮必须悬臂安装,这不仅使支承结构复杂化,还会降低齿轮啮合传动精度和承载能力。因此,圆锥齿轮传动一般用于轻载、低速的场合。

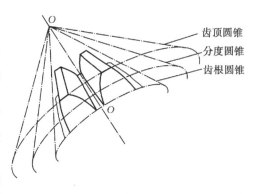

齿顶圆锥
分度圆锥
齿根圆锥

图8-38　圆锥齿轮

2. 标准直齿圆锥齿轮各部分名称及几何关系

　　圆锥齿轮有大、小端的区别。其几何尺寸计算以大端为基准。因为该处尺寸最大,故计算和测量时相对误差最小,同时也便于确定机构的外形尺寸。大端分度圆上的模数为标准值,标准模数系列见表8-16。

表8-16　锥齿轮模数系数　　　　　　　　　　　　　　mm

...	1.5	1.75	2	2.25	2.5	2.75	3	3.25	3.5
3.75	4	4.5	5	5.5	6	6.5	7	8	9
10	11	12	14	16	18	20	22	25	28
30	32	36	40	45	50				

　　图8-39为一对相互啮合的直齿圆锥齿轮传动,其轴间夹角为90°。它们的各部分名称和几何尺寸计算公式列于表8-17中。

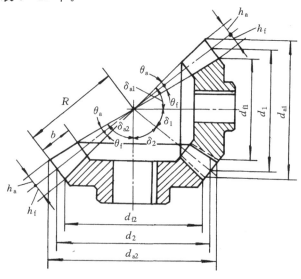

图8-39　直齿圆锥齿轮的几何尺寸

表 8 - 17 标准直齿圆锥齿轮几何尺寸计算公式(两轮轴垂直)

名称	符号	公式
模数	m	指大端值,由强度或结构要求确定
分度圆锥角	δ	$\delta_2 = \arctan \dfrac{z_2}{z_1}$, $\delta_1 = 90° - \delta_2$
分度圆直径	d	$d_1 = mz_1$, $d_2 = mz_2$
齿顶高	h_a	$h_a = m$
齿根高	h_f	$h_f = 1.2m$
齿全高	h	$h = 2.2m$
齿顶圆直径	d_a	$d_{a1} = d_1 + 2m\cos\delta_1$, $d_{a2} = d_2 + 2m\cos\delta_2$
齿根圆直径	d_f	$d_{f1} = d_1 - 2.4m\cos\delta_1$, $d_{f2} = d_2 - 2.4m\cos\delta_2$
锥顶距	R	$R = \dfrac{m}{2}\sqrt{z_1^2 + z_2^2}$
齿宽	b	$b \leqslant \dfrac{R}{3}$
齿顶角	θ_a	$\theta_a = \arctan \dfrac{h_a}{R}$
齿根角	θ_f	$\theta_f = \arctan \dfrac{h_f}{R}$
顶锥角	δ_a	$\delta_{a1} = \delta_1 + \theta_a$, $\delta_{a2} = \delta_2 + \theta_a$
根锥角	δ_f	$\delta_{f1} = \delta_1 - \theta_f$, $\delta_{f2} = \delta_2 - \theta_f$

例 8 - 5 已知某减速器中的标准直齿圆锥齿轮传动,其模数 $m = 3$ mm,主动轮齿数 $z_1 = 20$,从动轮齿数 $z_2 = 40$,两轴交角为 $90°$。试确定齿轮各部分尺寸及锥顶距。

解 由表 8 - 17 可得:

大端模数: $m = 3$ mm

分度圆锥角: $\tan\delta_2 = \dfrac{z_2}{z_1} = \dfrac{40}{20} = 2$, $\delta_2 = 63°26'$; $\delta_1 = 90° - 63°26' = 26°34'$

分度圆直径: $d_1 = mz_1 = 3 \times 20 = 60$ mm; $d_2 = mz_2 = 3 \times 40 = 120$ mm

齿顶高: $h_a = m = 3$ mm

齿根高: $h_f = 1.2 \times m = 1.2 \times 3 = 3.6$ mm

齿高: $h = 2.2m = 2.2 \times 3 = 6.6$ mm

齿顶圆直径: $d_{a1} = d_1 + 2m\cos\delta_1 = 60 + 2 \times 3\cos26°34' = 65.37$ mm

$d_{a2} = d_2 + 2m\cos\delta_2 = 120 + 2 \times 3\cos63°26' = 122.68$ mm

齿根圆直径: $d_{f1} = d_1 - 2.4m\cos\delta_1 = 60 - 2.4 \times 3\cos26°34' = 53.36$ mm

$d_{f2} = d_2 - 2.4m\cos\delta_2 = 120 - 2.4 \times 3\cos63°26' = 116.78$ mm

锥顶距: $R = \dfrac{m}{2}\sqrt{z_1^2 + z_2^2} = \dfrac{3}{2}\sqrt{20^2 + 40^2} = 67.08$ mm

齿宽: $b \leqslant \dfrac{R}{3}$, 取 $b = 20$ mm

齿顶角: $\tan\theta_a = \dfrac{h_a}{R} = \dfrac{3}{67.08} = 0.04472$, $\theta_a = 2°34'$ mm

齿根角: $\tan\theta_f = \dfrac{h_f}{R} = \dfrac{3.6}{67.08} = 0.05366$, $\theta_f = 3°04'$ mm

顶锥角: $\delta_{a1} = \delta_1 + \theta_a = 26°34' + 2°34' = 39°08'$

$\delta_{a2} = \delta_2 + \theta_a = 63°26' + 2°34' = 66°$

根锥角：　　　$\delta_{f1} = \delta_1 - \theta_f = 26°34' - 3°04' = 23°30'$

$\delta_{f2} = \delta_2 - \theta_f = 63°26' - 3°04' = 60°22'$

8.3.6 轮齿的失效形式

实践表明，轮齿主要失效形式有以下几种，现依次分析其现象、原因及避免失效的措施。

1. 轮齿折断

轮齿折断是指齿轮轮齿整体或局部断裂（图8-40）。轮齿受力时，齿根受最大弯曲应力，齿根过渡圆角处又有较大应力集中，因此轮齿折断多发生在齿根部分。当齿轮单向承载时，轮齿齿根受脉动弯曲应力，而双向承载则受交变弯曲应力。在应力反复作用下，齿根从拉应力边开始产生疲劳裂纹，裂纹扩展导致疲劳折断（图8-40(a)）。

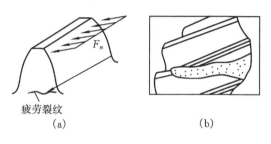

疲劳裂纹
(a)　　　　　　　　　　　(b)

图8-40　轮齿折断

轮齿受到短时过载、冲击载荷或轮齿严重磨损减薄后会发生过载折断，其断口一般较粗糙，没有疲劳裂纹扩展的痕迹（图8-40(b)）。

避免轮齿折断和提高轮齿抗折断能力的措施：限制齿根弯曲应力（$\sigma_F \leqslant [\sigma_F]$）；增大齿根过渡圆角半径，降低表面粗糙度以减小应力集中；在齿根处施行滚压、喷丸强化处理等。

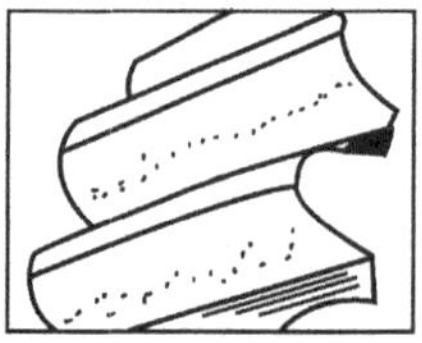

2. 齿面点蚀

点蚀是一种呈麻点状（小而浅凹坑）的齿面疲劳损伤，一般出现在靠近节线的齿根表面上（图8-41）。

图8-41　齿面点蚀

齿轮在润滑良好的闭式条件下工作时，齿面接触处在脉动接触应力的反复作用下，其表层可能产生微小的疲劳裂纹，润滑油的挤入会加速裂纹的扩展，最后使小片金属微粒剥落，形成凹坑麻点。点蚀将导致齿轮运动不稳和噪声增大。

开式齿轮一般不会出现点蚀现象，因表层往往未及形成疲劳点蚀凹坑即被磨损。

避免或减缓点蚀产生的措施：限制齿面接触应力（$\sigma_H \leqslant [\sigma_H]$），提高齿面硬度，增加润滑油粘度等。

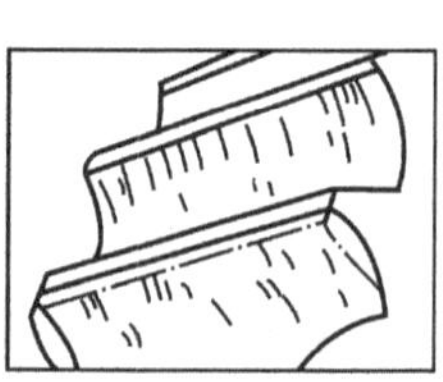

3. 齿面磨损

磨损是轮齿表面的材料损耗现象（图8-42）。齿轮啮合过程中，由于有相对滑动，若齿面粗糙或齿面间有灰尘、污物，将使齿面磨损而失去正确的齿廓形状，甚至因齿面磨薄而加速折断。

开式齿轮不能保证良好的润滑和密封，磨损是主要的失效形式。

图8-42　齿面磨损

采用闭式齿轮,保证良好的润滑,合理设计齿轮尺寸,提高齿面硬度和降低齿面粗糙度,均可有效地减少磨损。

4. 齿面胶合

胶合是接触齿面在一定压力作用下金属发生粘着,同时随齿面的相对滑动使金属从齿面上撕落而引起的一种严重粘着磨损现象(图 8-43)。

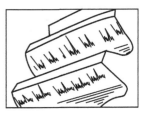

图 8-43　齿面胶合

高速重载传动中,常因接触区局部温度升高而导致润滑油膜破裂,两齿齿面金属直接接触而粘着,称为热胶合。而低速重载时,则常因接触点局部压力很高,使接触表面油膜破坏而粘着,称为冷胶合。

减轻或防止胶合的措施:改变齿轮参数,减小齿面相对滑动;提高齿面硬度,合理匹配材料;提高油的粘度或采用抗胶合添加剂等。

5. 齿面塑性变形

重载或过载传动时,由于摩擦力作用,较软的齿面材料可能沿摩擦力方向产生塑性变形(图 8-44)。主动轮表面摩擦力方向背离节线,使齿面节线附近碾出凹沟;而从动轮摩擦力方向由齿顶、齿根指向节线,故齿面节线附近会挤出塑变的凸棱(脊棱)。

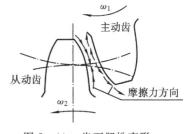

图 8-44　齿面塑性变形

减轻或防止齿面塑性变形的措施:提高齿面的硬度,减小接触应力,改善润滑情况等。

8.3.7　齿轮的材料

齿面应具有足够的硬度和耐磨性,以防止齿面点蚀、磨损和胶合失效;同时轮齿的心部应具有足够的强度和韧性,以防止轮齿折断。为满足上述要求,齿轮多使用钢、铸铁等金属材料,并经热处理。

在一对软齿面齿轮(齿面硬度 ≤ 350HBS)传动中,与大齿轮相比,小齿轮的齿根弯曲疲劳强度较低,且轮齿工作次数多,容易疲劳和磨损。为了使大、小齿轮的使用寿命相接近,应使小齿轮的齿面硬度比大齿轮高 30 ~ 50HBS,这可以通过选用不同的材料或不同的热处理来实现。

由于锻钢的机械性能优于同类铸钢,所以齿轮材料应优先选用锻钢。对于结构形状复杂的大型齿轮($d_a > 500$ mm),因受到锻造工艺或锻造设备条件的限制而难于进行锻造时,应采用铸钢制造。如低速重载的轧钢机、矿山机械的大型齿轮等。

在小功率和精度要求不很高的高速齿轮传动中,为减少噪声,其小齿轮常用尼龙、夹布胶木、酚醛层压塑料等非金属材料制造。但配对的大齿轮仍应采用钢或铸铁制造,以利于散热。

几种常用的齿轮材料见表 8-18。

表 8 - 18　　几种常用的齿轮材料

材料	热处理方法	齿面硬度	$\sigma_{H\,lim}/MPa$	$\sigma_{F\,lim}/MPa$
45	正火	162 ～ 217 HBS	0.87 HBS + 380	0.7 HBS + 275
	调质	217 ～ 286 HBS		
	表面淬火	40 ～ 50 HRC	10 HRC + 670	HRC < 52 时,10.5 HRC + 195 HRC ≥ 52 时,740
40Cr	调质	240 ～ 285 HBS	1.4 HBS + 350	0.8 HBS + 380
	表面淬火	48 ～ 55 HRC	10 HRC + 670	HRC < 52 时,10.5 HRC + 195 HRC ≥ 52 时,740
20Cr	渗碳淬火	56 ～ 62 HRC	1 500	860
ZG310 — 570	正火	163 ～ 207 HBS	0.75 HBS + 320	0.6 HBS + 220
HT300	—	187 ～ 255 HBS	HBS + 135	0.5 HBS + 20
QT500 — 5	—	147 ～ 241 HBS	1.3 HBS + 240	0.8 HBS + 220

注:计算式中 HBS 和 HRC 分别表示布氏和洛氏硬度值,其余为硬度单位。

8.3.8　齿轮的受力分析和计算载荷

为计算齿轮强度和设计轴、轴承等轴系零件,需分析齿轮轮齿上的作用力和工作载荷。

1. 渐开线直齿圆柱齿轮的受力分析

根据渐开线齿廓的啮合特性,一对渐开线齿轮啮合,若忽略摩擦力,则轮齿间相互作用的法向压力 F_n 的大小与方向不变(图 8 - 45)。

为方便起见,对于渐开线标准直齿圆柱轮啮合,按在节点 P 接触时进行力分析。法向反力 F_n 分解为 F_t 和 F_r 两个分力,如图 8 - 45(b)所示,式如

$$\left.\begin{array}{l}圆周力:F_t = \dfrac{2M_1}{d_1}\\[2mm]径向力:F_r = F_t\tan\alpha\\[2mm]法向力:F_n = \dfrac{F_t}{\cos\alpha}\end{array}\right\} \quad (8-44)$$

式中:M_1—— 主动小齿轮转矩;

$$M_1 = 9.55 \times \frac{P}{n_1} \times 10^6 \text{ N} \cdot \text{mm};$$

P—— 主动小齿轮传递功率,kW;

n_1—— 主动小齿轮转速,r/min;

d_1—— 主动小齿轮分度圆直径,mm;

α—— 压力角,$\alpha = 20°$。

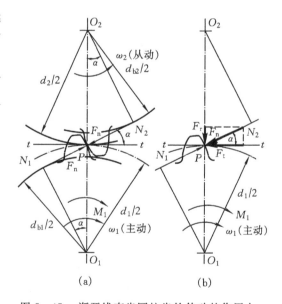

(a)　　　　　　　　(b)

图 8 - 45　渐开线直齿圆柱齿轮传动的作用力

主、从动轮上各对应的力大小相等、方向相反。径向力由作用点分别指向各自的轮心,主动轮上的圆周力与其圆周速度方向相反,从动轮上的圆周力与其圆周速度方向相同。

2. 渐开线斜齿圆柱齿轮的受力分析

图 8-46 表示斜齿圆柱齿轮的受力情况,忽略齿面间的摩擦力,作用在轮齿面上的法向力 F_n 可分解为三个相互垂直的分力,其大小分别为

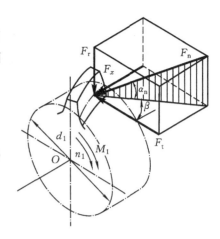

$$\left.\begin{array}{l}\text{圆周力}: F_t = \dfrac{2M_1}{d_1}\\[2mm]\text{径向力}: F_r = \dfrac{F_t}{\cos\beta}\tan\alpha_n\\[2mm]\text{轴向力}: F_x = F_t\tan\beta\\[2mm]\text{法向力}: F_n = \dfrac{F_t}{\cos\beta\cos\alpha_n}\end{array}\right\} \quad (8-45)$$

式中:β—— 螺旋角;

$\quad\alpha_n$—— 法面压力角,$\alpha_n = 20°$。

图 8-46　斜齿圆柱齿轮受力分析

斜齿轮圆周力与径向力方向规律同直齿轮,轴向力 F_x 的方向沿轴向,且指向受力齿面(由主、从动轮确定轮齿的受力齿面)。

例 8-6　现有一对标准斜齿圆柱齿轮传动,如图 8-47(a)。已知法向模数 $m_n = 2.5$ mm,齿数 $z_1 = 24$,$z_2 = 106$,螺旋角 $\beta = 9°59'12''$,传递功率 $P = 10$ kW,主动轮转速 $n_1 = 970$ r/min,转动方向和螺旋线方向如图所示。忽略齿面间的摩擦,计算并在图中画出作用在从动轮 2 上的各分力。

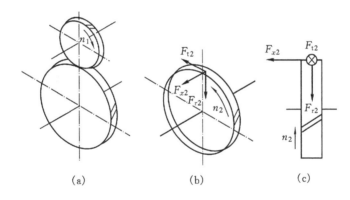

(a)　　　　　　　(b)　　　　　　　(c)

图 8-47　例 8-6 图

解　(1)确定转向和受力方向。

从动轮的转动方向及各分力方向如图 8-47(b)及(c)所示。

(2)计算从动轮的受力。

作用在主动轮上的转矩

$$M_1 = 9.55 \times 10^6 \frac{P}{n_1} = 9.55 \times 10^6 \times \frac{10}{970} = 9.85 \times 10^4 \text{ N} \cdot \text{mm}$$

主动轮分度圆直径:$d_1 = \dfrac{m_n z_1}{\cos\beta} = \dfrac{2.5 \times 24}{\cos 9°59'12''} = 60.92$ mm

圆周力:$\qquad F_{t2} = F_{t1} = \dfrac{2M_1}{d_1} = \dfrac{2 \times 9.85 \times 10^4}{60.92} = 3\ 234$ N

径向力:$\qquad F_{r2} = \dfrac{F_{t2}}{\cos\beta}\tan\alpha_n = \dfrac{3\ 234}{\cos 9°59'12''}\tan 20° = 1\ 195$ N

轴向力:$\qquad F_{x2} = F_{t2}\tan\beta = 3\ 234 \times \tan 9°59'12'' = 569$ N

3. 渐开线直齿圆锥齿轮的受力分析

锥齿轮的受力从小端到大端是不均匀的。但为了计算方便,工程上仍将沿齿宽分布的载荷简化成集中作用在齿宽中心处的法向力。如图 8 – 48 所示,忽略齿面间的摩擦,作用在主动小齿轮上的法向力 F_{n1} 可分解成三个互相垂直的分力,式如

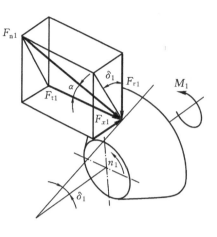

$$圆周力：F_{t1} = \frac{2M_1}{d_{m1}} \quad\left.\begin{array}{c}\\[4pt]\end{array}\right\}$$
$$径向力：F_{r1} = F_{t1}\tan\alpha\cos\delta_1 \quad (8-46)$$
$$轴向力：F_{x1} = F_{t1}\tan\alpha\sin\delta_1$$

式中：d_{m1}—— 主动小齿轮齿宽中点处分度圆直径。

对于轴交角为 $90°$ 的一对直齿圆锥齿轮啮合传动,由于 $\delta_1 + \delta_2 = 90°$,所以根据作用力与反作用力分析,得到从动轮的受力分别为

图 8 – 48　圆锥齿轮受力分析

$$\left.\begin{array}{c}F_{t2} = F_{t1}\\ F_{r2} = F_{x1}\\ F_{x2} = F_{r1}\end{array}\right\} \quad (8-47)$$

圆周力 $\boldsymbol{F}_t$ 方向规律同圆柱齿轮,径向力 $\boldsymbol{F}_r$ 由作用点垂直指向各自齿轮轴线,轴向力的方向分别指向各自的大端。

4. 计算载荷

上述受力分析均是在理想条件下进行的,由此求得的 F_n 称为**名义载荷**。实际工作时由于外部因素或齿轮啮合动载引起的附加载荷及由于弹性变形、加工安装误差等引起沿齿宽载荷分布不均匀,从而引起载荷集中。所以在齿轮强度计算时要采用修正后的**计算载荷** F_{nc}。

$$F_{nc} = KF_n \quad (8-48)$$

式中,K 为载荷系数,一般取值 $K = 1.2 \sim 2$。当载荷平稳,齿宽系数 $\Psi_d = b/d_1$ 较小,齿轮相对轴承对称布置,轴的刚性较大,齿轮精度较高以及软齿面($\leqslant 350\text{HBS}$) 时,K 取较小值;反之则取较大值。

8.3.9　圆柱齿轮的强度计算

齿轮强度的计算方法取决于轮齿的失效形式。在闭式齿轮传动中,当齿面硬度 $\leqslant 350\text{HBS}$ 时,其主要失效形式为齿面点蚀,故设计时先按齿面接触疲劳强度计算,并验算齿根的弯曲疲劳强度;当齿面硬度 $> 350\text{HBS}$ 时,其主要失效形式是轮齿的弯曲疲劳折断,故先按齿根的弯曲疲劳强度计算,再验算齿面的接触疲劳强度。对于开式齿轮传动,其主要失效形式是齿面磨损,由于目前尚无可靠的磨损计算方法,故仍按齿根弯曲疲劳强度进行设计,并将求得的模数加大 $10\% \sim 20\%$。

1. 标准直齿圆柱齿轮的强度计算

1) 齿面接触疲劳强度计算

一对外齿轮在节点 P 处的啮合,可近似地看成是半径分别为 ρ_1、ρ_2 的两个圆柱体沿齿宽 b

接触受力(图 8 - 49)，ρ_1 和 ρ_2 分别为两渐开线齿廓在节点 P 处的曲率半径。由弹性力学知，两平行圆柱体接触面积为狭长矩形，应力分布如图 8 - 49 所示，最大接触应力 σ_H 发生在接触区中线上，其值为

$$\sigma_H = Z_E \sqrt{\frac{F_n}{b} \cdot \frac{\rho_2 + \rho_1}{\rho_1 \rho_2}} \quad (8 - 49)$$

对于标准直齿圆柱齿轮传动，用计算载荷 F_{nc} 代替式(8 - 49)中的 F_n，且

$$F_{nc} = \frac{2KM_1}{d_1 \cos\alpha}$$

$$\rho_1 = \overline{N_1 P} = \frac{d_1}{2}\sin\alpha = \frac{1}{2}mz_1 \sin\alpha$$

$$\rho_2 = \overline{N_2 P} = \frac{d_2}{2}\sin\alpha = \frac{1}{2}mz_2 \sin\alpha$$

$$i = \frac{z_2}{z_1}$$

将以上各式代入式(8 - 49)，得

$$\sigma_H = Z_E \sqrt{\frac{2}{\sin\alpha\cos\alpha}} \sqrt{\frac{2KM_1}{bd_1^2} \cdot \frac{i+1}{i}}$$

令 $Z_H = \sqrt{\dfrac{2}{\sin\alpha\cos\alpha}}$，可得齿面接触疲劳强度校核式

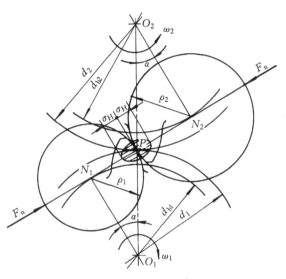

图 8 - 49　齿面的接触应力

$$\sigma_H = Z_E Z_H \sqrt{\frac{2KM_1}{bd_1^2} \cdot \frac{i+1}{i}} \leqslant [\sigma_H] \quad (8 - 50)$$

在设计时，由于上式中有两个未知数 b 和 d_1，故引入齿宽系数 $\varPsi_d = b/d_1$，得齿面接触疲劳强度设计式

$$d_1 \geqslant \sqrt[3]{\left(\frac{Z_E Z_H}{[\sigma_H]}\right)^2 \frac{2KM_1}{\varPsi_d} \frac{i+1}{i}} \quad (8 - 51)$$

式中：Z_E——弹性系数($\sqrt{\text{MPa}}$)，其值与两个齿轮的材料有关，见表 8 - 19；

　　　Z_H——节点区域系数，对标准直齿圆柱齿轮传动，$Z_H = 2.5$；

　　　b——齿轮的有效接触齿宽(mm)，通常取 $b = b_2$，$b_1 = b + (5 \sim 10)\text{mm}$，$b_1$，$b_2$ 分别为小齿轮和大齿轮的齿宽；

　　　$[\sigma_H]$——许用接触应力(MPa)，设计时应取两轮中较小的值代入式(8 - 51)；

　　　$\varPsi_d$——齿宽系数，取决于齿面硬度与齿轮相对于轴承的位置，其值由表 8 - 20 选取。

表 8 - 19　弹性系数 Z_E　　　　　　$\sqrt{\text{MPa}}$

大齿轮材料		钢	铸钢	球墨铸铁	灰铸铁
小齿轮材料	钢	189.8	188.9	181.4	165.4
	铸钢	—	188.0	180.5	161.4
	球墨铸铁	—	—	173.9	156.6
	灰铸铁	—	—	—	146.0

表 8 - 20　齿宽系数 Ψ_d

齿面硬度	齿轮相对于轴承的位置		
	对称布置	非对称布置	悬臂布置
软齿面($\leqslant 350\text{HBS}$)	$0.8 \sim 1.4$	$0.6 \sim 1.2$	$0.3 \sim 0.4$
硬齿面($> 350\text{HBS}$)	$0.4 \sim 0.9$	$0.3 \sim 0.6$	$0.2 \sim 0.25$

2）齿根弯曲疲劳强度计算

轮齿受弯时，其力学模型如悬臂梁，受力后齿根产生最大弯曲应力，而圆角部分又有应力集中，故齿根是承受弯曲的薄弱环节。齿根受拉应力边裂纹易扩展，是弯曲疲劳的危险区。在进行齿根弯曲疲劳强度计算时，一般按最不利的情况考虑：① 只有一对轮齿承受全部载荷 F_n；② 载荷始终作用在轮齿顶部如图 8 - 50。

将 F_n 沿作用线移到轮齿中线处分解成互相垂直的两个分力：圆周力 $F_n \cos\alpha_F$ 将使齿根产生弯曲应力和切应力，径向力 $F_n \sin\alpha_F$ 将使齿根产生压应力。

设轮齿危险剖面的厚度为 s_F，圆周力与危险剖面间的距离为 h_F，则危险剖面上的弯曲应力为

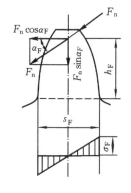

图 8 - 50　齿根的弯曲应力

$$\sigma_F = \frac{M}{W} = \frac{F_n \cos\alpha_F \cdot h_F}{\frac{b}{6} s_F^2}$$

式中 F_n 应以计算载荷代入，即 $F_n = F_{nc} = \dfrac{2KM_1}{d_1 \cos\alpha}$，经整理得

$$\sigma_F = \frac{2KM_1}{bd_1 m} \frac{6(h_F/m)\cos\alpha_F}{(s_F/m)^2 \cos\alpha}$$

令 $Y_F = \dfrac{6(h_F/m)\cos\alpha_F}{(s_F/m)^2 \cos\alpha}$，称为**齿形系数**，用此表征齿形对齿根弯曲应力的影响。对标准齿轮，其值完全取决于齿数。考虑齿根过渡曲线处的应力集中效应以及切应力和压应力的影响，再引入应力修正系数 Y_S，最后令 $Y_{FS} = Y_F Y_S$，则可得齿根弯曲疲劳强度校核式

$$\sigma_F = \frac{2KM_1}{bd_1 m} Y_{FS} \leqslant [\sigma_F] \tag{8-52}$$

引入齿宽系数 $\Psi_d = b/d_1$，并将 $d_1 = mz_1$ 代入上式并整理，可得齿根弯曲疲劳强度设计式

$$m \geqslant \sqrt[3]{\frac{2KM_1}{\Psi_d z_1^2} \frac{Y_{FS}}{[\sigma_F]}} \tag{8-53}$$

式中：Y_{FS}——复合齿形系数，其值见表 8 - 21；

m——齿轮模数，mm；

$[\sigma_F]$——许用弯曲应力，MPa。

表 8 - 21　复合齿形系数 Y_{FS}

$z(z_v)$	17	18	19	20	21	22	23	24	25	26	27	28	29
Y_{FS}	4.51	4.45	4.41	4.36	4.33	4.30	4.27	4.24	4.21	4.19	4.17	4.15	4.13
$z(z_v)$	30	35	40	45	50	60	70	80	90	100	150	200	∞
Y_{FS}	4.12	4.06	4.04	4.02	4.01	4.00	3.99	3.98	3.97	3.96	4.00	4.03	4.06

设计时,应以 $Y_{FS1}/[\sigma_F]_1$ 和 $Y_{FS2}/[\sigma_F]_2$ 中较大者代入式(8 - 53),并将求得的模数按表 8 - 13 圆整为标准值。

3) 许用接触应力与许用弯曲应力

许用接触应力
$$[\sigma_H] = \frac{\sigma_{H\,lim}}{S_H} \tag{8 - 54}$$

式中:$\sigma_{H\,lim}$——试验齿轮的接触疲劳极限,MPa,见表 8 - 18;

S_H——接触强度安全系数,简化计算时可取 $S_H = 1.1 \sim 1.5$。

许用弯曲应力
$$[\sigma_F] = \frac{\sigma_{F\,lim}}{S_F} \tag{8 - 55}$$

式中:$\sigma_{F\,lim}$——试验齿轮的弯曲疲劳极限(MPa),单向工作取值见表 8 - 18,双向工作按表 8 - 18 取值乘以 0.7;

S_F——弯曲强度安全系数,简化计算时可取 $S_F = 1.4 \sim 1.8$。

4) 参数的选择

(1) 齿数和模数。对于闭式软齿面($\leqslant$ 350HBS) 齿轮传动,几何尺寸的设计主要取决于齿面接触疲劳强度,当载荷等各项条件一定时可由设计公式求得齿轮的分度圆直径 d_1。由于 $d_1 = mz_1$,因此,在保持分度圆直径不变并满足弯曲疲劳强度要求的前提下,可选用较多齿数,以利于传动的平稳性。同时由于模数的减小,又可减少轮坯的金属切削量,从而降低齿轮的制造成本。通常取 $z_1 = 20 \sim 40$。

对于闭式硬齿面($>$ 350HBS) 齿轮传动,几何尺寸主要取决于轮齿的弯曲疲劳强度,故可采用较少的齿数以增加模数。而且减少齿数,还可使传动尺寸减小,结构比较紧凑。但应避免根切,故一般取 $z_1 = 17 \sim 20$。

为了防止轮齿过小而引起意外折断,传递动力用的齿轮,其模数一般不应小于 1.5 mm。

(2) 齿宽系数。增大齿宽系数能缩小齿轮的径向尺寸,同时还可降低齿轮的圆周速度。但齿宽系数增大,则轴向尺寸增大,同时载荷沿齿宽分布难于均匀,因此必须按表 8 - 20 推荐值选取。

(3) 传动比。一对齿轮的传动比 i 不易过大,否则将增大传动装置的结构尺寸,并使两轮的应力循环次数差别太大。直齿圆柱齿轮的传动比一般取 $i \leqslant 5$。

例 8 - 7　设计一单级直齿圆柱齿轮减速器中的齿轮传动。已知传递功率 $P = 10$ kW,输入轴转速 $n_1 = 750$ r/min,传动比 $i = 4$,单向运转,载荷平稳。

解　一般减速器对传动尺寸无特殊限制,可采用软齿面齿轮传动。小齿轮选用 45 钢调质,齿面平均硬度 240HBS;大齿轮选用 45 钢正火,齿面平均硬度 200HBS。

这是闭式软齿面齿轮传动,故可先按接触疲劳强度设计,再校核弯曲疲劳强度。设计步骤列于下表:

计算与说明	主要结果
1.按齿面接触疲劳强度设计 1）许用接触应力 　　极限应力　$\sigma_{\text{H lim}} = 0.87\text{HBS} + 380$　　（表 8 - 18） 　　安全系数　取 　　许用接触应力　$[\sigma_{\text{H}}] = \sigma_{\text{H lim}}/S_{\text{H}}$	$\sigma_{\text{H lim1}} = 589$ MPa $\sigma_{\text{H lim2}} = 554$ MPa $S_{\text{H}} = 1.1$ $[\sigma_{\text{H}}]_1 = 535$ MPa $[\sigma_{\text{H}}]_2 = 504$ MPa
2）计算小齿轮分度圆直径 　　小齿轮转矩　$M_1 = 9.55 \times \dfrac{P}{n_1} \times 10^6$ 　　　　　　　　$= 9.55 \times \dfrac{10}{750} \times 10^6\,\text{N} \cdot \text{mm}$ 　　齿宽系数　　单级减速器中，齿轮相对轴承对称布置，由表 　　　　　　　　8 - 20 取 　　载荷系数　　工作平稳，软齿面齿轮，取 　　节点区域系数 　　弹性系数　　由表 8 - 19 　　小齿轮计算直径　$d_1 \geqslant \sqrt[3]{\left(\dfrac{Z_{\text{E}}Z_{\text{H}}}{[\sigma_{\text{H}}]}\right)^2 \dfrac{2KM_1}{\Psi_{\text{d}}} \dfrac{i+1}{i}}$ $= \sqrt[3]{\left(\dfrac{189.8 \times 2.5}{504}\right)^2 \times \dfrac{2 \times 1.4 \times 1.27 \times 10^5}{1} \times \dfrac{4+1}{4}}$　mm	$M_1 = 1.27 \times 10^5$ N · mm $\Psi_{\text{d}} = 1$ $K = 1.4$ $Z_{\text{H}} = 2.5$ $Z_{\text{E}} = 189.8\,\sqrt{\text{MPa}}$ $d_1 = 73.3$ mm
2.确定几何尺寸 　　齿数　　　取 　　　　　　　$z_2 = iz_1 = 4 \times 37$ 　　模数　　　$m = d_1/z_1 = 73.2/37 = 1.98$ mm，由表 8 - 13 取 　　分度圆直径　$d = mz$ 　　中心距　$a = \dfrac{1}{2}(d_1 + d_2) = \dfrac{1}{2}(74 + 296)\text{mm}$ 　　齿宽　　$b = \Psi_{\text{d}}d_1 = 1 \times 74 = 74$ mm 　　　　　　取大齿轮齿宽 $b_2 = b = 74$ mm 　　　　　　小齿轮齿宽 $b_1 = b + (5 \sim 10)\text{mm}$	$z_1 = 37$ $z_2 = 148$ $m = 2$ mm $d_1 = 74$ mm $d_2 = 296$ mm $a = 185$ mm $b_2 = 74$ mm $b_1 = 80$ mm
3.校核齿根弯曲疲劳强度 1）许用弯曲应力 　　极限应力　$\sigma_{\text{F lim}} = 0.7\text{HBS} + 275$（表 8 - 18） 　　安全系数　取 　　许用弯曲应力　$[\sigma_{\text{F}}] = \sigma_{\text{F lim}}/S_{\text{F}}$	$\sigma_{\text{F lim1}} = 443$ MPa $\sigma_{\text{F lim2}} = 415$ MPa $S_{\text{F}} = 1.4$ $[\sigma_{\text{F}}]_1 = 316$ MPa $[\sigma_{\text{F}}]_2 = 296$ MPa

续表

计算与说明	主要结果
2) 验算弯曲应力 　复合齿形系数　由表 8-21 　弯曲应力 $\sigma_{F1} = \dfrac{2KM_1}{bd_1 m} Y_{FS1} = \dfrac{2 \times 1.4 \times 1.27 \times 10^5 \times 4.05}{74 \times 74 \times 2}$ MPa 　　　　$\sigma_{F2} = \sigma_{F1} \cdot \dfrac{Y_{FS2}}{Y_{FS1}} = 131 \times \dfrac{4.00}{4.05}$ MPa 　　　　$\sigma_{F1} < [\sigma_F]_1,\ \sigma_{F2} < [\sigma_F]_2$	$Y_{FS1} = 4.05$ $Y_{FS2} = 4.00$ $\sigma_{F1} = 131$ MPa $\sigma_{F2} = 129$ MPa 弯曲疲劳强度足够

2. 标准斜齿圆柱齿轮的强度计算

一对斜齿圆柱齿轮传动,其强度与其当量直齿圆柱齿轮传动的强度相近。因此斜齿圆柱齿轮传动的强度计算仍可用直齿圆柱齿轮传动的强度计算公式进行。然而斜齿轮的轮齿沿分度圆柱为螺旋线分布,工作过程中两轮的每一对轮齿总是逐渐进入和逐渐退出啮合,且总接触线长,同时啮合的轮齿对数多,这无疑会对轮齿的强度带来有利的影响。因此在斜齿圆柱齿轮的强度计算式中,节点区域系数 Z_H 比直齿圆柱齿轮强度计算式中的取值要小,而且在相同条件下,斜齿圆柱齿轮的载荷系数 K 的取值也要比直齿圆柱齿轮的取值小。

1) 齿面接触疲劳强度计算

齿面接触疲劳强度计算式与直齿圆柱齿轮的计算公式相同,即

$$\sigma_H = Z_E Z_H \sqrt{\frac{2KM_1}{bd_1^2} \cdot \frac{i+1}{i}} \tag{8-56}$$

$$d_1 \geqslant \sqrt[3]{\left(\frac{Z_E Z_H}{[\sigma_H]}\right)^2 \frac{2KM_1}{\Psi_d} \cdot \frac{i+1}{i}} \tag{8-57}$$

式中节点区域系数按表 8-22 查取,其余符号均与直齿轮情况相同。

表 8-22　节点区域系数 Z_H

$\beta°$	8	9	10	11	12	13	14	15	16	17	18	19	20
Z_H	2.47	2.47	2.46	2.46	2.45	2.44	2.43	2.42	2.42	2.41	2.39	2.38	2.37

2) 齿根弯曲疲劳强度计算

只需将模数 m 改为法面模数 m_n,斜齿圆柱齿轮传动的齿根弯曲疲劳强度校核,也可采用直齿圆柱齿轮的计算公式:

$$\sigma_F = \frac{2KM_1}{bd_1 m_n} Y_{FS} \leqslant [\sigma_F] \tag{8-58}$$

将 $b = \Psi_d d_1$ 和 $d_1 = \dfrac{m_n z_1}{\cos\beta}$ 代入式(8-58),即得到设计式

$$m_n \geqslant \sqrt[3]{\frac{2KM_1 \cos^2\beta}{\Psi_d z_1^2} \cdot \frac{Y_{FS}}{[\sigma_F]}} \tag{8-59}$$

因强度计算按法面齿形进行,故复合齿形系数 Y_{FS} 应按当量齿数 $z_v = z/\cos^3\beta$ 查表 8-21 取值。

例 8-8　设计一单级减速器中的斜齿圆柱齿轮传动。已知传递功率 $P = 4.5$ kW,小齿轮转速 $n_1 = 328$ r/min,传动比 $i = 4.68$,双向运转,载荷有中等冲击。

解 小齿轮选用 40Cr 表面淬火，齿面平均硬度 50HRC；大齿轮选用 45 钢表面淬火，齿面平均硬度 46HRC。

属于闭式硬齿面齿轮传动，故可先按弯曲疲劳强度设计，然后再根据接触疲劳强度条件进行校核。设计步骤如下表：

计算与说明	主要结果
1. 按齿根弯曲疲劳强度设计	
1）许用齿根弯曲应力	
极限应力 $\sigma_{F\,lim} = (10.5HRC + 195) \times 0.7$ （表 8-18）	$\sigma_{F\,lim1} = 504$ MPa
	$\sigma_{F\,lim2} = 475$ MPa
安全系数 取	$S_F = 1.5$
许用齿根弯曲应力 $[\sigma_F] = \sigma_{F\,lim}/S_F$	$[\sigma_F]_1 = 336$ MPa
	$[\sigma_F]_2 = 316$ MPa
2）确定齿轮模数	
小齿轮转矩 $M_1 = 9.55 \times \dfrac{P}{n_1} \times 10^6 = 9.55 \times \dfrac{4.5}{328} \times 10^6$	$M_1 = 1.31 \times 10^5$ N·mm
齿宽系数 由表 8-20	$\Psi_d = 0.8$
载荷系数 载荷有中等冲击，斜齿硬齿面齿轮，取	$K = 1.6$
齿数 取	$z_1 = 28$
$z_2 = iz_1 = 4.68 \times 28 = 131.04$，取	$z_2 = 131$
实际传动比 $i = z_2/z_1 = 131/28 = 4.679 \approx 4.68$	$i = 4.68$
初设螺旋角 $\beta_0 = 15°$（在 $8° \sim 20°$ 之间）	
当量齿数 $z_v = z/\cos^3\beta$	$z_{v1} = 31.1$
	$z_{v2} = 145.4$
复合齿形系数（表 8-21）	$Y_{FS1} = 4.11$
计算 $\dfrac{Y_{FS1}}{[\sigma_F]_1} = \dfrac{4.11}{336} = 0.012\,2$ 以其中较大者 $\dfrac{Y_{FS2}}{[\sigma_F]_2} = \dfrac{4.00}{316} = 0.012\,6$ 代入公式求模数	$Y_{FS2} = 4.00$
计算模数 $m_n \geqslant \sqrt[3]{\dfrac{2KM_1\cos^2\beta}{\Psi_d z_1^2} \cdot \dfrac{Y_{FS}}{[\sigma_F]}}$ $= \sqrt[3]{\dfrac{2 \times 1.6 \times 1.31 \times 10^5 \times \cos^2 15°}{0.8 \times 28^2} \times 0.012\,6}$ $= 1.99$	
标准模数 由表 8-13	$m_n = 2$ mm
2. 确定几何参数与尺寸	
中心距 $a = \dfrac{m_n(z_1 + z_2)}{2\cos\beta} = \dfrac{2(28 + 131)}{2\cos 15°} = 164.6$	取 $a = 165$ mm
实际螺旋角 $\beta = \arccos\dfrac{m_n(z_1 + z_2)}{2a} = \arccos\dfrac{2(28 + 131)}{2 \times 165}$ $= 15°29'55''$	$\beta = 15°29'55''$
实际螺旋角与前设螺旋角 $\beta_0 = 15°$ 很接近，故上面计算确定的参数可使用；否则应重设 β 进行计算。	

计算与说明	主要结果
分度圆直径　$d_1 = \dfrac{m_n z_1}{\cos\beta} = \dfrac{2 \times 28}{\cos 15°29'55''}$	$d_1 = 58.11$ mm
$d_2 = \dfrac{m_n z_2}{\cos\beta} = \dfrac{2 \times 131}{\cos 15°29'55''}$	$d_2 = 271.89$ mm
校核中心距 $a = \dfrac{1}{2}(d_1 + d_2) = \dfrac{1}{2}(58.11 + 271.89) = 165$ 齿宽　　　　$b = \Psi_d d_1 = 0.8 \times 58.11 = 56.5$ 　　　　取 $b_2 = b = 48$ 　　　　$b_1 = b + (5 \sim 10)$，取 $b_1 = 53$	$b_2 = 48$ mm $b_1 = 53$ mm
3. 校核齿面接触疲劳强度 1) 许用接触应力 　极限应力　　$\sigma_{H\,lim} = 10HRC + 670$　（表 8 - 18） 　安全系数　　取 　许用接触应力　$[\sigma_H] = \sigma_{H\,lim} / S_H$	$\sigma_{H\,lim1} = 1\,170$ MPa $\sigma_{H\,lim2} = 1\,130$ MPa $S_H = 1.2$ $[\sigma_H]_1 = 975$ MPa $[\sigma_H]_2 = 942$ MPa
2) 齿面接触应力 　弹性系数　　　由表 8 - 19 　节点区域系数　由表 8 - 22 　齿面接触应力　$\sigma_H = Z_E Z_H \sqrt{\dfrac{2KM_1}{bd_1^2} \cdot \dfrac{i+1}{i}}$ 　　　　$= 189.8 \times 2.42 \sqrt{\dfrac{2 \times 1.6 \times 1.31 \times 10^5}{48 \times 58.11^2} \times \dfrac{4.68+1}{4.68}}$ 　　　　$= 814$ MPa 　　　　$\sigma_H < [\sigma_H]_2 < [\sigma_H]_1$	$Z_E = 189.9 \sqrt{MPa}$ $Z_H = 2.42$ 接触疲劳强度足够

8.4　螺旋传动

8.4.1　螺纹的基本知识

1. 螺纹的形成及分类

将一直角三角形绕在一圆柱体上，并使三角形的底边与圆柱体底面圆周重合，则三角形斜边即在圆柱体表面形成一条螺旋线（图 8 - 51）。

若用另一个平面图形（矩形、三角形或梯形等）沿着螺旋线移动，并保持图形的一边平行于圆柱的轴线，图形所在的平面始终通过圆柱的轴线，则该图形所描出的轨迹面就形成相应的螺纹，其轴剖面形状如图 8 - 52 所示，图(a)为普通螺纹，图(b)为管螺纹，图(c)为矩形螺纹，图(d)为梯形螺纹，图(e)为锯齿形螺纹。前两种螺纹主要用于联

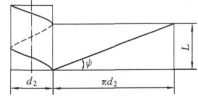

图 8 - 51　螺旋线的形成

接,后三种螺纹主要用于传动。

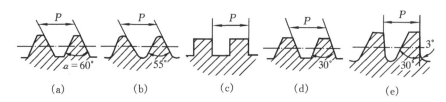

图 8 - 52   螺纹的牙形

1）普通螺纹

普通螺纹即米制三角形螺纹,牙型角 $\alpha = 60°$。同一直径按螺距的大小分为粗牙和细牙两种,螺距最大的一种是粗牙,其余的均为细牙。一般联接多用粗牙螺纹。细牙螺纹的牙浅、升角小、自锁性能好,多用于薄壁或细小零件,以及受冲击、振动和变载荷的联接中,也可用作微调机构的调整螺纹。

2）管螺纹

最常用的管螺纹是英制细牙三角形螺纹,牙型角 $\alpha = 55°$。牙顶有较大圆角,内、外螺纹旋合后牙型间无径向间隙。管螺纹其螺距以每英寸的螺纹牙数表示,它多用于有紧密性要求的管件联接。

3）矩形螺纹

牙型为正方形,牙型角 $\alpha = 0°$。牙根强度弱,精加工困难,对中精度低,工程上已逐渐被梯形螺纹所替代。它常用于传力螺纹。

4）梯形螺纹

牙型为等腰梯形,牙型角 $\alpha = 30°$。其传动效率略低于矩形螺纹,但牙根强度高、工艺性好、螺纹副对中性好。它常用于传动螺纹。

5）锯齿形螺纹

牙型角 $\alpha = 33°$。牙的工作面倾斜 $3°$,牙的非工作面倾斜 $30°$。传动效率及强度都高于梯形螺纹,对中性良好。它多用于单向受力的传动螺纹。

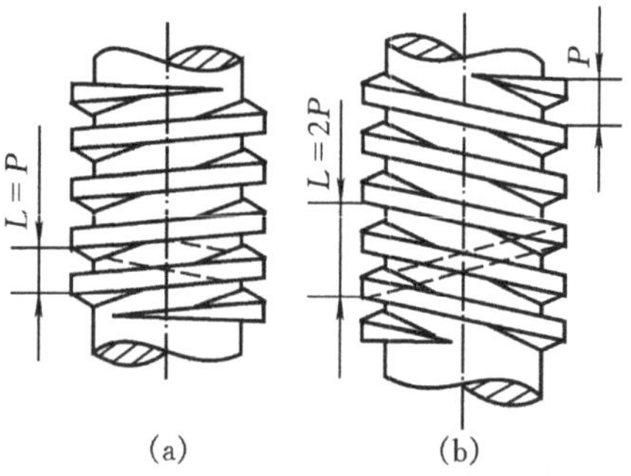

按照螺纹绕行方向的不同,螺纹又可分为右旋螺纹(图 8 - 53(a))和左旋螺纹,如图 8 - 53(b)。常用右旋螺纹。

根据螺旋线的根数(线数),螺纹还可分为单线、双线、三线及四线螺纹(为便于制造,一般不超过四线)。图 8 - 53(a)为单线螺纹,图 8 - 53(b)为双线螺纹。单线螺纹通常用于联接,也用于传动;多线螺纹则常用于传动。

图 8 - 53   螺纹的旋向与参数

螺纹有内螺纹和外螺纹之分,两者共同组成螺旋副(图 8 - 54)。

2. 螺纹的主要参数

下面以普通螺纹为例说明螺纹主要参数(图 8 - 54):

(1) 大径 d、D。螺纹公称直径。d 表示外螺纹牙顶所在圆柱的直径;D 表示内螺纹牙根所在圆柱的直径。

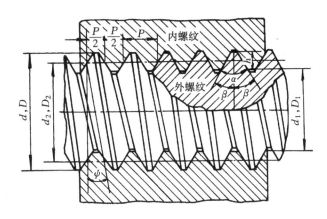

图 8 - 54　螺纹参数

（2）小径 d_1、D_1。d_1 表示外螺纹牙根所在圆柱的直径，一般也是外螺纹危险剖面的直径；，D_1 表示内螺纹牙顶所在圆柱的直径。

（3）中径 d_2、D_2。中径是指一假想圆柱体的直径，这个圆柱体的表面所截的螺纹牙厚和牙间宽相等。d_2 表示外螺纹中径；D_2 表示内螺纹中径。它是确定螺纹几何参数和配合性质的直径。

（4）螺距 P。相邻两牙间的轴向距离。螺纹大径相同时，按螺距的大小可分为粗牙螺纹和细牙螺纹。

（5）螺纹线数 n。螺纹螺旋线的数目，一般 $n \leqslant 4$。

（6）导程 L。同一条螺旋线上相邻两牙间的轴向距离（图 8 - 53(b)）。

导程 L、螺距 P 和线数 n 之间的关系为

$$L = nP \qquad (8 - 60)$$

（7）升角 ψ。螺纹中径所在的圆柱面上螺旋线的切线与端面间的锐角夹角。由图 8 - 51 可得（图中 $n = 1$）

$$\psi = \arctan \frac{L}{\pi d_2} = \arctan \frac{nP}{\pi d_2} \qquad (8 - 61)$$

（8）牙型角 α。轴剖面内螺纹牙型两侧边之间的夹角。三角形螺纹牙型角 $60°$，梯形螺纹牙型角为 $30°$。

（9）牙型斜角 β。轴向剖面内，螺纹牙型侧边与螺纹轴线垂线间的夹角。对称牙型 $\beta = \alpha/2$。

（10）螺纹工作高度 h。内、外螺纹的径向接触高度。

8.4.2　螺旋传动

1. 螺旋传动的类型

螺旋传动是利用螺杆和螺母组成的螺旋副来实现传动要求的。它主要用于将回转运动转变为直线移动，同时传递运动和动力。其分类方法有两种。

1）按螺旋传动机构所含螺旋副数目分类

（1）单式螺旋传动。单式螺旋传动含有一个螺旋副。螺杆与螺母的相对运动形式有如下两种。

① 螺母固定不动,螺杆转动并往复移动。

如图 8-55(a)所示,螺杆 1 与机架 3 在 A 处以螺旋副联接,与滑块 2 在 B 处以转动副联接。设螺纹导程为 L_A,则当螺杆转过 $\varphi(\mathrm{rad})$ 时,滑块的位移 s 为

$$s = L_A \frac{\varphi}{2\pi} \qquad (8-62)$$

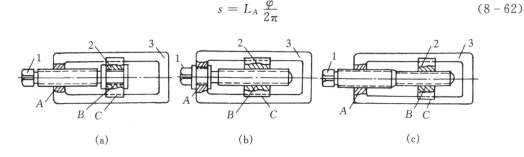

图 8-55 螺旋传动的三种传递运动形式
1— 螺杆;2— 滑块;3— 机架

这种螺旋机构常用于台虎钳、千斤顶、螺旋压机或机床刀架移动机构中。图 8-56(a)所示为千斤顶,当转动手柄使螺杆旋转时,其顶端工作台即向上抬起支承重物。

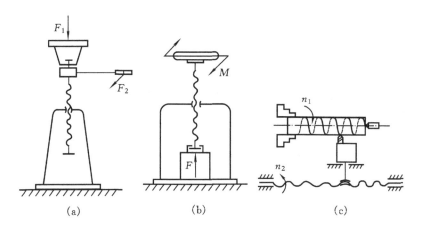

图 8-56 螺旋传动示意图

② 螺杆转动,螺母作直线移动。

如图 8-55(b)所示,螺杆 1 与机架 3 在 A 处以转动副联接,与螺母 2 在 B 处螺旋副联接(既有相对转动,又有相对移动),螺母与机架在 C 处以移动副联接。设螺纹导程为 L_B,则当螺杆转过 $\varphi(\mathrm{rad})$ 时,螺母的位移 s 为

$$s = L_B \frac{\varphi}{2\pi} \qquad (8-63)$$

这种螺旋机构常用于机床进给机构图 8-56(c)、机用虎钳等装置中。

(2)复式螺旋传动。复式螺旋传动含有两个螺旋副。其运动特征为螺杆转动并移动,而螺母作直线移动。如 8-55(c)所示,螺杆 1 与机架 3 在 A 处以螺旋副联接,其螺纹导程为 L_A;与螺母 2 在 B 处亦以螺旋副联接,其螺纹导程为 L_B。当螺杆转过 $\varphi(\mathrm{rad})$ 时,螺母的位移 s 将由两段螺纹的旋向差异而定:

当 A、B 两处螺纹旋向相反时,则

$$s = s_A + s_B = (L_A + L_B) \frac{\varphi}{2\pi} \qquad (8-64)$$

采用此种螺旋传动可使螺母快速移动。

当 A、B 两处螺纹旋向相同时,设 $L_A > L_B$ 则

$$s = (L_A - L_B) \frac{\varphi}{2\pi} \qquad (8-65)$$

由式(8-65)可见,若 L_A 和 L_B 近于相等,则位移 s 可以达到极小的数值。这种螺旋机构通常称为**差动螺旋**。差动螺旋的优点是既能得到极小的位移,同时其螺纹的导程又无需太小(导程太小的螺纹难于加工)。所以它常用于较精密的机械仪器中,如测微器、分度机构、机床刀具的微调机构等。

2) 按螺旋传动的用途不同分类

(1) 传力螺旋。它以传递动力为主,要求以较小的转矩转动螺杆或螺母,使其中之一产生轴向移动和较大的轴向推力,用以克服工作阻力。这种传力螺旋主要是承受很大的轴向力。一般为间歇性工作,通常需有自锁能力。如图 8-56(a) 所示的千斤顶,图(b) 所示的压力机等都是传力螺旋的应用实例。

(2) 传导螺旋。它以传递运动为主,要求具有较高的传动精度。常用于如图8-56(c) 所示的机床进给机构等。

(3) 调整螺旋。它用以调整、固定零件的相对位置,一般不经常转动。如液压的针形阀、千分尺等仪器及测试装置中的微调机构。

螺旋传动的优点是:机构比较简单;工作平稳,无噪声;承载能力较高,易获得自锁;可获得很大的减速比,利于微调。主要缺点是螺旋间摩擦和磨损较大,传动效率较低。

螺杆材料要求有足够的强度、耐磨性及良好的加工性能。一般螺杆可选用 Q275、Y40Mn、45 钢等。对重要的螺杆,可选用 T12、65Mn、40Cr、20CrMnTi 钢等,并进行热处理。螺母材料除要求有足够的强度外,和螺杆配合后,还应具有较低的摩擦系数和较高的耐磨性。常选用铸造青铜 ZCuSn10P1、ZCuSn5Pb5Zn5;低速重载时可选用高强度铸造青铜 ZCuAl10Fe3、ZCuAl10Fe3Mn2 或铸造黄铜 ZCuZn25Al6Fe3Mn3;低速轻载时可用耐磨铸铁。

2. 螺旋传动的设计计算

由于螺旋传动是处于运动状态下工作,故螺旋副间的磨损就成为螺旋传动主要的失效形式。而且螺旋传动一般对精度要求较高,故对螺旋副的耐磨性计算非常重要,而螺杆的直径和螺母的高度通常也是根据耐磨性计算来确定的。除此,传力螺旋应校核螺杆的强度和螺母螺纹牙的强度。对长径比很大的受压螺杆应校核其稳定性,要求自锁的螺杆应校核其自锁性。设计时,应根据具体工作要求进行有针对性的计算,不必逐项验算。

1) 耐磨性计算

滑动螺旋的磨损与螺纹工作面上的压强、滑动速度、螺纹表面粗糙度及润滑状态等因素有关,其中最主要的是压强。压强越大,磨损越严重。因此,耐磨性计算主要是限制螺纹工作面上的压强。如图 8-57 所示,承压投影面为一环形,耐磨性条件为

$$p = \frac{F}{\pi d_2 hz} \leqslant [p] \qquad (8-66)$$

式中:p—— 工作压强,MPa;

　　F—— 螺旋传动的轴向力,N;

　　h—— 螺纹工作高度(对矩形、梯形螺纹 $h = 0.5P$,锯齿形螺纹 $h = 0.75P$,P 为螺距),mm;

　　z—— 旋合螺纹圈数,$z = H/P$,H 为螺母高度,$z \leqslant 10 \sim 12$;

　　$[p]$—— 螺旋副的许用压强,MPa,见表 8 - 23。

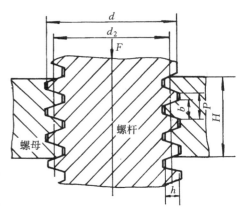

图 8 - 57　螺旋副的受力

　　式(8 - 66)用于验算。若用于设计时,则令螺母高度 $H = \varphi d_2$。φ 值可根据螺母形式选定,整体式螺母取 $\varphi = 1.2 \sim 2.5$,剖分式螺母取 $\varphi = 2.5 \sim 3.5$。

　　将 $z = H/P$ 及 $H = \varphi d_2$ 代入式(8 - 66),可得

$$d_2 \geqslant \sqrt{\frac{FP}{\pi h \varphi [p]}} \tag{8 - 67}$$

表 8 - 23　螺旋副材料的许用压强

螺杆材料	螺母材料	速度范围 $v / \mathrm{m \cdot s^{-1}}$	许用压强 $[p]/\mathrm{MPa}$
钢	青铜	低　速	$18 \sim 25$
		< 0.05	$10 \sim 18$
		$0.1 \sim 0.2$	$6 \sim 10$
		> 0.25	$1 \sim 2$
淬火钢	青铜	$0.1 \sim 0.2$	$10 \sim 13$
钢	钢	低　速	$7.5 \sim 13$
	铸铁	$0.1 \sim 0.2$	$4 \sim 7$
	耐磨铸铁	$0.1 \sim 0.2$	$6 \sim 8$

注:$\varphi < 2.5$ 或人工驱动时,$[p]$ 可提高 20%;对于剖分螺母,$[p]$ 应降低 15% $\sim$ 20%。

　　2) 自锁性验算

　　螺纹几何参数确定后,对自锁性有要求的螺旋副,还应校核是否满足自锁条件,即

$$\psi \leqslant \varphi_v = \arctan\left(\frac{f_s}{\cos \beta}\right) \tag{8 - 68}$$

式中:φ_v—— 螺旋副的当量摩擦角;

　　f_s—— 摩擦系数,其值见表 8 - 24。

表 8 - 24　螺旋副的摩擦系数(定期润滑条件下)

材料		f_s
螺杆	螺母	
淬火钢	青铜	$0.06 \sim 0.08$
钢	青铜	$0.08 \sim 0.10$
	耐磨铸铁	$0.10 \sim 0.12$
	铸铁	$0.12 \sim 0.15$
	钢	$0.11 \sim 0.17$

注:起动时取大值,运转中取小值。

3) 强度验算

(1) 螺杆的强度验算。对受力较大的螺杆需进行强度验算。螺杆工作时既受轴向力 F 作用,又受螺纹转矩 M 的作用。在螺杆危险截面上既有压(或拉)应力,又有扭转切应力。根据第四强度理论可得危险截面的当量应力 σ_v,故其强度条件为

$$\sigma_v = \sqrt{\sigma^2 + 3\tau^2} = \sqrt{\left(\frac{4F}{\pi d_1^2}\right)^2 + 3\left(\frac{M}{0.2d_1^3}\right)^2} \leqslant [\sigma] \tag{8-69}$$

式中:$[\sigma]$——螺杆材料的许用应力,MPa,取值见表 8-25。

表 8-25　　滑动螺旋副材料的许用应力　　　　　　　　　MPa

螺杆强度	$[\sigma] = \dfrac{\sigma_s}{3 \sim 5}$		
	材料	剪切 $[\tau]$	弯曲 $[\sigma]_w$
螺纹牙强度	钢	$0.6[\sigma]$	$(1 \sim 1.2)[\sigma]$
	青铜	$30 \sim 40$	$40 \sim 60$
	铸铁	40	$45 \sim 55$
	耐磨铸铁	40	$50 \sim 60$

注:静载荷时,许用应力取大值

(2) 螺纹牙的强度校核。一般螺母材料的强度是低于螺杆的,螺纹牙的失效多发生于螺母。将螺母内壁上的一圈螺纹牙沿公称直径 d 处展开,可视为悬臂梁(图 8-58),并假定每圈螺纹所受的平均载荷 F/z 作用在中径圆周上。螺纹牙危险剖面 $a-a$ 的抗剪强度条件为

$$\tau = \frac{F}{\pi dbz} \leqslant [\tau] \tag{8-70}$$

螺纹牙危险剖面 $a-a$ 的抗弯强度条件为

$$\sigma_w = \frac{3Fh}{\pi db^2 z} \leqslant [\sigma]_w \tag{8-71}$$

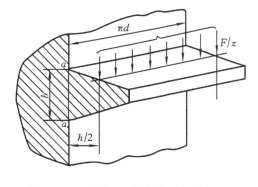

图 8-58　螺母上一圈螺纹展开示意图

式中:b——螺纹牙底宽度,mm,对矩形螺纹 $b = 0.5P$,对梯形螺纹 $b = 0.65P$,对锯齿形螺纹 $b = 0.74P$;

$[\sigma]_w$、$[\tau]$——螺母材料的许用弯曲应力、许用切应力,MPa,其值见表 8-25。

4) 螺杆的稳定性计算

对于长径比大的受压螺杆,当轴向载荷大于某一临界值 F_{cr} 时,就会丧失其稳定性。在正常情况下,螺杆的稳定条件为

$$\frac{F_{cr}}{F} \geqslant 2.5 \sim 4 \tag{8-72}$$

临界力 F_{cr} 根据螺杆的柔度 λ 值不同选用不同的公式计算,$\lambda = (\mu l)/i$。

当 $\lambda < 40$ 时,不需要验算稳定性。当 $\lambda > 85 \sim 90$ 时,临界力 F_{cr} 可按欧拉公式计算,即

$$F_{cr} = \frac{\pi^2 EI}{(\mu l)^2} \tag{8-73}$$

式中：F_{cr}—— 临界力，N；

　　I—— 危险截面的惯性矩，mm^4，对于螺杆 $I = \pi d_1^4/64$；

　　E—— 弹性模量，对于钢 $E = 2.06 \times 10^5$ MPa；

　　i—— 螺杆剖面的惯性半径，mm，$i = \sqrt{I/A} = d_1/4$；

　　μ—— 长度系数，与螺杆端部结构有关。

3. 滚珠螺旋机构简介

普通的螺旋机构，由于齿面之间存在相对滑动摩擦，所以传动效率低。为了提高效率并减轻磨损，可采用以滚动摩擦代替滑动摩擦的滚珠螺旋机构。如图8-59所示，滚珠螺旋机构主要由丝杠、螺母、滚珠和滚珠循环装置等组成。在丝杠和螺母的螺纹滚道之间装入许多滚珠，以减小滚道间的摩擦。当丝杠与螺母之间产生相对转动时，滚珠沿螺纹滚道滚动，并沿滚珠循环装置的通道返回，构成封闭循环。滚珠螺旋机构由于以滚动摩擦代替了滑动摩擦，故摩擦阻力小，传动效率高，运动稳定，动作灵敏。但结构复杂，尺寸大，制造技术要求高。目前主要用于精密机床的进给机构等对传动精度要求高的机械中。

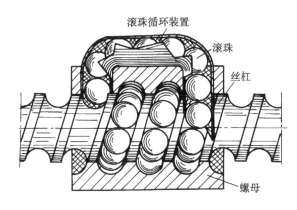

图 8-59　滚珠螺旋机构

8.5　蜗杆传动

8.5.1　蜗杆传动概述

1. 蜗杆传动的组成及性质

蜗杆传动主要由蜗杆1和蜗轮2组成（图8-60）。其两轴轴线在空间相错，通常二者夹角为90°。

常用的普通蜗杆是一个具有梯形螺纹的螺杆，其螺纹也有左旋、右旋，单线、多线之分。蜗轮是一个在齿宽方向具有弧形轮缘的斜齿轮。在蜗杆传动中，一般以蜗杆作为主动件。

普通圆柱蜗杆传动可以看作是由螺旋机构演变而成的。其中，蜗杆为一螺杆，它只能绕自身轴线转动，而不能沿轴向移动；蜗轮则为一个变形螺母。图8-61(a)为一螺旋机构，当

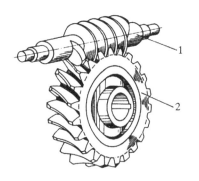

图 8-60　蜗杆传动

1— 蜗杆；2— 蜗轮

螺杆转动一圈时,螺母在轴向移动一个导程 $L = z_1 P$,其中 z_1 为螺杆的线数,P 为螺杆的螺距。如将螺母切成图 8 - 61(b) 所示的小块,其运动情况不变,即螺杆转动时,小块仍和螺母一样沿轴向移动。如将小块弯成为 O 点为中心的扇形块,则当螺杆转动时,扇形块即绕中心 O 回转,如图 8 - 61(c) 所示。继而将扇形块扩大成以 O 点为中心的整圆,如图 8 - 61(d) 所示,这时螺旋机构就演变成蜗杆传动。显然,当蜗杆转动一圈时,蜗轮转过的齿数必定等于蜗杆的线数。

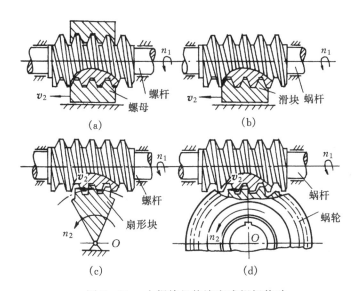

图 8 - 61　由螺旋机构演变成蜗杆传动

2. 蜗杆传动的速比

蜗杆传动一般以蜗杆为主动件,蜗轮为从动件。设蜗杆线数为 z_1,蜗轮齿数为 z_2,当蜗杆转动一圈时,蜗轮转过 z_1 个齿,即转过 z_1/z_2 圈。当蜗杆转速为 n_1 时,蜗轮的转速应为 $n_2 = n_1 \dfrac{z_1}{z_2}$。所以蜗杆传动的速比应为

$$i = \frac{n_1}{n_2} = \frac{z_2}{z_1} \tag{8-74}$$

例 8 - 9　一蜗杆传动,已知蜗杆转速 $n_1 = 1\,440$ r/min,蜗杆线数 $z_1 = 1$,蜗轮齿数 $z_2 = 40$。求传动速比 i 及蜗轮转速 n_2。

解　由式(8 - 74) 可得

蜗杆传动速比　$i = \dfrac{z_2}{z_1} = \dfrac{40}{1} = 40$

蜗轮转速　$n_2 = \dfrac{n_1}{i} = \dfrac{1\,440}{40} = 36$ r/min

蜗杆传动中,蜗轮的转向可用下述方法来确定:把蜗杆传动看成一螺旋机构,此时,蜗杆相当于螺杆,螺旋机构中螺母移动的方向就是蜗轮在啮合点的圆周速度 v_2 的方向,根据 v_2 的方向即可判定蜗轮的转动方向(图 8 - 61)。

3. 蜗杆传动的特点

1)速比大

由式(8 - 32)与式(8 - 74)可知,蜗杆传动的速比形式上与齿轮传动相同。但齿轮传动主动

齿轮的齿数受最小齿数的限制,而蜗杆传动中蜗杆的线数可小到等于1。因此,单级蜗杆传动所得到的速比要比齿轮传动大得多,且结构很紧凑。

2) 传动平稳

由于蜗杆的齿沿连续的螺旋线分布,故与蜗轮啮合时传动甚为平稳,并可得到精确的微小的传动位移。

3) 有自锁作用

由于蜗杆的螺旋升角较小,只有蜗杆能驱动蜗轮,蜗轮却不能驱动蜗杆。这就是一般以蜗杆为主动件,蜗轮作从动件的原因。

4) 效率低

蜗杆传动工作时,因蜗杆与蜗轮的齿面之间存在着剧烈的滑动摩擦,所以发热严重,效率较低。由于蜗杆传动存在这一缺点,故其传动的功率不能太大。

8.5.2　蜗杆传动的主要参数及几何关系

1. 模数 m 和压力角 α

通过蜗杆轴线并与蜗轮轴线垂直的平面称为中间平面。如图 8-62 所示,在中间平面内蜗轮与蜗杆的啮合就相当于渐开线齿轮与齿条的啮合。因此蜗杆轴向模数 m_{x1} 和轴向压力角 α_{x1} 应分别等于蜗轮端面模数 m_{t1} 和端面压力角 α_{t1},并符合标准值。蜗杆传动标准压力角 α 为 $20°$,标准模数 m 见表 8-26。

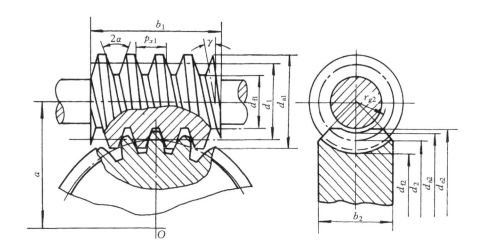

图 8-62　蜗杆传动的几何关系

表 8 - 26　　动力圆柱蜗杆传动的标准模数和直径

m /mm	d_1 /mm	z_1	$m^2 d_1$ /mm³	m /mm	d_1 /mm	z_1	$m^2 d_1$ /mm³	m /mm	d_1 /mm	z_1	$m^2 d_1$ /mm³
1	18	1	18		40	1,2,4,6	640	10	160	1	16 000
1.25	20	1	31	4	(50)	1,2,4	800		(90)	1,2,4	14 063
	22.4	1	35		71	1	1 136	1.25	112	1,2,4	17 500
1.6	20	1,2,4	51		(40)	1,2,4	1 000		(140)	1,2,4	21 875
	28	1	72	5	50	1,2,4,6	1 250		200	1	31 250
	(18)	1,2,4	72		(63)	1,2,4	1 575		(112)	1,2,4	28 672
2	22.4	1,2,4,6	90		90	1	2 250	16	140	1,2,4	35 840
	(28)	1,2,4	112		(50)	1,2,4	1 985		(180)	1,2,4	46 080
	33.5	1	142	6.3	63	1,2,4,6	2 500		250	1	64 000
	(22.4)	1,2,4	140		(80)	1,2,4	3 175		(140)	1,2,4	56 000
2.5	28	1,2,4,6	175		112	1	4 445	20	160	1,2,4	64 000
	(35.5)	1,2,4	222		(63)	1,2,4	4 032		(224)	1,2,4	89 600
	45	1	281	8	80	1,2,4,6	5 120		315	1	126 000
	(28)	1,2,4	278		(100)	1,2,4	6 400		(180)	1,2,4	112 500
3.15	35.5	1,2,4,6	352		140	1	8 960		200	1,2,4	125 000
	(45)	1,2,4	447		(71)	1,2,4	7 100	25	(280)	1,2,4	175 000
	56	1	556	10	90	1,2,4,6	9 000		400	1	250 000
4	(31.5)	1,2,4	504		(112)	1,2,4	11 200				

2. 蜗杆导程角和蜗轮螺旋角

将蜗杆分度圆柱面展开,其螺旋线形成一直角三角形,如图8-63所示。γ 为蜗杆的导程角,p_{x1} 为蜗杆的轴向齿距,z_1 为蜗杆线数,d_1 为蜗杆分度圆柱直径,则由图可得

$$\tan\gamma = \frac{z_1 p_{x1}}{\pi d_1} = \frac{z_1 m}{d_1} \qquad (8-75)$$

从图 8-64 可以看出,只有当蜗杆的导程角 γ 与蜗轮的螺旋角 β 相等,且螺旋方向相同时,两者才能够啮合。因此,蜗杆传动正确啮合的条件是

$$\left. \begin{array}{l} m_{x1} = m_{t2} = m \\ \alpha_{x1} = \alpha_{t2} = \alpha \\ \gamma = \beta \end{array} \right\} \qquad (8-76)$$

3. 蜗杆分度圆直径

由式(8-75)知 $d_1 = mz_1/\tan\gamma$。由此表明,同一标准模数的蜗杆,取不同的头数 z_1,或导程角 γ,蜗杆的直径 d_1 也随之改变。而加工蜗轮所用的滚刀尺寸和形状则要求与蜗杆基本一致,这样就

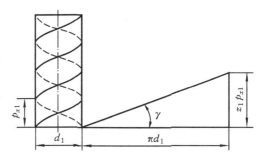

图 8 - 63　蜗杆螺旋升角

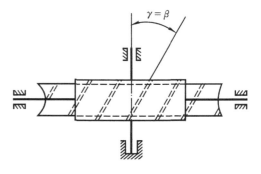

图 8 - 64　蜗杆导程角与蜗轮螺旋角的关系

需配备很多把滚刀。为了减少刀具数目,便于刀具标准化,规定蜗杆分度圆直径的标准值系列见表 8-26。

4. 蜗杆线数和蜗轮齿数

蜗杆线数 z_1 少,易于获得大传动比和实现反行程自锁,但相应导程角小,效率低;蜗杆线数多,效率高,但线数过多时,导程角大,制造困难。通常蜗杆线数可根据传动比 i 按表 8-27 选取。

表 8-27 蜗杆线数 z_1

传动比 i	$5 \sim 8$	$7 \sim 16$	$15 \sim 32$	$30 \sim 80$
蜗杆线数 z_1	6	4	2	1

蜗轮的齿数 $z_2 = iz_1$。为了保证传动的平稳性,z_2 不宜小于 27;但 z_2 过大将使蜗轮尺寸增大,蜗杆的长度也随之增加,从而降低蜗杆的刚度,影响啮合精度。通常取 $z_2 = 28 \sim 80$。

5. 蜗杆传动的几何尺寸计算

蜗杆传动的几何尺寸见图 8-62,计算公式列于表 8-28。

表 8-28 标准圆柱蜗杆传动的几何尺寸

名称	代号	公式与说明
齿距	p	$p_{x1} = p_{t2} = \pi m$
齿顶高	h_a	$h_a = m$
齿根高	h_f	$h_f = 1.2m$
齿高	h	$h = h_a + h_f = 2.2m$
蜗杆分度圆直径	d_1	由表 8-26 确定
蜗杆齿顶圆直径	d_{a1}	$d_{a1} = d_1 + 2h_a = d_1 + 2m$
蜗杆齿根圆直径	d_{f1}	$d_{f1} = d_1 - 2h_f = d_1 - 2.4m$
蜗杆导程角	γ	$\tan \gamma = \dfrac{mz_1}{d_1}$
蜗杆齿宽	b_1	$b_1 \geqslant (11.5 + 0.08z_2)m$
蜗轮分度圆直径	d_2	$d_2 = mz_2$
蜗轮喉圆直径	d_{a2}	$d_{a2} = d_2 + 2h_a = m(z_2 + 2)$
蜗轮齿根圆直径	d_{f2}	$d_{f2} = d_2 - 2h_f = m(z_2 - 2.4)$
蜗轮外圆直径	d_{e2}	当 $z_1 = 1$ 时,$d_{e2} \leqslant d_{a2} + 2m$;
		$z_1 = 2 \sim 3$ 时,$d_{e2} \leqslant d_{a2} + 1.5m$;
		$z_1 = 4$ 时,$d_{e2} \leqslant d_{a2} + m$
蜗轮咽喉母圆半径	r_{g2}	$r_{g2} = a - \dfrac{d_{a2}}{2}$
蜗轮螺旋角	β	$\beta = \gamma$,与蜗杆螺旋线方向相同
蜗轮齿宽	b_2	$b_2 \leqslant 0.7d_{a1}$
中心距	a	$a = \dfrac{d_1 + d_2}{2} = \dfrac{d_1 + mz_2}{2}$

注:旧标准中,将蜗杆分度圆直径 d_1 与模数 m 的比值 q 称为蜗杆直径系数,即 $q = d_1/m$,并将蜗杆直径系数 q 规定为标准值。这样有蜗杆分度圆直径 $d_1 = mq$,蜗杆传动中心距 $a = m(q + z_2)/2$。

例 8-10 一单头右旋蜗杆,压力角 $\alpha = 20°$,测得蜗杆齿顶圆直径 $d_{a1} = 49.95$ mm,沿齿顶量得两个齿距

的平均值 $2p_{x1} = 15.65$ mm。欲配制一蜗轮,使其用于传动比 $i = 62$ 的动力蜗杆传动。试计算所配制蜗轮的主要尺寸。

解　(1)确定模数和蜗杆分度圆直径。

由 $2p_{x1} = 2\pi m$ 得

$$m = \frac{2p_{x1}}{2\pi} = \frac{15.65}{2\pi} = 2.49 \text{ mm}$$

由 $d_{a1} = d_1 + 2m$ 得

$$d_1 = d_{a1} - 2m = 49.95 - 2 \times 2.49 = 44.97 \text{ mm}$$

根据表 8-26,可确定模数 $m = 2.5$ mm,蜗杆分度圆直径 $d_1 = 45$ mm。

(2)计算蜗轮的主要尺寸。

齿数: $z_2 = iz_1 = 62 \times 1 = 62$

分度圆直径: $d_2 = mz_2 = 2.5 \times 62 = 155$ mm

喉圆直径: $d_{a2} = d_2 + 2m = 155 + 2 \times 2.5 = 160$ mm

齿根圆直径: $d_{f2} = d_2 - 2.4m = 155 - 2.4 \times 2.5 = 149$ mm

中心距: $a = \dfrac{d_1 + d_2}{2} = \dfrac{45 + 155}{2} = 100$ mm

咽喉母圆半径: $r_{g2} = a - \dfrac{d_{a2}}{2} = 100 - \dfrac{160}{2} = 20$ mm

螺旋角: $\beta = \gamma = \arctan \dfrac{mz_1}{d_1} = \arctan \dfrac{2.5 \times 1}{45} = 3°10'47''$(右旋)

8.5.3　蜗杆传动的滑动速度、效率和润滑

1. 蜗杆传动的相对滑动速度

如图 8-65 所示,蜗杆蜗轮在节点 P 处啮合,设 v_1 和 v_2 分别为蜗杆与蜗轮在节点处的圆周速度。则由复合运动知识可知,相对滑动速度 v_r 沿齿面螺旋线方向。因为蜗杆与蜗轮两轴交错角为 $90°$,因此相对滑动速度的大小为

$$v_r = \frac{v_1}{\cos\gamma} = \frac{v_2}{\sin\gamma} = \sqrt{v_1^2 + v_2^2}$$

由上式可知,相对滑动速度 v_r 比 v_1, v_2 都大。它对传动啮合处的润滑情况及磨损、胶合都有很大影响,一般应限制 $v_r \leqslant 15$ m/s。

2. 蜗杆传动的效率

闭式蜗杆传动的功率损耗一般包括啮合摩擦损耗、轴承摩擦损耗及零件搅油损耗三部分,其中起主要作用的是啮合摩擦损耗。当蜗杆为主动件时,蜗杆的传动效率为

$$\eta = (0.95 \sim 0.97) \frac{\tan\gamma}{\tan(\gamma - \varphi_v)} \tag{8-77}$$

式中: γ —— 蜗杆分度圆导程角(°);

φ_v —— 当量摩擦角(°),其值与蜗杆蜗轮材料、表面硬度和相对滑动速度有关。对于在油池中工作的钢制蜗杆和铜制蜗轮,可取 $\varphi_v = 2°17'30''$ ~ $2°52'$;对开式传动的铸铁蜗轮,可取 $\varphi_v = 5°42'30''$ ~ $6°50'30''$。

在设计开始时,为了近似求出作用于蜗轮轴上的转矩 M_2,η 值可先作估算,估算值参考表

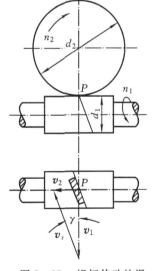

图 8-65　蜗杆传动的滑动速度

8-29。

表 8-29　蜗杆传动总效率 η

传动形式	蜗杆线数 z_1		
	1	2	4
闭式传动	$0.70 \sim 0.75$	$0.75 \sim 0.82$	$0.87 \sim 0.92$
开式传动	$0.6 \sim 0.7$		
自锁传动($\gamma \leqslant \varphi_v$)	< 0.5		

3. 蜗杆传动的润滑

蜗杆传动的润滑对提高传动效率、减轻磨损及防止产生胶合都十分重要。润滑剂通常采用粘度较大的矿物油。润滑油中往往加入各种添加剂，以提高传动的抗胶合能力。但是，用青铜制造的蜗轮不能采用抗胶合能力强的活性润滑油，以免腐蚀青铜。闭式蜗杆传动一般采用油池润滑或喷油润滑，开式蜗杆传动采用粘度较高的齿轮油或润滑脂润滑。

8.5.4　蜗杆传动的常用材料

考虑到蜗杆传动相对滑动速度较大的特点，蜗杆和蜗轮的材料不但要有一定的强度，而且要有良好的减摩性和耐磨性。

蜗杆常用的材料是碳钢和合金钢，并要求齿面有较高的硬度和较小的表面粗糙度值，以提高轮齿表面的耐磨性。高速重载的蜗杆传动，蜗杆常用 20 钢、20Cr 钢等经渗碳淬火到 58 ～ 63HRC，或采用 45 钢、40Cr 和 40CrNi 钢等经表面淬火到 45 ～ 55HRC。对于一般用途的蜗杆传动，蜗杆可采用 40 钢、45 钢，调质硬度小于 270HBS。

蜗轮的常用材料为青铜。在高速重载、滑动速度 $v_r > 3$ m/s 的重要传动中，蜗轮可选用 CuSn10Pb1、CuSn5Pb5Zn5 等锡青铜，这些材料抗胶合能力强，耐磨性好，但价格较贵。在滑动速度 $v_r \leqslant 4$ m/s 的传动中，蜗轮可选用 CuAl10Fe3 铝青铜，它的抗胶合能力较差，但强度高，价格便宜。在低速轻载、滑动速度 $v_r \leqslant 2$ m/s 的传动中，蜗轮也可用 HT150、HT200 制造。

8.5.5　蜗杆传动的受力分析

如图 8-66 所示，以蜗杆为主动件，略去齿面间的摩擦力，作用在齿面上的法向力 $\boldsymbol{F}_n$ 可分解为

圆周力 $\boldsymbol{F}_t$，径向力 $\boldsymbol{F}_r$ 和轴向力 $\boldsymbol{F}_x$。由于蜗杆与蜗轮轴线交错成 90°。故各分力有如下关系：

$$\left. \begin{array}{l} F_{t1} = \dfrac{2M_1}{d_1} = F_{x2} \\[2mm] F_{t2} = \dfrac{2M_2}{d_2} = F_{x1} \\[2mm] F_{r2} = F_{t2}\tan\alpha = F_{r1} \end{array} \right\} \qquad (8-78)$$

式中：M_1——蜗杆工作转矩，$M_1 = 9.55 \times \dfrac{P_1}{n_1} \times 10^6 \mathrm{N \cdot mm}$；

　　　M_2——蜗轮工作转矩，$M_2 = M_1 i \eta$，其中 i 为传动比，η 为传动效率，设计时可参考表 8-29 估取；

　　　d_1、d_2——分别为蜗杆和蜗轮的分度圆直径，mm；

　　　α—— 压力角,$\alpha = 20°$。

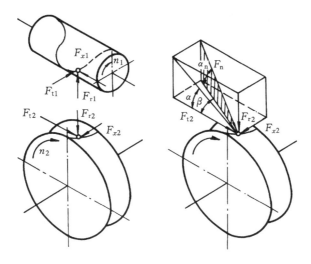

图 8 - 66　蜗杆传动的受力分析

　　例 8 - 11　已知蜗杆线数 $z_1 = 2$,模数 $m = 8$ mm,分度圆直径 $d_1 = 80$ mm,传动比 $i = 20.5$,蜗杆输入功率 $P_1 = 7.5$ kW,转速 $n_1 = 960$ r/min。计算啮合点处各分力。

　　解　蜗杆轴转矩:

$$M_1 = 9.55 \times 10^6 \frac{P_1}{n_1} = \frac{9.55 \times 10^6 \times 7.5}{960} = 7.46 \times 10^4 \text{ N} \cdot \text{mm}$$

根据 $z_1 = 2$,参考表 8 - 29,估取 $\eta_1 = 0.81$,则蜗轮轴转矩:

$$M_2 = M_1 i \eta_1 = 7.46 \times 10^4 \times 20.5 \times 0.81 = 1.24 \times 10^6 \text{ N} \cdot \text{mm}$$

蜗轮分度圆直径:$d_2 = mz_2 = mz_1 i = 8 \times 2 \times 20.5 = 328$ mm

蜗杆切向力和蜗轮轴向力:$F_{t1} = F_{x2} = \dfrac{2M_1}{d_1} = \dfrac{2 \times 7.46 \times 10^4}{80} = 1\,865$ N

蜗杆轴向力和蜗轮切向力:$F_{x1} = F_{t2} = \dfrac{2M_2}{d_2} = \dfrac{2 \times 1.24 \times 10^6}{328} = 7\,561$ N

蜗杆和蜗轮的径向力:$F_{r1} = F_{r2} = F_{t2} \tan\alpha = 7\,561 \times \tan 20° = 2\,752$ N

8.5.6　蜗杆传动的失效形式和工作能力计算

　　齿轮传动的失效形式在蜗杆传动中也会发生。由于蜗杆传动的相对滑动速度较大,发热量大,效率较低,所以其主要失效形式常为齿面磨损、胶合和点蚀。但由于目前对磨损和胶合尚缺乏较完善的计算方法和数据,因此对于蜗杆传动的强度设计,通常是仿照圆柱齿轮的齿面接触疲劳强度和齿根弯曲疲劳强度进行条件性计算,并在选取许用应力时,适当考虑胶合和磨损因素的影响。

　　在蜗杆传动中,由于蜗杆材料的强度较蜗轮高,因而在强度计算中只计算蜗轮的轮齿。对于闭式蜗杆传动,通常先按蜗轮齿面接触疲劳强度进行设计,然后校核蜗轮齿根弯曲疲劳强度。对于开式蜗杆传动,通常只计算蜗轮齿根弯曲疲劳强度。

　　由于蜗杆传动效率较低,而且闭式传动散热也较困难,温升容易引起润滑油的粘度降低,破坏齿面间的润滑油膜,导致齿面胶合,所以对连续工作的闭式蜗杆传动还应进行热平衡计算。

1. 蜗轮齿面接触疲劳强度计算

蜗杆传动可近似为斜齿轮—齿条传动,将其节点处的啮合参数代入式(8-49),可得蜗轮齿面接触疲劳强度的校核式为

$$\sigma_H = \frac{474}{d_2}\sqrt{\frac{KM_2}{d_1}} \leqslant [\sigma_H] \tag{8-79}$$

将 $d_2 = mz_2$ 代入上式,得设计式为

$$m^2 d_1 \geqslant KM_2(\frac{474}{[\sigma_H]z_2})^2 \tag{8-80}$$

式中:d_1、d_2—— 分别为蜗杆与蜗轮的分度圆直径,mm;

$\quad\quad M_2$—— 作用于蜗轮轴上的转矩,N·mm;

$\quad\quad K$—— 载荷系数,$K = 1.1 \sim 1.3$,当工作载荷变化较大,蜗轮圆周速度较高时取较大值;

$\quad\quad [\sigma_H]$—— 蜗轮材料的许用接触应力,MPa,见表8-30。

按式(8-80)计算出 $m^2 d_1$ 值后,由表8-26可查取适当的模数 m 和蜗杆分度圆直径 d_1。

表 8-30　　蜗杆的许用接触应力 $[\sigma_H]$　　　　　　　　　　MPa

灰铸铁或强度极限 $\sigma_b \geqslant 300$ MPa 的青铜蜗轮							
配对材料		滑动速度 $v_r/\text{m·s}^{-1}$					
蜗杆	蜗轮	0.25	0.5	1	2	3	4
20钢、20Cr渗碳 45钢淬火	HT150	166	150	127	95	—	—
	HT200	202	182	154	115	—	—
	CuAl10Fe3	190	180	173	163	154	149
45钢调质	HT150	139	125	106	79	—	—
	HT200	168	152	128	96	—	—

抗拉强度 $\sigma_b < 300$ MPa 的青铜蜗轮			
蜗轮材料	铸造方法	蜗杆齿面硬度	
		$\leqslant 45\text{HRC}$	$> 45\text{HRC}$
CuSn10Pb1	砂模铸造	150	180
	金属模铸造	220	268
CuSn5Pb5Zn5	砂模铸造	113	135
	金属模铸造	128	140
	离心铸造	158	183

2. 蜗轮轮齿弯曲疲劳强度计算

实践表明,只是在蜗轮齿数 $z_2 > 80 \sim 100$,受强烈冲击的传动中,蜗轮采用脆性材料以及开式传动时,才需要进行轮齿弯曲疲劳强度计算。计算公式可参阅有关设计手册和书籍。

3. 蜗杆传动的热平衡计算

连续工作的闭式蜗杆传动必须进行热平衡计算,以控制工作温度,防止齿面的润滑油膜破裂,以及由此而导致的蜗轮齿面胶合和加速磨损。

由于摩擦损耗功率 $P_f = P_1(1-\eta)$ kW,则在单位时间内由摩擦损耗所产生的热量

$$Q_1 = 1\,000 P_1(1-\eta) \text{ W}$$

以自然冷却方式从箱体表面散发热量

$$Q_2 = k_t A(t - t_0)\ \text{W}$$

当达到热平衡时 $Q_1 = Q_2$，此时润滑油的工作温度为

$$t = t_0 + \frac{1\,000P_1(1-\eta)}{k_t A}\,℃ \qquad (8-81)$$

或在既定条件下保持正常工作油温所需要的散热面积为

$$A = \frac{1\,000P_1(1-\eta)}{k_t(t-t_0)}\,\text{m}^2 \qquad (8-82)$$

式中：P_1 —— 蜗杆传动的输入功率，kW；

　　　η —— 蜗杆传动的效率；

　　　k_t —— 散热系数，$k_t = 10 \sim 17$ W/(m² · ℃)，当周围空气流通良好时取大值；

　　　A —— 散热面积(m²)，指内壁被油飞溅、外壁为周围空气冷却的箱体表面积；

　　　t —— 箱体内油的工作温度(℃)，一般应小于 $60 \sim 70℃$，最高不超过 $90℃$；

　　　t_0 —— 环境温度，一般取 $20℃$。

若油温超过限定度数，或箱体有效散热面积不足时，则必须采取措施，以提高传动的散热能力，通常可采取下列措施：

(1) 增加散热面积。合理设计箱体结构，铸出或焊上散热片。

(2) 提高散热系数。在蜗杆轴上装置风扇（图 8-67(a)），此时散热系数 $k_t = 21 \sim 28$ W/(m² · ℃)，或在箱体油池内装设蛇形冷却水管（图 8-67(b)），或采用压力喷油循环润滑（图 8-67(c)）。

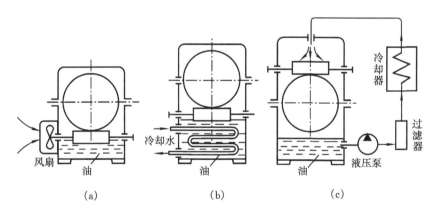

图 8-67　蜗杆传动的冷却方法

例 8-12　设计一单级蜗杆减速器，输入功率 $P_1 = 2.8$ kW，转速 $n_1 = 960$ r/min，传动比 $i = 20$，单向传动，载荷平稳，长期连续运转。

解　减速器为闭式传动，按齿面接触疲劳强度进行设计。因载荷平稳，所以不必进行齿根弯曲疲劳计算。但考虑要长期连续运转，因此还应进行热平衡计算。

(1) 选择材料。

蜗杆：45 钢表面淬火，表面硬度 > 45HRC

蜗轮：轮缘选用 CuSn10Pb1，砂模铸造

由表 8-30，许用接触应力 $[\sigma_H] = 180$ MPa

(2) 初定参数。

由 $i = 20$ 查表 $8-27$，选 $z_1 = 2$

$$z_2 = iz_1 = 20 \times 2 = 40$$

(3) 载荷计算。

初估传动效率，由表 $8-29$，$\eta = 0.8$

$$M_2 = i\eta M_1 = i\eta \times 9.55 \times \frac{P_1}{n_1} \times 10^6$$

$$= 20 \times 0.8 \times 9.55 \times \frac{2.8}{960} \times 10^6 = 4.5 \times 10^5 \text{ N} \cdot \text{mm}$$

载荷系数，因载荷平稳，蜗轮转速不高，取 $K = 1.1$

(4) 齿面接触疲劳强度计算。

由式 $(8-80)$

$$m^2 d_1 \geqslant KM_2 \left(\frac{474}{[\sigma_H]z_2}\right)^2 = 1.1 \times 4.5 \times 10^5 \times \left(\frac{474}{180 \times 40}\right)^2 = 2\,145 \text{ mm}^3$$

由表 $(8-26)$ 取 m, d_1 的标准值

$$m = 6.3 \text{ mm}, \quad d_1 = 63 \text{ mm}$$

(5) 计算相对滑动速度及传动效率。

蜗杆导程角：$\gamma = \arctan \dfrac{mz_1}{d_1} = \arctan \dfrac{6.3 \times 2}{63} = 11°18'36''$

蜗杆分度圆圆周速度：$v_1 = \dfrac{\pi d_1 n_1}{60 \times 1\,000} = \dfrac{\pi \times 63 \times 960}{60 \times 1\,000} = 3.17 \text{ m/s}$

相对滑动速度：$v_r = \dfrac{v_1}{\cos\gamma} = \dfrac{3.17}{\cos 11°18'36''} = 3.23 \text{ m/s}$

当量摩擦角：取 $\varphi_v = 2°30'$

验算效率：$\eta = 0.96 \dfrac{\tan\gamma}{\tan(\gamma + \varphi_v)} = 0.96 \times \dfrac{\tan 11°18'36''}{\tan(11°18'36'' + 2°30')} = 0.78$

可见与初估值 0.8 相近。

(6) 确定主要几何尺寸。

蜗轮分度圆直径：$d_2 = mz_2 = 6.3 \times 40 = 252 \text{ mm}$

中心距：$a = \dfrac{1}{2}(d_1 + d_2) = \dfrac{1}{2}(63 + 252) = 157.5 \text{ mm}$

(7) 热平衡计算。

环境温度：取 $t_0 = 20 \text{ ℃}$

工作温度：取 $t = 70 \text{ ℃}$

散热系数：取 $k_t = 13 \text{ W}(\text{m}^2 \cdot \text{℃})$

需散热面积：$A = \dfrac{1\,000 P_1 (1 - \eta)}{k_t(t - t_0)} = \dfrac{1\,000 \times 2.8 \times (1 - 0.78)}{13 \times (70 - 20)} = 0.95 \text{ m}^2$

复习思考题

8-1 带传动速比如何计算?带传动有何特点?

8-2 与平型带相比较,三角带传动为何能得到更为广泛的应用?

8-3 三角带有哪几种型号?三角带的计算长度和内周长度有什么区别?

8-4 设计带式运输机传动系统的高速级 V 带传动参数。原动机为交流异步电机,单班制,V 带的输入功率 $P = 4$ kW,转速 $n_1 = 1\,450$ r/min,$n_2 = 500$ r/min。

8-5　试设计一鼓风机使用的普通 V 带传动,要求小带轮直接安装在电动机轴上,从动轮的转速 $n_2 = 720$ r/min,结构较紧凑。已知电动机的功率 $P = 5.5$ kW,转速 $n_1 = 1\,440$ r/min,一班制工作。

8-6　链传动的主要特点是什么?链传动适用于什么场合?

8-7　设计一锅炉清渣链传动装置。选用 Y 系列电动机,已知传动功率 $P = 5.5$ kW,转速 $n_1 = 750$ r/min,工作机转速 $n_2 = 260$ r/min,传动布置倾角 $\alpha = 40°$,冲击较小,要求中心距可调。

8-8　齿轮传动有哪些优缺点?

8-9　渐开线是怎样形成的?它有什么主要性质?

8-10　齿轮的齿距和模数表示什么意思?模数的大小对齿轮和轮齿各有什么影响?

8-11　什么是齿轮的分度圆?它的大小怎样确定?

8-12　一对标准直齿圆柱齿轮的正确啮合条件是什么?

8-13　已知一标准直齿圆柱齿轮传动的中心距 $a = 250$ mm,主动轮齿数 $z_1 = 20$,模数 $m = 5$ mm,转速 $n_1 = 1\,450$ r/min,试求从动轮的齿数、转速及传动速比。

8-14　一对标准直齿圆柱齿轮传动,齿数 $z_1 = 20$,传动比 $i = 3.5$,模数 $m = 5$ mm,求两轮的分度圆直径、顶圆直径、根圆直径、齿距、齿厚及中心距。

8-15　已知一标准直齿圆柱齿轮传动,其速比 $i = 3.5$,模数 $m = 4$ mm,齿数之和 $z_1 + z_2 = 99$。试求两轮分度圆直径和传动中心距。

8-16　已知一标准直齿圆柱齿轮的齿顶圆直径 $d_a = 120$ mm,齿数 $z = 22$。试求其模数。

8-17　现有一标准直齿圆柱齿轮,测得顶圆直径 $d_a = 134.8$ mm,齿数 $z = 25$。求齿轮的模数 m,分度圆上渐开线的曲率半径 ρ 及直径 $d_K = 130$ mm 圆周上渐开线的压力角 α_K。

8-18　与直齿圆柱齿轮相比较,斜齿轮的主要优缺点是什么?

8-19　一对标准斜齿圆柱齿轮的正确啮合条件是什么?

8-20　一对标准斜齿圆柱齿轮传动,已知传动比 $i = 3.5$,法向模数 $m_n = 2$ mm,中心距 $a = 90$ mm。确定这对齿轮的螺旋角 β 和齿数,计算分度圆直径、顶圆直径、根圆直径和当量齿数。

8-21　圆锥齿轮传动一般适用于什么场合?

8-22　一对圆锥齿轮传动的速比 $i = 3$,如果主动轮齿数 $z_1 = 30$,转速 $n_1 = 600$ r/min,求从动轮的齿数和转速。

8-23　两级减速斜齿轮传动如图所示。输入功率 $P_1 = 10$ kW,转速 $n_1 = 1\,450$ r/min,转向如图示。高速级齿轮 $m_n = 3$ mm,$z_1 = 21$,$z_2 = 52$,$\beta = 12°7'43''$。试分析 II 轴两齿轮的受力方向(用分力表示),并计算高速级从动轮受力的大小。

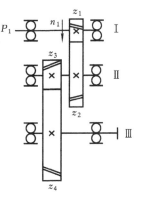

题 8-23 图

8-24　设计搅拌机传动系统中一对闭式直齿圆柱齿轮。输入功率 $P_1 = 5$ kW,转速 $n_1 = 640$ r/min。初选材料:小轮 45 钢调质,$229 \sim 286$ HBS,大轮 45 钢正火,$169 \sim 217$ HBS。初定参数:$z_1 = 17$,$z_2 = 53$,$m = 3$ mm,$b = 40$ mm,$a = 105$ mm。试分析其强度并确定参数。

8-25　某一级减速装置中的一对闭式标准直齿圆柱齿轮传动,用电动机驱动,单向连续运转,载荷平稳,传动比 $i = 4.5$,输入功率 $P = 10$ kW,转速 $n_1 = 960$ r/min。试设计此直齿轮传动(齿轮在轴间对称布置)。

8-26　已知一蜗杆传动,蜗杆为双线蜗杆,蜗轮齿数 $z_2 = 80$。若要求蜗轮转速 $n_2 = 30$ r/min,则该蜗杆传动的速比是多少?蜗杆的转速又应为多少?

8-27　今欲修配单级蜗杆蜗轮减速器中一个已丢失的蜗轮。已知蜗杆为双线蜗杆,其顶圆直径 $d_{a1} = 42$ mm,轴向齿距 $P_{z1} = 9.42$ mm,减速器的中心距 $a = 135$ mm。如何确定蜗轮的主要几何尺寸?

8-28　常用什么材料制造蜗杆和蜗轮?

8-29　常用螺纹的类型有那几种?分别适用于什么场合?

8 - 30 按用途不同,螺旋传动可分为哪几种类型?分别用于什么场合?

8 - 31 滑动螺旋机构和滚动螺旋机构各具有什么特点?

8 - 32 图示为差动螺旋装置。螺旋1上有大小不等的两部分螺纹,分别与机架2和滑板3的螺母相配;滑板3又能在机架2的导轨上左右移动。两部分螺纹的直径和螺距如图所示。

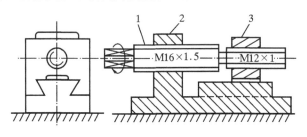

题 8 - 32 图

(1) 若这两部分螺纹均为右旋,当螺旋按图示转向转动一周时,滑板相对于导轨移动多少距离,方向如何?

(2) 若 M16×1.5 螺纹为左旋,M12×1 螺纹为右旋,当螺旋仍按图示转向转动一周时,滑板移动多少距离,方向如何?

第 9 章

常用联接

为了满足结构、制造、安装、运输和维修等方面的要求,在机械设备中必须将一组零件按一定的方式结合为一个整体,这种结合方式称为**联接**。

按是否具有可拆性,联接又可分为可拆联接和不可拆联接两类。允许多次装拆而不必损坏联接的组成零件,且不会影响使用性能的联接称为**可拆联接**,如螺纹联接、键联接、销联接以及联轴器联接、离合器联接等。必须损坏联接的组成零件才能拆开的联接则称为**不可拆联接**,如焊接、胶接和铆接等。本章主要介绍机械中常用的螺纹联接、键联接、联轴器与离合器等。

9.1 螺纹联接

螺纹联接是利用螺纹零件构成的可拆联接,其结构简单、工作可靠、装拆方便、成本低,广泛用于各种机械中。

联接螺纹主要采用自锁性能好的三角形螺纹,一般的联接多用粗牙普通螺纹;与同一公称直径的粗牙普通螺纹相比,细牙普通螺纹螺距小,小径和中径较大,升角小,自锁性能好,所以多用于薄壁零件或受变载、振动及冲击载荷作用的联接中。

9.1.1 螺纹联接的基本类型与螺纹联接件

螺纹联接的基本类型包括螺栓、螺柱、螺钉及紧定螺钉联接四种。相应的各类螺纹联接件大都已标准化,设计时应尽量选用标准件。下面结合螺纹联接一并进行介绍。

1. 螺栓及螺栓联接

螺栓一端具有螺纹,另一端具有螺栓头。应用最多的是六角头普通螺栓和铰制孔用螺栓。

螺栓联接是将螺栓穿过被联接件上的光孔并用螺母锁紧。由于无需在被联接件上切制螺纹,故使用时不受被联接件材料限制,但需要螺母。多用于被联接件不太厚且便于加工通孔的场合。

螺栓联接又分**普通螺栓联接**和**铰制孔用螺栓联接**两种。用普通螺栓联接(图 9 - 1(a))时,被联接件的通孔与螺栓杆间有一定间隙,无论联接传递的载荷是何种形式,螺栓都受到拉伸作用。由于这种联接的通孔加工精度低,结构简单,装拆方便,故应用广泛。用铰制孔螺栓联接(图 9 - 1(b))时,螺栓的光杆和被联接件的孔多采用基孔制过渡配合(H7/m6 或 H7/n6),这种联接的螺栓杆工作受到剪切和挤压作用,主要承受横向载荷。用于载荷大、冲击严重、要求良好对中的场合。

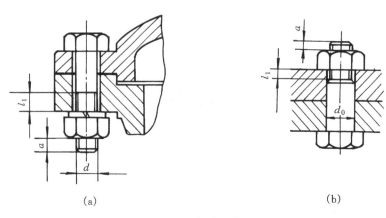

(a)　　　　　　　　　　　　　　(b)

图 9-1　螺栓联接

普通螺栓螺纹余留长度 l_1：静载荷 $l_1 \geqslant (0.3 \sim 0.5)d$；变载荷 $l_1 \geqslant d$。

铰制孔用螺栓 l_1 尽可能小。螺纹伸出长度 $a \approx (0.2 \sim 0.3)d$。

2. 螺柱与螺柱联接

螺柱两端均制有螺纹,旋入被联接件螺纹孔的一端称为座端,另一端称为螺母端。

螺柱联接是将螺柱一端拧紧在被联接件之一的螺纹孔内,一端穿过另一被联接件的通孔,再旋上螺母(图 9-2(a))。拆卸时,只需拧下螺母,不必拧下双头螺柱就能将被联接件分开。这种联接用于被联接件之一的厚度大,不便钻成通孔,而又需经常拆装的场合。

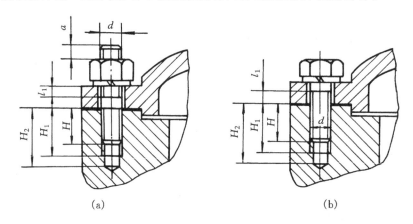

(a)　　　　　　　　　　　　　　(b)

图 9-2　双头螺柱联接和螺钉联接

座端拧入深度 H：螺纹孔材料为钢或青铜 $H \approx d$；铸铁 $H \approx (1.25 \sim 1.5)d$；

铝合金 $H = (1.5 \sim 2.5)d$。螺孔深度 $H_1 = H + (2 \sim 2.5)P$。

钻孔深度 $H_2 = H_1 + (0.5 \sim 0.1)d$。$l_1$、$a$ 值同螺栓联接。

3. 螺钉与螺钉联接

螺钉的结构形状与螺栓类似,但螺钉头部形式较多,其中内、外六角头可施加较大的拧紧力矩,而圆头及十字头都不便于施加较大的拧紧力矩。

螺钉联接如图(9-2(b))所示,这种联接不需用螺母,其用途和双头螺柱相似,多用于受力不大且不需经常拆卸的场合,以免损坏螺纹孔。

4. 紧定螺钉与紧定螺钉联接

紧定螺钉的结构特点是头部和尾部的形式很多(图9-3),可以适应不同拧紧程度的需要,其中方头能承受的拧紧力矩最大,常用的尾部形状有锥端、平端和圆柱端,一般均要求尾部有足够的硬度。

紧定螺钉联接是将紧定螺钉旋入一零件的螺纹孔内,并用末端顶住另一零件的表面或顶入相应的凹坑中,以固定两零件的相对位置,它可传递不大的力或力矩。多用于轴与轴上零件的固定(图9-4)。

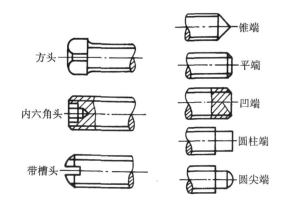

图 9-3　紧定螺钉的钉头和末端

5. 螺母与垫圈

与螺栓、螺柱和螺钉配套使用的螺纹联接件还有螺母与垫圈。

螺母的形状有六角形、圆形、方形等,其中以六角螺母应用最普遍。六角螺母的厚度又有所不同,扁螺母用于尺寸受到限制的地方,厚螺母用于经常装拆易于磨损的场合。

垫圈的形状见图9-5,其中(a)为平垫圈,(b)为弹簧垫圈。垫圈的作用一方面是增加被联接件的支承面积以减少接触处的压强,使螺母的压力均匀分布到零件表面上,另一方面是为了防止旋紧螺母时损伤被联接件的表面。除此,使用弹簧垫圈还具有防松作用。

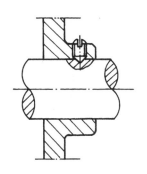

图 9-4　紧定螺钉联接

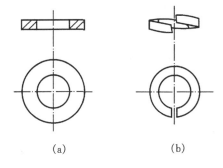

(a)　　　　　　　(b)

图 9-5　垫圈形状

(a)平垫圈;(b)弹簧垫圈

9.1.2　螺纹联接的预紧和防松

1. 螺纹联接的预紧

为了提高传递载荷的能力,在装配时需要拧紧螺纹联接件,使其受到适当的预紧力的作用。对于一般联接,往往对预紧力不加严格控制,拧紧程度靠装配经验而定;对于重要联接(如气缸盖的螺栓联接),预紧力必须用一定的方法加以控制,以满足联接强度和密封性能等要求。装配时需要拧紧的联接称为**紧联接**,反之则称为**松联接**。

拧紧螺母时,需要克服螺旋副中的摩擦阻力矩 M_1 和螺母支承端面上的摩擦阻力矩 M_2,即拧紧力矩 $M = M_1 + M_2$(图9-6)。由于拧紧

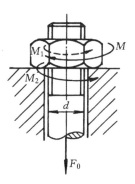

图 9-6　螺旋副拧紧时的受力

力矩的作用,将使螺栓与被联接件之间产生**预紧力** F_0。对于 M10～M68 的粗牙普通钢制螺栓无润滑情况下,拧紧力矩 M 与预紧力 F_0 之间的关系可按下式计算

$$M \approx 0.2F_0d \tag{9-1}$$

式中: F_0 —— 预紧力,N; d 为螺纹大径,mm。

控制拧紧力矩可以采用测力矩板手(图 9-7),此外,还有通过测量拧紧螺母后螺栓的伸长量等方法来控制预紧力。

2. 螺纹联接的防松

联接用螺纹标准件都能满足自锁条件。拧紧螺母后,螺母或螺钉与被联接件支承面间的摩擦力也有助于防止螺母松脱。因此

图 9-7 测力矩扳手

在受静载荷和常温下,螺纹联接一般不会产生松动。若温度变化较大或联接受到冲击、振动及不稳定载荷的作用,则螺旋副上及螺母支承端面上的摩擦力就会减少,甚至消失,经多次重复后致使螺母逐渐松脱。这种松脱会引起机器设备的严重损坏或造成重大的人身事故。因此,为了保证联接的可靠性,在设计和安装时必须按照工作条件、工作可靠性要求考虑设置螺纹防松结构或装置。

防松就是防止螺旋副相对运动。防松的方法很多,现将常用的几种列于表 9-1 中。

表 9-1 常用防松装置和方法

防松原理	防松装置和方法	
利用摩擦防松: 利用各种结构措施使螺旋副中的摩擦力不随联接的外载荷波动而变化,保持较大的防松摩擦力矩	对顶螺母 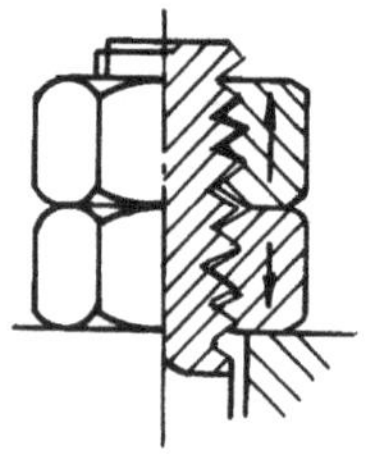	弹簧垫圈 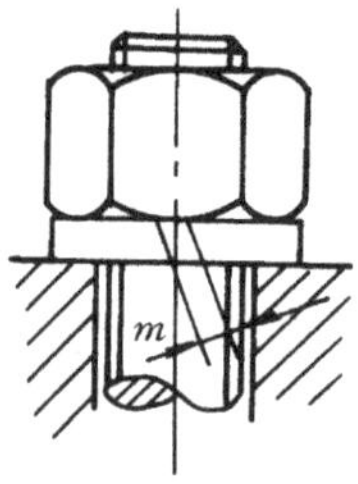
	两螺母对顶拧紧,螺栓旋合段承受拉力而螺母受压,从而使螺旋副纵向压紧。螺纹牙支承面间始终保持有相当大的正压力和摩擦力 结构简单,可用于低速重载场合。但螺栓和螺纹部分必须加长,故不够经济,且增加了外廓尺寸和重量	弹簧垫圈的材料为高强度锰钢,装配后弹簧垫圈被压平,其弹力使螺纹间保持压紧力和摩擦力。且垫圈切口处的尖角也能阻止螺母转动松脱 结构简单,使用方便。但垫圈弹力不均,因而不十分可靠,多用于不甚重要的联接

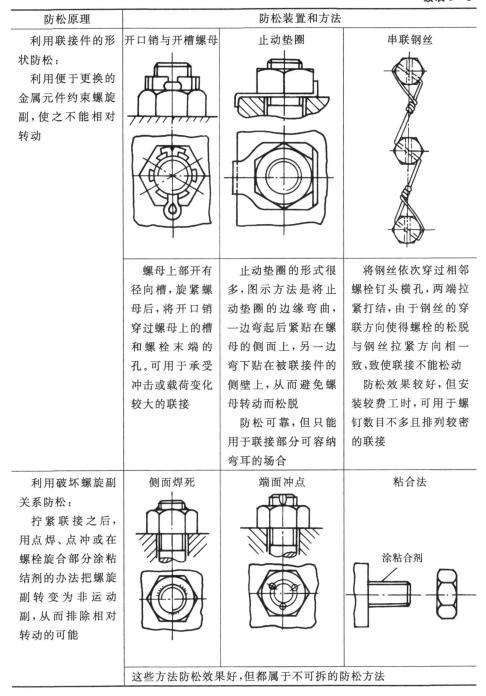

防松原理	防松装置和方法		
利用联接件的形状防松： 利用便于更换的金属元件约束螺旋副,使之不能相对转动	开口销与开槽螺母	止动垫圈	串联钢丝
	螺母上部开有径向槽,旋紧螺母后,将开口销穿过螺母上的槽和螺栓末端的孔。可用于承受冲击或载荷变化较大的联接	止动垫圈的形式很多,图示方法是将止动垫圈的边缘弯曲,一边弯起后紧贴在螺母的侧面上,另一边弯下贴在被联接件的侧壁上,从而避免螺母转动而松脱 防松可靠,但只能用于联接部分可容纳弯耳的场合	将钢丝依次穿过相邻螺栓钉头横孔,两端拉紧打结,由于钢丝的穿联方向使得螺栓的松脱与钢丝拉紧方向相一致,致使联接不能松动 防松效果较好,但安装较费工时,可用于螺钉数目不多且排列较密的联接
利用破坏螺旋副关系防松： 拧紧联接之后,用点焊、点冲或在螺栓旋合部分涂粘结剂的办法把螺旋副转变为非运动副,从而排除相对转动的可能	侧面焊死	端面冲点	粘合法 涂粘合剂
	这些方法防松效果好,但都属于不可拆的防松方法		

9.1.3　螺纹联接结构设计应注意的问题

在机械设备中,螺纹联接通常都是成组使用的,因此合理地布置各个螺栓的位置,全面考虑受力、装拆、加工、强度等方面的因素,从而尽可能地提高联接的承载能力是螺纹联接结构设计的要点。在结构设计时应注意表 9 - 2 中的几方面的问题。

表 9－2　螺纹联接结构设计应注意的问题

序号	结构设计注意问题	说明	图例
1	联接接合面的几何形状应尽量简单；应使螺栓组的对称中心与接合面的形心重合	便于加工、使接合面的受力均匀	
2	承受转矩和弯矩作用的螺栓组，应尽可能地布置在靠近结合面的边缘	减小螺栓的受力	不合理　　　合理
3	对普通螺栓联接，当其受到较大的横向载荷作用时，可在被联接件之间加装销、键、套筒等零件	减小螺栓的预紧力和结构尺寸	
4	分布在同一圆周上的螺栓数应易于等分；同一组螺栓应材料、规格相同	便于加工、安装	
5	螺栓的排列应有合理的间距、边距。各螺栓之间及螺栓与机体壁之间留有扳手活动所需的空间	便于装拆	
6	采用凸台、沉孔等措施，保证被联接件的支承面平整	避免、减小螺栓受到附加弯曲载荷，保证联接的承载能力	

9.1.4　螺纹联接的强度计算

　　螺栓的受力是强度计算的依据，其主要受力形式是轴向受拉或横向受剪两类。普通螺栓在轴向拉力（包括预紧力）的作用下，其主要失效形式是螺栓杆或螺纹部分的塑性变形和断裂。据螺栓失效统计分析，螺栓在轴向变载荷作用下，其失效形式多为螺栓杆部分的疲劳断裂，且各部分疲劳破坏的比例大致如图 9－8 所示。普通螺栓联接的设计准则是保证螺栓有足够的拉伸强度。铰制孔用螺栓主要承受横向剪力，其可能的失效形式是螺栓杆被剪断，螺栓杆或孔壁压溃。其设计准则是

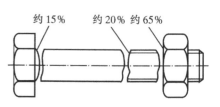

约15%　　　约20%　约65%

图 9－8　受拉螺栓各部分
疲劳破坏统计

保证联接有足够的挤压强度和螺栓的剪切强度。

螺栓联接强度计算的目的,是确定螺栓的公称直径 d。螺栓的其他部分(螺纹牙、螺栓头、光杆)和螺母、垫圈的结构尺寸,都是根据等强度原则及使用经验确定的,不需要进行强度计算,设计时据螺栓直径查相应标准即可。

1. 受拉螺栓的强度计算

1) 松螺栓联接

装配时无预紧力,工作时才承受工作载荷,如起重吊钩尾部的螺纹联接就是松联接的典型实例,应按纯拉伸建立强度条件,即

$$\sigma = \frac{F}{A_s} \leqslant [\sigma] \qquad (9-2)$$

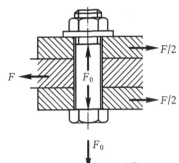

式中:σ—— 螺栓的拉应力,MPa;

F—— 轴向载荷,N;

A_s—— 螺栓危险截面面积,$A_s \approx \frac{\pi}{4} d_1^2$,$mm^2$;

$[\sigma]$—— 螺栓的许用拉应力,MPa。

2) 紧螺栓联接

紧螺栓联接在装配时必须拧紧,因此在承受工作载荷之前,螺栓就受一定的预紧力。这种联接既能承受静载荷,又能承受变载荷。

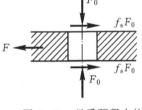

图 9-9 只受预紧力的紧螺栓联接

(1) 只受预紧力的螺栓。凡是靠摩擦力承受工作载荷的紧螺栓联接,其螺栓仅受预紧力作用。如图 9-9 所示的紧螺栓联接,横向载荷 F 与螺栓轴线垂直。其工作原理是靠联接预紧后在接合面间所产生的摩擦力来传递横向外载荷。根据力系平衡条件,可求得接合面不产生滑移条件下螺栓的预紧力。

$$F_0 \geqslant \frac{KF}{f_s m} \qquad (9-3)$$

式中:K—— 考虑摩擦传力的**可靠性系数**,通常取 $K = 1.1 \sim 1.3$;

f_s—— 被联接件接合面的摩擦系数,对于钢或铸铁,当接合面干燥时,$f_s = 0.10 \sim 0.16$,当接合面沾有油时,$f_s = 0.06 \sim 0.10$;

m—— 被联接件接合面数目(图 9-9 情况,$m = 2$)。

当螺栓拧紧后,螺栓的危险截面上受到预紧力 F_0 引起的拉应力 σ 和由螺旋副阻力矩 M_1 引起的扭转切应力 τ 的复合作用。对常用的 M10 ~ M68 的普通钢制螺栓,$\tau \approx 0.5\sigma$,按第四强度理论建立起的强度条件为

$$\sigma_v = \sqrt{\sigma^2 + 3\tau^2} = \sqrt{\sigma^2 + 3(0.5\sigma)^2} \approx 1.3\sigma \leqslant [\sigma] \qquad (9-4)$$

可见,扭转切应力对强度的影响在数字上表现为轴向拉应力增大 30%,即

$$\sigma_v = \frac{1.3F_0}{\frac{\pi}{4} d_1^2} \leqslant [\sigma] \qquad (9-5)$$

式中:σ_v—— 螺栓的**当量应力**,MPa;

$[\sigma]$—— 螺栓的许用拉应力,MPa。

（2）受预紧力和轴向工作拉力的螺栓。如压力容器的缸盖螺栓，在内部压力 p 为常量时，螺栓除受预紧力外，还受到静工作拉力作用。由于螺栓和被联接件都是弹性体，故螺栓所受的总拉力并不等于预紧力和轴向工作拉力之和。

图 9 - 10(a) 所示为螺母尚未拧紧的情况，此时螺栓和被联接件均未受力。图 9 - 10(b) 所示为螺母已拧紧，但未施加工作载荷的情况，此时螺栓仅受预紧拉力 F_0 作用，螺栓伸长量为 δ_1；被联接件受预紧压力 F_0 作用，其压缩量为 δ_2。图 9 - 10(c) 为联接件承受工作载荷后的情况。螺栓所受的拉力由 F_0 增大到 F_Σ，螺栓伸长量增加 $\Delta\delta_1$；被联接件则随螺栓的伸长而回弹，接合面间较前放松，被联接件的压缩量也相应减少了 $\Delta\delta_2$。据变形协调条件 $\Delta\delta_1 = \Delta\delta_2$，被联接件剩余压缩量为($\delta_2 - \Delta\delta_2$)，其间的压力由预紧力 F_0 减至为剩余预紧力 F_0'。由此可知，螺栓所受总拉力 F_Σ 等于工作拉力 F 与剩余预紧力 F_0' 之和，即

$$F_\Sigma = F + F_0' \tag{9-6}$$

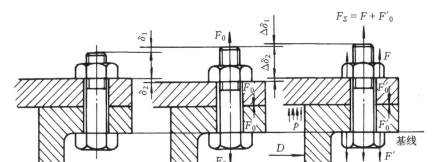

图 9 - 10 有工作拉力时螺栓和被联接件的受力和变形

剩余预紧力 F_0' 对保证联接的紧密性具有重要意义。若预紧力过小或工作拉力过大，会使剩余预紧力 F_0' 趋于零，即意味着接合面出现缝隙，这是不允许的。表 9 - 3 给出了剩余预紧力的推荐值。选定了剩余预紧力 F_0'，即可按式(9 - 6)求出螺栓所受的总拉力 F_Σ。

表 9 - 3 剩余预紧力 F_0' 的推荐值

联接情况		F_0'
紧密联接		$F_0' = (1.5 \sim 1.8)F$
紧固联接	工作拉力基本不变化	$F_0' = (0.2 \sim 0.6)F$
	工作拉力显著变化	$F_0' = (0.6 \sim 1.0)F$
地脚螺栓联接		$F_0' \geqslant F$

螺栓的强度条件可根据总拉力进行计算

$$\sigma_v = \frac{1.3F_\Sigma}{\frac{\pi}{4}d_1^2} \leqslant [\sigma] \tag{9-7}$$

2. 受剪螺栓的强度计算

铰制孔用螺栓主要用于承受横向载荷。由于装配时只需对联接中的螺栓施加较小的预紧

力,因此可忽略接合面间的摩擦。设计时要考虑剪切强度和挤压强度。

螺栓杆的剪切强度条件

$$\tau = \frac{F}{m\,\dfrac{\pi}{4}d_s^2} \leqslant [\tau] \qquad (9-8)$$

螺栓杆与孔壁挤压强度条件

$$\sigma_{bs} = \frac{F_h}{d_s h} \leqslant [\sigma_{bs}] \qquad (9-9)$$

式中:m—— 螺栓剪切面个数,图 $9-11$ 所示,$m = 2$;

d_s—— 螺栓受剪面直径,mm;

h—— 计算对象的挤压高度,mm;

$[\tau]$—— 螺栓的许用切应力,MPa;

$[\sigma_{bs}]$—— 计算对象的许用挤压应力,MPa。

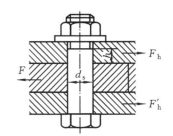

图 $9-11$　受剪螺栓联接

3. 螺栓的材料和许用应力

适合制造螺栓的材料很多,选用的原则是:具有足够的强度、一定的塑性和韧性,而且便于加工。螺栓的常用材料为 Q215、Q235、10、35 和 45 钢,重要和特殊用途的螺栓可采用 15Cr、40Cr、30CrMnSi 等力学性能较高的合金钢。

螺栓的许用应力与许多因素有关,如螺栓的材料及热处理工艺、构造尺寸、载荷性质、工作温度、加工装配质量和使用条件等,精确选定许用应力必须综合考虑上述各因素。一般机械设计可参照表 $9-4$ 和表 $9-5$ 选用其许用应力及安全系数。

表 9 - 4　受拉螺栓联接的许用应力

载荷性质	许用应力	直径\材料	不控制预紧力时的安全系数 n_s			控制预紧力时的安全系数 n_s
			M6 ～ M16 /mm	M16 ～ M30 /mm	M30 ～ M60 /mm	
静载荷	$[\sigma] = \dfrac{\sigma_s}{n_s}$	碳钢	4 ～ 3	3 ～ 2	2 ～ 1.3	1.2 ～ 1.5
		合金钢	5 ～ 4	4 ～ 2.5	2.5	
变载荷		碳钢	10 ～ 6.5	6.5	—	
		合金钢	7.5 ～ 5	5		

注:松螺栓联接未经淬火钢 $n_s = 1.2$,经淬火钢 $n_s = 1.6$。

表 9 - 5　受剪螺栓联接的许用应力

载荷性质	材料	剪切		挤压	
		许用应力	安全系数 S_s	许用应力	安全系数 S_{jy}
静载荷	钢	$[\tau] = \dfrac{\sigma_s}{n_s}$	2.5	$[\sigma] = \dfrac{\sigma_s}{n_{bs}}$	1.25
	铸铁	—	—	$[\sigma] = \dfrac{\sigma_b}{n_{bs}}$	2 ～ 2.5
变载荷	钢	$[\tau] = \dfrac{\sigma_s}{n_s}$	3.5 ～ 5	按静载降低 20% ～ 30%	—
	铸铁	—	—		

4. 螺栓组联接的强度计算

上面所述均为单个螺栓联接的强度计算,而多数情况下螺栓则是成组使用。在设计时,对同一组螺栓应取相同的材料、直径、长度及预紧力,并取其中受力最大的螺栓进行强度计算,计算公式与单个螺栓联接时相同(见例 9 - 1、例 9 - 2)。对于受力比较复杂的螺栓组联接,其受力分析参见《机械设计》等图书。

例 9 - 1　图 9 - 12 所示凸缘联轴器由 HT200 制成。已知螺栓孔分布圆直径 $D = 160$ mm,传递的转矩 $M = 1\ 200$ N • m。

(1) 若用 4 个 M12 的铰制孔螺栓联接,如图 9 - 12(a)。已知螺栓材料的许用切应力 $[\tau] = 92$ MPa,联轴器钉孔表面的许用挤压应力 $[\sigma_{bs}] = 120$ MPa,钉孔尺寸 $h_1 = 15$ mm,$h_2 = 23$ mm。试校核该铰制孔螺栓联接的强度。

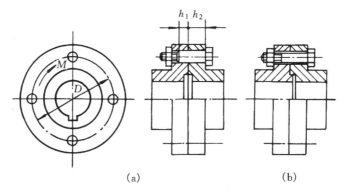

图 9 - 12　凸缘联轴器螺栓联接

(2) 若改用相同数目的普通螺栓联接,如图 9 - 12(b)。已知螺栓材料为 40 钢,不控制预紧力,被联接件接合面间的摩擦系数 $f_s = 0.25$,联接的可靠系数 $K = 1.2$,求所需螺栓的直径。

解　(1) 铰制孔螺栓联接。

这种联接靠剪切和挤压传力,属于受剪螺栓联接。查表 9 - 7 知,螺栓配合段直径 $d_s = 13$ mm

① 求单个螺栓所受的横向力

$$F = \frac{M}{z \dfrac{D}{2}} = \frac{1\ 200 \times 10^3}{4 \times \dfrac{160}{2}} = 3\ 750 \text{ N}$$

② 校核螺杆的剪切强度

$$\tau = \frac{F}{\dfrac{\pi}{4} d_s^2} = \frac{3\ 750}{\dfrac{\pi}{4} \times 13^2} = 28.3 \text{ MPa} < [\tau]$$

③ 校核钉孔的挤压强度

$$\sigma_{bs} = \frac{F}{d_s h_1} = \frac{3\ 750}{13 \times 15} = 19.2 \text{ MPa} < [\sigma_{bs}]$$

故螺栓联接强度足够。

(2) 普通螺栓联接。

这种联接靠摩擦传递横向力,螺栓只受预紧力作用。由表 4 - 2 知 40 钢 $\sigma_s = 335$ MPa,由表 9 - 4 知螺栓材料的许用拉应力 $[\sigma] = \dfrac{\sigma_s}{n_s}$。

① 求单个螺栓的预紧力

$$F_0 = \frac{KF}{f_s m} = \frac{KM}{f_s mz \dfrac{D}{2}} = \frac{1.2 \times 1\ 200 \times 10^3}{0.25 \times 1 \times 4 \times \dfrac{160}{2}} = 18\ 000 \text{ N}$$

② 求螺栓直径

由表 9-4 知,不控制预紧力时许用应力与螺栓直径有关,故需用试算法确定螺栓直径。设螺栓直径 $d = 30$ mm,查表 9-6 知 $d_1 = 26.211$ mm,由表 9-4 查得 $n_s = 2$ 螺栓许用应力

$$[\sigma] = \frac{\sigma_s}{n_s} = \frac{235}{2} = 167.5 \text{ MPa}$$

螺栓小径

$$d_1 \geqslant \sqrt{\frac{4 \times 1.3 F_0}{\pi[\sigma]}} = \sqrt{\frac{4 \times 1.3 \times 18\,000}{\pi \times 167.5}} = 13.34 \text{ mm} < 26.211 \text{ mm}$$

上面计算说明初设螺栓直径偏大,重选 M20 螺栓($d_1 = 17.294$ mm,$S_s = 3$),则

$$[\sigma] = \frac{\sigma_s}{S_s} = \frac{335}{3} = 111.7 \text{ MPa}$$

$$d_1 \geqslant \sqrt{\frac{4 \times 1.3 F_0}{\pi[\sigma]}} = \sqrt{\frac{4 \times 1.3 \times 18\,000}{\pi \times 111.7}} = 16.336 \text{ mm} < 17.294 \text{ mm}$$

故选用 M20 的螺栓为宜。

表 9-6　粗牙普通螺纹的基本尺寸　　　　　mm

大径 d 或 D	螺距 P	中径 d_2 或 D_2	小径 d_1 或 D_1
10	1.5	9.026	8.376
12	1.75	10.863	10.106
(14)	2	12.701	11.835
16	2	14.701	13.835
(18)	2.5	16.376	15.294
20	2.5	18.376	17.294
(22)	2.5	20.376	19.294
24	3	22.051	20.752
(27)	3	25.051	23.752
30	3.5	27.727	26.211
(33)	3.5	30.727	29.211
36	4	33.402	31.670
(39)	4	36.402	34.670

注:1. 本表摘自 GB196—81。

　　2. 大径无括号者为第一系列,有括号者为第二系列,优先选用第一系列。

　　3. 其余尺寸可查机械设计手册。

比较上述计算结果可知,采用普通螺栓联接所需螺栓的直径要比采用铰制孔螺栓联接的螺栓直径大得多。若采用相同的螺栓直径,则普通螺栓联接所需螺栓的个数要比铰制孔螺栓联接所需螺栓的个数多。

表 9 - 7　　六角头铰制孔用螺栓基本尺寸　　　　　　　　　mm

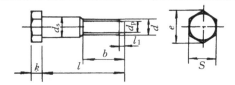

d	6	8	10	12	(14)	16	(18)	20	(22)	24	(27)
d_s	7	9	11	13	15	17	19	21	23	25	28
d_p	4	5.5	7	8.5	10	12	13	15	17	18	21
S	10	13	16	18	21	24	27	30	34	36	41
e_{min}	10.89	14.20	17.59	19.85	22.78	26.17	29.56	32.95	37.29	39.55	45.20
k	4	5	6	7	8	9	10	11	12	13	15
l	25~65	25~80	30~120	35~180	40~180	45~200	50~200	55~200	60~200	65~200	75~200
b	12	15	18	22	25	28	30	32	35	38	42
l_1	1.5		2		3			4			5

l 的长度系列:25,(28),30,(32),35,(38),40,45,50,(55),60,(65),70,(75),80,
(85),90,(95),100,110,120,130,140,150,160,170,180,190,200

注:1. 本表摘自 GB27—88。　2. d_1 为配合直径。　3. 其余尺寸查机械设计手册。

例 9 - 2　一钢制液压缸,已知缸内油压 $p = 2$ MPa(静载),液压缸内径 $D_2 = 125$ mm,缸盖用 6 个 M16 的螺栓联接在缸体上,结构形式见图 9 - 13。螺栓材料的许用应力 $[\sigma] = 100$ MPa。根据联接的紧密性要求,取剩余预紧力 $F_0' = 1.5 F$,试校核该螺栓联接强度。

解　螺栓既受预紧力又受轴向工作载荷。由式(9-6)可知,螺栓所受的总拉力 $F_\Sigma = F + F_0'$。故须先求出单个螺栓的工作载荷 F,从而求出 F_0' 和 F_Σ,然后校核螺栓联接的强度。

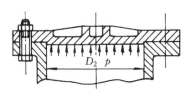

图 9 - 13　例 9 - 2 图

(1) 计算螺栓的工作载荷。

液压缸盖螺栓组所受的载荷

$$F_R = p \frac{\pi D_2^2}{4} = 2 \times \frac{\pi \times 125^2}{4} = 2.45 \times 10^4 \text{ N}$$

单个螺栓的工作载荷

$$F = \frac{F_R}{z} = \frac{2.45 \times 10^4}{6} = 4083 \text{ N}$$

(2) 求螺栓的总拉力剩余预紧力。

$$F_0' = 1.5F = 1.5 \times 4\ 083 = 6125 \text{ N}$$

螺栓的总拉力

$$F_\Sigma = F + F_0' = 4\ 083 + 6\ 125 = 1.02 \times 10^4 \text{ N}$$

(3) 校核联接的强度。

由表 9 - 6 知,M16 的螺栓 $d_1 = 13.835$ mm,所以

$$\sigma_v = \frac{1.3 F_\Sigma}{\frac{\pi}{4} d_1^2} = \frac{1.3 \times 1.02 \times 10^4 \times 4}{\frac{\pi}{4} \times 13.835^2} = 88.2 \text{ MPa}$$

由于 $\sigma_v < [\sigma]$，因此该螺栓联接可靠。

9.2　键联接

诸如齿轮、带轮等轴上零件，只有与轴实现周向固定才能进行力与运动的传递。工程中一般是在轴上零件的轮毂与轴之间，采用键、销或成形、过盈等方法进行联接，其中以键联接应用最广。

9.2.1　键联接的类型

键联接分为平键联接、半圆键联接、楔键联接、切向键及花键联接等几种类型。除花键须随轴一起加工外，其余键都是标准件，有关标准可从设计手册中查取。

1. 平键联接

平键的两侧面为工作面，并与键槽有配合关系，工作时依靠键和键槽侧面的挤压来传递转矩，而键的顶面与轮毂槽底之间留有间隙，见图 9-14(a)。平键联接结构简单、装拆方便、对中性好，因而应用十分广泛。按用途不同，平键分为普通平键、导向平键和滑键三种。

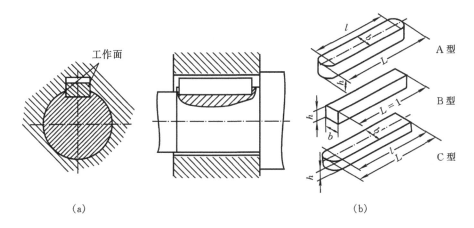

(a)　　　　　　　　　　　　　　　(b)

图 9-14　普通平键联接

(a) 平键联接结构；(b) 平键类型

1) 普通平键

普通平键用于轴与轮毂之间无相对轴向移动的**静联接**。按其端部形状不同又分为 A 型（圆头）、B 型（平头）和 C 型（单圆头）三种，见图 9-14(b)。A 型和 B 型键用在轴的中部，而 C 型键常用于轴端处。普通平键和键槽的尺寸见表 9-8。

表 9 - 8　普通平键和键槽的尺寸　　　　　　　　　　　mm

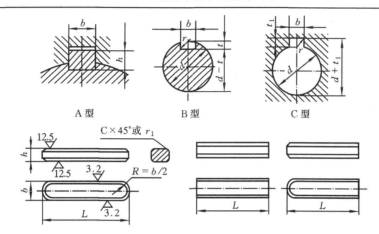

A 型　　　　　　　　B 型　　　　　　　　C 型

标记示例:圆头普通平键(A 型),$b=16$,$h=10$,$L=100$ 的标记为:键 16×100　GB/T1096—1979

平头普通平键(B 型),$b=16$,$h=10$,$L=100$ 的标记为:键 B16×100　GB/T1096—1979

单圆头普通平键(C 型),$b=16$,$h=10$,$L=100$ 的标记为:键 C16×100　GB/T1096—1979

轴	键	键槽										
		宽度 b					深度				半径 r	
		公称尺寸 b	极限偏差				轴 t		毂 t_1			
公称直径 d	公称尺寸 $b×h$		较松键联接		一般键联接		较紧键联接					
			轴 H9	毂 D10	轴 N9	毂 Js9	轴和毂 P9	公称尺寸	极限偏差	公称尺寸	极限偏差	最小	最大
>10～12	4×4	4	+0.030 0	+0.078 0.030	0 -0.030	±0.015	-0.012 -0.042	2.5	+0.1 0	1.8	+0.1 0	0.08	0.16
>12～17	5×5	5						3.0		2.3			
>17～22	6×6	6						3.5		2.8		0.16	0.25
>22～30	8×7	8	+0.036 0	+0.098 +0.040	0 -0.036	±0.018	-0.015 -0.051	4.0	+0.2 0	3.3	+0.2 0		
>30～38	10×8	10						5.0		3.3			
>38～44	12×8	12						5.0		3.3			
>44～50	14×9	14	+0.043 0	+0.120 +0.050	0 -0.043	±0.0215	-0.018 -0.061	5.5		3.8		0.25	0.40
>50～58	16×10	16						6.0		4.3			
>58～65	18×11	18						7.0		4.4			
>65～75	20×12	20	+0.052 0	+0.149 +0.065	0 -0.052	±0.026	-0.022 -0.074	7.5		4.9		0.40	0.60
>75～85	22×14	22						9.0		5.4			
键的长度系列	6,8,10,12,14,16,18,20,22,25,28,32,36,40,45,50,56,63,70,80,90,100,110,125,140,160,180,200,220,250,280,320,360											

注:1. 本表摘自 GB/T1095—1979、GB/T1096—1979。

　2. 在工作图中,轴槽深用 t 或$(d-t)$标注,轮毂槽深用$(d+t_1)$标注。

　3. $(d-t)$和$(d+t_1)$两组组合尺寸的极限偏差按相应的 t 和 t_1 极限偏差选取,但$(d-t)$极限偏差值应取负号。

2)导向平键

导向平键用于轴与轮毂之间有相对轴向移动的**动联接**。导向平键是一种较长的平键,分 A 型和 B 型两种。因为键较长,为了防止键在轴槽中松动,需用螺钉将键固定在轴槽中,为便于键的拆卸,在键的中部制有起键螺纹孔,见图 9-15。导向平键联接适用于轴上零件轴向移动量不大的场合,如变速箱中的滑移齿轮等。

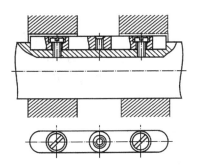

图 9-15　导向平键联接

3）滑键

滑键也用于动联接,其结构如图 9-16 所示。这种联接是将滑键固定在轮毂上,轮毂带动滑键在轴槽中作轴向移动,因而需要在轴上加工较长的键槽。滑键联接适用于轴上零件轴向移动量较大的场合,如车床中光杠与溜板箱中零件的联接等。

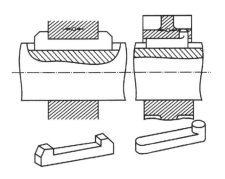

图 9-16　滑键联接

2. 半圆键联接

半圆键联接用于静联接,其结构如图 9-17 所示。半圆键的两侧面为工作面,键与键槽的配合较松,能在键槽中摆动,以适应轮毂上键槽的斜度,装拆方便。但轴上的键槽较深,对轴的强度削弱较大,故常用于轻载和锥形轴端的联接。

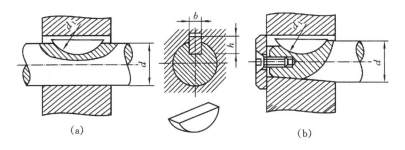

图 9-17　半圆键联接

3. 楔键联接

楔键联接只用于静联接,根据键的结构不同分为普通楔键联接和钩头楔键联接两种,见图 9-18。楔键的上下表面为工作面,其上表面与轮毂键槽的底面均有1:100的斜度,装配时需将键打紧在轴与轮毂的键槽中,靠楔紧后产生的摩擦力传递转矩,也可以承受单向的轴向力。

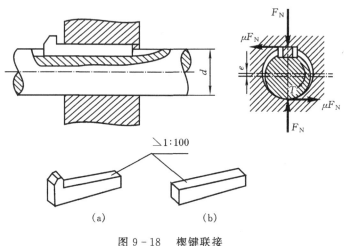

图 9-18　楔键联接

(a)钩头楔键联接;(b)普通楔键联接

楔键联接由于装配打紧后造成轴和轮毂的偏心,故多用于对中性要求不高、载荷平稳和转速较低的场合,如农业机械和建筑机械等。钩头楔键易于拆卸,用在轴端时,为了安全,应加装防护罩。

4. 切向键联接

切向键联接也只用于静联接,其结构如图 9-19 所示。切向键由一对斜度为1:100的普通楔键组成,装配时两个键以其斜面相互贴合,分别从轮毂的两端楔入,使键楔紧在轴与轮毂的键槽中。装配后上、下两个工作面是平行的,且应使其中一个工作面通过轴心线的平面,依靠沿轴的切线方向的压力来传递转矩,见图 9-19(a)。

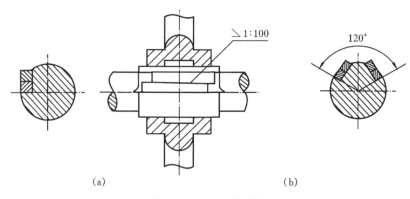

图 9-19　切向键联接

(a)一对切向键联接;(b)两对切向键联接

　　一对切向键只能传递单向转矩,若需传递双向转矩时,应采用两对切向键。为了不致严重削弱轴的强度和使受力均匀,应使两对切向键互成 $120° \sim 135°$ 布置,见图 9-19(b)。切向键联接主要用于轴径大于 100 mm,对中要求不高的重型机械,如矿山机械中大型绞车的卷筒、齿轮与轴的联接等。

5. 花键联接

　　花键联接是由周向均布多个键齿的花键轴和带有相应键槽的花键孔组成的,如图 9-20 所示。花键齿的两侧面为工作面,依靠花键轴与花键孔齿侧面的挤压来传递转矩。与平键联接相比,花键联接由于键齿多,齿槽较浅,对轴的强度削弱较小,故能传递较大的转矩,且对中性和导向性都比较好,但其制造比较复杂,成本高。花键联接适用于传递载荷较大和定心精度要求较高的动联接和静联接。

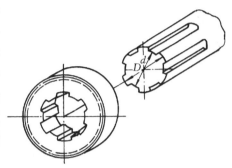

图 9-20 花键联接

　　花键联接按其键齿的形状不同,可分为矩形花键和渐开线花键两种,见图 9-21。

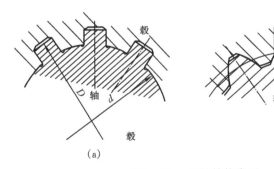

(a)　　　　　　　　　　　　(b)

图 9-21 花键结构类型
(a) 矩形花键;(b) 渐开线花键

　　1) 矩形花键

　　矩形花键的齿侧面相互平行,易于加工。矩形花键采用小径定心,花键轴和花键孔的小径均可通过磨削得到高的定心精度和稳定性,因此应用广泛。

　　2) 渐开线花键

　　渐开线花键的齿廓为渐开线,可用加工齿轮的方法来获得齿形,因而工艺性好。与矩形花键相比,渐开线花键具有自动定心、齿面接触好、强度高、寿命长等特点,在航天、航空、造船、汽车等行业中应用相当广泛。渐开线花键的齿形有压力角为 $30°$ 和 $45°$ 两种,其中前者主要用于重载和尺寸较大的联接;而后者则用于轻载和小直径的静联接,特别适用于薄壁零件的联接。

9.2.2 平键联接的设计计算

　　平键已标准化,平键联接设计时,可根据具体情况首先选择键的类型和尺寸,然后再进行联接的强度校核。

1) 类型的选择

选择平键类型时,应考虑传递转矩的大小;联接的对中要求;轮毂是否要求轴向固定,或者轮毂是否需要沿轴向滑移及移动距离的长短;键在轴上的位置(在轴的中部还是端部)等因素。

2) 尺寸的选择

对用于静联接的普通平键,键的剖面尺寸 $b \times h$(b 为键宽,h 为键高),可根据轴的直径 d 从标准中选取;键的长度 L 应按轮毂的长度选定,使键长略短于轮毂长度 L',并符合键长的标准系列。对于动联接的导向平键和滑键,其剖面尺寸 $b \times h$ 的选取方法与普通平键相同,键长 L 则按轮毂的长度及其滑动距离选定。

3) 失效形式及强度校核

平键联接工作时的受力情况如图 9-22 所示。对于静联接,其主要失效形式是挤压破坏,即轮毂、轴、键三者中较弱零件(通常为轮毂)的工作面被压溃,故常作挤压强度校核计算。对于动联接,其主要失效形式是工作面的磨损,即轮毂、轴、键三者中较弱零件(通常也为轮毂)被磨损,因而必须限制其工作面的平均压强,作耐磨性计算。

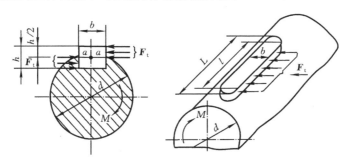

图 9-22 平键联接的受力分析

在进行平键联接强度校核计算时,假设载荷在工作面上均匀分布,其挤压强度条件和耐磨性条件为

静联接
$$\sigma_{bs} = \frac{4M}{dhl} \leqslant [\sigma_{bs}] \tag{9-10}$$

动联接
$$p = \frac{4M}{dhl} \leqslant [p] \tag{9-11}$$

式中:σ_{bs}—— 挤压应力,MPa;

p—— 压强,MPa;

M—— 轴传递的转矩,N·mm;

d—— 轴的直径,mm;

h—— 键的高度,mm;

l—— 键的工作长度,mm,A 型键 $l = L - b$,B 型键 $l = L$,C 型键 $l = L - b/2$;

$[\sigma_{bs}]$—— 轮毂、轴和键三者中较弱零件的许用挤压应力,MPa,查表 9-9;

$[p]$—— 轮毂、轴和键三者中较弱零件的许用压强,MPa,查表 9-9。

表 9 - 9　　键联接的许用挤压应力和许用压强　　　　　MPa

许用值	联接方式	薄弱零件的材料	载荷性质		
			静载荷	轻微冲击载荷	冲击载荷
$[\sigma_{bs}]$	静联接	铸铁	$70 \sim 80$	$50 \sim 60$	$30 \sim 45$
		钢	$125 \sim 150$	$100 \sim 120$	$60 \sim 90$
$[p]$	动联接	钢	50	40	30

　　若联接的强度不够,一般可采用下列方法:① 适当增加轮毂及键的长度;② 采用间隔$180°$对称布置的双键联接,见图 9 - 23。由于双键载荷分布不均匀,故强度校核计算时应按 1.5 个键计算;③ 与过盈配合结合使用。

　　例 9 - 3　图 9 - 24 所示为减速器的输出轴,轴与齿轮采用键联接。已知:轴传递的转矩 $M = 600$ N・m,齿轮和轴的材料均为 45 钢,工作时有轻微冲击,联接处轴及轮毂的尺寸见图 9 - 24,试选择键的类型和尺寸,并校核其联接强度。

　　解　(1) 键的类型和尺寸选择。

　　因为联接位于轴的中部,故选用 A 型普通平键联接。根据轴的直径 $d = 75$ mm,及轮毂长度 $L' = 80$ mm,由表 9 - 8 选取键的尺寸为:$b = 20$ mm,$h = 12$ mm,$L = 70$ mm。

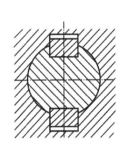

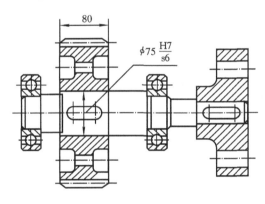

$\phi 75 \dfrac{H7}{s6}$

图 9 - 23　双键联接　　　　　　　图 9 - 24　例 9 - 3 图

(2) 校核键联接的挤压强度。

　　键的工作长度 $l = L - b = 70$ mm $- 20$ mm $= 50$ mm,由表 9 - 9 取许用挤压应力$[\sigma_{bs}] = 100$ MPa,由式 9 - 10 得

$$[\sigma_{bs}] = \frac{4M}{dhl} = \frac{4 \times 600 \times 10^3}{75 \times 12 \times 50} = 53.3 \text{ MPa}$$

因 $\sigma_{bs} < [\sigma_{bs}]$,故键联接的强度足够,所选的键为:键 20 mm × 70 mm GB/T1096 - 1979。

9.3　联轴器与离合器

　　联轴器和离合器主要是用于联接不同机器(或部件)的两根轴,使它们一起回转并传递转矩。

　　用联轴器联接的两根轴只有在机器停车时用拆卸的方法才能使它们分离。用离合器联接的两根轴在机器运转中就能方便地使它们分离或接合。

　　联轴器和离合器的结构型式很多,下面简介一些常见的类型。

9.3.1 联轴器

按照结构特点,联轴器可分为固定式联轴器和可移式联轴器两大类。

1. 固定式联轴器

固定式联轴器可以把两轴牢固地联接起来,构成刚性整体,故又称固定式刚性联轴器。

图 9-25 为刚性凸缘联轴器的结构图,它是固定式刚性联接中应用最广泛的一种。固定式刚性凸缘联轴器主要由两个分别装在两轴端部的凸缘盘和联接它们的螺栓所组成。为使被联接两轴的中心线对准,可在联轴器的一个凸缘盘上车出凸肩,在另一个凸缘盘上制成相配合的凹槽。

图 9-26 所示的套筒联轴器也是一种固定式刚性联轴器。

固定式刚性联轴器的优点是结构简单,成本低。缺点是要求两轴严格对中,无法补偿两轴间的相对位移(偏斜或错位);同时,联轴器都由刚性零件所组成,缺乏缓冲与减震能力。

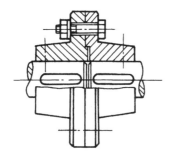 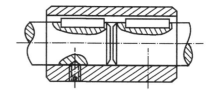

图 9-25　凸缘联轴器　　　　　　　图 9-26　套筒联轴器

2. 可移式联轴器

为了克服固定式联轴器的上述缺点,可采用可移式联轴器。可移式联轴器的特点是允许被联接的两轴有一定的相对位移。

可移式联轴器分为刚性的和弹性的两种,前者利用联轴器中刚性零件间的相对运动来补偿两轴的相对位移,后者则利用联轴器中弹性零件的弹性变形来补偿两轴的相对位移。

1)可移式刚性联轴器

常用的可移式刚性联轴器有下列几种型式。

(1) 齿轮联轴器。图 9-27(a) 所示为齿轮联轴器。两个外齿套筒 1 和 4 分别装于两轴端部

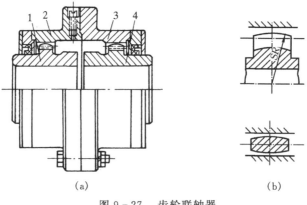

(a)　　　　　　　　　　(b)

图 9-27　齿轮联轴器

1、4— 外齿套筒;2、3— 内齿套筒

（图中两轴没有画出），两个内齿套筒 2 和 3 用螺栓相互联接。内、外齿轮的齿数相同，外齿的齿顶制成球面，齿侧制成鼓形（图9-27(b)），内、外齿间具有较大的侧隙。

齿轮联轴器具有良好的补偿相对位移的特性，同时能在轮廓尺寸较小的情况下传递较大的转矩。因此常用于重型机械中。但是，这种联轴器较难制造，成本较高。

（2）万向联轴器。万向联轴器又称铰链联轴器，图9-28为这种联轴器的构造示意图。万向联轴器主要由两个叉形接头 1 和 3 及一个十字体 2 等组成。它可以用于两轴中心线相交成较大角度（α 可达45°）的联接。其缺点是当主动轴以 ω_1 等角速度转动时，从动轴的角速度 ω_2 是变化的，其变化范围为

$$\omega_1 \cos\alpha \leqslant \omega_2 \leqslant \frac{\omega_1}{\cos\alpha}$$

由此必将产生附加动载荷，从而影响到传动的平稳性。为克服这一缺点，工程中的万向联轴器常成对使用，组成双万向联轴器。图9-29为双万向联轴器的两种不同安装形式。为保证主动轴与从动轴的角速度同步。安装时应满足下列条件：

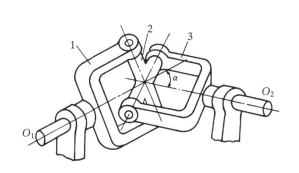

图 9-28　万向联轴器构造示意图
1、3— 叉形接头；2— 十字体

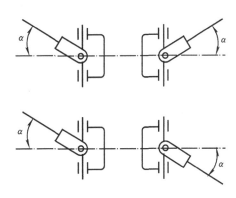

图 9-29　双万向联轴器的安装

① 主动轴、从动轴与中间轴三轴在同一平面内；
② 主动轴与中间轴夹角等于从动轴与中间轴夹角；
③ 中间轴两端的叉面位于同一平面内。

万向联轴器结构紧凑，维修方便，能补偿较大的角位移，广泛应用于汽车、拖拉机、轧钢机和机床中。

（3）十字滑块联轴器。如图9-30所示，十字滑块联轴器由两个端面开有凹槽的半联轴器 1 和 3 及一个两面具有凸肩的滑块圆盘 2 所组成。这种联轴器不但允许两轴间有不大的轴向和径向位移，而且允许有一定的角度位移偏差。缺点是高速运转时振动大，凹槽和凸肩的磨损严重。

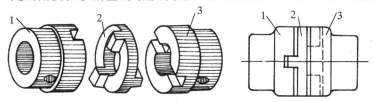

图 9-30　十字滑块联轴器
1、3— 半联轴器；2— 中间盘

2）可移式弹性联轴器

弹性联轴器依靠各种弹性元件的变形来补偿制造和安装误差，以及两轴间的相对位移，并且还具有较好的缓冲与吸振能力。

（1）弹性圈柱销联轴器。弹性圈柱销联轴器是机器上常用的一种弹性联轴器。如图9-31所示，它的主要零件是弹性橡胶圈、柱销和两个法兰盘。每个柱销上装有几个橡胶圈，插到法兰盘的销孔中，从而传递转矩。

弹性圈柱销联轴器适用于正反转变化多、起动频繁的高速轴联接，如电动机、水泵等轴的联接，可获得较好的缓冲和吸振效果。

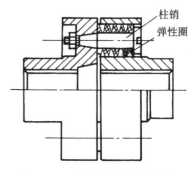

图9-31 弹性圈柱销联轴器

（2）尼龙柱销联轴器。尼龙柱销联轴器和上述弹性圈柱销联轴器相似（图9-32），只是用尼龙柱销代替了橡胶圈和钢制柱销，为防止柱销从半联轴器的孔中滑出，在两端要安装挡板。该联轴器的性能及用途与弹性圈柱销联轴器相同。由于结构简单，制造容易，维护方便，所以常用它来代替弹性圈柱销联轴器。

3. 联轴器类型的选择

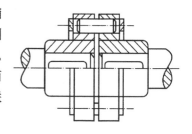

图9-32 尼龙柱销联轴器

选择联轴器的类型时，应综合考虑机器的工作情况、速度的大小以及对补偿位移的要求等因素。当载荷平稳、被联接的两轴安装能严格对中、工作中又没有相对位移时，可选用刚性联轴器。若两轴工作时有相对位移，则应根据不同情况选择能补偿相对位移的可移式或弹性联轴器：载荷平稳，可选用可移式联轴器；载荷有冲击振动，可选用弹性联轴器。

9.3.2 离合器

离合器的形式很多，常用的为嵌入式离合器和摩擦式离合器。嵌入式离合器依靠齿的嵌合来传递转矩，摩擦式离合器则依靠工作表面间的摩擦力来传递转矩。

离合器的操纵方式可以是机械的、电磁的和液压的等等，此外还可以制成自动离合的结构。自动离合器不需要外力操纵即能根据一定的条件自动分离或接合。

1. 嵌入式离合器

常用的嵌入式离合器有牙嵌离合器和齿轮离合器。

1）牙嵌离合器

如图9-33所示，牙嵌离合器主要由两个端面带有牙齿的套筒所组成。其中，一个套筒固定在主动轴上，而另一个套筒则用导向键（或花键）与从动轴相联接，利用操纵机构使其沿轴向移动来实现离合器的接合和分离。

牙嵌离合器的齿形有矩形、梯形和锯齿形三种（分别

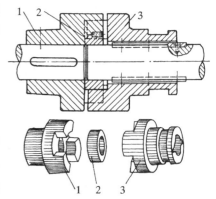

图9-33 牙嵌离合器

1— 固定套；2— 对中环；3— 滑动套

见图 9-34(a)、(b)、(c)），前两种齿形能传递双向转矩。锯齿形则只能传递单向转矩。其中，梯形齿易于接合，强度较高，应用较广。

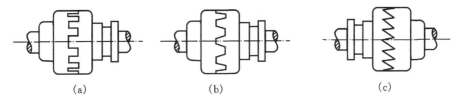

图 9-34　牙嵌离合器的齿形

牙嵌离合器结构简单，两轴联接后无相对运动。但在接合时有冲击，只能在低速或停车状态下接合，否则容易将齿打坏。

2）齿轮离合器

齿轮离合器（图 9-35）由一个内齿套和一个外齿套所组成。齿轮离合器除具有牙嵌离合器的特点外，其传递转矩的能力更大。

2. 摩擦式离合器

根据结构形状的不同，摩擦式离合器分为圆盘式、圆锥式和多片式等类型。圆盘式和圆锥式摩擦离合器结构简单，但传递转矩的能力较小，应用受到一定的限制。在机器中，特别是在金属切削机床中，广泛使用多片式摩擦离合器。

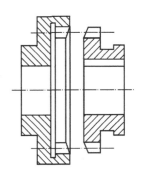

图 9-35　齿轮离合器

图 9-36 所示为多片式摩擦离合器典型结构。其接合元件由若干外片 4 和若干内片 5 组成，内、外摩擦片相间地叠合在一起。外套 2 固装在主动轴 1 上，外片靠花键齿插入外套 2 的花键槽内，其内孔不与其他零件接触，所以能与主动轴 1 一起转动，并能在轴向力作用下沿轴向移动。套筒 9 固装在从动轴 10 上，内片的花键齿插入套筒 9 的花键槽内，其外圆不与其他零件接触，所以能与从动轴 10 一起转动，并能在轴向力作用下沿轴向移动。当拨动滑环 7 向左移动时，通过安装在套筒 9 上的压杆 8 和压板 3 的作用，使内、外摩擦片压紧并产生摩擦力，离合器进入结合状态；反之，当拨动滑环 7 向右移动时，则使两组摩擦片放松，从而离合器分离。摩擦片间压紧力的大小可通过调节螺母 6 来控制。

摩擦式离合器当其操纵力为电磁力时，即成为电磁摩擦离合器。电磁摩擦离合器在自动化机械中应用比较广泛。

与嵌入式离合器相比较，摩擦式离合器的优点是：在运转过程中能平稳地离合；当从动轴发生过载时，离合器摩擦表面之间发生打滑，因而能俩护其它零件免于损坏。摩擦式离合器的主要缺点是：摩擦表面之间存在相对滑动，以致容易发热，磨损

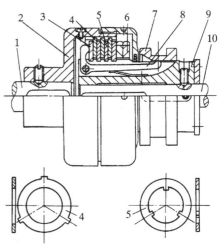

图 9-36　多片式摩擦离合器

1— 主动轴；2— 外套；3— 压板；

4— 外摩擦片；5— 内摩擦片；

6— 调节螺母；7— 滑环；

8— 压杆；9— 套筒；10— 从动轴

较大。

3. 自动离合器

自动离合器分为三种,即安全离合器、离心离合器和超越离合器。分别举例说明如下。

1) 安全离合器

这种离合器当传递的转矩达到某一定值时就能自动分离,具有防止过载的安全保护作用。

图 9－37 所示为牙嵌安全离合器,一般为梯形齿,且牙形倾角较大,并由弹簧压紧使牙嵌合。当传递的转矩超过某一定值(过载)时,牙间的轴向分力将克服弹簧压力使离合器分开,产生跳跃式的滑动。当转矩恢复正常时,离合器又自动地重新接合。

调节螺母可获得不同的弹簧压紧力,从而使离合器可在不同的转矩下滑跳。

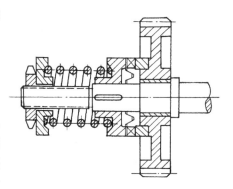

图 9－37　牙嵌安全离合器

2) 离心离合器

这种离合器是依靠离心力工作的,当转速达到某一定值时,离合器便自动地接合起来。

图 9－38 所示为一种离心摩擦离合器。在主动轴 1 上固定着一个圆盘 3,在圆盘 3 的径向孔内装着几个闸块 5,闸块内侧连接着拉力弹簧 6,在从动轴 2 上固定着一个闸盘 4。当轴 1 转动时,由于离心力 F_g 的作用,闸块 5 就沿径向孔向外滑动,并压向闸盘的内表面。当轴 1 的转速达到一定数值时,依靠闸块和闸盘间有足够的摩擦力,就使轴 1 和轴 2 自动接合一起转动。

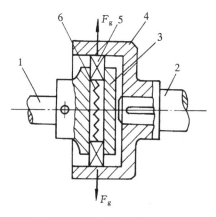

图 9－38　离心摩擦离合器

1、2—轴;3—圆盘;

4—闸盘;5—闸块;6—弹簧

3) 超越离合器

图 9－39 所示为一单向超越离合器,它主要由星轮 1、外环 2、滚柱 3、顶杆 4 及弹簧 5 等组成。星轮 1 通过键与轴 6 连接,外环 2 通常做成一个齿轮,空套在星轮上。在星轮的三个缺口内,各装有一个滚柱 3,每个滚柱又被弹簧 5、顶杆 4 推向外环和星轮的缺口所形成的楔缝中。

当外环(齿轮)2 以慢速逆时针回转时,滚柱 3 在摩擦力的作用下被楔紧在外环与星轮之间,因此外环便带动星轮使轴 6 也以慢速逆时针回转。

在外环以慢速作逆时针回转的同时,若轴 6 由另外一个快速电机带动亦作逆时针方向回转,星轮 1 将由轴 6 带动沿逆时针方向高速回转。由于星轮的转速高于外环的转速,滚柱从楔缝中松开,外环与星轮便自动失去联系,各按各自的转速回转,互不干扰。在这种情况下,是星轮的转速超越外环的转速而自由运转,所以这种离合器称为超越离合器。

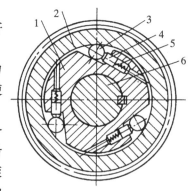

图 9－39　单向超越离合器

1—星轮;2—外环;3—滚柱;

4—顶杆;5—弹簧;6—轴

当快速电机不带动轴 6 回转时,滚柱又在摩擦力的作用下,被楔紧在外套与星轮之间,外套与星轮又自动联系在一起,使轴 6 连同外套作慢速回转。

由于超越离合器有上述作用,所以它大量地应用于机床、汽车和飞机等传动装置中。

4. 离合器的类型选择

一般而言,当要求主、从动轴同步转动且传递转矩较大时,可选用嵌入式离合器,但应在停机或低速下进行接合;当要求在高速下平稳接合,而主、从动轴同步性要求低时,宜选用摩擦式离合器;当要求在特定条件下(如一定转矩、转速及转向)能自动接合或分离时,应选用自动离合器。

复习思考题

9-1 螺纹联接基本类型有哪几种?各适用于什么场合?

9-2 螺纹联接为什么要采取防松措施?常用的防松方法有哪些?

9-3 图示为一拉杆螺纹联接。已知拉杆所受载荷 $F = 15$ kN,载荷稳定,拉杆材料为 Q235。试计算此拉杆螺栓的直径。

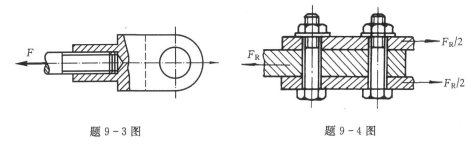

题 9-3 图　　　　　　　　　　　　　　题 9-4 图

9-4 图示螺栓联接,已知螺栓的个数 $z = 2$,直径 $d = 20$ mm,其许用拉应力 $[\sigma] = 200$ MPa,被联接件接合面的摩擦系数 $f_s = 0.2$,可靠系数 $K = 1.2$。试计算该联接许可传递的静载荷 F_R。

9-5 用两个 M10 的普通螺钉固定一牵曳钩,如图所示。已知螺钉材料为 Q235 钢,安装时控制预紧力,接合面的摩擦系数 $f_s = 0.3$。求允许的最大牵曳力 F_R。

9-6 图示为一凸缘联轴器的示意图。联轴器用 4 个 M12 普通螺栓联接,螺栓中心均匀分布在 $\phi 105$ 的圆周上,安装时不控制预紧力。螺栓材料为 35 钢,联轴器接合面的摩擦系数 $f_s = 0.2$,若取防滑安全系数 $S = 1.2$,试问该联轴器能传递多大转矩?

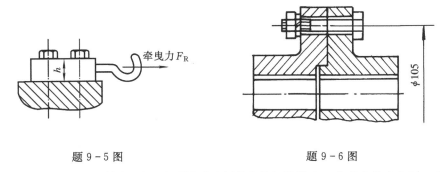

题 9-5 图　　　　　　　　　　　　　　题 9-6 图

9-7 在直径 $d = 80$ mm 的轴端安装一钢制的直齿圆柱齿轮如图所示。已知轮毂长度为 $L' = 1.5d$,工作时有轻微冲击,试选择普通平键联接的类型和尺寸,并计算其所能够传递的最大转矩 M。

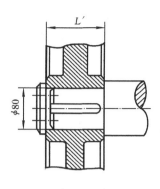

题 9-7 图

9-8   试选择某机床中电动机与带轮间普通平键联接。已知：功率 $P = 7.5$ kW，转速 $n = 1440$ r/min，轴径 $d = 38$ mm，铸铁带轮轮毂长 85 mm，载荷有轻微冲击。

9-9   十字轴万向联轴器为什么要成对使用？成对使用时对安装有什么要求？

9-10   牙嵌式离合器与摩擦式离合器的工作原理有何不同？各有何优缺点？

9-11   为什么安全离合器能起安全保护作用？

9-12   单向超越离合器为什么能自动接换快速和慢速运动？

第 10 章

轴

轴是机器中的重要零件。其主要功用是支承转动零件(如齿轮、带轮、叶轮、蜗轮、链轮以及各种车轮等),并传递运动和动力。

10.1 概　述

1. 轴的分类

1) 按轴心线形状分类

按轴心线形状不同可分为直轴、曲轴和挠性轴三类。

(1) 直轴。其轴心线为一直线。机器中大部分的轴都是直轴。直轴按其横剖面直径沿轴线是否变化又可分为**光轴**和**阶梯轴**。其中阶梯轴便于轴上零件的安装与固定,应用最广。根据芯部结构不同,直轴又可分为**实心轴**和**空心轴**(图 10-1)。

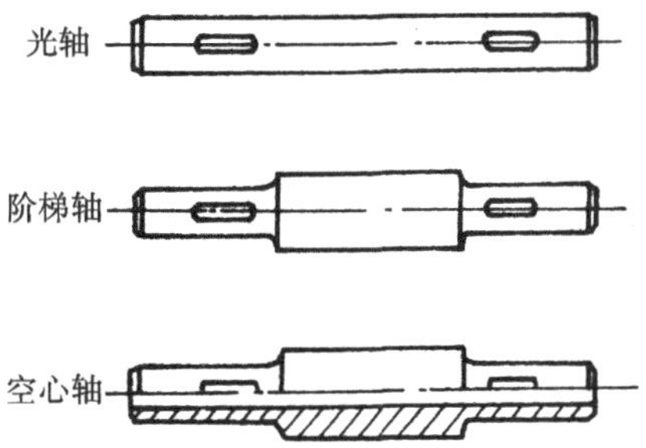

(2) 曲轴。其轴心线为折线(图 10-2)。常用于往复式机械中(如内燃机,往复式空气压缩机等)。

(3) 挠性轴。其轴心线为任意曲线(图 10-3),可将转矩和回转运动传递到任意位置。常用于建筑工地上所用的振动器以及牙科医疗机等机械中。

图 10-1　直轴

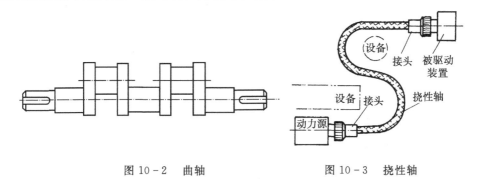

图 10-2　曲轴　　　　　　图 10-3　挠性轴

2) 按轴的受载形式分类

按轴的受载形式不同可分为心轴、转轴和传动轴三类。

(1) 心轴。只用于支承转动零件,仅承受弯矩的轴。它既可以是固定不动的(图 10-4(a))。也可以是转动的(图 10-4(b))。

（2）转轴。工作时既承受弯矩又传递转矩的轴。这类轴在机械中最常用，如带轮轴、齿轮轴等（图 10-5）。

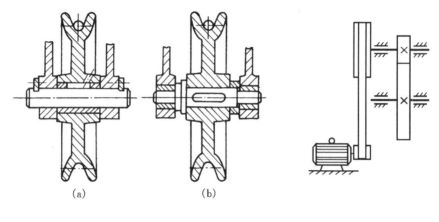

图 10-4　心轴　　　　　　　　　　　图 10-5　转轴

（3）传动轴。主要用于传递转矩，不承受弯矩或弯矩很小的轴。汽车变速箱与后桥间的轴就是传动轴（图 10-6）。

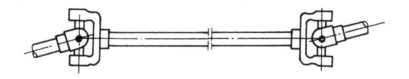

图 10-6　传动轴

2. 设计轴的主要问题

设计轴时主要解决的问题是选择轴的适宜材料，合理地确定轴的结构，计算轴的工作能力。一般情况下轴的工作能力取决于轴的强度。为了防止轴的断裂，必须根据工作条件对轴进行强度计算。对于有刚度要求的轴，还要进行刚度计算，以防止产生不允许的变形量。此外，对于高速运转的轴，还应进行振动稳定性计算，以防止共振现象产生。本节将简介轴的结构，并重点讨论轴的强度计算。

3. 轴的材料

轴在运转中受弯矩和扭矩，且多为交变应力作用，因此轴的材料应具有必要的强度和韧性。当采用滑动轴承作为轴的支承时，轴颈须具有耐磨性。轴的主要材料是碳素钢和合金钢。中、小尺寸的轴采用轧制的圆钢直接车制，大尺寸的轴则以锻件作毛坯。

在一般条件下工作的轴，多用碳素钢制造，尤以用 45 钢为多。碳素钢价廉，对应力集中不如合金钢敏感，是其应用最广的原因。

合金钢比碳素钢具有更高的强度和好的热处理性能。受重载荷、较重载荷，且尺寸受限制，以及在高、低温条件下工作的轴，宜采用合金钢制造。

轴断裂将导致重大事故和损失，其材质需作认真的鉴定，不允许有微裂纹和超过限度的夹杂物。

　　为了改善材料的强度和韧性,宜采用调质处理(即淬火并高温回火)。

　　为了提高轴的耐磨性,对由中碳钢或中碳合金钢制造的轴可进行高频淬火,也可视需要对轴段作局部淬火。对低碳合金钢制造的轴可进行渗碳并表面淬火,或采用氮化或氰化等处理方法。

　　我国于上世纪 50 年代曾研制成功球墨铸铁曲轴,在世界上处于前列。球墨铸铁比钢的滞振性好,比灰铸铁的强度和韧性高,铸造的曲轴毛坯比锻造成本低。

　　表 10-1 列出了轴的常用材料及其机械性能。

表 10-1　轴的常用材料及其主要力学性能和应用场合

材料	热处理	毛坯直径 /mm	硬度 /HBS	抗拉强度 σ_b	屈服点 σ_s	抗弯曲疲劳极限 σ_{-1}	抗剪切疲劳极限 τ_{-1}	应用场合
				MPa				
Q235				440	235	200	105	用于不重要或载荷不大的轴
35	正火	≤100	143～187	520	270	250	125	有好的塑性和适当的强度,可做一般曲轴、转轴等
	正火回火	>100～300		500	260	240	120	
	调质	≤100	163～207	560	300	265	135	
45	正火回火	≤100	170～217	600	300	275	140	用于较重要的轴,应用最为广泛
		>100～300	162～217	580	290	270	135	
	调质	≤200	217～255	650	360	300	155	
40Cr	调质	≤100	241～286	750	550	350	200	用于载荷较大而无很大冲击的重要轴
		>100～300	241～266	700		340	195	
40MnB	调质	≤200	241～286	750	500	335	195	性能接近 40Cr,可作其代用品
35SiMn 42SiMn	调质	≤100	229～286	800	520	400	205	
		>100～300	217～269	750	450	350	185	
35CrMo	调质	≤100	207～269	750	550	390	200	用于重载荷的轴
20Cr	渗碳+淬火+回火	≤60	表面 50～60HRC	650	400	280	160	用于强度、韧性及耐磨性较高的轴
QT450-10			160～210	450	310	160	140	多用于铸造形状复杂的曲轴、凸轮轴等
QT600-3			190～270	600	370	215	185	

10.2　轴的结构设计

　　轴的结构形式多种多样,影响轴结构的因素很多,但必须满足如下基本要求:① 轴及轴上零件有确定的工作位置,而且固定可靠;② 具有良好的加工和装配工艺性能;③ 有利于提高轴的强度和刚度,力求轴的受力合理,尽量避免或减小应力集中;④ 有的轴颈必须符合相应的标准或规范。

图 10 - 7 所示是一个两支点的转轴结构图。下面以此为例讨论轴的结构设计问题。

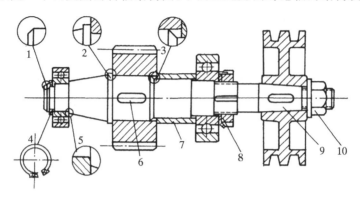

图 10 - 7　轴的典型结构
1— 倒角；2、5—轴肩；3— 套筒齿轮压紧处；4— 弹性挡圈；
6— 平键；7— 套筒；8、10— 螺母；9— 圆锥表面

1. 零件在轴上的定位和紧固

为了保证机器的正常工作，零件在轴上应当定位准确，固定可靠。定位是针对安装而言的，目的是保证零件有确定的安装位置；固定是针对工作而言的，目的是使零件在运转中保持原位不变，但作为结构措施，两者均是既起固定作用，又起定位作用。

1）轴上零件的轴向定位和固定

轴上零件的轴向定位和紧固可采用轴肩、轴环、套筒、圆螺母、轴端挡圈、弹性挡圈、紧定螺钉和圆锥表面等多种方式。

2）轴上零件的周向定位和固定

零件在轴上的周向定位和紧固可采用键联接、花键联接、销钉联接和过盈配合等方法。

2. 便于轴的加工制造、装拆和调整

一根形状简单的光轴，最易于加工制造。但为了使零件在轴上装拆方便以及零件能在轴向定位，往往把轴做成阶梯形（图10 - 7），并在轴肩及轴端倒角。

考虑加工方便，例如为了加工螺纹和磨削轴颈，轴上应留有退刀槽和砂轮越程槽（图10 - 8）。当轴上有多个键槽时，应尽可能安排在同一直线上，使加工键槽时无需多次装夹换位。为了减少应力集中，轴肩过渡要缓和，并做成圆角。但这种圆角还须小于装配零件的圆角，才能使零件靠紧轴肩（图 10 - 7）。

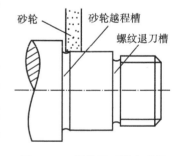

图 10-8　螺纹退刀槽和砂轮越程槽

10.3　轴的强度设计

开始设计轴时，往往由于轴的结构未定，从而不知道约束反力的作用点，不能确定弯矩的大小与分布情况。因此轴的强度计算，通常是在初步完成轴的结构设计之后进行的。一般的步骤是：先根据轴所传递的扭矩，按扭转强度进行轴径的估算，然后再参考此估算直径，并结合轴上零件的传力、定位、固定方式，以及装配、制造工艺特点，进行轴的结构设计，在此基础上，再

对轴的强度进行计算。

心轴只承受弯矩。故可按弯曲强度进行计算;传动轴只传递转矩,故可按扭转强度计算;转轴既受弯矩,又受扭矩,故可按弯扭组合变形的合成强度条件进行计算。

1. 轴径的估算

由第 3 章知识,实心圆轴的抗扭强度条件为

$$\tau = \frac{T}{W_P} = \frac{9.55 \times 10^6 P}{0.2 d^3 n} \leqslant [\tau] \tag{10-1}$$

由式(10-1)可得轴直径的设计公式

$$d \geqslant \sqrt[3]{\frac{9.55 \times 10^6}{0.2[\tau]} \frac{P}{n}} = C \sqrt[3]{\frac{P}{n}} \tag{10-2}$$

式中:τ—— 轴的横截面上最大扭转切应力,MPa;

T—— 轴横截面上所受扭矩,N·mm;

P—— 轴传递的功率,kW;

n—— 轴的转速,r/min;

W_P—— 轴的抗扭截面系数,mm³,$W_P = \frac{\pi}{16} d^3 \approx 0.2 d^3$;

d—— 轴的直径,mm;

$[\tau]$—— 轴材料的许用扭转切应力,MPa,取值见表 10-2;

C—— 与轴材料有关的系数,取值见表 10-2,并注意表下的说明。

式(10-2)即可用于估算轴的直径,当轴上加工有一个键槽时,需将轴径加大 3%;在同一截面处加工有两个键槽时,需将轴径加大 7%。

表 10-2 常用材料的[τ]值和 C 值

轴的材料	Q235,20	35	45	40Cr,35SiNn
[τ]/MPa	12~20	20~30	30~40	40~52
C	160~134	134~117	117~106	106~97

注:当作用在轴上的弯矩比扭矩小或只受扭矩时,C 取较小值;否则取较大值。

2. 轴的强度计算

当轴的结构设计初步完成后,已有条件进行轴的受力分析与计算,并绘制轴的弯矩图和扭矩图,进而可根据第 4 章知识,用弯扭合成强度条件验算直径,计算强度。

对于一般的钢制转轴,可用第三强度理论求出危险截面的当量应力 σ_{v3},即式(4-22)

$$\sigma_{v3} = \sqrt{\left(\frac{M}{W}\right)^2 + 4\left(\frac{T}{2W}\right)^2} = \frac{1}{W}\sqrt{M^2 + T^2}$$

大多数转轴的弯曲应力为对称循环变化,而扭转切应力随所受扭矩性质的不同可以是不变、脉动循环变化(例如频繁地起动、停车)或对称循环变化(例如频繁地承受正、反扭矩)。为了把不同性质的扭转切应力"折合"成对称变化的弯曲应力,可将扭矩 T 乘以折合系数 α,得

$$\sigma_{v3} = \frac{1}{W}\sqrt{M^2 + (\alpha T)^2} = \frac{M_v}{W}$$

式中 $M_v = \sqrt{M^2 + (\alpha T)^2}$ 称为**当量弯矩**,于是,转轴的强度条件为

$$\sigma_{v3} \leqslant [\sigma_{-1}] \tag{10-3}$$

式中：$[\sigma_{-1}]$—— 对称循环下材料的许用弯曲应力，MPa，取值见表 10-3；

M_v—— 当量弯矩，N·mm；

W—— 轴的抗弯截面系数，mm³；

α—— 应力折合系数，对于不变转矩，取 $\alpha = \dfrac{[\sigma_{-1}]}{[\sigma_{+1}]} \approx 0.3$；对于脉动循环的转矩，取 $\alpha = \dfrac{[\sigma_{-1}]}{[\sigma_0]} \approx 0.6$；对于对称循环的转矩，取 $\alpha = \dfrac{[\sigma_{-1}]}{[\sigma_{-1}]} = 1$。对称循环、脉动循环和静应力状态下材料的许用弯曲应力见表 10-3。

表 10-3　轴材料的许用应力　　　　　　　　MPa

材料	σ_b	$[\sigma_{+1}]$	$[\sigma_0]$	$[\sigma_{-1}]$
碳钢	400	130	70	40
	500	170	75	45
	600	200	95	55
	700	230	110	65
合金钢	800	270	130	75
	1 000	330	150	90

注：静应力时用$[\sigma_{+1}]$；脉动循环变应力时用$[\sigma_0]$；对称循环变应力时用$[\sigma_{-1}]$。

为了简化抗弯、抗扭截面系数的计算，截面有键槽时，仍可应用 $W = \dfrac{\pi}{32}d^3 \approx 0.1d^3$ 及 $W_p = \dfrac{\pi}{16}d^3 \approx 0.2d^3$ 两计算公式。但是，截面有一个键槽时，可将直径减小 3%；有二个键槽时，将直径减小 7% 之后进行强度校核计算。

例 10-1　图 10-9(a)所示为一装有斜齿圆柱齿轮，用单列向心球轴承支承的轴系。斜齿圆柱齿轮的分度圆直径 $d = 250$ mm，螺旋角 $\beta = 16°15'36''$，传递的转矩 $M = 612\,500$ N·mm。轴的材料为 45 钢，调质处理，硬度为 217～255 HBS。轴的尺寸如图所示，试校核轴的强度。

解　(1)计算齿轮轮齿上的受力。

作受力图如图 10-9(b)

切向力：　　　　　　　　$F_t = \dfrac{2M}{d} = \dfrac{2 \times 612\,500}{250} = 4900$ N

径向力：　　　　　　　　$F_r = \dfrac{F_t \tan\alpha_n}{\cos\beta} = \dfrac{4900\tan20°}{\cos16°15'36''} = 1858$ N

轴向力：　　　　　　　　$F_x = F_t \tan\beta = 4900\tan16°15'36'' = 1429$ N

(2)画出水平面受力图，计算支点反力和 C 点及 D 点弯矩，画出水平面的弯矩图。

支点反力：　　　　　　　$F_{Ax} = \dfrac{F_t L_2}{L} = \dfrac{4900 \times 80}{270} = 1452$ N

　　　　　　　　　　　　$F_{Bx} = F_t - F_{Ax} = 4900 - 1\,452 = 3488$ N

C 点弯矩：　　　　　　　$M_{yC} = F_{Ax}L_1 = 1452 \times 190 = 275\,880$ N·mm

D 点弯矩：　　　　　　　$M_{yD} = F_{Bx}L_3 = 3448 \times 40 = 137\,920$ N·mm

水平面的弯矩图如图 10-9(c)所示。

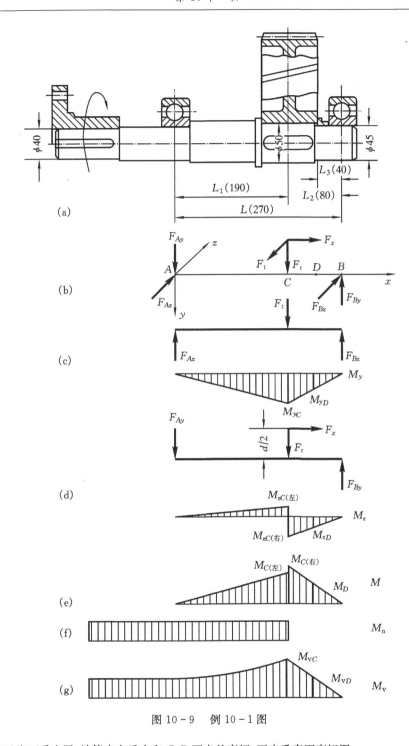

图 10 - 9　例 10 - 1 图

（3）画出垂直面受力图，计算支点反力和 C、D 两点的弯矩，画出垂直面弯矩图。

支点反力：
$$F_{Ay} = \frac{F_x \dfrac{d}{2} - F_r L_2}{L} = \frac{1429 \times \dfrac{250}{2} - 1858 \times 80}{270} = 111 \text{ N}$$

$$F_{By} = F_{Ay} + F_r = 111 + 1858 = 1969 \text{ N}$$

C 点弯矩：
$$M_{zC(左)} = F_{Ay} L_1 = 111 \times 190 = 21\,090 \text{ N} \cdot \text{mm}$$

$$M_{zC(右)} = -F_{By}L_2 = -1969 \times 80 = -157\ 520\ \text{N} \cdot \text{mm}$$

D 点弯矩：$M_{zD} = F_{By}L_3 = 1969 \times 40 = 78\ 760\ \text{N} \cdot \text{mm}$

垂直面弯矩图如图 $10-9(\text{d})$ 所示。

（4）求合成弯矩，画出合成弯矩图。

C 点合成弯矩：

$$M_{C(左)} = \sqrt{M_{yC}^2 + M_{zC(左)}^2} = \sqrt{275\ 880^2 + 21\ 090^2} = 276\ 685\ \text{N} \cdot \text{mm}$$

$$M_{C(右)} = \sqrt{M_{yC}^2 + M_{zC(右)}^2} = \sqrt{275\ 880^2 + 157\ 520^2} = 317\ 683\ \text{N} \cdot \text{mm}$$

D 点合成弯矩：

$$M_D = \sqrt{M_{yD}^2 + M_{zD}^2} = \sqrt{137\ 920^2 + 78\ 760^2} = 158\ 824\ \text{N} \cdot \text{mm}$$

合成弯矩图如图 $10-9(\text{e})$ 所示。

（5）画出扭矩图。

扭矩图如图 $10-9(\text{f})$ 所示。

（6）计算当量弯矩，画出当量弯矩图。

C 截面当量弯矩：

$$M_{vC} = \sqrt{M_{C(右)}^2 + (\alpha T)^2} = \sqrt{317\ 683^2 + (0.6 \times 612\ 500)^2} = 485\ 776\ \text{N} \cdot \text{mm}$$

D 截面当量弯矩：$M_{vD} = M_D = 158\ 824\ \text{N} \cdot \text{mm}$

当量弯矩图如图 $10-9(\text{g})$ 所示。

（7）校核轴的强度，根据弯矩的大小及轴的直径选择 C、D 两个截面进行强度校核。

C 截面的当量弯曲应力：$\sigma_{vC} = \dfrac{M_{vC}}{W} = \dfrac{485\ 776}{0.1 \times (50 \times 0.97)^3} = 42.5\ \text{MPa}$

D 截面的当量弯曲应力：$\sigma_{vD} = \dfrac{M_{vD}}{W} = \dfrac{158\ 824}{0.1 \times 45^3} = 17.43\ \text{MPa}$

查表 $10-3$：当 $\sigma_b = 650\ \text{MPa}$ 时，$[\sigma_{-1}] = 60\ \text{MPa}$，满足 $\sigma_{vC} < [\sigma_{-1}]$，$\sigma_{vD} < [\sigma_{-1}]$ 的条件。C 截面有键槽，但 σ_{vC} 比 $[\sigma_{-1}]$ 小得较多，故仍安全。

复习思考题

$10-1$　轴的功用是什么？怎样区别心轴、转轴和传动轴？试各举一例。

$10-2$　轴的合理结构应该满足哪些基本要求？

$10-3$　轴上零件的轴向固定方法有哪些？周向固定方法有哪些？

$10-4$　为什么转轴常设计成阶梯形结构？

$10-5$　图示为单级直齿圆柱齿轮减速器高速级轴的结构简图。已知轴材料为 45 钢，强度极限 $\sigma_b = 550\ \text{MPa}$。齿轮受径向力 482 N，圆周力 1322 N，扭矩 41 300 N·mm，皮带轮上受带拉力 486 N，与齿轮所受径向力在同一平面内。试校核该轴的强度。

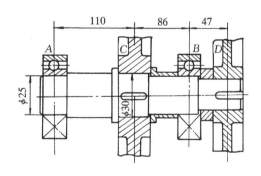

题 $10-5$ 图

第 11 章

轴　承

11.1　概　述

1. 轴承的功用

轴承的功用,一是支承轴及轴上零件,二是保持轴的旋转精度,三是减少轴与轴承接触面间的摩擦与磨损。

2. 轴承的类型和特点

1) 按照轴承工作表面的摩擦性质分类

根据轴承工作表面的摩擦性质不同,可分为滑动摩擦轴承(简称**滑动轴承**)和滚动摩擦轴承(简称**滚动轴承**)两大类。

滑动轴承具有结构简单、承载能力高、工作平稳、抗振性好、噪声低、回转精度高、使用寿命长等优点,但对润滑条件要求较高、维护复杂,且轴向尺寸较大。按其工作表面的摩擦状态不同,滑动轴承又可分为**液体摩擦滑动轴承**和**非液体摩擦滑动轴承**。其中,液体摩擦滑动轴承的摩擦表面完全被润滑油隔开,轴承与轴颈的表面不直接接触,因此避免了磨损,但制造精度要求较高,多用于高速、精度要求较高或低速重载的场合。非液体摩擦滑动轴承的摩擦表面不能被润滑油完全隔开,摩擦表面容易磨损,但结构简单,制造精度要求较低,用于一般转速、载荷不大和精度要求不高的场合。

与滑动轴承相比较,滚动轴承摩擦阻力小,启动灵敏、效率高,润滑简便,易于更换,且是标准件,可由专门工厂大批生产供应,因而应用广泛。但抗冲击性能差,高速时噪声大;工作寿命和回转精度不及精心设计和润滑良好的滑动轴承。

2) 按照轴承所受载荷的性质分类

按照轴承所受载荷的性质不同,轴承又可分为三种型式:承受径向载荷的**向心轴承**;只能承受轴向载荷的**推力轴承**;可以同时承受径向载荷和轴向载荷的**向心推力轴承**。

11.2　滑动轴承

1. 整体式向心滑动轴承

整体式向心滑动轴承(图 11-1)是在机架(或机壳)上直接制孔并在孔内镶以轴瓦构成的。它的优点是结构简单,缺点是轴颈只能从端部装拆,造成安装检修的困难;同时,轴承工作表面磨损后无法调整间隙,必须更换新的轴瓦。整体式向心滑动轴承通常用于轻载、低速或间歇性工作的机器设备中。

2. 剖分式向心滑动轴承

图 11-2 所示为一种普通的剖分式向心滑动轴承,它主要由轴承座、轴承盖及剖分的两块轴瓦等组成。轴承座与轴承盖的剖分面做成阶梯形的配合止口,以便定位。剖分面可以放置调整垫片,以便安装时或磨损后调整轴承的间隙。这种轴承克服了整体式轴承的缺点,且装拆方便,故应用较广。

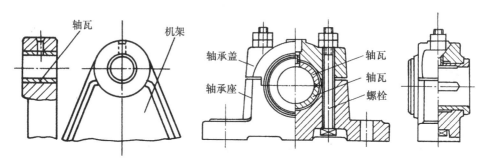

图 11-1　整体式向心滑动轴承　　　　图 11-2　　剖分式向心滑动轴承

3. 自动调整位滑动轴承

当轴承宽度 B 较大($B/d > 1.5 \sim 1.75$)时,由于轴的弯曲变形,或由于装配和工艺原因所引起的轴或轴承孔的倾斜,使轴瓦两端与轴颈局部接触(图11-3(a)),致使轴瓦两端急剧磨损。此时宜采用自动调位式滑动轴承(图11-3(b))。这种轴承的轴瓦可绕配合球面的中心转动而自动调整位置,以保证轴瓦和轴颈的轴线一致,从而保持轴颈与轴瓦均匀接触。

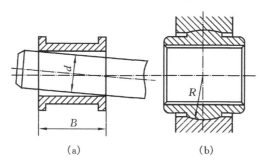

(a)　　　　　　　　　　(b)

图 11-3　　自动调位滑动轴承

4. 推力滑动轴承

推力滑动轴承又称为**止推轴承**,如图 11-4(a) 所示。由轴承座 1、衬套 2、径向轴瓦 3、止推轴瓦 4 和销钉 5 组成。轴的端面与止推瓦是轴承的主要工作部分,止推瓦的底部为球面与轴承座相接触,可自动调整位置,以保证轴承摩擦表面的良好接触。销钉用来防止止推瓦随轴转动。工作时润滑油由下部注入,从上部油管导出。当轴向载荷较大时,可采用多环推力轴承,此时轴颈上应制出相应的轴环,如图 11-4(b) 所示。

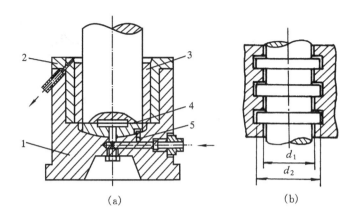

图 11-4   推力滑动轴承

1— 轴承座;2— 衬套;3— 径向轴瓦;4— 止推轴瓦;5— 销钉

5. 轴瓦与轴衬

轴瓦是滑动轴承中直接与轴颈相接触的重要零件,其结构形式与性能会直接影响到轴承的承载能力、效率与工作寿命。轴瓦可分为整体式(又称**轴套**)和剖分式两种,分别用于整体式与剖分式滑动轴承中。

通常在一般材料制成的轴瓦内壁贴附一层减摩材料,这一减摩材料层称为**轴衬**,如图 11-5 所示。这样的轴瓦,既具有减摩性,又具有一定的刚度。

1) 轴瓦的结构

常见的剖分式轴瓦结构如图 11-5 所示。轴瓦两端有凸缘,以防止它在轴承座中作轴向移动。在轴瓦上还加工有油孔、油槽(图 11-6),用于输送和分布润滑油。

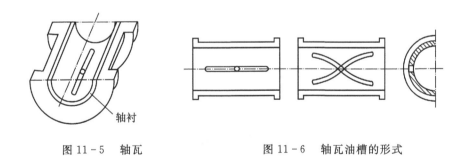

图 11-5   轴瓦   图 11-6   轴瓦油槽的形式

2) 轴瓦与轴衬的材料

作为轴瓦与轴衬的材料,主要要求是:具有良好的减摩、抗磨性,具有一定的强度和良好的导热性,易于加工。常用的轴瓦与轴衬材料有青铜、轴承合金、粉末冶金(制成含油轴衬)和非金属材料(塑料、尼龙)等。

11.3　滚动轴承

1. 滚动轴承的构造

如图 11-7 所示,滚动轴承由外圈 1、内圈 2、滚动体 3 和保持架 4 等组成。内、外圈上的凹槽形成滚动体圆周运动的滚道;保持架的作用是把滚动体均匀隔开,以避免它们相互摩擦和聚在一起;滚动体是滚动轴承的主体,它的大小、数量和形状与轴承的承载能力密切相关。滚动体的形状如图 11-8 所示,其中图(a)、(b)、(c)、(d)、(e)、(f)和(g)分别表示滚球、圆柱滚子、圆锥滚子、鼓形滚子、螺旋滚子、长圆柱滚子和滚针。

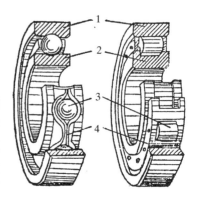

图 11-7　滚动轴承的构造
1— 外圈;2— 内圈;
3— 滚动体;4— 保持架

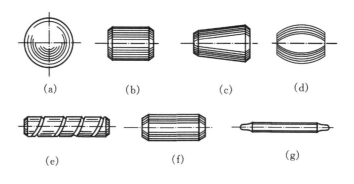

(a)　　　　(b)　　　　(c)　　　　(d)

(e)　　　　　　(f)　　　　　　(g)

图 11-8　滚动体的形状

使用时,内圈装在轴颈上,外圈装入机架孔内(或轴承座孔内)。通常内圈随轴一起旋转,而外圈固定不动。也可外圈随工作零件旋转而内圈固定不动。

2. 滚动轴承的的类型及特性

1) 按滚动体的形状分类

按滚动体的形状不同可分为**球轴承**和**滚子轴承**两类。

(1) 球轴承。球轴承的滚动体形状为球。由于球与滚道之间为点接触,故其承载能力和耐冲击能力较低;但允许的极限转速较高,球的制造工艺较简单,价格便宜。

(2) 滚子轴承。除球轴承以外的滚动轴承均称滚子轴承。由于滚子与滚道之间为线接触,故其承载能力和耐冲击能力均比较高;但允许的极限转速较低,且滚子制造工艺较滚球复杂,价格较高。

2) 按承受载荷的方向分类

按滚动轴承能够承受载荷的方向不同,可分为**向心滚动轴承**和**推力滚动轴承**两类。

滚动轴承的滚动体和外圈相互接触处的法线与轴承径向平面(垂直于轴承轴心线的平面)之间的夹角 α 称为**接触角**(图 11-9),其大小标志轴承承受径向载荷和轴向载荷能力的分配关系,是滚动轴承的性能参数之一。所以,滚动轴承按承受载荷的方向不同来分类,也就是按接触角的大小不同来分类。

（1）向心轴承。向心轴承主要或只能承受径向载荷,按其接触角的大小不同,又可分为**径向接触轴承**($\alpha = 0°$)和**角接触向心轴承**($0° < \alpha \leqslant 45°$)两类。

① 径向接触轴承。这类轴承包括深沟球轴承、圆柱滚子轴承和滚针轴承。其中,深沟球轴承主要承受径向载荷,也可以承受较小的轴向载荷;圆柱滚子轴承和滚针轴承只能承受径向载荷,而不能承受轴向载荷。

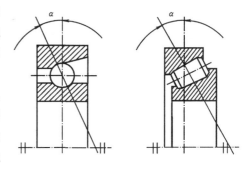

图 11 - 9　滚动轴承的接触角

② 角接触向心轴承。这类轴承主要有角接触球轴承、圆锥滚子轴承、调心球轴承和调心滚子轴承等。其中,角接触球轴承和圆锥滚子轴承可以同时承受径向载荷和较大的单向轴向载荷,接触角越大,承受轴向载荷的能力也越大;调心球轴承和调心滚子轴承主要承受径向载荷,也可以承受不大的双向轴向载荷。

（2）推力轴承。推力轴承主要或只能承受轴向载荷,按其接触角的大小不同,又可分为**轴向接触轴承**($\alpha = 90°$)和**角接触推力轴承**($45° < \alpha < 90°$)两类。

① 轴向接触轴承。这类轴承只能承受轴向载荷,而不能承受径向载荷,主要有推力球轴承、双向推力球轴承和推力圆柱滚子轴承等。

② 角接触推力轴承。这类轴承主要承受轴向载荷,也可以承受较小的径向载荷。常用的有推力调心滚子轴承等。

常用的滚动轴承的类型及主要特性见表 11 - 1。

表 11 - 1　　滚动轴承的主要类型和特点

轴承类型	结构简图、承载方向	类型代号	尺寸系列代号	特性
调心球轴承		1	(0)2	主要承受径向载荷,也可承受不大的任一方向的轴向载荷。但承受轴向载荷会形成单列滚动体受载而显著影响轴承寿命,所以应尽量避免受轴向载荷。能自动调心,允许内、外圈轴线相对偏斜 $2° \sim 3°$; 　　该类轴承有圆柱孔和圆锥孔(锥度 1 : 12)两种型式; 　　适用于多支点传动轴、刚性较小的轴以及难以对中的轴
		(1)	22	
		1	(0)3	
		(1)	23	
调心滚子轴承		2	22 23 31 32	承受径向载荷能力较大,同时也可承受一定的轴向载荷。能自动调心,允许内、外圈轴线相对偏斜 $2° \sim 3°$; 　　常用于需要自动调心且重载的工作情况,如轧钢机、大功率减速器等

轴承类型	结构简图、承载方向	类型代号	尺寸系列代号	特性
圆锥滚子轴承		3	02 03 13 20 22 23	能同时承受较大的径向、轴向联合载荷，因系线接触，承载能力大于"7"类轴承。内、外圈可分离，装拆方便，成对使用、反向安装。内、外圈轴线允许的偏转角＜2′； 常用于斜齿轮轴、蜗轮减速器轴和机床主轴等
推力球轴承		5	11 12 13 14	只能承受轴向载荷，且作用线必须与轴线相重合，不允许有角偏差。有单列——承受单向推力和双列——承受双向推力等类型； 高速时，因滚动体离心力大，球与保持架摩擦发热严重，寿命较短。可用于轴向载荷大，转速不高之处，常用于起重吊钩、蜗杆轴、立式车床主轴等
深沟球轴承		6	18 19 (1)0 (0)2 (0)3 (0)4	结构简单，应用最广。主要用于承受径向载荷，也可承受不大的、任一方向的轴向载荷，承受冲击载荷能力差。高速时可代替推力轴承承受纯轴向载荷。允许内、外圈轴线相对偏斜2′～10′； 适用于刚性较大的轴。常用于机床齿轮箱、小功率电机等
角接触球轴承		7	(1)0 (0)2 (0)3 (0)4	能同时承受径向、轴向联合载荷，公称接触角 α 越大，轴向承载能力也越大。公称接触有15°，25°和40°三种，通常成对使用、反向安装。内、外圈轴线允许的偏转角为 2′～10′； 适用于刚性较大、跨距小的轴。常用于机床主轴、蜗轮减速器等
圆柱滚子轴承（外圈无档边）		N	10 (0)2 22 (0)3 23 (0)4	用于承受径向载荷，内、外圈可分开安装。对轴的变形敏感，允许内、外圈轴线相对偏斜仅为 2′～4′； 对轴的挠曲很敏感，故适用于刚性大、对中良好的轴。常用于大功率电机、人字齿轮减速器等

注：( ) 中的数字在轴承代号中省略，如 6(0)200 型写成 6200 型。

3. 滚动轴承的代号

为了区别不同类型、结构、尺寸和精度的滚动轴承,国家标准规定了识别符号,即轴承代号,并把它印在轴承的端面上。

对于常用的、结构上无特殊要求的轴承,轴承代号由类型代号、尺寸系列代号、内径代号和公差等级代号组成,并按上述顺序由左至右依次排开。

尺寸系列是轴承的直径系列和宽度(对推力轴承为高度)系列的总称。直径系列是表示同一类型,内径相同的轴承,其外径有一个递增的系列尺寸;宽度(高度)系列是表示轴承的内、外径相同,其宽度(高度)有一个递增的系列尺寸。

轴承类型代号用阿拉伯数字或大写拉丁字母表示,尺寸系列代号用阿拉伯数字表示,两者以组合代号形式印在轴承端面上。轴承的类型代号与尺寸系列代号见表 11 - 1,内径代号见表 11 - 2,公差等级代号见表 11 - 3。

表 11 - 2　　轴承内径代号

内径代号	00	01	02	03	04 — 96
轴承内径 /mm	10	12	15	17	代号数 × 5

注:轴承内径代号用两位阿拉伯数字表示。内径为 22 mm、28 mm、32 mm 和 ≥ 500 mm 的轴承用内径毫米数直接表示,但与组合代号之间用"/"分开。例如深沟球轴承 62/22,内径 $d = 22$ mm。

表 11 - 3　　轴承公差等级及其代号

代号		/P0	/P6	/P6x	/P5	/P4	/P2
公差	等级	0 级	6 级	6x 级	5 级	4 级	2 级
	含义	代号中省略不表示	高于 0 级	高于 0 级 (适用于圆锥滚子轴承)	高于 6,6x 级	高于 5 级	高于 4 级

例 11 - 1　说明轴承代号 6215、30208/P6x、7310C/P5 的涵义。

解

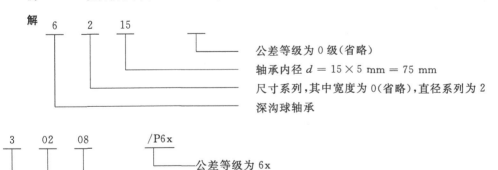

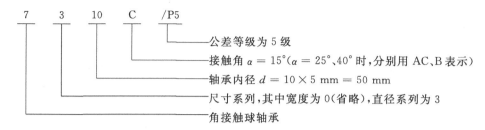

4. 滚动轴承的选用

滚动轴承是标准件,使用时可按具体工作条件选择合适的轴承。表 11-1 已列出了各类轴承的特点及应用场合,可作为选择轴承类型的参考。一般来说,选用滚动轴承应考虑以下几方面情况:

1)轴承所受载荷的大小、方向和性质

载荷较小而平稳时,宜用球轴承;载荷大、有冲击时宜用滚子轴承。当轴上承受纯径向载荷时,可采用向心轴承;当同时承受径向载荷和轴向载荷时,可采用角接触轴承;当承受纯轴向载荷时,可采用推力轴承。

2)轴承的转速

每一型号的滚动轴承都各有一定的极限转速,通常球轴承比滚子轴承有较高的极限转速,所以在高速时宜先采用球轴承。

3)调心性能的要求

如果轴有较大的弯曲变形,或轴承座孔的同心度较低,则要求轴承的内、外圈在运动中能有一定的相对偏位角,应采用具有调心性能的球面轴承。

4)其他特殊要求

供应情况、经济性或其他特殊要求。

11.4　轴承的润滑与密封

润滑的作用是减小摩擦与磨损、冷却散热、防锈蚀及减震等。显然这对保证机械的正常运转、提高工作效率、延长机械的使用寿命有着很大的意义。密封主要是为了防止灰尘、水分等污物进入机械的运动部位和防止润滑油漏失。所以在设计和使用机械时都要对润滑和密封问题予以合理解决。

下面扼要介绍一些轴承的润滑与密封知识。

1. 润滑剂

常用的润滑剂有**润滑油**和**润滑脂**两种。而常用的润滑油有10号、20号、30号、40号和50号机油。油的标号越高,粘度越大。粘度是润滑油的主要指标,选择润滑油主要是选择具有适当粘度的油。润滑脂俗称黄油,它的粘度大,不易流失。润滑油和润滑脂的使用要看具体情况而定,一般来说,轴承载荷越大,工作环境温度越高,采用的润滑油粘度应越大;速度高则应采用粘度较小的润滑油。通常在低速、重载、工作环境温度较高、有冲击载荷以及不便于加油的轴承中使用润滑脂。新型润滑剂 —— 二硫化钼、锂基脂等应用也日益广泛。各种润滑剂的牌号及性能可查阅有关手册。

2. 润滑方法与润滑装置

1) 油润滑

(1) 手浇润滑。即用油壶通过机壳上的油孔人工间歇加油。为了防止杂物落入油孔,常在油孔口安置压注油杯(图 11-10),压下封口的钢球即可加油。这种方法简单,但要经常注油,只适用于低速、轻载或不重要的轴承。

(2) 滴油润滑。如采用图 11-11 所示的针阀油杯。滴油量由针阀控制,而扳动手柄则用以控制针阀的开闭。图中手柄直立位置(双点划线位置)表示针阀上提,打开针阀孔即可滴油。滴出的油可从玻璃管看出。而图示手柄处于横卧位置,则表示针阀关闭。拧动螺母可以调节针阀的开启量,以调节滴油量。

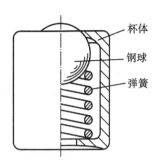

图 11-10 压注油杯

(3) 油环润滑。如图 11-12 所示,在轴颈上悬挂一油环,其下部垂浸在油中。当轴旋转时,油环被带动旋转,将油带到转颈上实现润滑。这种方法只适用于转速范围在 50 ~ 3000 r/min 的水平轴。转速过高油会被甩掉,过低则带不上油。

(4) 飞溅润滑。使转动零件(例如齿轮、甩油盘等)浸入油面以下适当深度,转动时把油溅到轴承中。齿轮箱中的轴承润滑常使用这种方法。

(5) 压力循环润滑。利用油泵把油通过油管输入轴承中或喷向润滑点。这种方法供油充足,比较可靠,但设备费用较高,适用于重要的轴承等零件的润滑与冷却。

2) 脂润滑

采用脂润滑时,加一次油脂可使用较长时间,保养比油润滑简单。对于滚动轴承,如果容易接近和打开轴承端盖,采用脂润滑可不另加润滑装置。

常用的脂润滑装置是挤油杯(图 11-13),利用旋盖将油杯内的润滑脂定期挤入轴承内。如图 11-10 所示的压注油杯亦可压注油脂,使用这种油杯时,必须用油枪将油脂向油孔中压注。

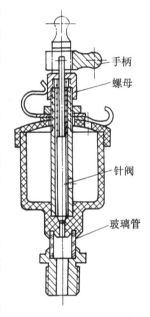

图 11-11 针阀式油杯

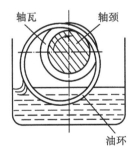

图 11-12 油环润滑

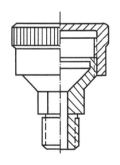

图 11-13 挤油杯

3. 密封装置

常见的密封装置如图11-14所示。图11-14(a)为毛毡圈式密封装置,它是在轴承盖(或轴承座)孔内侧的环槽里装入毛毡圈,将轴与轴承盖间的间隙密封住。图11-14(b)为橡胶圈式密封装置,它是靠橡胶圈本身的弹力保持与轴颈接触而起密封作用。为使接触可靠,常用环状自紧弹簧将橡胶圈卡紧在轴上。图11-14(c)为油沟式密封装置,它是利用轴承盖与轴间的细小环形间隙来密封的,多用于脂润滑的密封。

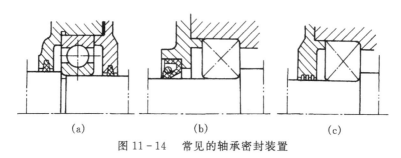

(a)   (b)   (c)

图 11-14   常见的轴承密封装置

复习思考题

11-1   与滑动轴承比较,滚动轴承的主要优缺点是什么?

11-2   解释下列轴承代号的意义:6010、N208、7207C/P4、51416。

11-3   选用滚动轴承时应考虑哪些因素?

11-4   轴承的润滑与密封有什么意义?有几种润滑方式?有几种密封方式?

第 12 章

液压传动

液压传动是以液体作为工作介质,利用液体压力来传递运动和动力的一种传动方式。由于其独特的优点,在国民经济和国防工业中得到了广泛应用。当前,液压传动技术已成为工业发展的一个重要方面。

12.1 液压传动的基本知识

液压传动将涉及到流体力学的一些基本知识,本节仅对此进行概述性的介绍。

1. 液压传动的工作原理

液压千斤顶是液压传动较简单的例子,如图 12-1 所示。工作过程如下:工作时向上提起杠杆 1,活塞 3 就被带动上升,油腔 4 密封容积增大,于是油箱 6 中的油液在大气压力的作用下,推开单向阀 5(钢球)并沿着吸油管道进入油腔 4。在用力压下杠杆 1 时,活塞 3 下移,油腔 4 的密封容积减少,油液产生压力,迫使单向阀 5 关闭,并使单向阀 7 的钢球受到一个向上的作用力。当这个作用力大于油腔 10 中油液对钢球的作用力时,钢球被推开,油腔 4 中的油液就被压入油腔 10,从而推动活塞 11 连同重物 G 一起上升。反复提压杠杆就能不断地将油液压入油腔 10,使活塞 11 和重物不断上升,从而达到起升重物的目的。

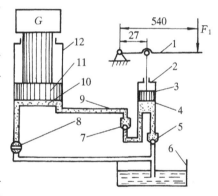

图 12-1 液压千斤顶的工作原理图
1— 杠杆;2— 泵体;3— 小活塞;
4— 油腔;5— 单向阀;6— 油箱;
7— 单向阀;8— 放油阀;9— 油管;
10— 油腔;11— 活塞;12— 缸体

若将放油阀 8 转动 90° 时,油腔 10 和油箱接通,则油液在重物 G 作用下,流回油箱,活塞 11 就下降,并恢复到原位置。

从液压千斤顶的工作过程可以看出,液压传动的工作原理是以油液作为工作介质,依靠密封容积的变化和油液的压力来传递运动和动力。

2. 液压传动系统

1) 液压传动系统的组成

由图 12-1 可知,一般液压传动系统按各液压元件的功能可分四个部分。

(1)动力部分。指液压泵,其作用是将机械能转换为液压能(即有吸油和排出压力油的功能)。图中的 1、2、3、5、7 就组成了液压泵(该部分能把油箱油吸入泵内,再把压力油排到油腔 10 中)。

(2)执行部分。指液压缸等,其作用是将液压能再转换为机械能输出。图中的 11、12 就组成液压缸,从而使油腔 10 中的压力油顶起活塞和重物(把液压能转换为机械能输出)。

（3）控制部分。指控制阀，其作用是用来控制液体压力、流量和流动方向，如图中的放油阀8。

（4）辅助部分。指油箱、油管、管接头、滤油器、压力表等。

2）液压传动系统图

图12-1反映的是一种结构式工作原理图。它直观性强，容易理解，但绘制较复杂，特别是当系统中元件较多时更是如此。因此国家制定了一套液压元件图形符号，绘制液压系统图应以国家标准所规定的液压元件职能符号来进行。

机床工作台往复运动液压传动系统如图12-2所示。当启动液压泵电机后，液压泵B开始工作，油箱中的油液经滤油器U进入泵。液压泵输出的压力油经管道至换向阀C，1与2相通，再经管道至液压缸G的右腔。由于液压缸的缸体固定，于是压力油推动活塞以及与活塞相固连的工作台向左运动。与此同时液压缸G左腔的油液经管路到换向阀C，3与4相通再经节流阀L回油箱。当推动换向阀C的阀心右移时，就改变了油液的流动方向，即1与3相通，2与4相通，工作台向右移动，从而实现工作台的往复移动。

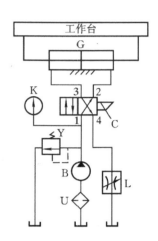

图12-2　机床工作台往复运动液压传动系统图

B— 液压泵；U— 滤油器；
L— 节流阀；Y— 溢流阀；
C— 换向阀；G— 液压缸；
K— 压力表

3）液压传动的特点

（1）容易获得较大的力或力矩，结构简单，布局灵活，并易于控制。

（2）可实现较宽的调速范围而且方便地实现无级调速。缺点是速比不够准确。

（3）容易实现过载保护。

（4）因液压传动采用油液作为介质故具有防锈性和自润滑能力，使用寿命较长。

（5）液压元件易实现系列化、标准化、通用化。

3. 流量和压力

由图12-1中的千斤顶可知，顶起重物的大小显然与液体压力有关，重物上升的速度与液体的流量有关。

1）流量、额定流量和平均流速

（1）流量。流量是指单位时间内流过管道或液压缸某一截面的油液体积。

设在时间 t 内流过管道的油液体积为 V，则流量为

$$q_V = \frac{V}{t} \tag{12-1}$$

（2）额定流量。按试验标准规定，连续运转（工作）所必须保证的流量称为额定流量，它是液压元件基本参数之一。

（3）平均流速。油液通过管道（或液压缸）时的平均流速，可用下式计算

$$\bar{v} = \frac{q_V}{A} \tag{12-2}$$

式中：$\bar{v}$ —— 液流的平均速度，m/s；

　　　q_V —— 流入管道（或液压缸）的流量，m^3/s；

A——活塞(或液压缸)的有效作用面积,m^2。

2) 压力和额定压力

(1) 液体的压力。液体在单位面积上所受的作用力。即

$$p = \frac{F}{A} \qquad (12-3)$$

式中:F——作用力,N;

A——作用面积,m^2;

p——压力,Pa。

(2) 额定压力。在正常条件下,按试验标准规定连续运转(工作)的最高压力称为额定压力。

例 12-1 如图 12-1 所示液压千斤顶的原理图。图中 F_1 为人工向下压动手柄的力,小活塞的直径 $d = 12$ mm,大活塞直径 $D = 35$ mm。问当 $F_1 = 300$ N 时,能顶起重力为多大的物体?

解 (1) 求作用在小活塞上的力 F_3。

$$F_1 \times 540 = F_3 \times 27$$

所以

$$F_3 = \frac{530 \times 300}{27} = 6000 \text{ N}$$

(2) 求液压缸内的压力 p。

$$p = \frac{F_3}{A_3} = \frac{F_3}{\pi d^2/4} = \frac{4 \times 6\,000}{\pi \times 12^2} = 53 \text{ N/mm}^2 = 53 \text{ MPa}$$

(3) 求大活塞向上顶起的力 F_{11}。

$$F_{11} = pA_{11} = p\frac{\pi D^2}{4} = 53 \times \frac{\pi \times 35^2}{4} = 50\,966 \text{ N}$$

12.2　液压元件及液压基本回路

液压传动系统是由液压泵、液压缸、液压控制阀和液压辅件等液压元件组成。

1. 液压泵

液压泵是提供一定流量、一定压力的液压能源装置,即把电动机输出的机械能转换成液体的压力能的装置,是液压系统中的动力元件。

1) 液压泵的工作原理

图 12-3 所示的是一个简单的液压泵工作原理图,活塞 3 和泵体 2 构成密封的容积 4。当提起杠杆活塞随之上升时,密封容积 4 增大,产生局部真空,油池内的油在大气压力作用下,通过单向阀 5 进入液压泵内,这就是吸油;当活塞向下运动时,密封容积减小,吸入液压泵内的油通过单向阀 7 被挤出,这就是压油。因此液压泵的基本工作原理是依靠密封工作容积的形成和周期性变化来实现吸油和压油。

2) 常用的液压泵及图形符号

目前常见的液压泵有以下几种:

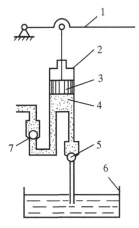

图 12-3　液压泵工作原理

1— 杠杆;2— 泵体;

3— 活塞 4— 油腔;

5、7— 单向阀;6— 油箱

$$齿轮泵\begin{cases}外啮合齿轮泵\\内啮合齿轮泵\end{cases}$$

$$叶片泵\begin{cases}单作用式叶片泵\\双作用式叶片泵\end{cases}$$

$$柱塞泵\begin{cases}径向柱塞泵\\轴向柱塞泵\end{cases}$$

按泵的输油方向能否改变,可分为单向和双向泵;按其输出的流量能否可调,分为定量泵和变量泵;按额定压力的高低,可分为低、中、高压泵等。液压泵的图形符号如图 12-4 所示,其图(a)表示单向定量泵;图(b)表示双向定量泵;图(c)表示单向变量泵;图(d)表示双向变量泵。

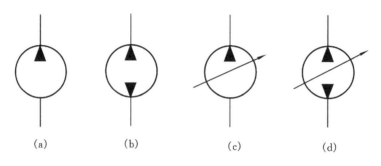

(a)   (b)   (c)   (d)

图 12-4   液压泵的图形符号

下面就齿轮泵和叶片泵作简单介绍。

(1)齿轮泵。图 12-5 所示为齿轮泵工作原理图。它是由装在壳体内的一对齿轮所组成,齿轮两端面靠端盖密封。当电动机带动主动齿轮 2 按图示方向旋转时,从动齿轮 4 也一起旋转。显然右侧为进油腔,因为相互啮合的齿轮从啮合到脱下,工作空间的容积增大,形成局部真空,油箱中的油液在大气压力的作用下进入进油腔,并填满齿槽而被带到左侧压油腔(出油腔),又因在左侧的压油腔齿轮逐渐进入啮合,工作空间的容积逐渐变小,所以齿间的油液被挤压出去,如此连续不断地循环,即形成进油和压油。

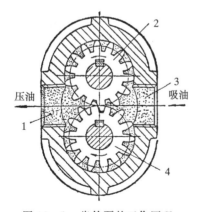

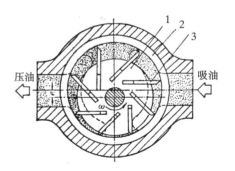

图 12-5   齿轮泵的工作原理
1— 压油腔;2— 主动齿轮;
3— 进油腔;4— 从动齿轮

图 12-6   单作用叶片泵的工作原理
1— 转子;2— 定子;3— 叶片

（2）叶片泵。图 12-6 为叶片泵工作原理图。其结构由转子 1、定子 2、叶片 3 和端盖等零件组成。转子偏心装在定子中间，叶片装在转子槽中，并可在槽内灵活滑动。当转子回转时，由于离心力和叶片根部压力油的作用，叶片顶部紧贴在定子内表面上，这样就在定子、转子、叶片和端盖间形成若干个密封的工作空间。当转子按图示逆时针方向回转时，在图的右部叶片逐渐伸出，叶片间的工作空间逐渐增大，产生局部真空，油箱中的油液在大气压力作用下由进油口进油，完成吸油功能。在图的左部，叶片被定子内表面逐渐推入转子的槽内，工作空间逐渐缩小，腔内油液受到压缩，将工作油液从压油口压出，即把压力油输送出去。

2. 液压缸

液压缸是液压传动系统中将液压能转变为机械能的转换装置，是液压传动系统中的执行元件。液压缸的种类繁多，有柱塞缸、活塞缸、摆动缸和组合缸等。其基本组成零件为缸体、活（柱）塞、活塞杆、缸盖和密封件等。

1）单杆活塞液压缸

这种液压缸仅有一端有活塞杆，如图 12-7(a) 所示。因液压缸两腔工作容积不相等，若输入液压缸两腔的流量相等时，则活塞往复移动速度不相等。当液压油从右腔进入时，活塞及活塞杆向左运动，从而带动工作台左移；当液压油由左腔进入时，活塞等向右移动。图 (b) 为单杆活塞液压缸图形符号。

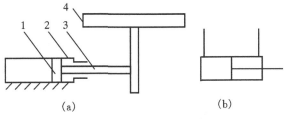

图 12-7　单杆活塞液压缸
1— 活塞；2— 缸体；3— 活塞杆；4— 工作台

2）双活塞杆液压缸

这种液压缸的两端都有活塞杆伸出，图形符号如图 12-8 所示。因为活塞杆直径相等，当输入液压缸两腔的流量相等时，则活塞往复移动的速度相等。

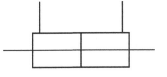

图 12-8　双活塞液压缸
图形符号

3. 液压控制阀

液压控制阀是液压系统中的控制元件，用于控制系统中的油液的压力、流量和流动方向。根据用途可分为三大类。

1）方向控制阀

在液压系统中，用于控制液压系统中油液流动方向的阀称为**方向控制阀**，简称为**方向阀**。它分为单向阀和换向阀两大类。

（1）单向阀。单向阀的作用是只允许油液按一个方向流动而不能反向流动。普通单向阀的结构与工作原理见图 12-9。它是由阀体、阀芯和弹簧等零件构成。当压力油到达进油口时，克服弹簧压力，推开阀芯，可从出油口流出。反向

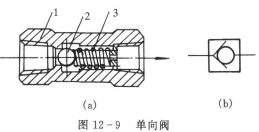

图 12-9　单向阀
1— 阀体；2— 阀芯；3— 弹簧

时，即压力油到达右端的油口时，阀芯在压力油和弹簧的作用下，始终压紧在阀座上（不能推开阀芯），所以压力油也就不可能从左端进入而从右端流出。该阀只允许油液一个方向流动，其图形符

号见图(b)。

(2) 换向阀。换向阀的作用是利用阀芯和阀体间的相对运动,来变换油液的流动方向,接通或关闭油路。根据操纵方式的不同,换向阀可分为手动、机动、液动和电磁换向阀等。根据工作位数的不同,又可分为二位、三位及多位等。

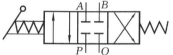

如图 12-10 为手动换向阀的图形符号。当扳动手柄使阀芯左移时,P 通 A,B 通 O,使油液按一定方向流动;当扳动手柄使阀芯右移时,P 通 B,A 通 O,则使油液变换了流动方向;如果放松手柄,则阀芯在右边弹簧力作用下自动回复到中间位置,A、B、P、O 四位置互不相通。

图 12-10   手动换向阀图形符号

2) 压力控制阀

在液压系统中,用于控制油液压力的阀称为**压力控制阀**,简称**压力阀**,常用的压力阀有溢流阀、减压阀、顺序阀等。

(1) 溢流阀。溢流阀应用很广,它的主要作用是控制系统压力,从而起安全保护和稳定压力的作用,其工作原理如图 12-11(a) 所示,溢流阀在系统正常工作时,阀芯在上端弹簧力作用下下移,使阀口关闭,此时泵所输出的油液不能通过溢流阀流回油箱,而是全部进入系统(图中箭头方向)。当泵的工作压力随负载的增加而使系统的压力 p 增加时,阀芯下端的液压推力 $F_p = pA$(A 为阀芯下端的有效面积) 增加,则克服上端的弹簧压力使阀芯向上移动,在系统压力达到溢流阀调定压力时,阀口被打开,油液经溢流阀直接排回油箱,使泵的工作压力不超过溢流阀的调定压力,从而防止系统的过载,保护泵和整个

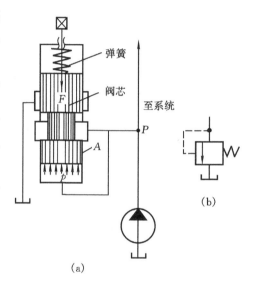

图 12-11   溢流阀的工作原理

系统的安全。故又称溢流阀为**安全阀**。图 12-11(b) 为溢流阀的图形符号。

(2) 减压阀。减压阀是用于减低液压系统中某一分支油路的压力,使这一分支得到比液压泵所提供的油液压力低,且稳定的工作压力,以满足执行机构的需要。

减压阀有直动式和先导式两类,一般采用先导式,图 12-12 为先导式减压阀的图形符号。

(3) 顺序阀。顺序阀主要应用于控制各执行元件的动作顺序。图 12-13(a)、(b) 分别为直控顺序阀和液控顺序阀的图形符号。

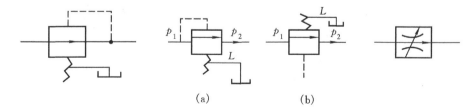

(a)   (b)

图 12-12 先导式减压阀图形符号   图 12-13 顺序阀   图 12-14 节流阀图形符号

3）流量控制阀

流量控制阀是靠改变工作开口（节流口）的大小来调节通过阀口的油液流量，以改变执行机构（如液压缸）运动速度的液压元件。简称为流量阀。常用的流量控制阀有**节流阀**、**调速阀**等。

图 12-14 是节流阀的图形符号。当把节流阀开口调大时，则流量大，执行元件运动速度快；反之当开口调小时，流量小，执行元件运动速度慢。

4. 液压辅件

液压辅件是液压系统中必不可少的组成部分。如油箱、油管、管接头、滤油器、压力表、蓄能器等。

1）油箱

油箱是用于储存油液的，并起散热和分离油中所含的气泡与杂质等功能。在液压系统中，可以利用床身或底座内的空间作油箱，也可以采用单独的油箱。

2）油管

油管是用以连接液压元件和输送油液的。选用的油管应有足够的通油截面、最短的路程、光滑的管壁。因此在液压系统中根据具体要求选用的油管有钢管、铜管、尼龙管和塑料管等。

3）管接头

管接头是油管与油管、油管与液压元件间的可拆式联接件。

4）滤油器

在液压系统中，为保证油液清洁，一般用滤油器来防止杂质进入系统内。

关于上述各种液压元件的应用可见图 12-2。该液压传动系统中的动力部分是液压泵，执行部分是液压缸，控制部分是换向阀、节流阀和溢流阀，辅助部分为油箱、滤油器、管路、管接头和压力表等。

5. 液压基本回路

任何一个复杂的液压系统，都可以看成是由一些基本回路所组成。熟悉这些基本回路，对于了解整个液压系统会有较大帮助。常用的基本回路按其功能可分为：方向控制回路、压力控制回路、速度控制回路等。

1）方向控制回路

方向控制回路就是控制液流的通、断和流动方向的回路。

图 12-15 为用换向阀来实现执行元件换向的控制回路。油缸带动工作台右移，当扳动换向阀手柄使阀芯左移，可使油液变换流动方向实现工作台左移。

2）压力控制回路

压力控制回路主要用于调节系统或系统某一部分压力。

图 12-16 是用定量泵和溢流阀直接调节为恒定系统压力的压力调定回路。由溢流阀的工作原理可知，可使系统压力近似恒定。

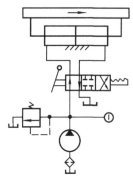

图 12-15 换向阀的换向回路

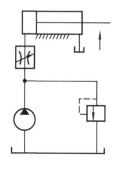

图 12-16 压力调定回路

3）速度控制回路

图 12-17 为用节流阀来实现调速的节流调速回路，也就是通过调节节流阀开口大小来控制通过阀口油液流量，从而改变执行元件的移动速度。当节流阀阀口开大时，流量增大，执行元件活塞移动速度快；反之，活塞移动速度慢。

图 12-18 为用变量泵实现调速。通过调节变量泵转子与定子间的偏心量（单作用叶片泵或径向柱塞泵）或倾斜角（轴向柱塞泵）以改变泵的输油量大小。当泵的输油量增加时，活塞速度加快；当泵的输油量减小时，活塞速度减慢。

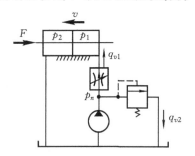

图 12-17 节流调速回路

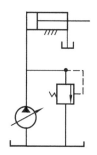

图 12-18 变量泵调速回路

6. 液压系统分析

图 12-19(a) 为一台简化工作台往复直线平动的液压传动系统。该系统由压力表、液压泵、滤油器、油箱、油管、溢流阀、节流阀、换向阀、液压缸和工作台等组成。

该液压系统，当启动电机后，液压泵 2 开始工作，油箱中的油液经滤油器 3 进入液压泵，液压泵输出的液压油经油管至换向阀 8，再经油管至液压缸，于是压力油推动活塞连同与其固联的工作台一起运动。

为使工作台往复运动，在这个系统中设置了手动换向阀 8，用于改变油液流入液压缸的方向。图中手动换向阀的阀芯在最左端，压力油由 P 到 A，进入液压缸左腔，右腔中油液由 B 到 O 回油箱 4，从而推动活塞连同工作台向右运动。当把手动换向阀阀芯扳到中间位置（如图(b)），压力油的进油口 P 及回油口 O 都被阀芯堵死，工作台就停止运动。在把手动换向阀阀芯扳到最右端（如图(c)），压力油自 P 到 B 进入液压缸右腔，左腔中油液由 A 到 O 回油箱，从而推动活塞连同工作台向左运动，完成换向动作。

　　为了使工作台的运动速度能够进行调节,以适应不同工作的需要,在液压系统中设置了速度调节元件节流阀 7,它的作用和自来水龙头相似,旋转节流阀的阀芯,就可改变节流阀开口的大小,也就是改变流过节流阀进入液压缸的油液流量,从而也就控制了工作台的运动速度。

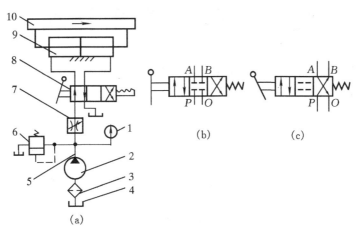

图 12-19　工作台往复运动液压系统分析
1— 压力表;2— 液压泵;3— 滤油器;4— 油箱;5— 油管;
6— 溢流阀;7— 节流阀;8— 换向阀;9— 液压缸;10— 工作台

　　为使工作台运动时能克服各种阻力(如切削力、摩擦力等),而阻力大小的不同,油液的压力也不同,因此液压系统中还需要调节油液压力的元件溢流阀 6。溢流阀除起调节并保持液压系统油液压力近似恒定的作用外,还能把多余的油液溢回油箱。图中压力表 1 用于显示系统油液的压力。

复习思考题

12-1　试述液压千斤顶的工作原理。

12-2　液压传动系统由哪几部分组成?

12-3　什么叫流量、额定流量、压力和额定压力?

12-4　有一单杆活塞式液压缸,如图所示,活塞直径 $D = 10$ cm,活塞杆直径 $d = 5$ cm,当进入液压缸的流量 $q_v = 5.3 \times 10^{-4}$ m^3/s 时,问往返速度各为多少?

12-5　试述液压泵的工作原理。

12-6　试述叶片泵的工作原理。

12-7　方向控制阀有哪几种?

12-8　溢流阀和节流阀的作用是什么?

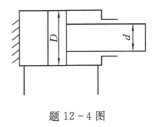

题 12-4 图

机械零件的常用材料

机械零件的常用材料可分为金属材料和非金属材料两大类。其中,金属材料应用最广,非金属材料以其独特的性能也日益显示出广阔的应用前景。金属材料包括黑色金属材料(钢、铸铁)和有色金属材料,前者应用最多。下面分别介绍机械零件的常用材料及其应用。

1. 钢

钢的品种多,性能好,是机械零件最常用的材料。根据化学成分的不同,钢可分为**碳素钢**和**合金钢**。碳素钢的生产批量大,价格低,供应充足,对于一般的机械零件应优先选用。

1) 碳素钢

碳素钢的性能主要取决于碳的**体积份数**。碳的体积份数越高,钢的强度越高,塑性越低。通常,碳的体积份数低于 0.25% 的钢称为**低碳钢**,这类钢强度极限和屈服点低,而塑性好,适用于冲压、焊接加工。碳的体积份数为 0.25%~0.60% 的钢称为**中碳钢**,中碳钢既有较高的强度,又有一定的塑性和韧性,综合力学性能较好,常用于制造螺栓、螺母、齿轮、键、轴等零件。碳的体积份数高于 0.60% 的钢称为**高碳钢**,它具有很高的强度和弹性,是弹簧、钢丝绳等零件的常用材料。

碳素钢分为**碳素结构钢**和**优质碳素结构钢**。前者主要用于受力不大而且基本上是承受静载荷的一般零件,其中以 Q235, Q255 较为常用。这类钢只保证机械强度,不保证化学成分,故不能进行热处理。优质碳素结构钢含磷、硫等杂质较少,其性能优于碳素结构钢,而且能同时保证钢的机械强度和化学成分,可以进行热处理,故常用于受力较大,且受变载荷或冲击载荷作用的零件。优质碳素结构钢的牌号用两位数字表示,代表钢中平均碳的体积份数的万分数。如 45 钢,其平均碳的体积份数为 0.45%。对于含锰量较高的优质碳素结构钢,其牌号还要在碳的体积份数的数字之后加注符号"Mn",如 40Mn 等。

2) 合金钢

为了改善钢的性能,根据不同要求加入一种或几种合金元素而形成的钢称为合金钢。不同的合金元素,使钢获得不同的性能。如铬能提高硬度、高温强度和耐腐蚀性;镍能提高强度而不降低韧性;锰能提高强度、韧性和耐磨性;硅可提高弹性极限和耐磨性,但降低韧性。应当指出:合金钢的性能不仅与化学成分有关,在很大程度上还取决于适当的热处理。由于合金钢价格较贵,通常只用于制造重要的和具有特殊性能要求的机械零件。

合金钢可分为**普通低合金钢**、**合金结构钢**、**合金工具钢**和**特殊合金钢**。机械零件常用的是合金结构钢。合金结构钢牌号的表示方法是在表示碳的体积份数的两位数字后加注所含各主要合金元素的符号及其含量数字。并规定:合金元素平均含量小于 1.5% 时,不注含量,当平均含量在 1.5%~2.5%, 2.5%~3.5%, 3.5%~4.5%,…时,相应以数字 2, 3, 4,…表示。例如 40SiMn2,其平均碳的体积份数为 0.40%,平均硅的体积份数小于 1.5%,平均锰的体积份数在 1.5%~2.5% 之间。

3）铸钢

铸钢主要用于制造承受重载荷的大型零件或形状复杂、力学性能要求较高的零件。如承受重载荷的大型齿轮、联轴器等。铸钢包括**碳素铸钢**和**合金铸钢**。铸钢的力学性能与锻钢基本接近，但其减振性、铸造性均不及铸铁。铸钢牌号的表示方法是在符号"ZG"后加注两组数字，如 ZG310—570，表示屈服点为 310 MPa，抗拉强度为 570 MPa。

2. 铸铁

铸铁是脆性材料，其抗拉强度、塑性、韧性均较差，不能进行辗压和锻造。铸铁的减振性和耐磨性较好，成本较低。由于它具有良好的液态流动性，因此常用于铸造各种形状复杂的零件。常用铸铁有**灰铸铁**和**球墨铸铁**。

1）灰铸铁

灰铸铁是应用最广的一种铸铁，其断口呈灰色，碳以片状石墨存在于铁的基体中，灰铸铁的抗压强度高于抗拉强度，切削性能好，但不宜承受冲击载荷。常用于制造受压状态下工作的零件，如机器底座、机架等。灰铸铁牌号的表示方法是在符号"HT"后加注一组表示抗拉强度的数字，如 HT200，其抗拉强度为 200 MPa。

2）球墨铸铁

球墨铸铁中的碳以球状石墨存在于铁的基体中，故其力学性能显著提高。除延伸率和韧性稍低外，其它力学性能基本与钢接近，同时兼有灰铸铁的优点，但是球墨铸铁的铸造工艺性能要求较高。用球墨铸铁制造的曲轴、齿轮等，其成本低于锻钢件。球墨铸铁牌号的表示方法是在符号"QT"后加注两组数字，如 QT400—15，表示抗拉强度为 400 MPa，延伸率为 15%。

3. 铜合金

铜合金是机械零件中最常用的有色金属材料，分为**黄铜**和**青铜**两类。

1）黄铜

黄铜（CuZn38 等）是以锌为主要合金元素的铜合金。它具有一定的强度和较高的耐腐蚀性能，常用于制造管件、散热器、垫片以及化工、船用等零件。

2）青铜

青铜又分**普通青铜**（锡青铜）和**特殊青铜**（铝青铜、铅青铜等）。普通青铜（CuSn5Pb5Zn5等）的减振性、耐磨性、导热性均良好，常用于制造蜗轮、对开螺母、滑动轴承中的轴瓦等零件。铝青铜（CuAl10Fe3 等）的耐磨性和耐腐蚀性较好，常用于制造蜗轮、在蒸汽和海水条件下工作的齿轮等零件。铅青铜（CuPb30 等）具有很高的导热性和抗疲劳强度，可用于制造高速、重载滑动轴承的轴瓦。

铸造铜合金牌号的表示方法是在符号"Cu"后面加注所含各主要合金元素的符号及其含量数字（%）。

4. 非金属材料

橡胶、塑料、皮革、陶瓷、木材、纸板等均属非金属材料。橡胶除具有弹性，能缓冲、吸振外，还具有耐磨、绝缘等性能，广泛用于制造胶带、轮胎、密封垫圈和减振零件等。特别是塑料具有耐磨、耐腐蚀、质量轻、易于成形等优点，因此近年来，得到了广泛的应用。

5. 复合材料

复合材料是由两种或两种以上的金属或非金属材料复合而成的一种新型材料。例如，用金属、塑料、陶瓷等材料作为基材，用纤维强度很高的玻璃、石墨、硼等非金属材料作为纤维，可把纤维与基材复合成各种纤维增强复合材料，又称**纤维增强塑料**，可用于制造薄壁压力容器、汽车外壳等。又如在普通碳素钢板表面贴附塑料或不锈钢，可分别获得强度高而又耐腐蚀的**塑料复合钢板**或**金属复合钢板**。复合材料目前成本尚高，供应较少，但它是材料工业发展的方向之一。随着科学技术的进步，复合材料必将得到不断完善和创新，从而获得广泛应用。

选择材料是设计机械零件的重要环节之一，也是一个复杂的技术经济问题。一般应考虑零件的使用要求（如强度、刚度、冲击韧度、导热性、抗腐蚀性以及耐磨性、减振性等，通常以强度为主）、工艺要求（从毛坯到成品都便于制造）和经济性要求（材料及其加工成本均比较低，而且货源供应方便），并对各种要求进行综合分析比较，最后选出适宜的材料。各种材料的力学性能及应用均可从机械设计手册中查取。

附录 II

钢的常用热处理方法

在现代机械制造业中,许多重要零件(如机床的主轴、齿轮,发动机的连杆、曲轴等)大都使用钢材制造,而且一般都要进行热处理。通过热处理可以改变钢材的内部组织结构,从而改善其机械性能。因此,钢的热处理对于充分发挥材料的潜力,提高产品质量,延长机械的使用寿命等方面均具有非常重要的作用。

所谓钢的**热处理**,就是将钢在固态范围内加热到一定的温度后,保温一段时间,再以一定的速度冷却的工艺过程(图 II-1)。钢的常用热处理方法包括退火、正火、淬火、回火以及渗碳等。

1. 退火

退火是将钢制零件加热到一定温度,保温一段时间后,使其随炉冷却到室温的处理过程。退火能细化金属晶粒,可以消除零件的内应力,降低硬度,提高塑性,使零件便于加工。

2. 正火

正火又称**正常化处理**,其工艺过程与退火相似,不同之处是将零件置于空气中冷却。正火的作用与退火基本相同。但由于零件在空气中冷却速度较快,故可以提高钢的硬度与强度。

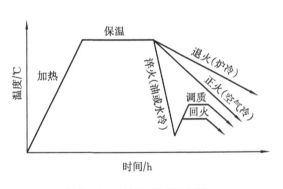

图 II-1 钢的热处理示意图

3. 淬火

淬火是将零件加热到一定温度,保温一段时间后,将零件放入水(油或水基盐碱溶液)中急剧冷却的处理过程。淬火可以大大提高钢的硬度和强度,但材料的韧性降低,同时产生很大的内应力,使零件有严重变形和开裂的危险。因此,淬火后必须及时进行回火处理。

4. 回火

回火是将经过淬火的零件重新加热到一定温度(低于淬火温度),保温一段时间后,置于空气或油中冷却至室温的处理过程。回火不但可以消除零件淬火时产生的内应力,而且可以提高材料的综合力学性能,以满足零件的设计要求。回火后材料的具体性能与回火温度密切相关。根据回火温度的不同,通常分为**低温回火**、**中温回火**和**高温回火**三种。

1) 低温回火(150~250℃)

可得到很高的硬度和耐磨性,主要用于各种切削工具、滚动轴承等零件。

2）中温回火（350～500℃）

可得到很高的弹性，主要用于各种弹簧等。

3）高温回火（500～650℃）

通常对淬火后经高温回火的双重处理称为**调质**。调质可使零件获得较高的强度与较好的塑性和韧性，即获得良好的综合力学性能。调质处理广泛用于齿轮、轴、蜗杆等零件。适用于这种处理的钢，称为**调质钢**。调质钢大都是含碳量在0.35%～0.5%之间的中碳钢和中碳合金钢。

5. 表面淬火

表面淬火是以很快的加热速度将零件表层迅速加热到淬火温度（零件内部温度尚很低），然后迅速冷却的热处理过程。表面淬火可使零件的表层具有很高的硬度和耐磨性，而心部由于未被加热淬火，仍然保持材料原有的塑性和韧性。这种零件具有较高的抗冲击能力，因此表面淬火广泛用于齿轮、轴等零件。

6. 渗碳

渗碳是化学热处理的一种。化学热处理是使钢表面强化的重要手段。它是将零件置于含有某种化学元素的介质中进行加热、保温，使化学元素的活性原子向零件表层扩散，从而改变钢材表层的化学成分和组织，获得与芯部不同的表面性能。根据扩散元素的不同，化学热处理分**渗碳**、**氮化**和**氰化**。其中，应用较多的是渗碳。渗碳零件常用的材料为低碳钢和低碳合金钢。零件经过渗碳后，表层碳的含量增加，再经淬火和回火后，使零件表面达到很高的硬度和耐磨性，而芯部又具有很好的塑性和韧度。渗碳常用于齿轮、凸轮、摩擦片等零件。